普通高等教育"十一五"国家级规划教材

钢结构设计原理

（第4版）

丁 阳 编著

天津大学出版社
TIANJIN UNIVERSITY PRESS

内容简介

本书主要讲述钢结构连接和构件设计的基本理论和方法,为专业基础教材。根据教育部高等学校土木工程专业教学指导委员会编制的《高等学校土木工程本科指导性专业规范》,并结合《钢结构设计标准》GB 50017—2017 和作者多年的教学经验编写。

全书共分七章,分别为绪论、钢结构的材料、钢结构的连接、轴心受力构件、受弯构件、拉弯和压弯构件、构件与连接的疲劳。第3~6章附有大量的设计计算例题,章后习题类型多样,书后还给出大量附表。

本书可作为高等学校土木工程专业本科生教材,也可供从事土木工程的技术人员参考。

图书在版编目(CIP)数据

钢结构设计原理(第3版)/丁阳编著. —天津:天津
大学出版社,2004.6(2024.8 重印)
ISBN 978 - 7 - 5618 - 1966 - 1

Ⅰ. 钢… Ⅱ. 丁… Ⅲ. 钢结构—结构设计—高等
学校—教材 Ⅳ. TU391.04

中国版本图书馆 CIP 数据核字(2007)第 017127 号

出版发行 天津大学出版社
地　　址 天津市卫津路 92 号天津大学内(邮编:300072)
电　　话 发行部:022 - 27403647　邮购部:022 - 27402742
印　　刷 廊坊市海涛印刷有限公司
经　　销 全国各地新华书店
开　　本 185mm×260mm
印　　张 20
字　　数 531 千
版　　次 2004 年 6 月第 1 版　2011 年 5 月第 2 版　2020 年 9 月第 3 版
　　　　　　2023 年 7 月第 4 版
印　　次 2024 年 8 月第 19 次
印　　数 50 001 - 51 000
定　　价 39.00 元

凡购本书,如有缺页、倒页、脱页等质量问题,烦请向我社发行部门联系调换

版权所有　侵权必究

前　　言

本书主要内容为钢结构设计的基本原理和方法，为专业基础教学内容。

根据《钢结构设计标准》GB5007—2017，第3版对第2版内容进行了一些修订和补充。第1章补充了钢结构设计方法中的一些规定和术语。第2章补充了断面收缩率等概念，钢材品种介绍了建筑结构用钢板和厚度方向性能钢板等，疲劳计算补充和修改的内容较多。第3章增加了塞焊、槽焊焊缝的构造要求和强度计算，高强度螺栓摩擦型连接承载力计算考虑了螺栓孔型的影响。第4~6章，轴心受力构件的强度计算分为构件全部板件、部分板件直接传力两种情况，修改了截面强度计算极限状态准则；增加了受弯构件和压弯构件截面板件宽厚比等级的划分；修订了压弯构件局部稳定的板件宽厚比限值，增加了考虑板件屈曲的轴心受压构件和压弯构件承载力计算方法；修订了压弯构件的弯矩等效系数取值规定；变换了三种基本构件整体稳定计算公式的形式，使其概念更明确。第4版在第3版的基础上变化不大，第1章对钢结构设计方法内容进行了适当删减，因前期课程已经学习了相关概念和规定；将第2章钢结构的材料与疲劳计算分成了第2章钢结构的材料和第7章构件与连接的疲劳，因书中的疲劳不是针对材料，而是针对构件和连接，因此放在连接和构件相关内容后更合适。这样全书由6章改为了7章。

本书知识系统全面，内容丰富，教师授课时可根据具体情况讲授重点，适当安排学生自学部分章节。

本书可作为高等学校土木工程专业本科的专业基础教材，也可供从事土木工程的工程技术人员参考。

在本书的编写过程中，直接或间接地引用了所列参考文献中的部分内容，谨致谢意。

由于作者理论水平有限，本书难免存在不足之处，敬请读者批评指教。

丁　阳

2023 年 6 月

目　　　录

第1章 绪 论

1.1 钢结构的特点

钢结构是采用钢材加工制作而成的结构,与钢筋混凝土、砌体结构相比具有如下特点。

1. 强度高,塑性和韧性性能好

钢材与混凝土、砖石等建筑材料相比,强度高很多,适用于建造高度高、跨度大和承载重的结构。由于强度高,一般钢结构构件截面小、板件厚度薄,可增加建筑使用面积,但受压时易为稳定所控制,使强度难以充分利用。钢材塑性性能好,进入塑性状态后应力重分布,一般情况下不会因超载而突然发生断裂。钢材韧性性能好,结构适于承受动力荷载,钢材还具有良好的延性,显著提高结构的抗震性能。

2. 重量轻

结构的轻质性可以用材料质量密度与强度的比值来衡量,比值越小,结构相对越轻。钢材的比值为$(1.7 \sim 3.7) \times 10^{-4}/m$,钢筋混凝土的比值约为$18 \times 10^{-4}/m$。以相同条件下采用钢筋混凝土框架 – 筒体结构与钢结构的高层建筑为例,两者的自重约为2:1,基础承受的荷载明显减轻,地基和基础工程造价大幅度降低。

钢结构重量轻,也为其安装、运输提供了便利条件,减少了施工费用。钢结构比钢筋混凝土结构工程总投资高约5% ~10%,但钢结构施工周期短,资金周转快,综合经济效益好。

3. 材质均匀,计算结果可靠

钢材在冶炼和轧制过程中质量控制严格,材质波动小。钢材内部组织均匀,接近各向同性和理想弹塑性,因此,钢结构实际受力情况和工程力学计算结果比较符合,计算采用的经验公式不多,从而不确定性小,计算结果可靠。

4. 施工周期短,工业化程度高

钢结构所用材料为轧制的钢板和型钢,构件便于加工,以及工业化制造安装,生产效率高,施工周期短。钢结构是工程结构中工业化程度最高的一种结构,易实现设计的标准化、构配件生产的工业化、现场施工的装配化,能够避免施工过程中的噪声污染和环境污染,钢材能够重复利用,是一种绿色建筑结构。

5. 密闭性好

钢材和焊接连接的水密性和气密性好,适宜建造密闭的板壳结构,如高压容器、油库、储气柜和管道等。

6. 耐腐蚀性差

钢材易腐蚀,特别是薄壁构件,会降低结构的承载力和使用寿命,因此,处于较强腐蚀性介质内的建筑不宜采用钢结构。应根据工作环境的腐蚀介质条件和全寿命周期技术经济合理设防的原则,以及相关技术标准采取可靠的长效防护措施,包括合理布置结构,采用管材构件,高质量除锈处理与长效复合涂层等,必要时可采用耐候钢。

7. 耐火性差

裸露钢构件的耐火极限很短,当温度较高时,钢材的强度显著下降,故钢构件应按相关标准规定的分类、耐火极限和防护技术要求,采取涂层或板材隔热等可靠的防护措施。

8. 低温冷脆

在低温环境下,钢材存在冷脆倾向。随着钢材厚度的增大,冷脆倾向增加。

1.2 钢结构的设计方法

钢结构除疲劳计算外,采用以概率理论为基础的极限状态设计方法,用分项系数设计表达式进行计算。

钢结构除疲劳设计采用容许应力法外,按承载能力极限状态和正常使用极限状态进行设计。承载能力极限状态包括构件和连接的强度破坏、脆性断裂,因过度变形而不适于继续承载,结构或构件丧失稳定,结构转变为机动体系和结构倾覆。正常使用极限状态包括影响结构、构件和非结构构件正常使用或外观的变形,影响正常使用的振动,影响正常使用或耐久性能的局部损坏。

按承载能力极限状态设计钢结构时,应考虑荷载效应的基本组合,必要时尚应考虑荷载效应的偶然组合。按正常使用极限状态设计钢结构时,应考虑荷载效应的标准组合。计算结构或构件的强度、稳定以及连接的强度时,应采用荷载设计值;计算疲劳时,应采用荷载标准值。对于直接承受动力荷载的结构,计算强度和稳定时,动力荷载设计值应乘以动力系数;计算疲劳和变形时,动力荷载标准值不乘以动力系数。计算吊车梁或吊车桁架及其制动结构的疲劳和挠度时,起重机荷载应按作用在跨间内荷载效应最大的一台起重机确定。

钢结构的安全等级,一般工业与民用建筑钢结构应取为二级,其他特殊建筑钢结构应根据具体情况另行确定。建筑中各类结构构件的安全等级,宜与整个结构的安全等级相同。对其中部分结构构件的安全等级可进行调整,但不得低于三级。

钢结构构件和连接的承载能力极限状态设计表达式如下:

持久和短暂设计状况:

$$\gamma_0 S \leqslant R \tag{1-1}$$

地震设计状况:

多遇地震

$$S \leqslant R/\gamma_{RE} \tag{1-2}$$

设防地震

$$S \leqslant R_k \tag{1-3}$$

式中:γ_0——结构的重要性系数;安全等级为一级时不应小于 1.1,安全等级为二级的时不应小于 1.0,安全等级为三级时不应小于 0.9;

S——承载能力极限状态下作用组合的效应设计值;对持久和短暂设计状况,应按荷载效应的基本组合计算,对地震设计状况按荷载效应的地震组合计算;

R——结构构件和连接的承载力设计值;

R_k——结构构件和连接的承载力标准值;

γ_{RE}——承载力抗震调整系数。

1.3 钢结构的应用与发展

我国钢结构的发展大致可分为四个时期。

1955～1970 年：50 年代，钢结构在结构体系、设计理论和规范等方面基本模仿前苏联，其应用仅限于少数重型厂房改扩建项目，大部分结构用钢需要进口，1958 年年钢产量约为 1 070 万吨。60 年代初，钢结构设计水平有所提高，1966 年自主研发并可生产 16Mn 低合金结构钢，结束了低合金结构钢需进口的历史。

1971～1985 年：在工业建筑方面，钢结构厂房设计和施工技术显著提升，接近或达到当时国际水平；在民用建筑方面，深圳发展中心、京广大厦、上海希尔顿酒店等高层钢结构相继设计建成，不仅扩大了钢结构的应用，也为我国钢结构技术发展与提高积累了宝贵经验；另外彩涂钢板轻型围护结构、门式刚架以及空间网架结构也在此期间逐步扩大应用，钢塔桅结构开始设计应用。自行编制的《钢结构设计规范》TJ1974（试用）颁布实行，第一本《工业厂房钢结构设计手册》出版发行，钢结构设计开始普遍使用计算机计算和采用 CAD 辅助设计，标志着钢结构设计进入了新阶段。1985 年我国年钢产量近 5 000 万吨。

1986～2000 年：此期间国家大力推动建筑钢结构的发展，将钢结构列为了 10 项新技术之一。网架、轻钢门式刚架与塔桅结构继续扩大应用，北京长富宫、深圳帝王大厦和大陆首座500 m 级高层建筑 – 上海金茂大厦等一批超高层钢结构建筑建成，标志着我国超高层钢结构建设已进入世界前列。历时 8 年完成的《钢结构设计规范》GBJ17 – 88 也达到了国际先进水平，形成了以其为核心的钢结构系列技术规范与材料标准，实现了与国际接轨。1997 年年钢产量已达 1.06 亿吨，跃居世界首位。

2001～2020 年：这一时期是我国建筑钢结构应用和发展取得辉煌成绩的高峰时期，建成了鸟巢、水立方等奥运场馆和上海中心、北京中信大厦（又称中国尊）、武汉新车站、广州新电视塔等一大批标志性钢结构工程；年钢产量也从 1949 年不足当时世界钢产量千分之一的15.8 万吨到 2018 年的 9.28 亿吨，约占世界钢产量的 50%，且连续 20 多年位居世界首位。钢结构设计、施工等技术标准更加完善和系列化，海外钢结构市场开拓也取得了良好的成效。

我国钢结构经过几十年的应用和发展，形成了以下特点：

（1）钢结构工程应用广泛。约 80% 以上的新建高层建筑、体育场馆、会展中心、航站楼和大型枢纽车站、高塔结构等采用了钢结构。

（2）钢结构工程设计与施工技术达到国际先进水平。掌握了超高层钢结构、大跨度空间钢结构、预应力钢结构、新型工业厂房钢结构等的设计、施工与检测等配套技术，编制了钢结构设计、施工等系列国家与行业标准。

（3）新材料、新结构和新工艺得到普遍应用。多种新材料与高效型材可供选用，新型结构体系与施工技术不断创新。

（4）建成了一大批具有国际影响的标志性钢结构工程。

北京大兴国际机场航站楼是目前世界上规模最大的单体机场航站楼，航站楼建筑面积约78 万平方米，由中心区和 5 个指廊组成（图 1-1（a））。中心区平面尺寸为 513 m×411 m，屋盖由超大复杂空间曲面钢网格结构和支撑系统组成（图 1-1（b）），重约 4.2 万吨；支承结构采用C 型钢柱、支撑筒、钢管柱及幕墙柱。指廊屋盖采用钢桁架结构，支承结构采用钢管柱和幕墙钢柱。

（a）机场外观

（b）机场钢网格结构

图 1-1　北京大兴国际机场

2008 年北京奥运会场馆国家体育场(又称"鸟巢",图 1-2),椭圆形平面长轴 332.3 m,短轴 297.3 m。主体结构采用 24 榀格构式门式刚架沿屋盖刚性环结构辐射布置,刚架构件多为扭曲箱形截面(800 ×800 mm ~ 1 200 × 1 200 mm,厚度 50 ~ 110 mm)。总用钢量约 4.8 万吨,其中 700 吨采用了 Q460E 级、Z35 的 110 mm 厚钢板,这是我国首次在建筑结构中应用 460 MPa 高强度、高性能厚钢板。

（a）体育场外观

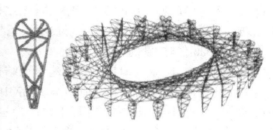

（b）体育场门式刚架

图 1-2　国家体育场

上海中心大厦(图 1-3)塔楼结构高度为 580 m,主体结构采用巨型框架 – 核心筒 – 外伸臂结构体系。巨型框架结构由 8 根巨型柱、4 根角柱以及 8 道位于设备层两个楼层高的箱形空间环带桁架组成。巨形柱采用型钢混凝土柱,钢骨由 3 个 H 型钢加 2 块钢板组成"目"字型,柱截面尺寸由底层的 3.7 × 5.3 m 减小至 1.9 × 2.4 m。桁架部分杆件钢板厚度超过了 100 mm,最大截面为 H1 600 × 1 000 × 1 00 × 100。

北京中信大厦(又称"中国尊",图 1-4)是建于 8 度抗震设防烈度区的最高建筑,总高 528 m,塔楼平面基本为方形,沿建筑高度边长渐变。结构采用了巨型柱、巨型斜撑和转换桁架组成的外框筒和内含型钢剪力墙的核心筒,巨型柱采用矩形钢管混凝土柱,巨型斜撑采用焊接钢箱形截面。钢材选用 Q345(GJ)和 Q390(GJ)钢,沿厚度方向受力的较厚钢板要求满足 Z15、Z25 要求,主要抗侧力构件钢材质量等级选用 C 级,转换桁架选用 D 级。

（a）大厦外观

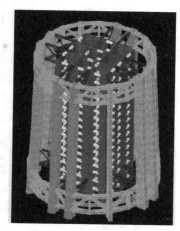
（b）结构体系示意

图 1-3　上海中心大厦

图 1-4　北京中信大厦

图 1-5 所示是我国采用站桥合一新型结构的武汉火车站，车站首层为铁路桥梁结构，上层为大跨度空间钢结构，列车轨道架设在 10.25 m 高的桥梁结构上，桥墩同时支承桥梁结构和站房结构。车站长 476 m、宽 300 m，站房建筑面积 22 万平方米，屋盖面积达 15 万平方米。屋盖采用正交正放圆钢管网壳结构，其支承结构由 5 榀主拱、半拱和斜立柱组成，主拱间距约 64.5 m，最大跨度为 116 m，高度为 50 m。

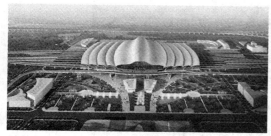
（a）车站外观

（b）车站入口

图 1-5　武汉火车站

　　另外，钢结构还广泛应用于广播、通信和电视发射用的塔架和桅杆、火箭（卫星）发射塔架以及设备支承结构等。

　　广州新电视塔（图1-6）塔身主体高454 m，包括天线桅杆总高度600 m，为中国第一高塔，世界第四高塔，由钢筋混凝土内核心筒、钢结构外框筒以及连接两者之间的组合楼层组成。钢结构网格外框筒由24根钢管混凝土斜柱、46组环梁和1 104根钢管斜撑组成，斜柱、环梁和斜撑均处于三维倾斜状态，用钢量4万多吨。

（a）电视塔外观　　　　　　　　　　　　　（b）电视塔局部

图1-6　广州新电视塔

　　我国国家重大科技基础设施500 m口径球面射电望远镜（FAST）又被誉为"中国天眼"（图1-7），是世界上最大的单口径球面射电望远镜。支承FAST主动反射面的索网结构是世界上跨度最大、精度最高的索网结构，索网结构直径500 m，用钢量1 300余吨。

图1-7　500 m口径球面射电望远镜

习 题

1. 我国钢结构设计，_____。
   （A）全部采用以概率理论为基础的概率极限状态设计方法
   （B）全部采用分项系数表达式的极限状态设计方法
   （C）除疲劳计算采用容许应力法外，其他采用以概率理论为基础的概率极限状态设计方法
   （D）部分采用弹性方法，部分采用塑性方法

2. 按承载能力极限状态设计钢结构时，应考虑_____。
   （A）荷载效应的基本组合
   （B）荷载效应的标准组合
   （C）荷载效应的基本组合，必要时尚应考虑荷载效应的偶然组合
   （D）荷载效应的频遇组合

3. 按正常使用极限状态设计钢结构时，不考虑荷载效应的_____。
   （A）基本组合
   （B）标准组合
   （C）频遇组合
   （D）准永久组合

4. 计算钢结构或构件的强度、稳定以及连接的强度时，采用荷载_____。
   （A）标准值
   （B）设计值
   （C）组合值
   （D）视情况而定

5. 计算钢结构或构件的疲劳和变形时，采用荷载_____。
   （A）标准值
   （B）设计值
   （C）组合值
   （D）视情况而定

答案：1.（C）　　2.（C）　　3.（A）　　4.（B）　　5.（A）

第 2 章　钢结构的材料

2.1　钢材单向均匀拉伸的力学性能

钢材的力学性能是钢结构设计的重要依据。钢材单向拉伸试验得到的力学性能最具有代表性,因此是测定钢材力学性能指标最常用的基本方法。

钢材单向均匀拉伸的力学性能,通常以其静力拉伸试验的应力－应变(或荷载－变形)曲线来表示。

常温、静载条件下钢材标准试件单向均匀拉伸试验的应力—应变($\sigma - \varepsilon$)曲线如图 2-1 所示,由图可知,力学性能可分为三个阶段。

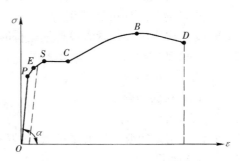

图 2-1　碳素结构钢应力—应变曲线

1. 弹性阶段(OP 段)

$\sigma - \varepsilon$ 曲线的 OP 段为直线,表示钢材处于完全弹性阶段,此阶段应力 $\sigma = E\varepsilon$,弹性模量 $E = \tan \alpha$ 为常数,P 点的应力 f_p 称为比例极限。

在曲线 PE 段钢材仍具有弹性性质,但呈现非线性,即为非线性弹性阶段,此阶段的模量称为切线模量 E_t,$E_t = \mathrm{d}\sigma/\mathrm{d}\varepsilon$。$E$ 点的应力 f_e 称为弹性极限。

弹性极限和比例极限相差很小,很难区分,通常只应用比例极限。

2. 弹塑性阶段(ESC 段)

随着荷载的增加,曲线出现 ES 段,表明钢材进入非弹性阶段,卸荷曲线成为与 OP 平行的直线(图中虚线),产生永久残余变形。此段上限 S 点的应力 f_y 称为屈服强度。对于低碳钢,出现明显的屈服平台 SC 段,即在应力保持不变的情况下应变继续增加。

钢材开始进入屈服平台的塑性流动阶段时,曲线波动较大,逐渐趋于平稳,其最高点和最低点应力分别称为上屈服强度和下屈服强度。上屈服强度和试验条件(加荷速度、试件形状和试件对中准确性)有关;下屈服强度稳定,设计一般取下屈服强度。

对于没有缺陷和残余应力的试件,比例极限和屈服强度比较接近,且达到屈服强度前的应变很小(低碳钢约为0.15%)。为了简化计算,通常假定应力小于屈服强度时钢材为完全弹性,大于屈服强度后为完全塑性,这样可以把钢材视为理想的弹—塑性材料,其应力—应变曲线为双直线,如图 2-2 所示。当应力达到屈服强度后,将产生很大的使用上不容许的残余变形 ε_c(低碳钢 $\varepsilon_c = 2.5\%$),表明承载能力

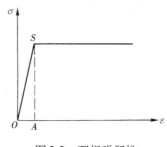

图 2-2　理想弹塑性
应力—应变曲线

达到了极限状态。

3. 强化阶段(CB 段)

如图 2-1 所示,屈服平台之后,钢材内部晶粒重新排列,钢材出现应变硬化,曲线上升,直至曲线最高点 B,此时应力 f_u 称为抗拉强度或极限强度。当达到 B 点时,试件出现局部横向收缩,截面面积开始显著缩小,塑性变形迅速增大,即出现颈缩现象。此时,荷载不断下降,变形却继续增大,曲线呈下降段直至断裂。颈缩区的伸长及横向收缩是反映钢材塑性变形能力的重要标志。

钢材在单向受压时,受力性能与单向受拉时基本相同,受剪时也与单向受拉相似,但抗剪屈服强度 f_{vy}、抗剪强度 f_{vu} 均比受拉时小,剪切模量 G 也低于弹性模量 E。

钢材的弹性模量 E、剪切模量 G、线性膨胀系数 α 和质量密度 ρ 列于表2-1。

表 2-1 钢材物理性能指标

弹性模量 E(N/mm^2)	剪切模量 G(N/mm^2)	线性膨胀系数 α(以每℃计)	质量密度 ρ(kg/m^3)
206×10^3	79×10^3	12×10^{-6}	7 850

2.2 钢材的主要力学性能及指标

2.2.1 强度性能及指标

钢材的强度包括屈服强度和抗拉强度。

1. 屈服强度

屈服强度(或屈服点) f_y 是衡量结构承载能力和确定钢材强度设计值的重要指标。碳素结构钢和低合金结构钢在应力达到屈服强度后,应变急剧增长使结构变形迅速增加以致不能继续使用,所以钢材的强度设计值一般都是以钢材屈服强度为依据确定:

$$f = \frac{f_y}{\gamma_R} \tag{2-1}$$

式中: γ_R——钢材抗力分项系数。

2. 抗拉强度

抗拉强度 f_u 是钢材在强度破坏前的最大应力,为衡量钢材抵抗拉断的性能指标,还能直接反应钢材内部组织的优劣,并与疲劳强度密切相关。f_u 较大时意味着结构具有较高的安全储备。

2.2.2 塑性性能及指标

塑性性能是指当钢材应力超过屈服强度后,能产生显著残余变形(塑性变形)而不立即断裂的特性,也是构件承受荷载或作用产生永久变形时抵抗断裂的能力,衡量钢材塑性性能的主要指标是断后伸长率 A 和断面收缩率 Z。

1. 断后伸长率

断后伸长率 A 是钢材应力—应变曲线中的最大应变值,按下式计算:

$$A = \frac{l_{\mathrm{u}} - l_0}{l_0} \times 100\% \qquad (2\text{-}2)$$

式中：l_{u}——试件断后标距；

    l_0——试件原标距。

钢结构用钢的断后伸长率一般不应小于15%，主要承重构件钢材的断后伸长率不宜小于20%，对有特殊性能要求的钢材，如低屈服、高延伸率钢材，其断后伸长率不应小于40%。

2. 断面收缩率

断面收缩率 Z 按下式计算：

$$Z = \frac{S_0 - S_{\mathrm{u}}}{S_0} \times 100\% \qquad (2\text{-}3)$$

式中：S_0——试件原截面面积；

    S_{u}——试件断后截面面积。

断面收缩率表示钢材在颈缩区的应力状态(形成同号受拉的三向应力区域)条件下所能产生的最大塑性变形量。由于断后伸长率是钢材均匀变形和集中变形(颈缩区)的总和所确定的，所以其不能代表钢材的最大塑性变形能力。断面收缩率则是衡量钢材塑性性能的一个比较真实的指标，也是衡量钢材厚度方向抗撕裂性能的指标。

沿厚度方向具有良好抗层状撕裂能力的钢板，其沿厚度方向性能级别分为 Z15、Z25 和 Z35，对应的断面收缩率 Z 分别不小于15%、25%和35%。

2.2.3 冷弯性能

钢材的冷弯性能也是反映其塑性性能的一个重要指标，同时也是衡量钢材质量的一个综合指标。通过冷弯试验可以检验钢材晶粒组织、非金属夹杂物分布等缺陷，在一定程度上还能评估其焊接性能。结构在制作过程中要进行冷加工，以及焊接构件焊接后变形的调直校正等，都需要钢材具有较好的冷弯性能，故重要承重构件均应具有冷弯试验合格的保证。钢材冷弯性能的优劣通过钢材试件在常温下的冷弯弯曲试验(图2-3)确

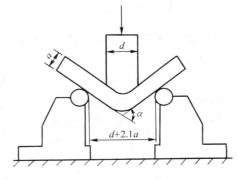

图 2-3　冷弯试验示意图

定，并以其能承受的弯曲程度来评价，试件的弯曲程度一般用弯曲角度和弯心直径对试件厚度的比值来衡量。弯曲角度越大，弯心直径对试件厚度的比值越小，试件的弯曲程度就越大，钢材的冷弯性能就越好。当试件弯曲到规定角度后检查试件弯曲部位的外拱面、内里面和两侧面，如无裂纹、断裂或分层，即表明试件冷弯试验合格。

2.2.4 冲击韧性

韧性是钢材抵抗冲击荷载的能力，是钢材的一种动力性能，其指标以钢材断裂时单位面积所吸收的能量来表示。工程中常用冲击韧性来衡量钢材抗脆断的性能和承受动力荷载的性能。因为实际结构中脆性断裂总是发生在有缺陷或裂缝集中应力处，因此最有代表性是钢材的缺口冲击韧性。直接承受动力荷载的结构所用钢材应进行冲击试验并满足相应标准规定的

冲击功指标要求。钢材的冲击韧性值随试件缺口形式和试验机型号不同而不同。根据《碳素结构钢》GB/T 700 的规定,采用国际通用的夏比(Charpy)V 形缺口试件在夏比试验机进行试验,如图 2-4 所示。试件缺口处折断单位面积所需的功即为冲击韧性值,用 A_{kv} 表示,单位为焦耳 J。

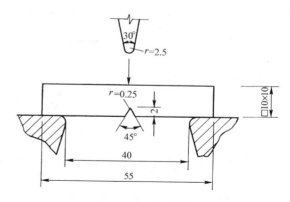

图 2-4　夏比试件冲击韧性试验示意图

　　除钢材的内部组织和成分外,低温对冲击韧性有显著影响,温度低于某值时,冲击值将急剧下降,容易导致钢材的脆性破坏,这种现象称为冷脆。故寒冷地区的重要结构,承受动力荷载及抗震设防的主要承重构件所用钢材均应保证合格的冲击韧性。

2.2.5　延性

　　对于抗震设防结构的承重构件,其钢材还要求具有延性性能。延性是钢材屈服产生塑性变形后再到滞后断裂的行为特性,也是防止结构用钢材过早脆性破坏的基本性能要求。对于抗震设防结构的承重构件,延性还表征钢材变形能量储备和滞后断裂的能力。延性指标采用屈强比 f_y/f_u 表示,钢结构用钢要求 $f_y/f_u \leqslant 0.9$,对抗震设防并可能进入弹塑性状态的重要结构,其钢材延性要求更严,为 $f_y/f_u \leqslant 0.85$。

2.3　复杂应力状态下钢材的屈服条件

　　钢材单向均匀拉伸试验时,应力达到屈服强度即进入塑性状态。在复杂应力状态下(图 2-5),钢材由弹性状态转入塑性状态的条件是按能量强度理论计算的折算应力 σ_{eq} 与单向均匀拉伸时的屈服强度相等,即:

$$\sigma_{eq} = \sqrt{\sigma_x^2 + \sigma_y^2 + \sigma_z^2 - (\sigma_x\sigma_y + \sigma_y\sigma_z + \sigma_x\sigma_z) + 3(\tau_{xy}^2 + \tau_{yz}^2 + \tau_{zx}^2)} = f_y \qquad (2\text{-}4)$$

当 $\sigma_{eq} < f_y$ 时,钢材处于弹性状态。

　　由式(2-4)可以看出,如果三向应力同号且绝对值又接近时,即使三向应力都很大,但由于差值很小,则折算应力小,钢材不易进入塑性状态,可能直至钢材破坏也未进入塑性状态,因此同号应力状态易产生脆性断裂。相反,如果存在异号应力,或同号的两个应力相差较大时,就较易进入塑性状态,可能最大应力尚未达到 f_y 时,钢材已进入塑性状态,即钢材处于异号应力状态时,易发生塑性破坏。

　　如三向应力中一向应力很小或为零时,则属于平面应力状态,此时式(2-4)为:

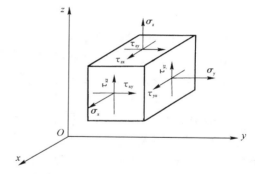

图 2-5　复杂应力状态

$$\sigma_{eq} = \sqrt{\sigma_x^2 + \sigma_y^2 - \sigma_x\sigma_y + 3\tau_{xy}^2} = f_y \qquad (2\text{-}5)$$

在一般的梁中,只存在正应力 σ 和剪应力 τ,则:

$$\sigma_{eq} = \sqrt{\sigma^2 + 3\tau^2} = f_y \qquad (2\text{-}6)$$

当只有剪应力时, $\sigma = 0$,则:

$$\sigma_{eq} = \sqrt{3}f_{vy} = f_y$$

$$f_{vy} = \frac{f_y}{\sqrt{3}} = 0.58f_y \qquad (2\text{-}7)$$

因此,钢材的抗剪设计强度值为抗拉设计强度值的 0.58 倍。

2.4 不同因素对钢材性能的影响

2.4.1 钢材的破坏形式

钢材有两种性质完全不同的破坏形式,即塑性破坏和脆性破坏。钢结构所用钢材虽然具有较好的塑性和韧性性能,但一般也存在发生塑性破坏的可能,在一定条件下也会发生脆性破坏。

塑性破坏是由于变形过大,超过了钢材可能的变形能力,且仅在构件截面应力达到钢材的抗拉强度 f_u 后才发生,断裂后的断口呈纤维状,色泽发暗。破坏前构件产生很大的塑性变形,且持续的时间较长,易被及时发现和采取措施,不致引起严重后果。另外,塑性变形后构件内力重分布,使原受力不均的构件应力趋于均匀,因而可提高结构的承载能力。

脆性破坏前塑性变形很小,甚至没有塑性变形,计算应力可能小于钢材的屈服强度,断裂从应力集中处开始。构件加工或焊接过程中产生的缺陷,特别是缺口或开孔处应力集中的裂纹,常是断裂的根源。破坏突然发生,断口平直并呈现光泽的晶粒状。由于脆性破坏前无明显预兆,无法及时察觉和采取措施,且个别构件的断裂可能会引起整体结构的倒塌,后果严重,损失大。

在设计、施工中应采取相应措施,防止出现脆性破坏。结构用钢不仅要求具有较高的强度,同时还要求具有较好的塑性和韧性性能。

2.4.2 不同因素对钢材性能的影响

1. 化学成分

钢由不同化学成分组成,化学成分及其含量对钢的性能(特别是力学性能)产生重要的影响。铁(Fe)是钢的基本元素,纯铁质软,在碳素结构钢中约占 99%;碳和其他元素仅占 1%,但对钢的力学性能有决定性的影响。低合金钢中还加入少量(总量不大于 5%)合金元素,如铜(Cu)、钒(V)、钛(Ti)、铌(Nb)、铬(Cr)等,但对钢材性能也有重要影响。

碳素结构钢中,碳(C)是含量仅次于铁的主要元素,是形成钢材强度的主要元素,碳含量对钢材性能影响很大,碳含量增加,钢材强度和硬度提高,但同时塑性、韧性、冷弯性能及抗锈能力下降,制作加工困难,尤其使钢材焊接性能显著下降,故焊接结构用钢材要严格限制碳含量(或碳当量)。建筑结构用碳素结构钢的碳含量一般应 ≤0.22%,低合金结构钢的碳当量

（CEV）一般不大于 0.47，碳当量按下式计算：

$$CEV(\%) = C + \frac{Mn}{6} + \frac{1}{5}(Cr + Mo + V) + \frac{1}{15}(Cu + Ni)(\%) \tag{2-8}$$

硅（Si）是有益元素，通常作为脱氧剂加入碳素结构钢中，较大地提高钢的强度和硬度，适量的硅（<0.8%）对钢的塑性、冲击韧性、冷弯性能及焊接性能均无显著的不良影响。但若硅含量过高（>1%），将显著降低钢材的塑性、冲击韧性、抗锈性和焊接性能，增加冷脆和时效的敏感性，在冲压加工时，容易产生裂纹。

锰（Mn）是有益元素，在使钢材塑性和冲击韧性稍有降低的情况下，可较显著地提高钢材的强度。锰又是弱脱氧剂，还能与硫生成 MnS 以消除硫的有害作用。但锰含量过高，增加冷裂纹形成倾向，焊接性能变差，抗锈性能下降。

硫（S）是有害元素，属于杂质，当热加工或焊接温度达到 800～1 200 ℃时，可能出现裂纹，即热脆（或热裂）。在轧制过程中，硫化铁形成夹杂物，造成钢材分层，显著降低钢材厚度方向抗撕裂性能。对硫的含量应严加控制，结构用钢中含量一般不得超过 0.045%，对抗层状撕裂的钢材，应控制在 0.01% 以下。

磷（P）既是有害元素，也是可利用的合金元素。在一般结构钢中，磷几乎全部以固溶体溶解于铁素体中，这种固溶体很脆，促使钢材变脆（即冷脆），降低钢材的塑性、韧性及焊接性能，低温时更为严重。结构用钢磷含量应控制在 0.050% 以内。但是磷亦能提高钢材的强度、疲劳强度和淬硬性，更能提高钢的抗锈蚀能力。经过合适的冶金工艺，磷亦可作为钢材的合金元素。

2. 冶金缺陷

钢材常见的冶金缺陷包括偏析、非金属夹杂、气孔、裂纹和分层等。偏析是指钢材中化学成分不一致和不均匀，特别是硫、磷偏析严重造成钢材性能恶化；非金属夹杂是指钢材中含有硫化物与氧化物等杂质；气孔是浇铸钢锭时，由氧化铁与碳所生成的一氧化碳气体不能充分逸出而形成；这些缺陷都将影响钢材的力学性能。浇铸时的非金属夹杂物在轧制后造成钢材分层，严重降低钢材的冷弯性能。

冶金缺陷对钢材性能的影响，不仅表现在结构或构件受力时，也表现在加工制作过程中。

3. 钢材硬化

钢材硬化包括冷作硬化（应变硬化），时效硬化和应变时效硬化。

冷拉、冷弯、冲孔和机械剪切等冷加工使钢材产生很大塑性变形，从而提高了钢材的屈服强度，同时降低了钢材的塑性和韧性性能，这种现象称为钢材的冷作硬化或应变硬化。

在高温时熔化于铁中的少量碳和氮，随着时间的增长逐渐从铁中析出，形成自由碳化物和氮化物，对钢材的塑性变形起遏制作用，从而使钢材的强度提高，塑性、韧性下降，这种现象称为时效硬化，俗称老化。时效硬化的过程一般很长，但如果在钢材塑性变形后加热，可使时效硬化发展迅速，这种方法称为人工时效。

此外还有应变时效硬化，是应变硬化（冷作硬化）后又进行时效硬化。

一般钢结构不利用钢材硬化所提高的强度，有些重要结构要求对钢材进行人工时效后检验其冲击韧性，以保证结构具有足够的抗脆性破坏能力。另外，应将局部硬化部分采用刨边或扩钻予以消除。

4. 温度

钢材的力学性能随温度改变而有所变化（图 2-6），总的趋势是温度升高，钢材强度降低，应变增大;反之,温度降低,钢材强度略有增大,同时钢材会因塑性和韧性降低而变脆。

当温度升高,200 ℃以内时钢材性能没有很大变化,当温度超过250 ℃时,即发生塑性流动,超过300 ℃后,应力—应变关系曲线没有明显的屈服强度和屈服平台,430～540 ℃范围时钢材强度急剧下降,至600 ℃时强度很低,基本丧失承载的能力。但在250～300 ℃范围时,钢材强度反而略有提高,塑性和韧性均下降,钢材有转脆的倾向,钢材表面氧化膜呈现蓝色,称为蓝脆现象,因此应避免在蓝脆温度范围进行钢材热加工。当温度在260～320 ℃范围时,应力保持不变的情况下,钢材以很缓慢的速度继续变形,此种现象称为徐变。

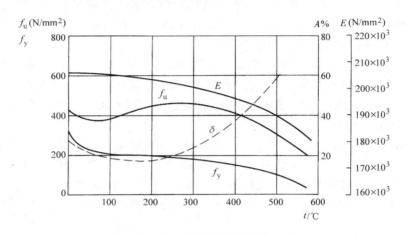

图 2-6　钢材力学性能随温度的变化

当温度下降到某一数值时,钢材的冲击韧性突然下降,在冲击荷载作用下发生脆性断裂,这种现象称为低温冷脆。通过系列温度冲击试验可以得到冲击功与温度的关系曲线,如图 2-7 所示。由图可见,随着温度的降低 A_{kv} 值迅速减小,钢材将由塑性破坏转变为脆性破坏,这一转变出现在温度区间 $T_1 \sim T_2$,此温度区间称为钢材的脆性转变温度区,此区间曲线反弯点所对应的温

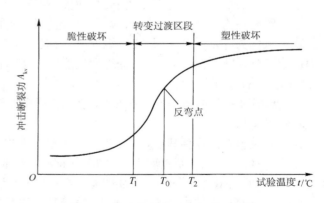

图 2-7　冲击韧性与温度的关系曲线

度 T_0 称为转变温度。如果把低于 T_0 完全脆性破坏的最高温度 T_1 作为钢材的脆性断裂设计温度,即可保证钢结构低温使用的安全。每种钢材的脆性转变温度区及脆性断裂设计温度需要由大量的使用经验和试验确定。

5. 应力集中

钢材的力学性能指标大多是以单向拉伸试件截面均匀分布应力为基础得到的。实际上钢结构构件可能存在孔洞、槽口、凹角、截面突变以及钢材在冶炼、轧制中产生的缺陷,这些将导致构件截面应力分布不再均匀,在某些区域产生局部高峰应力,形成应力集中现象(图 2-8)。最大应力与净截面平均应力的比值称为应力集中系数。研究表明,在应力集中区域总是存在

同号双向或三向应力,这是因为由高峰拉应力引起的截面横向收缩受到附近低应力区的阻碍而引起垂直于受力方向的拉应力 σ_y,在较厚板件中还产生 σ_z,使钢材处于复杂受力状态,这种同号双向或三向应力场使钢材易发生脆性破坏,应力集中系数越大,脆性破坏倾向越严重。但由于结构用钢材塑性较好,在一定程度上产生应力重分布,使应力不均匀现象趋于平缓。故常温受静力荷载的构件设计可不考虑应力集中的影响;但在低温环境下使用或承受动力荷载的结构,应力集中不利影响显著,通常是引起脆性破坏的根源,在设计中应采取措施避免或予以减小,并选用质量优良的钢材。

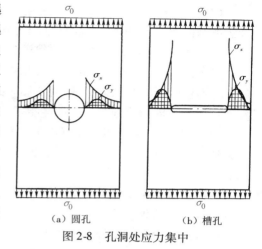

（a）圆孔　　　　　（b）槽孔

图 2-8　孔洞处应力集中

6. 循环荷载作用

钢材在循环荷载作用下,当应力低于抗拉强度,甚至可能低于屈服强度时就会发生断裂破坏,这种现象称为钢材的疲劳,疲劳破坏均表现为突然发生的脆性破坏。

疲劳破坏的发展过程为裂纹形成、裂纹缓慢扩展和突然发生断裂。钢材生产和钢结构建造过程中不可避免地存在各种缺陷(类裂纹),还有构件截面改变和连接不均匀等,局部区域会出现应力集中,峰值常为平均应力的数倍,引起小范围的塑性变形,在循环荷载作用下逐渐形成微观裂纹。微观裂纹随着荷载的循环作用扩展为宏观裂纹,裂纹两边的材料相互挤压和分离,形成光滑区,裂纹扩展使截面削弱,最终导致构件突然断裂,这一特征和脆性破坏相同,但疲劳破坏的断口在距裂源较近处是灰暗的光滑区,较远处呈粗糙晶粒状。

实践证明,荷载值变化不大或循环次数不多,循环荷载引起的应力如果不出现拉应力,一般不会引起疲劳破坏,设计计算不必考虑疲劳的影响。但长期承受频繁循环荷载的构件及其连接,在设计时必须考虑疲劳问题。

7. 钢材厚度

钢材厚度对其性能有影响。薄钢板辊轧次数多,轧制的压缩比大;厚钢板轧制的压缩比小,晶粒粗大,偏析程度严重,冶炼质量及组织不均匀;所以厚钢板的强度比薄钢板小,塑性、韧性和焊接性能比薄钢板差。

以上介绍了不同因素对钢材性能的影响,目的是为了了解钢材在什么条件下可能发生脆性破坏,从而可以采取措施予以防止。钢材的脆性破坏往往是多种因素影响的结果,例如当温度降低、荷载速度增大、应力较大时,特别是这些因素同时存在时。因此,为了防止钢结构的脆性破坏,必须做到合理设计、正确制造和规范使用。

2.5　钢结构的钢材种类及选用

2.5.1　钢结构钢材种类

钢结构对钢材的基本要求如下:

（1）较高的强度。较高的强度是指具有较高的屈服强度 f_y 和抗拉强度 f_u。f_y 是衡量结构承载能力的指标，f_y 高可减轻结构自重，节约钢材和降低造价;f_u 是衡量钢材经过较大变形后的抗拉能力，其直接反映钢材内部组织的优劣，f_u 高可以增加结构的安全裕度。

（2）足够的变形能力。足够的变形能力是指钢材具有较好的塑性和韧性性能。塑性性能好，结构在荷载作用下具有足够的变形能力，可减轻结构脆性破坏的倾向，同时可通过较大的塑性变形进行内力重分布。韧性性能好，结构具有较好的抵抗动力荷载的能力。

（3）良好的工艺性能。良好的工艺性能包括冷加工、热加工和焊性性能，不但易于加工成各种形式的构件和结构，且不致因加工而对钢材强度、塑性和韧性性能等造成较大的不利影响。

钢结构通常采用的钢材种类如下。

1. 碳素结构钢

碳素结构钢的钢材牌号由代表屈服点"屈"字的汉语拼音首字母 Q、屈服强度数值、质量等级符号和脱氧方法符号四部分按顺序组成。

根据钢材厚度（或直径）≤16 mm 时的屈服强度数值，碳素结构钢分为 Q195、Q215、Q235 和 Q275，其中 Q235 钢是钢结构工程中常用的钢种。

碳素结构钢的质量等级分为 A、B、C、D 四个等级，均应保证屈服强度、抗拉强度、断后伸长率、冷弯性能符合《碳素结构钢》GB/T 700 的规定，B、C、D 级钢还应分别保证20 ℃、0 ℃、－20 ℃的冲击韧性。

按脱氧方法，碳素钢分为沸腾钢（符号 F）、镇静钢（符号 Z）和特殊镇静钢（符号 TZ）。镇静钢脱氧充分，沸腾钢脱氧较差，一般采用镇静钢。在钢材牌号表示方法中镇静钢和特殊镇静钢的符号可以省去。

如 Q235B，代表屈服强度为 235 MPa、质量等级为 B 级的镇静钢。

冶炼方法一般由供方自行选择，如需方有特殊要求可在合同中注明。

2. 低合金高强度结构钢

低合金高强度结构钢是在碳素钢中添加少量成分合金（总量不大于 5%）而成的低合金高强度结构钢，其综合性能优于碳素结构钢。

低合金高强度结构钢的钢材牌号由代表屈服点"屈"字的汉语拼音首字母 Q、规定的最小上（下）屈服强度数值、交货状态符号和质量等级四部分按顺序组成。当需方要求钢板具有厚度方向性能时，牌号中还应加上代表厚度方向（Z 向）性能级别的符号。

根据钢材厚度（或直径）≤16 mm 时规定的最小上（下）屈服强度数值，低合金高强度结构钢分为 Q355（Q345）、Q390、Q420 和 Q460 等。

质量等级分为 B、C、D、E 和 F 五个等级，等级 E、F 分别要求 －40 ℃、－60 ℃的冲击韧性。

如 Q355NDZ25，代表规定的最小上屈服强度为 355 MPa、交货状态为正火或正火轧制、质量等级 D 级、厚度方向性能级别 Z25 的钢材。

3. 耐候结构钢

耐候结构钢是在钢中加入少量铜（Cu）、磷（P）、铬（Cr）、镍（Ni）等合金元素，使其表面形成防护层以提高耐大气腐蚀性能，其抗锈蚀能力是一般钢材的 3 ～ 4 倍。

4. 铸钢件

材质性能符合《焊接结构用铸钢件》GB/T 7659 和《一般工程用铸造碳钢件》GB/T 11352

规定的铸钢件,适用于钢结构工程中构造复杂的节点与支座。

2.5.2　钢结构钢材类型

应用于建筑钢结构的钢材类型包括钢板、型钢和钢管等。

1. 钢板

(1)建筑结构用钢板:简称 GJ 钢板,是专用于重要焊接结构的高性能钢板,其综合性能均优于同级别的低合金结构钢,适用于抗震设防或承受动力荷载的重要构件。

(2)厚度方向性能钢板:简称 Z 向钢板,因严格控制硫、磷有害杂质,而具有良好厚度方向性能(Z 向抗撕裂性能)的钢板,适用于钢结构工程中的重要构件。

(3)建筑用低屈服强度钢板:具有低屈服强度、高断后伸长率特性的钢板,适用于要求高延性的钢结构构件。

(4)碳素结构钢和低合金结构钢热轧钢板和钢带。

2. 型钢

(1)热轧 H 型钢和剖分 T 型钢(图 2-9(a)、(b)):热轧 H 型钢规格系列分为宽翼缘(HW)、中翼缘(HM)、窄翼缘(HN)与薄壁 H 型钢(HT)四个系列;剖分 T 型钢系列分为宽翼缘(TW)、中翼缘(TM)、窄翼缘(TN)三个系列。

H 型钢是目前使用广泛的热轧型钢,与普通工字钢相比,其翼缘内外两表面平行,便于与其他构件连接。

(2)焊接 H 型钢:广泛应用于钢结构中。

(3)热轧型钢:分为热轧工字钢(图 2-9(c))、槽钢(图 2-9(d))、等边与不等边角钢(图 2-7(e)、(f)),其中工字钢和槽钢以截面高度厘米数编号,某些型号工字钢,根据腹板厚度,分别为 a、b、c 三类,如 I30a、I30b、I30c,a 类腹板较薄;槽钢亦如此。

3. 钢管

(1)圆钢管(图 2-9(g))。

(2)结构用方形和矩形热轧无缝钢管。

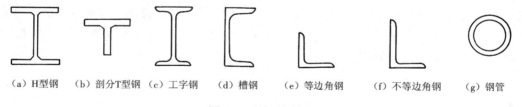

| （a）H型钢 | （b）剖分T型钢 | （c）工字钢 | （d）槽钢 | （e）等边角钢 | （f）不等边角钢 | （g）钢管 |

图 2-9　型钢种类

4. 冷弯薄壁型钢

采用薄钢板或带钢经模压或冷弯制成的不同截面形状的型钢,其壁厚一般为 1.5～6 mm,主要用于钢结构的屋面檩条和墙架梁等。冷弯薄壁型钢构件应按《冷弯薄壁型钢结构技术规范》GB 50018 进行设计。

2.5.3　钢结构钢材的选用

钢结构钢材的选用应遵循技术可靠、经济合理的原则,综合考虑结构的重要性、荷载特征、结构形式、应力状态、连接方法、工作环境、钢材厚度和价格等因素,选用合适的钢材牌号和材料性能保证项目。钢材宜采用 Q235、Q345 或 Q355、Q390、Q420、Q460 和 Q345GJ 钢、Q390GJ 钢、Q420GJ 钢、Q460GJ 钢;焊接承重结构为防止钢材的层状撕裂可采用 Z 向钢;处于外露环境,且对耐腐蚀有特殊要求或处于侵蚀性介质环境中的承重结构,可采用 Q235NH、Q355NH 和 Q415NH 耐候结构钢。

(1)承重结构所用的钢材应具有屈服强度、抗拉强度、断后伸长率和硫、磷含量的合格保证,对焊接结构尚应具有碳当量的合格保证。焊接承重结构以及重要的非焊接承重结构采用的钢材应具有冷弯试验的合格保证;对直接承受动力荷载或需验算疲劳的构件所用钢材尚应具有冲击韧性的合格保证。

(2)钢材质量等级的选用应符合下列规定:

①A 级钢仅可用于结构工作温度高于 0 ℃的不需验算疲劳的结构,且 Q235A 钢不宜用于焊接结构。

②需验算疲劳的焊接结构:当工作温度高于 0 ℃时其质量等级不应低于 B 级;当工作温度不高于 0 ℃但高于 −20 ℃时,Q235、Q345 或 Q355 钢不应低于 C 级,Q390、Q420 和 Q460 钢不应低于 D 级;当工作温度不高于 −20 ℃时,Q235、Q345 或 Q355 钢不应低于 D 级,Q390、Q420 和 Q460 钢应选用 E 级。

③需验算疲劳的非焊接结构,其钢材质量等级要求可较上述焊接结构降低一级但不应低于 B 级。吊车起重量不小于 50 t 的中级工作制吊车梁,其质量等级要求应与需要验算疲劳的构件相同。

(3)工作温度不高于 −20 ℃的受拉构件及承重构件的受拉板材应符合下列规定:

①所用钢材厚度或直径不宜大于 40 mm,质量等级不宜低于 C 级;

②当钢材厚度或直径不小于 40 mm 时,其质量等级不宜低于 D 级;

③重要承重结构的受拉板材宜满足《建筑结构用钢板》GB/T 19879 的要求。

(4)在 T 形、十字形和角形连接的焊接连接节点中,当板件厚度不小于 40 mm 且沿板厚方向有较高撕裂拉力作用,包括较高约束拉应力作用时,该部位板件钢材宜具有厚度方向抗撕裂性能即 Z 向性能的合格保证,其沿板厚方向断面收缩率不小于《厚度方向性能钢板》GB/T 5313 规定的 Z15 级允许限值。

习　题

1.通过钢材标准试件在常温、静载下的单向均匀拉伸试验,不能获得钢材的_____。
(A)屈服强度　　　　　　　　　(B)抗拉强度
(C)板件厚度方向性能　　　　　(D)断后伸长率
2. 钢材的设计强度指标是根据_____确定的。
(A)比例极限　　(B)弹性极限　　(C)屈服强度　　(D)抗拉强度
3.钢材的抗剪强度与抗拉强度的关系是_____。
(A)前者高于后者　(B)前者低于后者　(C)前者等于后者　(D)需试验确定
4. 断后伸长率 A 是反映钢材_____的性能指标。

（A）承载能力　　　　　　　　　　　（B）抵抗冲击荷载能力

（C）弹性变形能力　　　　　　　　　（D）塑性变形能力

5. 下列_____对钢材的冲击韧性影响最大。

（A）化学成分　　　（B）低温　　　　（C）高温　　　　（D）应力集中

6. 钢结构适于承受动力荷载,是由于钢材具有_____。

（A）良好的塑性　　　　　　　　　　（B）高强度

（C）良好的韧性　　　　　　　　　　（D）质地均匀、各向同性

7. 碳素结构钢中碳含量增加,下列叙述错误的是_____。

（A）疲劳强度提高　　（B）强度提高　　（C）塑性下降　　　（D）韧性下降

8. 下列因素中_____与钢材发生脆性破坏关系不大。

（A）屈服强度的大小　　　　　　　　（B）碳含量

（C）低温环境　　　　　　　　　　　（D）应力集中

答案: 1.（C）　　2.（C）　　3.（B）　　4.（D）　　5.（B）　　6.（C）　　7.（A）

　　　8.（A）

第3章　钢结构的连接

3.1　钢结构的连接方法及特点

钢结构的连接就是把钢板或型钢组合成构件,再将构件组合成结构,保证整体结构共同受力。因此,连接的方法及质量直接影响钢结构的质量、安全、造价和使用寿命。钢结构的连接必须符合安全可靠、传力明确、构造简单、制造方便和节约钢材的原则。

钢结构的连接方法可分为焊接连接(图3-1(a))、螺栓连接(图3-1(b))和铆钉连接(图3-1(c))三种。

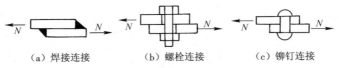

　(a) 焊接连接　　　(b) 螺栓连接　　　(c) 铆钉连接

图3-1　钢结构的连接方法

3.1.1　焊接连接

焊接连接的优点:①板件间可以直接相连,构造简单,制作加工方便;②不削弱截面,节省钢材;③连接的密闭性好,结构刚度大;④可实现自动化操作,提高焊接结构的质量。但焊接连接也存在很多的缺点:①焊缝附近热影响区内母材的金相组织发生改变,导致钢材变脆;②焊接残余应力和残余变形使受压构件承载力降低;③焊接结构对裂纹很敏感,局部裂纹一旦产生,容易扩展至整个截面,低温冷脆问题也较为突出。

焊接连接因其特有的优点而成为钢结构最主要的连接方法。焊接连接通常采用的方法为手工电弧焊、埋弧焊(自动或半自动)和气体保护电弧焊等。

1. 手工电弧焊

手工电弧焊,又称焊条电弧焊,其原理如图3-2所示。通电后在涂有药皮的焊条与焊件之间产生电弧,电弧的温度可高达6 000 ℃~8 000 ℃。在高温作用下,电弧周围的母材金属变成液态,形成熔池;同时焊条中的焊丝熔化滴落熔池中,与焊件的熔融金属相互结合,冷却后即形成焊缝。焊条药皮在焊接过程中产生气体,保护电弧和熔化金属,并形成熔

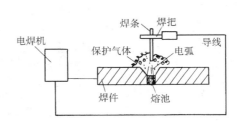

图3-2　电弧焊原理示意图

渣覆盖焊缝,防止空气中的氧、氮等有害气体与熔化金属接触形成易脆的化合物。

手工电弧焊的设备简单,操作灵活方便,适于任意空间位置的焊接,特别适于焊接短焊缝。但生产效率低,劳动强度大,焊工的技术水平直接影响焊接的质量。

手工电弧焊所用焊条应与母材相适应,一般是 Q235 钢采用 E43 型焊条,如 E4303 ~ E4340;Q345(Q355)、Q390 和 Q345GJ 钢采用 E50 和 E55 型焊条;Q420、Q460 钢采用 E55、E60 型焊条。焊条型号中,字母 E 表示焊条,前两位数字为熔敷金属的最小抗拉强度(单位 kgf/mm²),第三、四位数字表示适用焊接位置、电流以及药皮类型等。不同钢种的钢材焊接时,宜采用与低强度钢材相适应的焊条。

2. 埋弧焊(自动或半自动)

埋弧焊是电弧在焊剂层下燃烧的一种电弧焊方法,原理如图 3-3 所示。主要设备是自动电焊机,其可沿轨道按选定的速度移动。通电引弧后,由于电弧的作用使埋于焊剂下的焊丝和附近的焊剂熔化,焊渣浮在熔化的焊缝金属表面,使熔化金属不与空气接触,并供给焊缝金属必要的合金元素。随着焊机的自动移动,颗粒状的焊剂不断地由料斗漏下,电弧完全被埋在焊剂之内,同时焊丝也自动边熔化边下降,故称为自动埋弧焊。半自动和自动埋弧焊的区别仅在于前者沿焊接方向的移动靠手工操作完成。

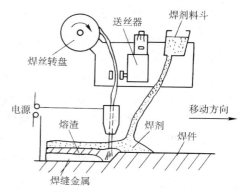

图 3-3　埋弧焊原理示意图

埋弧焊的焊丝不涂药皮,但施焊端为焊剂所覆盖,能对较细的焊丝采用大电流。电弧热量集中,熔深大,适于厚板的焊接,具有很高的生产效率。采用自动或半自动化操作,焊接时工艺条件稳定,焊缝化学成分均匀,故形成的焊缝质量好,焊件变形小。同时,较高的焊速也减小了热影响区的范围。但埋弧焊对焊件边缘的装配精度要求比手工焊高。

埋弧焊所用焊丝和焊剂应与母材强度相适应,要求焊缝与母材等强度。

3. 气体保护电弧焊

气体保护电弧焊是利用二氧化碳气体或其他惰性气体作为保护介质的一种电弧熔焊方法,其直接依靠保护气体在电弧周围形成局部保护层,以防止有害气体侵入并保证焊接过程的稳定性。

气体保护电弧焊的焊缝熔化区没有熔渣,焊工可清楚看到焊缝成型的过程。由于保护气体是喷射的,有助于熔滴的过渡。同时由于热量集中,焊接速度快,焊件熔深大,故所形成的焊缝强度比手工电弧焊的高,塑性和抗腐蚀性好,适用于全位置的焊接,但不适用于在风较大处施焊。

3.1.2　螺栓连接

螺栓连接分普通螺栓连接和高强度螺栓连接两大类。

1. 普通螺栓连接

普通螺栓分为 A、B、C 三级。A 级与 B 级为精制螺栓,C 级为粗制螺栓。

A 级螺栓用于 $d \leqslant 24$ mm 和 $L \leqslant 10d$ 或 $L \leqslant 150$ mm(按较小值)的螺栓;B 级螺栓用于 $d > 24$ mm 和 $L > 10d$ 或 $L > 150$ mm(按较小值)的螺栓;d 为螺栓公称直径,L 为螺栓公称长度。

A、B 级精制螺栓是由毛坯经轧制而成,表面光滑,尺寸准确,螺栓孔需钻模成孔(Ⅰ类孔)。由于具有较高的精度,因而受剪性能好,适于承受剪力和拉力。但螺栓与螺栓孔壁间隙很小,制作和安装都较复杂,价格较高,很少在钢结构中采用。螺栓孔径 d_0 比螺栓直径 d 大 $0.3 \sim 0.5$ mm。

C 级螺栓由圆钢辊压而成。由于螺栓表面粗糙,螺栓孔制作一般采用一次冲成或不用钻模成孔(Ⅱ类孔)。螺栓孔径 d_0 比螺栓直径 d 大 $1.0 \sim 1.5$ mm。由于螺栓与孔壁之间有较大的间隙,承受剪力时将产生较大的剪切滑移,连接的变形大。但采用 C 级螺栓的连接,施工简单,结构拆装方便,且能有效地传递拉力,故一般用于沿螺栓轴向受拉的连接,以及下列情况的受剪连接:承受静力荷载或间接承受动力荷载结构中的次要连接;承受静力荷载可拆卸结构的连接;临时固定构件用的安装连接。

A、B 级螺栓性能等级为 5.6 级或 8.8 级,C 级螺栓性能等级为 4.6 级或 4.8 级。螺栓的性能等级"$m.n$ 级",小数点前的数字表示螺栓成品的抗拉强度不小于 $m \times 100$ N/mm^2,小数点及小数点后的数字表示螺栓材料的屈强比,即屈服强度与抗拉强度的比值。

2. 高强度螺栓连接

高强度螺栓连接包括摩擦型连接和承压型连接两种类型。

1)摩擦型连接

摩擦型连接只依靠被连接板件接触面的摩擦力来传递剪力,以剪力达到摩擦力作为连接承载能力的极限状态。为了提高摩擦力,应对被连接板件的接触面进行处理。

摩擦型连接的剪切变形小,弹性性能好,安装简单,传力均匀,抗疲劳性能好,适用于直接承受动力荷载的结构。

2)承压型连接

承压型连接允许被连接板件间发生相对滑移,以螺栓被剪坏或承压破坏作为连接承载能力的极限状态。

承压型连接的承载力比摩擦型连接高,可节约螺栓,但连接达到最大承载力时产生微量滑移,不能用于直接承受动力荷载的结构中。

高强度螺栓性能等级包括 8.8 级和 10.9 级两种,即经热处理后,螺栓的抗拉强度分别不低于 830 N/mm^2 和 1 040 N/mm^2。

3.1.3 铆钉连接

铆钉连接包括号孔、钻孔、扩孔和打铆等多个工序。被连接板件按设计要求制成钉孔,孔径比铆钉直径一般大 1.0 mm。打铆时先将铆钉加热到 $900 \sim 1\,000$ ℃,迅速插入钉孔,使用风动铆钉枪或液压铆钉机把钉端打或压成铆钉头,铆合后的钉杆充满钉孔。由于铆钉冷缩,压紧被连接的板件,有利于铆接连接的整体性能。试验结果表明,钉孔质量直接影响连接的强度。铆钉连接的钢结构,其塑性和韧性都比焊接连接的好,传力可靠,连接质量容易检查,且对母材材质质量的要求比焊接结构低。但铆钉连接的钉孔削弱构件截面,制孔和打铆费料费工,且要求技术水平高,劳动条件差,所以目前在钢结构连接中已极少应用。

沉头和半沉头铆钉不得用于其杆轴方向受拉的连接。

3.1.4 钢结构连接方法的选用

钢结构应根据施工条件和作用荷载的性质选择合理的连接方法。

　　同一连接不得采用普通螺栓连接或高强度螺栓承压型连接与焊接并用的连接;在改、扩建工程中作为加固补强措施,可采用高强度螺栓摩擦型连接与焊接承受同一荷载的栓焊并用连接,其计算与构造应符合相关标准的规定。

3.2　焊缝种类和焊接连接形式

3.2.1　焊缝种类

　　焊缝种类包括角焊缝和对接焊缝。

1. 角焊缝

　　采用角焊缝时板件边缘不必坡口,焊缝金属直接填充在板件所形成的直角或斜角区域内,如图 3-4 所示。

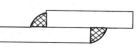

图 3-4　角焊缝

　　角焊缝按其截面形式可分为直角角焊缝(图 3-5)和斜角角焊缝(图 3-6)。两焊脚边夹角为 90° 的焊缝称为直角角焊缝,直角角焊缝的截面为表面微凸的等边直角三角形(图 3-5(a))。直角边长 h_f 称为角焊缝的焊脚尺寸,$h_e \approx 0.7 h_f$ 称为直角角焊缝的计算厚度。在直接承受动力荷载的结构中,角焊缝表面应加工成直线形(图 3-5(b))或凹形(图 3-5(c)),正面角焊缝焊脚尺寸比例宜为 1:1.5(长边顺内力方向),侧面角焊缝比例可为 1:1。斜角角焊缝常用于 T 形连接中。

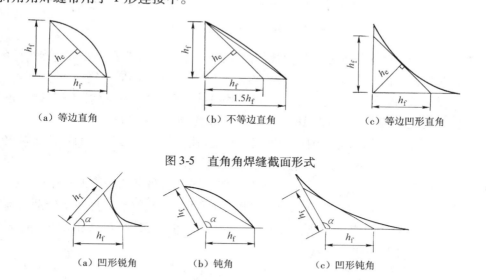

（a）等边直角　　　　　（b）不等边直角　　　　　（c）等边凹形直角

图 3-5　直角角焊缝截面形式

（a）凹形锐角　　　　　（b）钝角　　　　　（c）凹形钝角

图 3-6　斜角角焊缝截面形式

2. 对接焊缝

　　对接焊缝的板件边缘通常需加工坡口,如图 3-7 所示,焊缝金属填充在两板件的间隙内。根据焊缝填充情况,分为熔透对接焊缝和部分熔透对接焊缝。

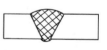

图 3-7　对接焊缝

　　T 形连接的对接焊缝称之为对接与角接组合焊缝。

钢结构受力和构造焊缝可采用对接焊缝、角焊缝、对接与角接组合焊缝。

3.2.2 焊接连接形式

焊接连接的形式是根据被连接板件的相互位置划分,一般分为平接、搭接、T形连接和角接四种形式(图3-8)。

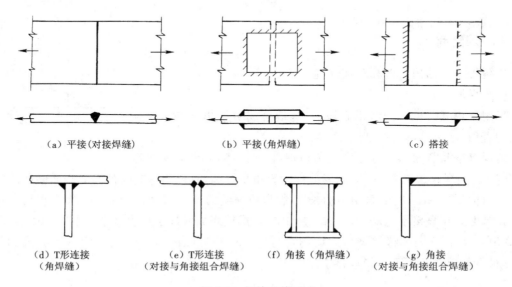

(a) 平接(对接焊缝)   (b) 平接(角焊缝)   (c) 搭接

(d) T形连接   (e) T形连接   (f) 角接(角焊缝)   (g) 角接
(角焊缝)   (对接与角接组合焊缝)   (对接与角接组合焊缝)

图3-8 焊接连接形式

平接主要用于厚度相同或相近的两板件的连接。图3-8(a)所示为采用对接焊缝的平接,由于连接的两板件在同一平面内,因而传力均匀平缓,没有明显的应力集中,且用料经济,但是板件边缘需要开坡口。图3-8(b)所示为采用两块拼接板和角焊缝的平接连接,这种连接传力不均匀,费料,但施工简便,所连接两板件的间隙大小无须严格控制。

图3-8(c)所示为采用角焊缝的搭接连接,特别适用于不同厚度板件的连接。搭接传力不均匀,用料较多,但构造简单,施工方便,目前被广泛应用。

T形连接省工省料,常用于制作组合截面构件。当采用角焊缝连接时(图3-8(d)),板件间存在缝隙,截面突变,应力集中现象严重,疲劳强度较低,可用于不直接承受动力荷载的连接。对于直接承受动力荷载的连接,如重级工作制吊车梁上翼缘与腹板的连接,应采用如图3-8(e)所示的对接与角接组合焊缝。

角接连接(图3-8(f)、(g))主要用于制作箱形截面构件。

3.2.3 焊缝施焊位置

按焊缝施焊的空间位置分为平焊(图3-9(a))、横焊(图3-9(b))、立焊(图3-9(c))和仰焊(图3-9(d))。平焊施焊方便。横焊和立焊要求焊工的操作水平比平焊高。仰焊的操作条件最差,焊缝质量不易保证,应尽量避免采用。

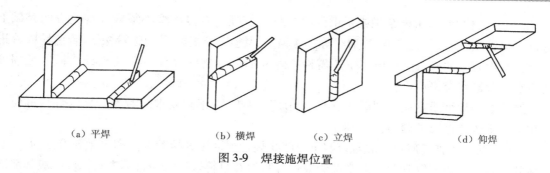

|（a）平焊|（b）横焊|（c）立焊|（d）仰焊|

图 3-9　焊接施焊位置

3.3　焊缝的质量检验及选用

3.3.1　焊缝缺陷

　　焊缝的缺陷是指焊接过程中产生于焊缝金属或附近热影响区母材表面或内部的缺陷,如图 3-10 所示,常见的缺陷包括裂纹(图(a))、焊瘤(图(b))、烧穿(图(c))、弧坑(图(d))、气孔(图(e))、夹渣(图(f))、咬边(图(g))、未熔合(图(h))和未焊透(图(i))等,以及焊缝尺寸不符合设计要求、焊缝成型不良等。裂纹是焊缝最危险的缺陷,产生裂纹的原因很多,如钢材化学成分不合理、焊接工艺条件(如电流、电压、焊速和施焊次序等)不合适和板件表面油污未清除干净等。

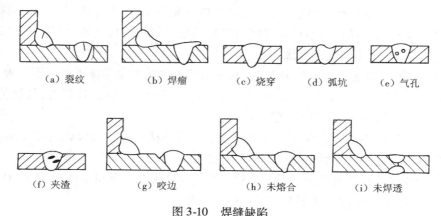

|（a）裂纹|（b）焊瘤|（c）烧穿|（d）弧坑|（e）气孔|
|（f）夹渣|（g）咬边|（h）未熔合|（i）未焊透|

图 3-10　焊缝缺陷

3.3.2　焊缝的质量检验

　　焊缝缺陷的存在将削弱焊缝的面积,在缺陷处引起应力集中,对连接的强度、冲击韧性及冷弯性能等均造成不利影响。因此,焊缝的质量检验极为重要。

　　焊缝质量检验一般分为外观检查和无损检验。

　　(1)外观检查:一般结构的焊缝均需进行外形尺寸与外观质量检查,即检查实际尺寸是否符合设计要求和有无肉眼可见的缺陷,如咬肉、烧穿、焊瘤和弧坑等缺陷,焊接区是否有飞溅物,焊缝表面焊波是否均匀,是否具有平滑的细鳞形,无折皱间断和未焊满的凹槽,与母材是否平滑过渡。焊缝应冷却至环境温度后进行外观检查。

（2）无损检测：对重要结构或要求焊缝与母材等强的对接焊缝必须在外观检查的基础上进行无损检测，如采用超声波、X 射线等方法检查焊缝内部缺陷，采用磁粉探伤、着色检验等进行焊缝表面裂纹的检查。重要部位若需检查焊缝的熔合情况等宜采用 X 射线检验。无损检测应在外观检查合格后进行。

经检查的焊缝质量应达到设计所要求的质量等级，达不到要求时对不合格的焊接部位应按相关规定进行返修处理，直至合格。

《钢结构工程施工质量验收规范》GB 50205 规定焊缝按其检验方法和质量要求分为一级、二级和三级。三级焊缝只要求对全部焊缝做外观检查且符合三级质量标准；一级、二级焊缝除外观检查外，还分别要求 100% 和不少于 20% 的无损检测并符合相应级别的质量标准。

3.3.3 焊缝质量等级的选用

焊缝的质量等级应根据结构的重要性、荷载特征、焊缝形式、工作环境以及应力状态等情况，按《钢结构设计标准》GB 50017 规定选用。

（1）承受动力荷载且需要进行疲劳验算的构件，凡要求与母材等强连接的焊缝应焊透，其质量等级应符合下列规定：

①作用力垂直于焊缝长度方向的对接焊缝或 T 形对接与角接组合焊缝，受拉时应为一级，受压时不应低于二级；

②作用力平行于焊缝长度方向的对接焊缝不应低于二级；

③重级工作制（A6～A8）和起重量 $Q \geqslant 50$ t 的中级工作制（A4、A5）吊车梁的腹板与上翼缘之间以及吊车桁架上弦杆与节点板之间的 T 形连接部位焊缝应焊透，焊缝宜为对接与角接组合焊缝，其质量等级不应低于二级。

（2）在工作温度等于或低于 −20 ℃时，构件对接焊缝的质量等级不得低于二级。

（3）不需要进行疲劳验算的构件，凡要求与母材等强的对接焊缝宜焊透，其质量等级受拉时不应低于二级，受压时不宜低于二级。

（4）部分熔透的对接焊缝、采用角焊缝或部分熔透对接与角接组合焊缝的 T 形连接部位，以及搭接连接角焊缝，其质量等级应符合下列规定：

①直接承受动力荷载且需要进行疲劳验算的构件和吊车起重量等于或大于 50t 的中级工作制吊车梁以及梁柱、牛腿等重要节点不应低于二级；

②其他可为三级。

3.4 角焊缝的构造要求和强度

角焊缝按其受力的方向可分为正面角焊缝、侧面角焊缝和斜焊缝。正面角焊缝的焊缝长度方向与作用力垂直（图 3-11（a））；侧面角焊缝的焊缝长度方向与作用力平行（图 3-11（b））；斜焊缝的焊缝长度方向与作用力成一定角度。图3-11（c）为由正面角焊缝、侧面角焊缝和斜焊缝组成的混合焊缝，通常称为围焊缝。

侧面角焊缝主要承受剪力，塑性性能较好，弹性模量低，强度也较低。如图 3-12 所示，传力力线通过侧面角焊缝时产生弯折，因而应力沿焊缝长度方向分布不均匀，两端大中间小。焊缝越长,应力分布越不均匀,但达到塑性状态时,应力重分布,渐趋均匀。

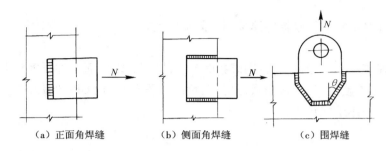

（a）正面角焊缝　　　　（b）侧面角焊缝　　　　（c）围焊缝

图 3-11　焊缝长度与作用力方向的关系

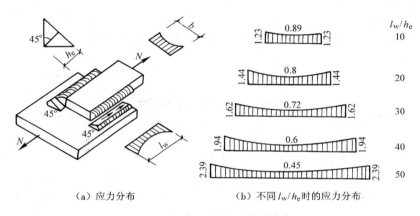

（a）应力分布　　　　　（b）不同 l_w/h_e 时的应力分布

图 3-12　侧面角焊缝应力分布

如图 3-13 所示,正面角焊缝截面应力分布复杂,两直角边面上均存在正应力和剪应力,焊根处存在很严重的应力集中(图(b))。一方面是由于传力力线弯折,另一方面焊根处是两焊件接触面的端部,相当于裂缝的尖端。正面角焊缝破坏时的强度高于侧面角焊缝,但塑性变形能力差。

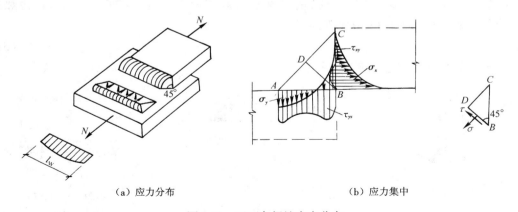

（a）应力分布　　　　　　　　（b）应力集中

图 3-13　正面角焊缝应力分布

斜焊缝的受力性能和强度介于正面角焊缝和侧面角焊缝之间。

3.4.1 角焊缝的构造要求

采用角焊缝时不宜将较厚板件焊接到较薄板件上。

1. 最小焊脚尺寸

角焊缝的焊脚尺寸不能过小,否则焊接时产生的热量较小,而板件厚度较大致使施焊时冷却速度过快,产生淬硬组织,导致母材开裂。《钢结构设计标准》GB 50017 规定的最小焊角尺寸见表3-1,也可采用下式计算:

$$h_f \geqslant 1.5\sqrt{t_2} \tag{3-1}$$

式中:t_2——较厚板件厚度(mm)。

焊脚尺寸取整数。

按式(3-1)计算时,自动埋弧焊熔深较大,所取最小焊脚尺寸可减少 1 mm;T 形连接的单面角焊缝应增加 1 mm。

表 3-1　角焊缝最小焊脚尺寸(mm)

板件厚度 t	最小焊脚尺寸 h_f
$t \leqslant 6$	3
$6 < t \leqslant 12$	5
$12 < t \leqslant 20$	6
$t > 20$	8

注:1 采用不预热的非低氢焊接方法进行焊接时,t 为较厚板件厚度,宜采用单道焊缝;采用预热的非低氢焊接方法进行焊接时,t 为较薄板件厚度;

　2 焊缝尺寸 h_f 要求不超过较薄板件厚度的情况除外。

直接承受动力荷载时,角焊缝焊脚尺寸不得小于 5 mm。

2. 最大焊脚尺寸

为了避免焊缝收缩时产生较大的焊接残余应力和残余变形,且热影响区扩大,产生热脆,角焊缝的焊脚尺寸(图3-14(a))应满足:

$$h_f \leqslant 1.2t_1 \tag{3-2}$$

式中:t_1——较薄板件厚度。

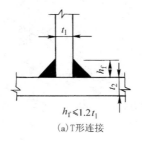

$h_f \leqslant 1.2t_1$

(a)T形连接

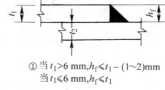

①当 $t_1 > 6$ mm,$h_f \leqslant t_1 - (1 \sim 2)$mm
当 $t_1 \leqslant 6$ mm,$h_f \leqslant t_1$

(b)搭接焊接

$h_{f1} \leqslant 1.2t_1$, $h_{f2} \geqslant 1.5\sqrt{t_2}$

(c)不等焊角尺寸

图 3-14　角焊缝最大焊脚尺寸

为避免施焊时产生咬边,板件边缘的角焊缝(图 3-14(b)),当板件厚度 $t > 6$ mm 时,取 $h_f \leqslant t - (1 \sim 2)$ mm;当 $t \leqslant 6$ mm 时,通常采用小焊条施焊,取 $h_f \leqslant t$。

角焊缝的两焊脚尺寸一般相等,当板件的厚度相差较大,采用等焊脚尺寸无法满足最大、最小焊脚尺寸要求时,可采用不等焊脚尺寸(图 3-14(c))。

较薄板件厚度 $\geqslant 25$ mm 时,宜采用开局部坡口的角焊缝,角焊缝的焊角尺寸一般不大于 16 mm。

3. 角焊缝最小计算长度

角焊缝的焊脚尺寸大而长度较小时,焊件局部加热严重,焊缝引弧收弧所引起的缺陷相距太近,同时焊缝中可能还存的其他缺陷(气孔、非金属夹杂等)使焊缝不够可靠。搭接连接的侧面角焊缝,如果焊缝长度过小,由于传力力线弯折大,也会造成严重的应力集中。因此,角焊缝的计算长度不得小于 $8h_f$ 和 40 mm,焊缝的计算长度为减去引弧收弧长度后的焊缝长度。

4. 塞焊和槽焊焊缝的构造要求

塞焊和槽焊焊缝是两板件贴合时,在其中一块板件上开圆孔或长槽孔,在孔中施焊的焊缝。塞焊和槽焊焊缝的尺寸、间距和焊缝高度应符合下列规定:

(1)塞焊的最小中心间距为孔径的 4 倍,槽焊平行于槽孔长度方向的最小间距为槽孔长度的 2 倍,垂直于槽孔长度方向的最小间距为槽孔宽度的 4 倍。

(2)塞焊的最小孔径不得小于开孔板厚度加 8 mm,最大孔径为最小孔径加 3 mm 和 2.25 倍开孔板厚度的较大值。槽孔长度不应超过开孔板厚度的 10 倍,最小、最大槽孔宽度同塞焊最小、最大孔径的规定。

(3)塞焊和槽焊的焊缝高度:当板件厚度不大于 16 mm 时,与板件厚度相同;当板件厚度大于 16 mm 时,不小于板件厚度的 1/2 和 16 mm 的较大值。

(4)承受动力荷载不需要进行疲劳验算的构件,孔边缘到板件边缘在垂直于受力方向的距离不应小于板件厚度的 5 倍,且不应小于孔径或槽宽的 2 倍。

5. 搭接连接的构造要求

当板件端部仅采用两条侧面角焊缝的搭接连接(图 3-15),试验结果表明,连接强度与 B/l 有关,B 为两侧面角焊缝之间的距离,l 为侧面角焊缝的长度。当 $B/l > 1$ 时,由于力传递过分弯折使焊缝中应力分布不均匀,连接强度随 B/l 的增大而明显降低,因此要求 $B/l \leqslant 1$。当不满足要求时,应增加正面角焊缝或中间塞焊、槽焊,以免因焊缝横向收缩,引起板件拱曲。

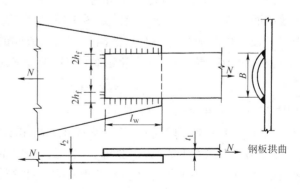

图 3-15　板件搭接连接

型钢构件端部只采用侧面角焊缝搭接连接时,构件宽度不应大于 200 mm;当宽度大于 200 mm 时,应增加正面角焊缝或中间塞焊、槽焊,构件侧面角焊缝的长度不应小于构件的宽度。

承受动力荷载不需进行疲劳验算构件的端部搭接连接,应使 $B/l \leqslant 1$,且在无塞焊、槽焊等其他措施时,两侧面角焊缝之间的距离不应大于$16t$,t为较薄板件的厚度。

传递轴力的板件搭接连接中,搭接长度不得小于较薄板件厚度的 5 倍,也不得小于 25 mm(图 3-16),并应施焊侧面或正面双角焊缝。

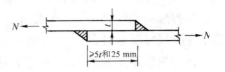

图 3-16　板件搭接长度

6. 断续角焊缝的构造要求

焊缝沿长度可布置为连续角焊缝和断续角焊缝(图 3-17)。连续角焊缝的受力性能较好,为主要采用的形式。断续角焊缝在引弧收弧处容易引起应力集中,只能用于次要构件或次要焊接连接中。断续角焊缝的焊段长度不应小于焊缝最小计算长度;间断长度 l 不宜过长,以免连接不紧密,潮气侵入引起构件锈蚀。一般受压构件应满足 $l \leq 15t$,受拉构件 $l \leq 30t$,t 为较薄焊件的厚度。腐蚀环境中和承受动力荷载时,不得采用断续角焊缝。

（a）连续角焊缝　　　　　　　　　　（b）断续角焊缝

图 3-17　连续角焊缝和断续角焊缝

7. 减小角焊缝应力集中的构造要求

板件端部搭接采用三面围焊时,转角处截面突变,产生应力集中,如在此处引弧收弧,可能出现弧坑或咬肉等缺陷,从而加大应力集中的影响,故所有围焊的转角处应连续施焊。对于非围焊情况,在板件端部可连续实施长度不小于 $2h_f$ 的绕角焊(图 3-15)。

3.4.2　直角角焊缝的强度验算公式

试验表明,直角角焊缝的破坏通常发生在 45°方向的最小截面,此截面称为直角角焊缝的有效截面。焊缝有效截面的应力如图 3-18 所示,包括垂直于焊缝有效截面的正应力 $\sigma_\perp$、垂直于焊缝长度方向的剪应力 $\tau_\perp$ 以及沿焊缝长度方向的剪应力 $\tau_{/\!/}$。

根据试验结果,国际标准化组织(ISO)推荐采用下式确定角焊缝的极限强度:

$$\sqrt{\sigma_\perp^2 + 1.8(\tau_\perp^2 + \tau_{/\!/}^2)} = f_u^w \qquad (3-3)$$

式中:f_u^w——焊缝金属的抗拉强度。

式(3-3)是根据 ST37(相当于 Q235 钢)得到的,对于其他钢种,式(3-3)左边的系数在 1.7 ～ 3.0 之间变化。为使式(3-3)能够适用于较多的钢种,同是也为了与母材基于能量强度理论的折算应力计算公式一致,欧洲钢结构协会(ECCS)将式(3-3)中的系数 1.8 改为 3.0,即:

$$\sqrt{\sigma_\perp^2 + 3(\tau_\perp^2 + \tau_{/\!/}^2)} = f_u^w \qquad (3-4)$$

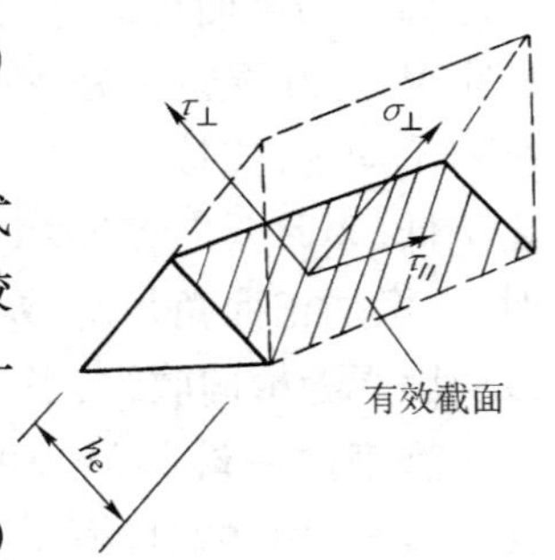

应用式(3-4)进行计算时,需要计算有效截面的应力分量,比较复杂。不少国家均在此基础上进行简化,以作为标准的验算公式。

图 3-18　直角角焊缝有效截面应力

我国《钢结构设计标准》GB 50017 在简化时,假定焊缝在有效截面破坏,各应力分量满足折算应力计算式(3-4)。由于《钢结构设计标准》GB 50017 中的角焊缝强度设计值 f_f^w 是根据抗剪条件确定的,而 $\sqrt{3}f_f^w$ 相当于角焊缝的抗拉强度设计值,则:

$$\sqrt{\sigma_\perp^2 + 3(\tau_\perp^2 + \tau_\#^2)} = \sqrt{3}f_f^w \tag{3-5}$$

以图 3-19 所示承受斜向轴力 F 的直角角焊缝为例,推导角焊缝的强度验算公式。

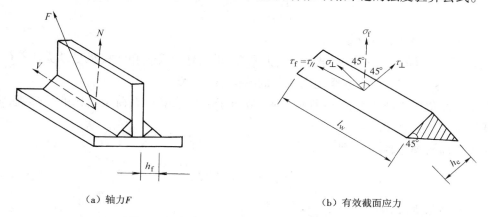

（a）轴力 F　　　　　　　　　　　　　　　（b）有效截面应力

图 3-19　承受轴力直角角焊缝有效截面的应力

轴力 F 分解为互相垂直的分力 N 和 V,N 在焊缝有效截面引起垂直于焊缝一个直角边的应力 σ_f,该应力对有效截面既不是正应力,也不是剪应力,而是 $\sigma_\perp$ 和 $\tau_\perp$ 的合力。

$$\sigma_f = \frac{N}{h_e l_w} \tag{3-6}$$

当两板件间隙 $b \leqslant 1.5$ mm 时

$$h_e = 0.7h_f \tag{3-7a}$$

当 1.5 mm $< b \leqslant 5$ mm 时

$$h_e = 0.7(h_f - b) \tag{3-7b}$$

式中:σ_f——按焊缝有效截面($h_e l_w$)计算,垂直于焊缝长度方向的应力;

h_e——直角角焊缝的计算厚度;

h_f——焊脚尺寸(图 3-19(a));

l_w——角焊缝的计算长度,考虑引弧收弧缺陷,每条焊缝取其实际长度减去 $2h_f$。

对于图 3-19(b)所示的直角角焊缝:

$$\sigma_\perp = \tau_\perp = \frac{\sigma_f}{\sqrt{2}}$$

沿焊缝长度方向的分力 V 在焊缝有效截面引起平行于焊缝长度方向的剪应力:

$$\tau_f = \tau_\# = \frac{V}{h_e l_w} \tag{3-8}$$

式中:τ_f——按焊缝有效截面计算,沿焊缝长度方向的剪应力。

将不同方向的应力代入式(3-3),则直角角焊缝的强度验算式:

$$\sqrt{4\left(\frac{\sigma_{\mathrm{f}}}{\sqrt{2}}\right)^2 + 3\tau_{\mathrm{f}}^2} \leqslant \sqrt{3} f_{\mathrm{f}}^{\mathrm{w}}$$

令 $\beta_{\mathrm{f}} = \sqrt{\dfrac{3}{2}}$,则:

$$\sqrt{\left(\frac{\sigma_{\mathrm{f}}}{\beta_{\mathrm{f}}}\right)^2 + \tau_{\mathrm{f}}^2} \leqslant f_{\mathrm{f}}^{\mathrm{w}} \tag{3-9}$$

式中 $f_{\mathrm{f}}^{\mathrm{w}}$——角焊缝的强度设计值;

β_{f}——正面角焊缝的强度设计值增大系数;承受静力荷载和间接承受动力荷载的结构, $\beta_{\mathrm{f}} = 1.22$;直接承受动力荷载的结构, $\beta_{\mathrm{f}} = 1.0$。

由于正面角焊缝刚度大,塑性性能较差,故对于直接承受动力荷载结构的角焊缝,将其强度降低使用,取 $\beta_{\mathrm{f}} = 1.0$。

对于正面角焊缝, $\tau_{\mathrm{f}} = 0$,则:

$$\sigma_{\mathrm{f}} = \frac{N}{h_e l_{\mathrm{w}}} \leqslant \beta_{\mathrm{f}} f_{\mathrm{f}}^{\mathrm{w}} \tag{3-10}$$

对于侧面角焊缝, $\sigma_{\mathrm{f}} = 0$,则:

$$\tau_{\mathrm{f}} = \frac{V}{h_e l_{\mathrm{w}}} \leqslant f_{\mathrm{f}}^{\mathrm{w}} \tag{3-11}$$

式(3-9)~式(3-11)即为角焊缝的强度验算公式。只要求得焊缝有效截面垂直于焊缝长度方向的应力 σ_{f} 和平行于焊缝长度方向的应力 τ_{f},代入上述公式就可验算任何受力状况的角焊缝强度。

侧面角焊缝在弹性状态沿长度方向受力不均匀,两端大中间小,焊缝越长受力越不均匀。在静力荷载作用下,如果焊缝长度适宜,当焊缝两端进入塑性状态后,继续加载应力会渐趋均匀。但是如果焊缝长度超过某一限值时,可能焊缝两端首先发生破坏,所以规定侧面角焊缝的计算长度 $l_{\mathrm{w}} > 60 h_{\mathrm{f}}$ 时,焊缝的强度设计值应乘以折减系数:

$$a_{\mathrm{f}} = 1.5 - \frac{l_{\mathrm{w}}}{120 h_{\mathrm{f}}} \tag{3-12}$$

当 $l_{\mathrm{w}} > 120 h_{\mathrm{f}}$ 时,取 $a_{\mathrm{f}} = 0.5$。

角焊缝的强度与熔深有关。埋弧自动焊熔深较大,若在确定焊缝厚度时考虑熔深对焊缝强度的影响,可带来较大的经济效益。

3.4.3 直角角焊缝的强度验算

1. 承受轴力的角焊缝强度验算

1)拼接板的角焊缝强度验算

当轴力通过拼接板焊缝形心时,可假定焊缝应力均匀分布。

图 3-20 所示的连接中,当只有侧面角焊缝时,按式(3-11)计算,当只有正面角焊缝时,按式(3-10)计算。

当采用三面围焊时,首先计算正面角焊缝所承担的力:

$$N_1 = \beta_{\mathrm{f}} f_{\mathrm{f}}^{\mathrm{w}} \sum h_e l_{\mathrm{w1}}$$

式中：$\sum h_e l_{wl}$——连接一侧正面角焊缝有效

　　　　　　面积之和。

再由式（3-11）验算侧面角焊缝的强度：

$$\tau_f = \frac{N - N_1}{\sum h_e l_w} \leqslant f_f^w$$

式中：$\sum h_e l_w$——连接一侧侧面角焊缝有效

面积之和。

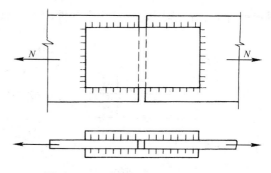

图 3-20　承受轴力的拼接板角焊缝

2）承受斜向轴力的角焊缝强度验算

图 3-21 所示承受斜向轴力的角焊缝强度验算。

（1）分力法。将力 F 分解为垂直和平行于焊缝长度方向的分力 $N = F\sin\theta, V = F\cos\theta$，则：

$$\sigma_f = \frac{F\sin\theta}{\sum h_e l_w}$$

$$\tau_f = \frac{F\cos\theta}{\sum h_e l_w}$$

代入式（3-9）验算角焊缝的强度：

$$\sqrt{\left(\frac{\sigma_f}{\beta_f}\right)^2 + \tau_f^2} \leqslant f_f^w$$

（2）直接法。将 σ_f 和 τ_f 代入式（3-9）：

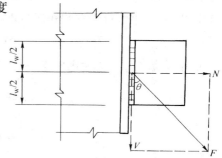

图 3-21　承受斜向轴力的角焊缝

$$\sqrt{\left[\frac{F\sin\theta}{\beta_f \sum h_e l_w}\right]^2 + \left[\frac{F\cos\theta}{\sum h_e l_w}\right]^2} \leqslant f_f^w$$

取 $\beta_f^2 = 1.22^2 \approx 1.5$，则：

$$\frac{F}{\sum h_e l_w} \sqrt{\frac{\sin^2\theta}{1.5} + \cos^2\theta} = \frac{F}{\sum h_e l_w} \sqrt{1 - \frac{\sin^2\theta}{3}} \leqslant f_f^w$$

令

$$\beta_{f\theta} = \frac{1}{\sqrt{1 - \frac{\sin^2\theta}{3}}} \qquad (3-13)$$

则斜焊缝的强度验算式：

$$\frac{F}{\sum h_e l_w} \leqslant \beta_{f\theta} f_f^w$$

式中：$\beta_{f\theta}$——斜焊缝的强度设计值增大系数，其值介于 1.0 ~ 1.22 之间，直接承受动力荷载的结构，取 $\beta_{f\theta} = 1.0$；

　　　θ——作用力与焊缝长度方向的夹角。

3）承受轴力双角钢与节点板连接的角焊缝强度验算

钢桁架中双角钢腹杆与节点板的连接一般采用两面侧焊（图 3-22（a））或三面围焊（图 3-22（b）），特殊情况也可采用 L 形焊（图 3-22（c））。腹杆受轴力时，为了避免焊缝偏心受力，焊缝所传递合力的作用线应与角钢杆件的轴线重合。

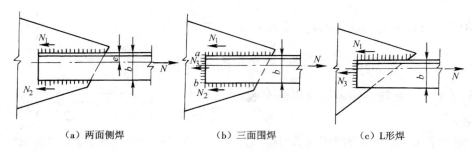

（a）两面侧焊　　　　　　（b）三面围焊　　　　　　（c）L形焊

图3-22　角钢腹杆与节点板连接的角焊缝

对于三面围焊（图3-22（b）），可先假设正面角焊缝的焊脚尺寸 h_{f3}，计算正面角焊缝所承担的轴力 N_3。当腹杆为双角钢组成的 T 形截面，且肢宽为 b 时：

$$N_3 = 2 \times 0.7 h_{f3} b \beta_f f_f^w$$

由平衡条件 $\sum M_b = 0$ 和 $\sum M_a = 0$，可得：

$$N_1 = \frac{N(b-e)}{b} - \frac{N_3}{2} = k_1 N - \frac{N_3}{2}$$

$$N_2 = \frac{Ne}{b} - \frac{N_3}{2} = k_2 N - \frac{N_3}{2}$$

式中：N_1、N_2——角钢肢背、肢尖侧面角焊缝承受的轴力；

　　　　e——角钢形心距；

　　　　k_1、k_2——角钢肢背、肢尖焊缝的轴力分配系数，按表3-2采用。

表3-2　角钢侧面角焊缝轴力分配系数

角钢种类	连接情况	肢背 k_1	肢尖 k_2
等边角钢		0.70	0.30
不等边角钢（短边相连）		0.75	0.25
不等边角钢（长边相连）		0.65	0.35

对于两面侧焊（图3-22（a）），$N_3 = 0$，则：

$$N_1 = k_1 N$$

$$N_2 = k_2 N$$

求得焊缝承受的轴力后,按构造要求假设肢背和肢尖焊缝的焊脚尺寸,即可计算焊缝的计算长度:

$$l_{w1} = \frac{N_1}{2 \times 0.7 h_{f1} f_f^w}$$

$$l_{w2} = \frac{N_2}{2 \times 0.7 h_{f2} f_f^w}$$

式中:h_{f1}、l_{w1}——一个角钢肢背侧面角焊缝的焊脚尺寸及计算长度;

h_{f2}、l_{w2}——一个角钢肢尖侧面角焊缝的焊脚尺寸及计算长度。

考虑每条焊缝两端的起弧收弧缺陷,实际焊缝长度为计算长度加 $2h_f$;但对于三面围焊,由于在杆件端部转角处必须连续施焊,每条侧面角焊缝只有一端可能起弧收弧,故焊缝实际长度为计算长度加上 h_f;对于采用绕角焊的侧面角焊缝实际长度等于计算长度加上 h_f(绕角焊缝长度 $2h_f$ 不计)。

当杆件肢尖布置焊缝困难时,可采用 L 形焊(图 3-22(c))。由于只有正面角焊缝和角钢肢背的侧面角焊缝,$N_2 = 0$,则:

$$N_3 = 2k_2 N$$

$$N_1 = N - N_3$$

N_1 已知,可计算角钢肢背焊缝的计算长度。角钢端部正面角焊缝的长度已知,可按下式计算其焊脚尺寸:

$$h_{f3} = \frac{N_3}{2 \times 0.7 l_{w3} \beta_f f_f^w}$$

式中 $l_{w3} = b - h_f$。

[**例题 3-1**]　验算图 3-21 所示直角角焊缝的强度。已知焊缝承受的斜向静力荷载设计值 $F = 250$ kN,$\theta = 60°$,角焊缝的焊脚尺寸 $h_f = 8$ mm,实际长度 $l = 155$ mm,钢材为 Q235B,手工焊,焊条为 E43 型。

[**解**]

将力 F 分解为垂直于焊缝和平行于焊缝的分力

$$N = F\sin \theta = F\sin 60° = 250 \times \frac{\sqrt{3}}{2} = 216.5 (\text{kN})$$

$$V = F\cos \theta = F\cos 60° = 250 \times \frac{1}{2} = 125 (\text{kN})$$

则　　　　　$$\sigma_f = \frac{N}{2h_e l_w} = \frac{216.5 \times 10^3}{2 \times 0.7 \times 8 \times (155 - 16)} = 139.1 (\text{N/mm}^2)$$

$$\tau_f = \frac{V}{2h_e l_w} = \frac{125 \times 10^3}{2 \times 0.7 \times 8 \times (155 - 16)} = 80.3 (\text{N/mm}^2)$$

根据附表 1-2,Q235 钢、E43 型焊条手工焊,$f_f^w = 160$ N/mm²。

焊缝强度验算

$$\sqrt{\left(\frac{\sigma_f}{\beta_f}\right)^2 + \tau_f^2} = \sqrt{\left(\frac{139.1}{1.22}\right)^2 + 80.3^2} = 139.5 (\text{N/mm}^2) < f_f^w = 160 \text{ N/mm}^2 (满足要求)$$

[**例题 3-2**] 设计采用拼接板的平接连接(图 3-23)。已知钢板宽度 $B = 270$ mm,厚度 $t_2 = 28$ mm,拼接板厚度 $t_1 = 20$ mm。该连接承受的静轴力设计值 $N = 1\,400$ kN,钢材为 Q235B,手工焊,焊条为 E43 型。

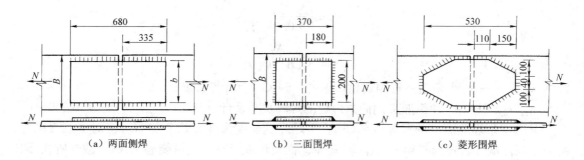

图 3-23 例题 3-2 图

[**解**]

设计采用拼接板的平接连接有两种方法。一种方法是假设焊脚尺寸求焊缝长度,再由焊缝长度确定拼接板尺寸;另一方法是先假设焊脚尺寸和拼接板尺寸,然后验算焊缝的强度。如果假设的焊缝尺寸不能满足强度要求,则应调整焊脚尺寸,再进行验算,直到满足强度要求。

角焊缝的焊脚尺寸 h_f 应根据构造要求确定。由于焊缝在板件边缘施焊,且拼接板厚度 $t_1 = 20$ mm,则最大 $h_f = t_1 - (1 \sim 2) = 20 - (1 \sim 2) = 19 \sim 18$(mm)。

根据表 3-1,最小 $h_f = 6$ mm

$$1.5\sqrt{t_2} = 1.5\sqrt{28} = 7.9 \,(\text{mm})$$

取 $h_f = 12$ mm。

(1)两面侧焊

如图 3-23(a)所示,连接一侧所需焊缝的总计算长度

$$\sum l_w = \frac{N}{h_e f_f^w} = \frac{1\,400 \times 10^3}{0.7 \times 12 \times 160} = 1\,042\,(\text{mm})$$

此平接连接采用了上下两块拼接板,一侧共有 4 条侧焊缝,一条侧焊缝的实际长度

$$l = \frac{\sum l_w}{4} + 2h_f = \frac{1\,042}{4} + 24 = 282.5\,(\text{mm}) < 60h_f = 60 \times 12 = 720\,(\text{mm})$$

所需的拼接板长度

$$L = 2l + 10 = 2 \times 282.5 + 10 = 575\,(\text{mm}),\ \text{取}\ 590\ \text{mm}。$$

式中 10 mm 为两块被连接钢板的间隙。

根据强度条件,在钢材种类相同的情况下,拼接板的截面积 A' 应等于或大于被连接钢板的截面积。

选定拼接板宽度 $b = 200$ mm,则

$$A' = 200 \times 2 \times 20 = 8\,000\,(\text{mm}^2) > A = 270 \times 28 = 7\,560\,(\text{mm}^2)\,(\text{满足要求})$$

拼接板尺寸为 −20 × 200 × 590。

（2）三面围焊

采用三面围焊（图 3-24（b））可以减小两侧侧面角焊缝的长度，从而减小拼接板的尺寸。设拼接板的宽度和厚度与采用两面侧焊时相同，仅需求拼接板长度。

已知正面角焊缝的长度 $l_w = b = 200$ mm，则正面角焊缝所承担的力

$$N_1 = 2h_e l_w \beta_f f_f^w = 2 \times 0.7 \times 12 \times 200 \times 1.22 \times 160 = 655\ 872(\text{N})$$

连接一侧所需侧面角焊缝的总计算长度

$$\sum l_w = \frac{N - N_1}{h_e f_f^w} = \frac{1\ 400\ 000 - 655\ 872}{0.7 \times 12 \times 160} = 553.7(\text{mm})$$

连接一侧共有 4 条侧面角焊缝，则 1 条侧面角焊缝的实际长度

$$l = \frac{\sum l_w}{4} + h_f = \frac{553.7}{4} + 12 = 150.4(\text{mm})，采用 160 mm。$$

拼接板的长度

$$L = 2l + 10 = 2 \times 160 + 10 = 330(\text{mm})$$

拼接板尺寸为 $-20 \times 200 \times 330$。

（3）菱形围焊

如图 3-23（c）所示，当拼接板宽度较大时，采用菱形拼接板可减小角部的应力集中，从而使连接性能得以改善。菱形拼接板的连接焊缝由正面角焊缝、侧面角焊缝和斜焊缝组成。设计时，一般先假设拼接板的尺寸再进行验算。拼接板尺寸如图 3-23（c）所示，则各部分焊缝的承载力分别为：

正面角焊缝

$$N_1 = 2h_e l_{w1} \beta_f f_f^w = 2 \times 0.7 \times 12 \times 40 \times 1.22 \times 160 = 131.2(\text{kN})$$

侧面角焊缝

$$N_2 = 4h_e l_{w2} f_f^w = 4 \times 0.7 \times 12 \times (110 - 12) \times 160 = 526.8(\text{kN})$$

斜焊缝

斜焊缝与作用力夹角 $\theta = \arctan\left(\frac{100}{150}\right) = 33.7°$，可得

$$\beta_{f\theta} = \frac{1}{\sqrt{1 - \frac{\sin^2 33.7}{3}}} = 1.06$$

则　　　　$$N_3 = 4h_e l_{w3} \beta_{f\theta} f_f^w = 4 \times 0.7 \times 12 \times 180 \times 1.06 \times 160 = 1\ 025.7(\text{kN})$$

连接一侧焊缝所能承受的力为：

$$N' = N_1 + N_2 + N_3 = 131.2 + 526.8 + 1\ 025.7 = 1\ 683.7(\text{kN}) > N = 1\ 400\ \text{kN}（满足要求）$$

［**例题 3-3**］　一桁架腹杆的截面为 $2\angle140 \times 10$，钢材为 Q235B 钢，手工焊，焊条为 E43型。杆件承受静力荷载，由永久荷载标准值产生的 $N_{G_k} = 250$ kN（$\gamma_G = 1.3$），由可变荷载标准值产生的 $N_{Q_k} = 540$ kN（$\gamma_Q = 1.5$）。腹杆与 16 mm 厚的节点板相连，如图 3-24 所示。分别设计下列情况的此节点连接：①采用三面围焊；②采用两面侧焊；③采用 L 形焊。

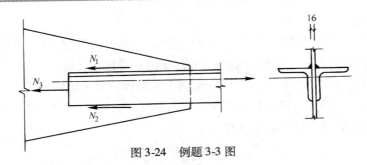

图 3-24 例题 3-3 图

[解]

（1）三面围焊

确定角焊缝的焊脚尺寸 h_f：

根据表 3-1，最小 $h_f = 5$ mm

$$h_f = 1.5\sqrt{t_2} = 1.5\sqrt{16} = 6(\text{mm})$$

最大 $h_f = t_1 - (1\sim2) = 10 - (1\sim2) = 9\sim8(\text{mm})$

采用 $h_f = 8$ mm。

轴力设计值

$$N = \gamma_G N_{G_k} + \gamma_Q N_{Q_k} = 1.3 \times 250 + 1.5 \times 540 = 325 + 810 = 1\,135(\text{kN})$$

正面角焊缝所承担的力

$$N_3 = \sum h_e l_w \beta_f f_f^w = 2 \times 0.7 \times 8 \times 140 \times 1.22 \times 160 \times 10^{-3} = 306.1(\text{kN})$$

侧面角焊缝承受的力

$$N_1 = k_1 N - \frac{N_3}{2} = 0.7 \times 1\,135 - \frac{306.1}{2} = 641.5(\text{kN})$$

$$N_2 = N - N_1 - N_3 = 1\,135 - 641.5 - 306.1 = 187.4(\text{kN})$$

肢背焊缝的计算长度

$$l_{w1} \geq \frac{N_1}{2h_e f_f^w} = \frac{641.5 \times 10^3}{2 \times 0.7 \times 8 \times 160} = 358.0(\text{mm}) < 60h_f = 480(\text{mm})$$

实际焊缝长度 $l_1 = l_{w1} + h_f = 358.0 + 8 = 364.0(\text{mm})$，取 370 mm。

肢尖焊缝的计算长度

$$l_{w2} \geq \frac{N_2}{2h_e f_f^w} = \frac{187.4 \times 10^3}{2 \times 0.7 \times 8 \times 160} = 104.6(\text{mm}) > 8h_f = 64(\text{mm})$$

实际焊缝长度 $l_2 = l_{w2} + h_f = 104.6 + 8 = 112.4(\text{mm})$，取 120 mm。

角钢端部焊缝的实际长度与计算长度相等，即

$$l_3 = l_{w3} = 140 \text{ mm}$$

（2）两面侧焊

两侧面角焊缝的焊脚尺寸可以不同，可取 $h_{f1} > h_{f2}$。但焊脚尺寸不同将导致施焊时需采用焊芯直径不同的焊条，为避免这种情况，一般情况下宜采用相同的 h_f。本例题取 $h_f = 8$ mm。

$$N_1 = k_1 N = 0.7 \times 1\,135 = 794.5(\text{kN})$$

$$N_2 = N - N_1 = 1\,135 - 794.5 = 340.5(\text{kN})$$

焊缝的长度：

肢背

$$l_{w1} \geq \frac{N_1}{2h_e f_f^w} = \frac{794.5 \times 10^3}{2 \times 0.7 \times 8 \times 160} = 443.4(\text{mm}) < 60h_f = 480(\text{mm})$$

$$l_1 = l_{w1} + 2h_f = 443.4 + 16 = 459.4(\text{mm}),取 465 \text{ mm}。$$

肢尖

$$l_{w2} \geq \frac{N_2}{2h_e f_f^w} = \frac{340.5 \times 10^3}{2 \times 0.7 \times 8 \times 160} = 190.0(\text{mm}) > 8h_f = 64(\text{mm})$$

$$l_2 = l_{w2} + 2h_f = 190.0 + 16 = 206.0(\text{mm}),取 210 \text{ mm}。$$

（3）L 形焊

$$N_3 = 2k_2 N = 2 \times 0.3 \times 1\,135 = 681.0(\text{kN})$$

$$N_1 = N - N_3 = 1\,135 - 681.0 = 454.0(\text{kN})$$

正面角焊缝焊脚尺寸

$$h_{f3} \geq \frac{N_3}{2 \times 0.7 l_{w3} \beta_f f_f^w} = \frac{681.0 \times 10^3}{2 \times 0.7 \times (140 - 8) \times 1.22 \times 160}$$

$$= 18.9(\text{mm}) > 最大 h_f = 9 \text{ mm}(不满足构造要求)$$

因此本例题不能采用 L 形焊。

桁架角钢杆件与节点板的连接,首先推荐采用两面侧焊缝,其次为三面围焊,L 形焊不是所有情况都能采用,如本例题。

2. 承受弯矩、轴力和剪力的角焊缝强度验算

1）承受弯矩的角焊缝强度验算

承受弯矩 M 的角焊缝连接如图 3-25 所示,图(b)所示为焊缝有效截面,有效截面的弯曲应力呈三角形分布,为正面角焊缝,其强度应满足:

$$\sigma_f = \frac{M}{W_w} = \frac{6M}{2h_e l_w^2} \leq \beta_f f_f^w$$

式中:W_w——角焊缝有效截面模量。

2）承受弯矩、轴力和剪力的角焊缝强度验算

如图 3-26(a)所示的双面角焊缝连接承受轴力 N 和偏心剪力 V,计算时将剪力 V 移至形

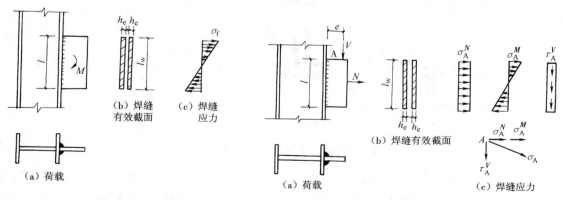

图 3-25　承受弯矩的角焊缝　　　　图 3-26　承受弯矩、轴力和剪力的角焊缝

心。角焊缝同时承受轴力 N、剪力 V 和弯矩 $M=Ve$。焊缝有效截面的应力分布如图 3-26(c) 所示,图中 A 点处应力最大,为设计控制点。A 点处垂直于焊缝长度方向的应力由两部分组成,即由轴力 N 产生的应力:

$$\sigma_A^N = \frac{N}{A_e} = \frac{N}{2h_e l_w}$$

由弯矩 M 产生的应力:

$$\sigma_A^M = \frac{M}{W_w} = \frac{6M}{2h_e l_w^2}$$

两个应力在 A 点的方向相同,直接相加,故 A 点处垂直于焊缝长度方向的应力:

$$\sigma_f = \frac{N}{2h_e l_w} + \frac{6M}{2h_e l_w^2}$$

剪力 V 在 A 点产生平行于焊缝长度方向的应力:

$$\tau_f = \frac{V}{A_e} = \frac{V}{2h_e l_w}$$

焊缝强度应满足:

$$\sqrt{\left(\frac{\sigma_f}{\beta_f}\right)^2 + \tau_f^2} \leqslant f_f^w$$

如图 3-27 所示的工字形截面梁(牛腿)与钢柱翼缘的角焊缝连接,通常承受弯矩 M 和剪力 V。计算时通常假定弯矩由全部焊缝承受,剪力由腹板焊缝承受。

为了使焊缝的分布较合理,宜在每个翼缘的上下两侧均匀布置角焊缝,由于翼缘焊缝只存在垂直于焊缝长度方向的弯曲应力,此弯曲应力沿梁高度呈三角形分布(图 3-27(c)),最大应力发生在翼缘焊缝的最外纤维处,此处的应力应满足:

$$\sigma_{f1} = \frac{M}{I_w} \frac{h}{2} \leqslant \beta_f f_f^w$$

式中:M——焊缝承受的弯矩;

I_w——全部焊缝有效截面对中性轴的惯性矩。

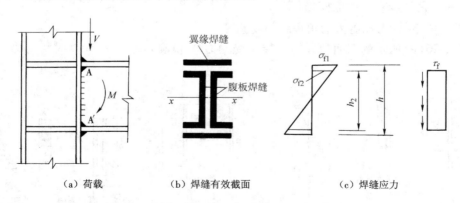

(a)荷载 　　　(b)焊缝有效截面 　　　(c)焊缝应力

图 3-27 　工字形截面梁(牛腿)与柱连接的角焊缝

腹板焊缝存在两种应力,即垂直于焊缝长度方向且沿梁高呈三角形分布的弯曲应力和平行于焊缝长度方向且在焊缝有效截面均匀分布的剪应力,设计控制点为翼缘焊缝与腹板焊缝相交的 A 点。此处的弯曲应力和剪应力分别按下式计算：

$$\sigma_{f2} = \frac{M}{I_w}\frac{h_2}{2}$$

$$\tau_f = \frac{V}{\sum h_{e2} l_{w2}}$$

式中：$\sum h_{e2} l_{w2}$——腹板焊缝有效截面面积之和。

A 点的焊缝强度应满足：

$$\sqrt{\left(\frac{\sigma_{f2}}{\beta_f}\right)^2 + \tau_f^2} \leq f_f^w$$

[例题 3-4] 一角钢牛腿采用 $1\llcorner 125 \times 80 \times 12$，短边外伸如图 3-28(a)所示，承受静力荷载设计值 $F = 140$ kN，作用点与柱翼缘表面距离 $e = 30$ mm，钢材为 Q235B，手工焊，焊条为 E43 型。确定此牛腿角钢与柱连接角焊缝的焊脚尺寸。

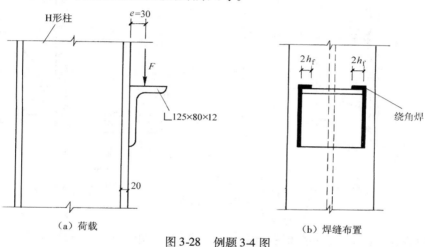

（a）荷载　　　　　　　　　　　（b）焊缝布置

图 3-28　例题 3-4 图

[解]

沿角钢两端设置竖向角焊缝与柱翼缘相连。焊缝上端受拉最大处采用绕角焊 $2h_f$，如图 3-28(b)所示，转角处必须连续施焊。

（1）荷载设计值

弯矩　$M = Fe = 140 \times 0.03 = 4.2(\text{kN} \cdot \text{m})$

剪力　$V = F = 140(\text{kN})$

（2）角焊缝有效截面几何特性

根据表 3-1，最小 $h_f = 5$ mm

$$1.5\sqrt{t_2} = 1.5\sqrt{20} = 6.7(\text{mm})$$

最大 $h_f = 12 - (1 \sim 2) = 11 \sim 10(\text{mm})$

取 $h_f = 10$ mm，$h_e = 0.7h_f = 0.7 \times 10 = 7(\text{mm})$。

焊缝面积 $A_w = 2 \times 7(125 - 10) = 1\,610(\text{mm}^2)$

每条角焊缝计算长度为实际长度减去 h_f（上端绕角焊）。

（3）焊缝强度

$$\tau_f = \frac{V}{A_w} = \frac{140 \times 10^3}{1\ 610} = 87.0\,(\text{N/mm}^2)$$

$$\sigma_f = \frac{M}{2 \times \frac{1}{6} h_e l_w^2} = \frac{4.2 \times 10^6}{2 \times \frac{1}{6} \times 7 \times 115^2} = 136.1\,(\text{N/mm}^2)$$

焊缝强度验算

$$\sqrt{\left(\frac{\sigma_f}{\beta_f}\right)^2 + \tau_f^2} = \sqrt{\left(\frac{136.1}{1.22}\right)^2 + 87.0^2} = 141.5\,(\text{N/mm}^2) < f_f^w = 160\ \text{N/mm}^2\ (满足要求)$$

[例题 3-5]　验算图 3-29 所示牛腿与钢柱连接的角焊缝强度。钢材为 Q235B,手工焊,焊条为 E43 型。静力荷载设计值 $N = 320$ kN,偏心距 $e = 350$ mm,焊脚尺寸 $h_{f1} = 8$ mm,$h_{f2} = 6$ mm。

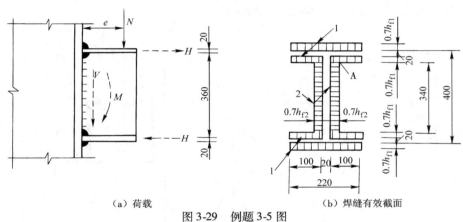

（a）荷载　　　　　　　　　　（b）焊缝有效截面

图 3-29　例题 3-5 图

[解]

N 在角焊缝有效截面形心处产生剪力 $V = N = 320$ kN、弯矩 $M = Ne = 320 \times 0.35 = 112.0\,(\text{kN} \cdot \text{m})$。

（1）考虑腹板焊缝承受弯矩的计算方法

为了计算方便,将图中尺寸尽可能取整数。

全部焊缝有效截面对中性轴的惯性矩

$$I_w = 2 \times \frac{0.42 \times 34^3}{12} + 2 \times 20.4 \times 0.56 \times 20.28^2 + 4 \times 9.2 \times 0.56 \times 17.28^2 = 18\ 302\,(\text{cm}^4)$$

翼缘焊缝强度

$$\sigma_{f1} = \frac{M}{I_w} \frac{h}{2} = \frac{112.0 \times 10^6}{18\ 302 \times 10^4} \times 205.6 = 125.8\,(\text{N/mm}^2) < \beta_f f_f^w$$

$$= 1.22 \times 160 = 195.2\,(\text{N/mm}^2)\,(满足要求)$$

弯矩 M 产生的腹板焊缝最大应力

$$\sigma_{f2} = 125.8 \times \frac{170}{205.6} = 104.0\,(\text{N/mm}^2)$$

剪力 V 产生的腹板焊缝平均应力

$$\tau_f = \frac{V}{\sum h_{e2} l_{w2}} = \frac{320 \times 10^3}{2 \times 0.7 \times 6 \times 340} = 112.0 \, (\text{N/mm}^2)$$

腹板焊缝强度（A 点为设计控制点）验算

$$\sqrt{\left(\frac{\sigma_{f2}}{\beta_f}\right)^2 + \tau_f^2} = \sqrt{\left(\frac{104.0}{1.22}\right)^2 + 112.0^2} = 140.8 \, (\text{N/mm}^2) < f_f^w = 160 \, \text{N/mm}^2 \, (\text{满足要求})$$

（2）不考虑腹板焊缝承受弯矩的计算方法

翼缘焊缝所承受的水平力

$$H = \frac{M}{h} = \frac{112.0 \times 10^6}{380} = 294.7 \, (\text{kN}) \, (h \, \text{值近似取翼缘中线间距离})$$

翼缘焊缝强度验算

$$\sigma_f = \frac{H}{h_{e1} l_{w1}} = \frac{294.7 \times 10^3}{0.7 \times 8 \times (204 + 2 \times 92)} = 135.6 \, (\text{N/mm}^2) < \beta_f f_f^w = 195.2 \, \text{N/mm}^2 \, (\text{满足要求})$$

腹板焊缝强度验算

$$\tau_f = \frac{V}{h_{e2} l_{w2}} = \frac{320 \times 10^3}{2 \times 0.7 \times 6 \times 340} = 112.0 \, (\text{N/mm}^2) < f_f^w = 160 \, \text{N/mm}^2 \, (\text{满足要求})$$

[**例题 3-6**]　验算图 3-30 所示钢管柱与底板连接的角焊缝强度。图中荷载均为静力设计值，其中 $M = 15 \, \text{kN·m}, N = 250 \, \text{kN}, V = 200 \, \text{kN}$。焊脚尺寸 $h_f = 8 \, \text{mm}$，钢材为 Q235B，手工焊，焊条为 E43 型。

[**解**]

图 3-30 中钢管柱与底板连接的角焊缝承受弯矩 M、轴力 N 及剪力 V，B 点为设计控制点。在焊缝有效截面上 N 和 M 产生垂直于焊缝截面一个直角边方向的应力 σ_{fz}，V 产生垂直于另一直角边方向的应力 σ_{fx}。

偏于安全地取环形焊缝直径与钢管柱直径相同，环形焊缝有效截面的惯性矩

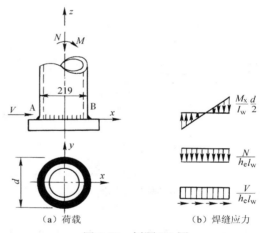

图 3-30　例题 3-6 图

$$I_w = \frac{1}{8} \pi h_e d^3 = \frac{1}{8} \times 3.14 \times 0.7 \times 8 \times 219^3 = 23.1 \times 10^6 \, (\text{mm}^4)$$

焊缝计算长度　$l_w = \pi d = 3.14 \times 219 = 687.7 \, (\text{mm})$

B 点应力

$$\sigma_{fx} = \sigma_{fV} = \frac{V}{h_e l_w} = \frac{200 \times 10^3}{0.7 \times 8 \times 687.7} = 51.9 \, (\text{N/mm}^2)$$

$$\sigma_{fz} = \sigma_{fN} + \sigma_{fM} = \frac{N}{h_e l_w} + \frac{M}{I_w} \frac{d}{2} = \frac{250 \times 10^3}{0.7 \times 8 \times 687.7} + \frac{15 \times 10^6}{23.1 \times 10^6} \times \frac{219}{2} = 136.0 \, (\text{N/mm}^2)$$

由于对此种受力复杂角焊缝的研究还不够深入，建议此种角焊缝不考虑有效截面应力方向，偏安全地取 $\beta_f = 1.0$，按下式验算强度：

$$\sqrt{\sigma_{fx}^2 + \sigma_{fy}^2 + \tau_f^2} \leqslant f_f^w \tag{3-14}$$

焊缝强度验算

$$\sqrt{\sigma_{\text{fV}}^2 + (\sigma_{\text{fN}} + \sigma_{\text{fM}})^2} = \sqrt{51.9^2 + 136.0^2} = 145.6(\text{N/mm}^2) < f_{\text{f}}^{\text{w}} = 160 \text{ N/mm}^2 (满足要求)$$

3. 承受扭矩和剪力的角焊缝强度验算

1）承受扭矩的环形角焊缝强度验算

如图 3-31 所示，由于焊缝计算厚度 h_{e} 比圆环直径 D 小得多，通常 $h_{\text{e}} < 0.1D$，故环形角焊缝承受扭矩时，可视为薄壁圆环的受扭问题。有效截面任一点切线方向的剪应力 τ_{f} 应满足：

$$\tau_{\text{f}} = \frac{T\,r}{I_{\text{p}}} \leqslant f_{\text{f}}^{\text{w}} \tag{3-15}$$

式中：r——圆心至焊缝有效截面中线的距离；

$\quad\;\; I_{\text{p}}$——焊缝有效截面惯性矩，对于薄壁圆环可取 $I_{\text{p}} = 2\pi h_{\text{e}} r^3$。

2）承受扭矩的角焊缝强度验算

承受扭矩 T 的角焊缝连接（图 3-32），焊缝强度验算时假定：

（1）被连接件是绝对刚性的，角焊缝是弹性的；

（2）被连接件绕角焊缝有效截面形心 O（图 3-32（b））旋转，角焊缝上任意一点应力的方向垂直于该点与形心的连线，且应力大小与距离 r 成正比。

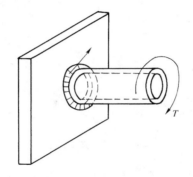

图 3-31　承受扭矩的环形角焊缝

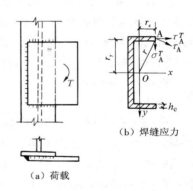

（b）焊缝应力

（a）荷载

图 3-32　承受扭矩的角焊缝

角焊缝有效截面上 A 点的应力按下式计算：

$$\tau_{\text{A}} = \frac{T\,r}{I_{\text{p}}} \tag{3-16}$$

式中：I_{p}——角焊缝有效截面极惯性矩，$I_{\text{p}} = I_x + I_y$。

式（3-16）所计算的应力与焊缝长度方向成一定角度，将其分解为 x 轴和 y 轴方向的应力：

$$\tau_{\text{f}} = \tau_{\text{A}}^T = \frac{T\,r_y}{I_{\text{p}}}$$

$$\sigma_{\text{f}} = \sigma_{\text{A}}^T = \frac{T\,r_x}{I_{\text{p}}}$$

焊缝强度应满足：

$$\sqrt{\left(\frac{\sigma_{\text{f}}}{\beta_{\text{f}}}\right)^2 + \tau_{\text{f}}^2} \leqslant f_{\text{f}}^{\text{w}}$$

这种按弹性状态计算角焊缝应力的方法，距焊缝距形心 O 最远处的应力最大，起控制作用,而焊缝其他部分的强度都未充分利用,计算偏于保守。如根据应力重分布的概念进行计算,使焊缝的每一微段都达到角焊缝的强度设计值 f_f^w,则焊缝的承载能力比基于弹性计算方法的可显著提高。因考虑应力重分布计算复杂,不便应用,设计时可仍按上述方法,把角焊缝的强度设计值 f_f^w 适当提高,有的文献认为可提高 20% 。

3)承受扭矩、剪力和轴力的角焊缝强度验算

图 3-33 所示为三面围焊的搭接连接,该连接角焊缝承受竖向剪力 V、扭矩 $T = V(e + a)$ 及水平轴力 N,焊缝的 A 点为设计控制点。

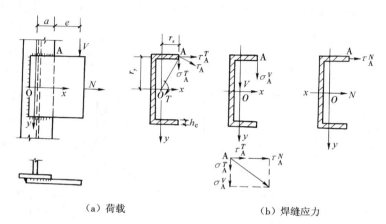

（a）荷载　　　　　　　　　　（b）焊缝应力

图 3-33　承受扭矩、剪力和轴力的角焊缝

在扭矩 T 作用下,A 点的应力:

$$\tau_A = \frac{T\,r}{I_p} = \frac{T\,r}{I_x + I_y}$$

$$\tau_A^T = \frac{T\,r_y}{I_p}$$

$$\sigma_A^T = \frac{T\,r_x}{I_p}$$

假定剪力 V 和水平轴力 N 产生的剪应力均匀分布,则 A 点应力:

$$\sigma_A^V = \frac{V}{\sum h_e l_w}$$

$$\tau_A^N = \frac{N}{\sum h_e l_w}$$

A 点垂直于焊缝长度方向的应力:

$$\sigma_f = \sigma_A^T + \sigma_A^V$$

平行于焊缝长度方向的应力:

$$\tau_f = \tau_A^T + \tau_A^N$$

A 点的焊缝强度应满足:

$$\sqrt{\left(\frac{\sigma_f}{\beta_f}\right) + \tau_f^2} \leqslant f_f^w$$

　　上述计算方法中,假定剪力和轴力产生的应力均匀分布。实际上焊缝承受图 3-33 所示的剪力 V 时,水平焊缝为正面角焊缝,竖直焊缝为侧面角焊缝,两者单位长度所能承受的力不同,前者较大,后者较小。承受水平轴力 N 时也存在同样的问题。假定轴力产生的应力均匀分布,与前面公式推导中考虑焊缝方向的方法不符。同样,在确定形心位置以及计算扭矩作用的应力时,也没有考虑焊缝方向,只是最后强度验算式中引进了系数 β_f,因此上面的计算方法有一定的近似性。

　　[例题 3-7] 图 3-34 所示的钢板长度 $l_1 = 400$ mm,搭接长度 $l_2 = 300$ mm,静力荷载设计值 $F = 200$ kN,偏心距 $e_1 = 300$ mm(至柱边缘距离),钢材为 Q235B,手工焊,焊条为 E43 型,确定该焊缝的焊脚尺寸。

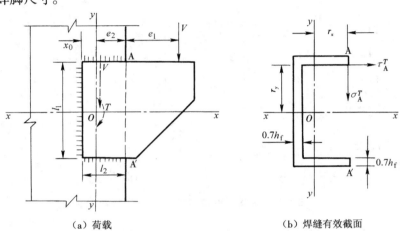

（a）荷载　　　　　　　　　　　　（b）焊缝有效截面

图 3-34　例题 3-7 图

[解]

　　图 3-34 中几段焊缝组成的围焊缝承受剪力 V 和扭矩 $T = F(e_1 + e_2)$,设焊缝的焊脚尺寸均为 $h_f = 8$ mm。

　　焊缝有效截面的形心位置

$$x_0 = \frac{2l_2 l_2/2}{2l_2 + l_1} = \frac{30^2}{60 + 40} = 9\,(\text{cm})$$

　　由于焊缝的实际长度稍大于 l_1 和 l_2,故焊缝的计算长度直接采用 l_1 和 l_2,计算中不再扣除水平焊缝的起弧收弧缺陷。

　　焊缝有效截面的极惯性矩

$$I_x = \frac{1}{12} \times 0.7 \times 0.8 \times 40^3 + 2 \times 0.7 \times 0.8 \times 30 \times 20^2 = 16\,427\,(\text{cm}^4)$$

$$I_y = \frac{1}{12} \times 2 \times 0.7 \times 0.8 \times 30^3 + 2 \times 0.7 \times 0.8 \times 30 \times (15 - 9)^2 + 0.7 \times 0.8 \times 40 \times 9^2$$

$$= 5\,544\,(\text{cm}^4)$$

$$I_p = I_x + I_y = 16\,427 + 5\,544 = 21\,971\,(\text{cm}^4)$$

　　由于 $e_2 = l_2 - x_0 = 30 - 9 = 21\,(\text{cm})$,$r_x = 21$ cm,$r_y = 20$ cm。

则扭矩　$T = V(e_1 + e_2) = 200 \times (30 + 21) \times 10^{-2} = 102.0\,(\text{kN} \cdot \text{m})$

$$\tau_A^T = \frac{T\,r_y}{I_p} = \frac{102.0 \times 10^6 \times 200}{21\,971 \times 10^4} = 92.8\,(\text{N/mm}^2)$$

$$\sigma_A^T = \frac{T\,r_x}{I_p} = \frac{102.0 \times 10^6 \times 210}{21\,971 \times 10^4} = 97.5\,(\text{N/mm}^2)$$

剪力 V 在 A 点产生的应力

$$\sigma_A^V = \frac{V}{\sum h_e l_w} = \frac{200 \times 10^3}{0.7 \times 8 \times (2 \times 300 + 400)} = 35.7\ (\text{N/mm}^2)$$

由图 3-34(b)可见,σ_A^T 与 σ_A^V 在 A 点的作用方向相同,且垂直于焊缝长度方向,则

$$\sigma_f = \sigma_A^T + \sigma_A^V = 97.5 + 35.7 = 133.2\,(\text{N/mm}^2)$$

τ_A^T 平行于焊缝长度方向,则 $\tau_f = \tau_A^T$

焊缝强度验算

$$\sqrt{\left(\frac{\sigma_f}{\beta_f}\right)^2 + \tau_f^2} = \sqrt{\left(\frac{133.2}{1.22}\right)^2 + 92.8^2} = 143.3\,(\text{N/mm}^2) < f_f^w = 160\ \text{N/mm}^2\,(\text{满足要求})$$

4. 塞焊和槽焊焊缝的强度验算

塞焊、槽焊焊缝的强度验算同角焊缝的强度验算方法。

塞焊焊缝:

$$\tau_f = \frac{N}{A_w} \leqslant f_f^w \tag{3-17}$$

式中:A_w——塞焊圆孔面积。

槽焊焊缝:

$$\tau_f = \frac{N}{h_e l_w} \leqslant f_f^w \tag{3-18}$$

式中:l_w——槽孔内角焊缝计算长度。

3.4.4 斜角角焊缝的强度验算公式

两焊脚边夹角 $60° \leqslant \alpha \leqslant 135°$ 的 T 形连接斜角角焊缝,采用与直角角焊缝强度验算相同的公式(3-9)验算强度。但由于对斜角角焊缝的研究很少,因此无论斜角角焊缝有效截面应力如何,均取 $\beta_f = 1.0$。

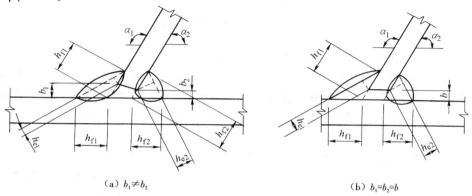

(a) $b_1 \neq b_2$ (b) $b_1 = b_2 = b$

图 3-35 T 形连接斜角角焊缝计算厚度

如图 3-35 所示,斜角角焊缝的计算厚度,当根部间隙 b、b_1 或 $b_2 \leqslant 1.5$ mm 时

$$h_e = h_f \cos \frac{\alpha}{2} \tag{3-19}$$

当 b、b_1 或 $b_2 > 1.5$ mm 且 $\leqslant 5$ mm 时

$$h_e = \left(h_f - \frac{b(\text{或 } b_1 \text{、} b_2)}{\sin \alpha} \right) \cos \frac{\alpha}{2} \tag{3-20}$$

3.5　对接焊缝的构造要求和强度

对接焊缝的构造要求和强度验算分为熔透焊缝和部分熔透焊缝两种。重要连接或要求等强的焊缝应采用熔透焊缝,较厚板件或无须熔透时可采用部分熔透焊缝。

3.5.1　对接焊缝的构造要求

1. 对接焊缝的构造要求

对接焊缝的坡口形式与板件厚度和施工条件有关。当板件厚度很小(手工焊 $\leqslant 6$ mm,自动埋弧焊 $t \leqslant 10$ mm)时,可用 I 型(不开坡口,图 3-36(a))。对于中等厚度的板件可采用 V 型(图 3-36(b))、单边 V 型(图 3-36(c))坡口。当板件较厚时,采用 V 型坡口因焊缝金属体积大,不但消耗焊条多且焊接变形大,宜采用 K 型坡口(图 3-36(d))、X 型坡口(图 3-36(e))、U型坡口(图 3-36(f))或 J 型坡口。坡口和离缝 b 共同组成一个焊条能够运转的施焊空间,使焊缝易于熔透,钝边 p 具有托住熔化金属的作用。

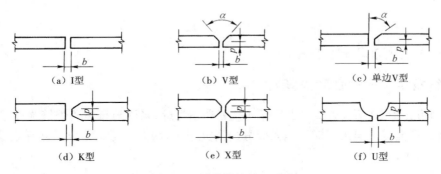

(a) I型　　　　(b) V型　　　　(c) 单边V型

(d) K型　　　　(e) X型　　　　(f) U型

图 3-36　对接焊缝坡口形式

采用对接焊缝拼接,当钢板的宽度不同或厚度在一侧相差 4 mm 以上时,应分别在宽度方向(图 3-37(a))或厚度方向(图 3-37(b))从一侧或两侧制成坡度不大于 1:2.5 的斜坡,以使截面过渡缓和,减小应力集中。钢板拼接要求焊缝与母材等强或承受动力荷载时,纵横两方向的对接焊缝宜采用 T 形交叉,交叉点间的距离不得小于 200 mm,且拼接钢板的长度和宽度均不得小于 300 mm(图 3-37(c))。

在焊缝的引弧收弧处,常会出现弧坑等缺陷,这些缺陷对焊缝强度影响很大,故要求等强连接时应设置引弧引出板(图 3-38),焊接后将其割除。承受静力荷载设置引弧引出板困难时可不设置,此时焊缝计算长度等于实际长度减去 $2t$,t 为较薄板件的厚度。

承受动力荷载且需验算疲劳的连接,当拉应力与焊缝长度方向垂直时,不得采用部分

熔透对接焊缝。

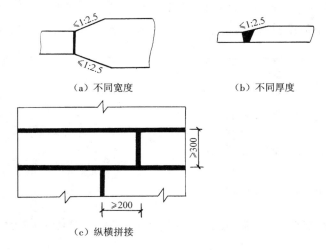

（a）不同宽度　　　　　　　（b）不同厚度

（c）纵横拼接

图 3-37　钢板拼接构造要求

图 3-38　引弧引出板示意图

2.对接与角接组合焊缝的构造要求

对接与角接组合焊缝的坡口形式应根据板件厚度和施工条件按《钢结构焊接规范》GB 50661 选用。

对于 T 形连接熔透对接与角接组合焊缝应采用角焊缝加强，其构造要求如图 3-39 所示，加强焊角尺寸不应大于连接处较薄板件厚度的 1/2，且最大值不得大于 10 mm。

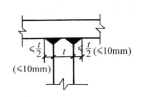

图 3-39　熔透对接与角接组合焊缝

3.5.2　熔透对接焊缝的强度验算

1.对接焊缝的强度设计值

对接焊缝的强度与所采用的钢材牌号、焊条型号及焊缝质量的检验标准等因素有关。

如果焊缝中不存在缺陷，焊缝强度高于母材强度，但焊缝中可能存在气孔、夹渣、咬边和未熔透等缺陷。试验表明，焊接缺陷对受压、受剪对接焊缝的强度影响不大，故可认为受压、受剪对接焊缝的强度与母材强度相等，但受拉对接焊缝对缺陷敏感。当缺陷面积与焊件截面面积之比超过 5% 时，对接焊缝的抗拉强度将明显下降。由于三级检验的焊缝允许存在的缺陷较多，故三级对接焊缝的抗拉强度取母材强度的 85%，一级、二级对接焊缝的抗拉强度可认为与母材强度相等。

2.熔透对接焊缝的强度验算

由于熔透焊缝中的应力分布基本与焊接板件相同，故其强度计算方法与构件的截面强度计算相同。

1）承受轴力的焊缝强度验算

垂直于轴力方向的熔透对接焊缝（图 3-40），强度可按下式验算：

$$\sigma = \frac{N}{l_w h_e} \leqslant f_t^w \text{ 或 } f_c^w \tag{3-21}$$

式中：N——焊缝承受的轴力设计值；

l_w——焊缝计算长度,当承受静力荷载无法采用引弧引出板时,取实际长度减去$2t$;

h_e——焊缝计算厚度,平接连接中为较薄板件的厚度,T形连接中为腹板厚度;

f_t^w、f_c^w——对接焊缝的抗拉、抗压强度设计值,按附表1-2采用。

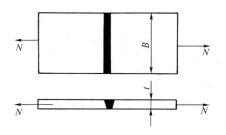

图 3-40　承受轴力的对接焊缝

由于一、二级对接焊缝的强度与母材强度相等,故只有三级对接焊缝才需按式(3-21)进行受拉强度验算。

2)承受弯矩和剪力的焊缝强度验算

图 3-41 所示的钢板平接连接承受弯矩和剪力,最大正应力与剪应力应分别满足:

$$\sigma = \frac{M}{W_w} = \frac{6M}{t l_w^2} \leqslant f_t^w \tag{3-22}$$

$$\tau = \frac{V S_w}{I_w t} \leqslant f_v^w \tag{3-23}$$

式中:W_w——焊缝截面模量;

S_w——焊缝最大剪应力处以上(或以下)截面对中性轴的面积矩;

I_w——焊缝截面惯性矩;

f_v^w——对接焊缝的抗剪强度设计值,按附表1-2采用。

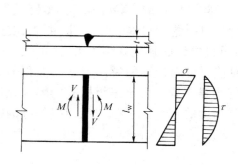

图 3-41　钢板对接焊缝拼接

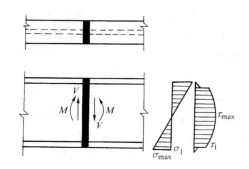

图 3-42　工字形梁对接焊缝拼接

图 3-42 所示为工字形截面梁的拼接,采用熔透的对接焊缝,除应分别验算最大正应力和剪应力外,对于同时受有较大正应力和较大剪应力处,例如腹板对接焊缝的端部,还应按下式验算折算应力:

$$\sqrt{\sigma_1^2 + 3\tau_1^2} \leqslant 1.1 f_t^w \tag{3-24}$$

式中:σ_1、τ_1——焊缝强度验算位置的正应力和剪应力;

1.1——强度设计值提高系数,考虑最大折算应力只在局部出现。

3)承受弯矩、轴力和剪力的焊缝强度验算

焊缝承受弯矩、轴力和剪力时,最大正应力为弯矩和轴力产生的应力之和,应满足式(3-21),剪应力、折算应力仍分别按式(3-23)和式(3-24)进行验算。

[例题3-8] 例题3-5中 $N = 600$ kN,其他条件相同,$e = 500$ mm,牛腿与钢柱连接采用二级对接焊缝,验算此焊缝的强度。

[解]
对接焊缝截面与牛腿截面相同,如图3-43所示。

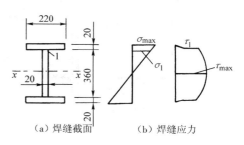

（a）焊缝截面　　（b）焊缝应力

图3-43　例题3-8图

$$V = N = 600 \text{ kN}$$
$$M = 600 \times 0.50 = 300 (\text{kN} \cdot \text{m})$$

截面惯性矩

$$I_x = \frac{1}{12} \times 20 \times 360^3 + 2 \times 220 \times 20 \times 190^2 = 39\ 544 \times 10^4 (\text{mm}^4)$$

翼缘面积矩

$$S_{x1} = 220 \times 20 \times 190 = 836 \times 10^3 (\text{mm}^3)$$

最大正应力　　$\sigma = \dfrac{M}{I_x} \dfrac{h}{2} = \dfrac{300 \times 10^6}{39\ 544 \times 10^4} \times \dfrac{400}{2} = 151.7 (\text{N/mm}^2) < f_t^w = 205 \text{ N/mm}^2$（满足要求）

最大剪应力　　$\tau = \dfrac{VS_x}{I_x t} = \dfrac{600 \times 10^3 \times \left(836\ 000 + 180 \times 20 \times \dfrac{180}{2}\right)}{39\ 544 \times 10^4 \times 20}$

$$= 87.9 (\text{N/mm}^2) < f_v^w = 120 \text{ N/mm}^2 \text{（满足要求）}$$

腹板端部:

正应力　　　　$\sigma_1 = \sigma \times \dfrac{180}{200} = 151.7 \times \dfrac{180}{200} = 136.5 (\text{N/mm}^2)$

剪应力　　　　$\tau_1 = \dfrac{VS_{x1}}{I_x t} = \dfrac{600 \times 10^3 \times 836 \times 10^3}{395\ 44 \times 10^4 \times 20} = 63.4 (\text{N/mm}^2)$

由于1点同时存在较大的正应力和剪应力,故应验算折算应力

$$\sqrt{\sigma_1^2 + 3\tau_1^2} = \sqrt{136.5^2 + 3 \times 63.42^2} = 175.2 (\text{N/mm}^2) < 1.1 f_t^w$$
$$= 1.1 \times 205 = 225.5 \text{（N/mm}^2\text{）（满足要求）}$$

[例题3-9] 如图3-44所示的牛腿,翼缘采用单边V型坡口对接焊缝与柱相连,牛腿腹板采用角焊缝与柱相连。为了便于翼缘对接焊缝的施焊,在焊缝底部设置垫板,腹板上、下端均开孔,孔高30 mm。对接焊缝的质量等级为二级,设计此连接。

[解]
(1)翼缘与腹板按惯性矩之比承受弯矩的计算方法
假定翼缘与腹板按其惯性矩之比承受弯矩,剪力则全部由腹板承受。

弯矩　　　$M = 470 \times 0.5 = 235 (\text{kN} \cdot \text{m})$
剪力　　　$V = 470 \text{ kN}$

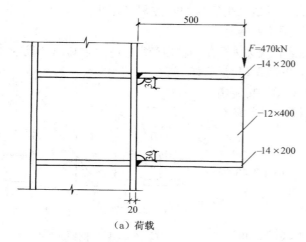

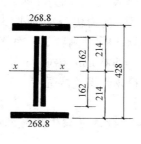

（a）荷载 （b）焊缝截面

图 3-44 例题 3-9 图

截面惯性矩：

翼　缘　　$I_{\mathrm{f}} = 2 \times 20 \times 1.4 \times 20.7^2 = 23\ 995 (\mathrm{cm}^4)$

腹　板　　$I_{\mathrm{w}} = \dfrac{1}{12} \times 1.2 \times 40^3 = 6\ 400 (\mathrm{cm}^4)$

全截面　　$I = I_{\mathrm{f}} + I_{\mathrm{w}} = 23\ 995 + 6\ 400 = 30\ 395 (\mathrm{cm}^4)$

翼缘承受的弯矩设计值

$$M_{\mathrm{f}} = \frac{I_{\mathrm{f}}}{I} M = \frac{23\ 995}{30\ 395} \times 235 = 185.5 (\mathrm{kN \cdot m})$$

腹板承受的弯矩设计值

$$M_{\mathrm{w}} = \frac{I_{\mathrm{w}}}{I} M = \frac{6\ 400}{30\ 395} \times 235 = 49.5 (\mathrm{kN \cdot m})$$

腹板承受全部剪力设计值　　$V = 470$ kN

翼缘对接焊缝强度验算

$$\sigma = \frac{M_{\mathrm{f}}}{(h-t)bt} = \frac{185.5 \times 10^6}{(428-14) \times 200 \times 14} = 160.0 (\mathrm{N/mm}^2) < f_{\mathrm{t}}^{\mathrm{w}} = 215\ \mathrm{N/mm}^2 (满足要求)$$

其中 h 为牛腿的全高，b 和 t 分别为牛腿翼缘的宽度和厚度。

腹板角焊缝强度验算：

根据表 3-1，最小 $h_{\mathrm{f}} = 5$ mm

$$1.5 \sqrt{t_2} = 1.5 \sqrt{20} = 6.7 (\mathrm{mm})$$

腹板 $t = 12$，$1.2 t_1 = 1.2 \times 12 = 14.4 (\mathrm{mm})$，取最大 $h_{\mathrm{f}} = 14$ mm。

角焊缝上端由弯矩产生的应力

$$\sigma_{\mathrm{f1}} = \frac{M_{\mathrm{w}}}{\dfrac{1}{6} \times 2 h_{\mathrm{e}} l_{\mathrm{w}}^2} = \frac{6 \times 49.5 \times 10^6}{2 \times 0.7 \times 14 \times 312^2} = 155.7 (\mathrm{N/mm}^2)$$

角焊缝平均剪应力

$$\tau_{\mathrm{f}} = \frac{V}{2 h_{\mathrm{e}} l_{\mathrm{w}}} = \frac{470 \times 10^3}{2 \times 0.7 \times 14 \times 312} = 76.9 (\mathrm{N/mm}^2)$$

则　　$\sqrt{\left(\dfrac{\sigma_{f1}}{\beta_f}\right)^2 + \tau_f^2} = \sqrt{\left(\dfrac{155.7}{1.22}\right)^2 + 76.9^2} = 149.0\,(\text{N/mm}^2) < f_f^w = 160\ \text{N/mm}^2\,(\text{满足要求})$

（2）全截面共同承受弯矩和剪力的计算方法

牛腿翼缘采用单边 V 型坡口对接焊缝与柱相连，牛腿腹板改用 $h_f = 8$ mm 的 2 条角焊缝与柱相连。由于两种焊缝的强度设计值不等，对接焊缝 $f_t^w = f_c^w = 215$ N/mm²，角焊缝 $f_f^w = 160$ N/mm²，按全截面计算时应先把对接焊缝的宽度 $b_1 = 200$ mm 按强度设计值换算成等效宽度 b'，即

$$b' = b_1 \frac{f_t^w}{f_f^w} = 200 \times \frac{215}{160} = 200 \times 1.344 = 268.8\,(\text{mm})$$

换算后的焊缝有效截面布置如图 3-44（b）所示。

焊缝有效截面的几何特性：

腹板角焊缝有效面积

$$A_{w1} = 2 \times 0.7 \times 0.8 \times 32.4 = 36.3\,(\text{cm}^2)$$

焊缝全截面惯性矩

$$I_x = 2 \times 26.88 \times 1.4 \times 20.7^2 + \frac{1}{12} \times 2 \times 0.7 \times 0.8 \times 32.4^3$$
$$= 35\,424\,(\text{cm}^4)$$

焊缝强度验算：

牛腿顶面的弯曲应力

$$\sigma = \frac{M y_{\max}}{I_x} = \frac{235 \times 10^6 \times 214}{35\,424 \times 10^4} = 142.0\,(\text{N/mm}^2) < f_f^w = 160\ \text{N/mm}^2\,(\text{满足要求})$$

牛腿腹板角焊缝上端的应力

$$\tau_f = \frac{V}{A_{w1}} = \frac{470 \times 10^3}{36.3 \times 10^2} = 129.5\,(\text{N/mm}^2)$$

$$\sigma_{f1} = \frac{M}{I_x} \frac{l_w}{2} = \frac{235 \times 10^6}{35\,424 \times 10^4} \times \frac{324}{2} = 107.5\,(\text{N/mm}^2)$$

则　　$\sqrt{\left(\dfrac{\sigma_{f1}}{\beta_f}\right)^2 + \tau_f^2} = \sqrt{\left(\dfrac{107.5}{1.22}\right)^2 + 129.5^2} = 156.6\,(\text{N/mm}^2) < f_f^w = 160\ \text{N/mm}^2\,(\text{满足要求})$

两种方法所得牛腿角焊缝的 h_f 不等，方法（1）需 $h_f = 14$ mm，方法（2）$h_f = 8$ mm 即可。产生差别主要是因为计算腹板角焊缝上端由弯矩产生的应力 σ_{f1} 时，计算假定不同两者不等。方法（2）因采用了翼缘焊缝等效宽度，惯性矩加大，使腹板角焊缝上端的 σ_{f1} 较方法（1）小，但其结果比假定腹板仅承受剪应力大。本例题所用两种方法在设计中均有采用。

[例题 3-10]　一简支工作平台钢梁如图 3-45 所示，跨度 $l = 12$ m，Q345 钢，承受均布永久荷载标准值 $g_k = 25$ kN/m（包括梁自重），均布可变荷载标准值 $q_k = 85$ kN/m。跨间设置侧向支撑，保证梁不会发生整体失稳。梁截面为焊接工字形，尺寸如图 3-45（b）所示，因所供钢材不能满足腹板长度要求，需对腹板在离支座为 x 处采用熔透对接焊缝进行拼接。手工焊，焊条为 E50 型，质量等级为二级。确定拼接焊缝的位置 x。

[解]

（1）截面几何特性

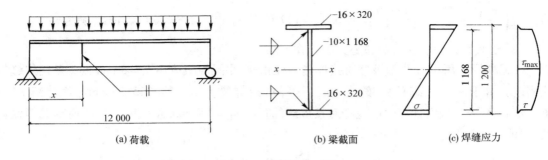

图 3-45　例题 3-10 图

惯性矩

$$I_x = \frac{1}{12}(32 \times 120^3 - 31 \times 116.8^3) = 491\ 681\ (\mathrm{cm}^4)$$

一块翼缘对 x 轴的面积矩

$$S_{x1} = 32 \times 1.6 \times \left(\frac{116.8}{2} + 0.8\right) = 3\ 031\ (\mathrm{cm}^3)$$

二分之一截面对 x 轴的面积矩

$$S_x = 3\ 031 + \frac{1}{2} \times 116.8 \times 1 \times \frac{1}{4} \times 116.8 = 4\ 736\ (\mathrm{cm}^3)$$

（2）荷载及内力

均布荷载设计值

$$q = 1.3g_k + 1.5q_k = 1.3 \times 25 + 1.5 \times 85 = 160\ (\mathrm{kN/m})$$

距离支座 x 截面处的弯矩设计值和剪力设计值

$$M_x = \frac{1}{2}qlx - \frac{1}{2}qx^2 = \frac{1}{2} \times 160 \times 12x - \frac{1}{2} \times 160x^2$$
$$= 960x - 80x^2\ (\mathrm{kN \cdot m})$$

$$V_x = \frac{1}{2}ql - qx = \frac{1}{2} \times 160 \times 12 - 160x$$
$$= 960 - 160x\ (\mathrm{kN})$$

腹板厚度为 10 mm，查附表 1-2，$f_t^w = 305\ \mathrm{N/mm}^2$，$f_v^w = 175\ \mathrm{N/mm}^2$。

距离支座 x 处腹板拼接后由焊缝 f_t^w 控制所能承受的弯矩设计值

$$M_x = f_t^w \frac{I_x}{y} = 305 \times \frac{491\ 681 \times 10^4}{1\ 168/2} \times 10^{-6} = 2\ 568\ (\mathrm{kN \cdot m})$$

（3）确定 x

由作用弯矩与所能承受弯矩相等

$$960x - 80x^2 = 2\ 568$$

得

$$x = \frac{960 - \sqrt{960^2 - 4 \times 80 \times 2\ 568}}{2 \times 80} = 4.025\ (\mathrm{m})$$

即腹板的对接焊缝拼接可位于 $x \leqslant 4.025$ m 的范围内。

（4）焊缝强度验算

距离支座 $x = 4.025$ m 处截面的剪应力和折算应力

$$V_x = 960 - 160x = 960 - 160 \times 4.025 = 316.0(\text{kN})$$

焊缝高度中点的剪应力

$$\tau_{\max} = \frac{V_x S_x}{I_x t_w} = \frac{316.0 \times 10^3 \times 4\,736 \times 10^3}{491\,681 \times 10^4 \times 10}$$

$$= 30.4(\text{N/mm}^2) < f_v^w = 175 \text{ N/mm}^2(\text{满足要求})$$

焊缝下端的剪应力

$$\tau = \frac{V_x S_{x1}}{I_x t_w} = \frac{316.0 \times 10^3 \times 3\,031 \times 10^3}{491\,681 \times 10^4 \times 10} = 19.5(\text{N/mm}^2)$$

焊缝下端的折算应力

$$\sqrt{\sigma^2 + 3\tau^2} = \sqrt{305^2 + 3 \times 19.5^2}$$

$$= 305.6(\text{N/mm}^2) < 1.1 f_t^w = 1.1 \times 305 = 335.5(\text{N/mm}^2)(\text{满足要求})$$

本例题中求得的 $x = 4.025$ m 与跨中截面 $x = 6.0$ m 较接近，故剪力 $V = 316.0$ kN，其值很小，焊缝高度中点的剪应力和焊缝下端的折算应力一般都会满足要求。

3.5.3 部分熔透对接焊缝的强度验算

当焊缝受力很小，主要起联系作用，或焊缝受力虽然较大，但采用熔透焊缝将使强度不能充分发挥时，可采用部分熔透焊缝。例如采用四块较厚钢板焊接箱形截面的轴心受压构件，采用图 3-46（a）所示的熔透对接与角接组合焊缝不必要；采用角焊缝（图 3-46（b））外形不平整；采用部分熔透对接与角接组合焊缝（图 3-46（c）），可以省工省料，外形美观。

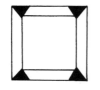

（a）熔透对接与角接　　　（b）角焊缝　　　（c）部分熔透对接角接
　　　组合焊缝　　　　　　　　　　　　　　　　　组合焊缝

图 3-46　箱形截面轴心受压构件的焊缝种类

部分熔透焊缝必须在设计图纸上注明坡口形式（图 3-47）和尺寸。坡口形式分 V 型（图（a））、单边 V 型（图（b））、K 型（图（c））、U 型（图（d））和 J 型（图（e））。由图可见，部分熔透焊缝实际上可视为在坡口内焊接的角焊缝，故其强度验算方法与直角角焊缝的相同，在垂直于焊缝长度方向的压力作用下，取 $\beta_f = 1.22$，其他受力情况取 $\beta_f = 1.0$。

对于 $\alpha \geqslant 60°$ 的 V 型和 U 型、J 型坡口焊缝，焊缝计算厚度 h_e 等于焊缝根部至焊缝表面（不考虑余高）的最短距离 s，即：

$$h_e = s \tag{3-25}$$

对于 $\alpha < 60°$ 的 V 型坡口焊缝，考虑焊缝根部处不易焊满，因而将 h_e 减小，取：

$$h_e = 0.75s \tag{3-26}$$

对于单边 V 型和 K 型坡口焊缝，当 $a = 45° \pm 5°$ 时，取：

$$h_e = s - 3 \text{ mm} \tag{3-27}$$

当熔合线处焊缝截面边长等于或接近最短距离 s（图 3-47（b）、（c）、（e））时，应验算焊缝在熔合线处的受剪强度，其强度设计值取 0.9 倍角焊缝强度设计值。

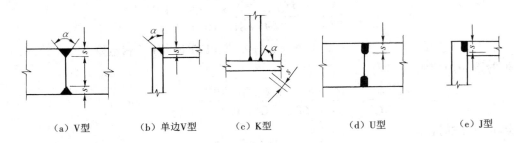

（a）V型　　　（b）单边V型　　　（c）K型　　　　（d）U型　　　　（e）J型

图 3-47　部分熔透焊缝坡口形式

[**例题 3-11**]　一轴心受压的箱形截面柱，承受静力荷载，外形尺寸为 400×400 mm，板厚 50 mm，如图 3-48 所示。板件间采用单边 V 型坡口部分熔透对接与角接组合焊缝连接，坡口角度 $\alpha = 45°$。钢材为 Q235B，手工焊，焊条为 E43 型。确定此焊缝的 s 值。

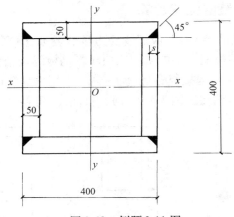

图 3-48　例题 3-11 图

[**解**]

轴心受压柱箱形截面各板件间的焊缝连接主要起联系作用，仅当构件弯曲变形时才受剪力的作用，且所受剪力不大，符合采用部分熔透对接与角接组合焊缝连接的条件。

（1）构造要求

根据表 3-1，焊缝计算厚度 $h_e \geqslant 8$mm。

对 $\alpha = 45°$ 的单边 V 型坡口，$h_e = s - 3$ mm，故构造要求最小 s 值为

$$s = 8 + 3 = 11(\text{mm})$$

（2）焊缝强度验算

角焊缝强度设计值　　$f_f^w = 160$ N/mm^2

单边 V 型坡口部分熔透对接与角接焊缝熔合线处的抗剪强度设计值　$0.9f_{\mathrm{f}}^{\mathrm{w}} = 0.9 \times 160 = 144(\mathrm{N/mm}^2)$

轴心受压柱的计算剪力(见第 4.7 节)

$$V = \frac{Af}{85}\frac{1}{\varepsilon_{\mathrm{k}}}$$

柱截面面积　$A = 40 \times 40 - 30 \times 30 = 700(\mathrm{cm}^2)$

厚度为 50 mm 的 Q235 钢板,强度设计值 $f = 200\ \mathrm{N/mm}^2$。

故

$$V = \frac{700 \times 10^2 \times 200}{85}\frac{235}{235} \times 10^{-3} = 164.7(\mathrm{kN})$$

焊缝有效截面的剪应力应满足

$$\frac{VS_x}{2h_{\mathrm{e}}I_x} \leqslant 0.9f_{\mathrm{f}}^{\mathrm{w}} = 144\ \mathrm{N/mm}^2$$

$$h_{\mathrm{e}} = s - 3 = 11 - 3 = 8(\mathrm{mm})$$

一块钢板对 x 轴的面积矩

$$S_x = 40 \times 5 \times \left(20 - \frac{5}{2}\right) = 3\,500(\mathrm{cm}^3)$$

整个截面对 x 轴的惯性矩

$$I_x = \frac{1}{12} \times 40 \times 40^3 - \frac{1}{12} \times 30 \times 30^3 = 145\,833(\mathrm{cm}^4)$$

则

$$\frac{VS_x}{2h_{\mathrm{e}}I_x} = \frac{164.7 \times 10^3 \times 3\,500 \times 10^3}{2 \times 8 \times 145\,833 \times 10^4} = 24.7(\mathrm{N/mm}^2) < 0.9f_{\mathrm{f}}^{\mathrm{w}} = 144\ \mathrm{N/mm}^2(满足要求)$$

[例题 3-12]　一工字形截面焊接梁,承受静力荷载,其端部支承加劲肋底部与梁下翼缘焊接,支座反力设计值 $R = 750$ kN。梁截面及加劲肋尺寸如图 3-49 所示。钢材为 Q345,手工焊,焊条为 E50 型。设计此焊缝。

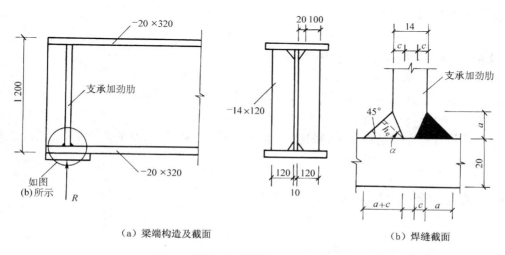

（a）梁端构造及截面　　　　　（b）焊缝截面

图 3-49　例题 3-12 图

[解]

采用部分熔透对接与角接组合焊缝,如图 3-49(b)所示。

假设坡口角度 $\alpha > 60°$,则焊缝计算厚度 $h_e = s$。

端部焊缝共有 4 条,每条计算长度取 80 mm。

Q345 钢的角焊缝强度设计值 $f_f^w = 200$ N/mm^2。

部分熔透对接与角接组合焊缝在垂直于焊缝长度方向受压,$\beta_f = 1.22$。

所需的焊缝有效厚度

$$h_e = s \geqslant \frac{R}{\beta_f f_f^w \sum l_w} = \frac{750 \times 10^3}{1.22 \times 200 \times 4 \times 80} = 9.6 (\text{mm})$$

由图 3-49(b)可见,$s = (a+c)\sin 45°$。

因而需 $a + c = \dfrac{s}{\sin 45°} = \dfrac{9.6}{0.707} = 13.6 (\text{mm})$

取 $a = 10$ mm,坡口深度 $c = 5$ mm。

坡口角度 $\tan \alpha = \dfrac{a}{c} = \dfrac{10}{5} = 2.0$

$\alpha = 63.4° > 60°$,与假设相同。

从坡口根部至焊缝表面的距离

$$s = (a+c)\sin 45° = (10+5) \times 0.707 = 10.6 (\text{mm})$$

焊缝有效厚度 $h_e = s = 10.6$ mm,$l_w = 100 - 2 \times 10 = 80 (\text{mm})$,与前面假设一致。

焊缝强度验算

$$\sigma = \frac{R}{\beta_f h_e \sum l_w} = \frac{750 \times 10^3}{1.22 \times 10.6 \times 4 \times 80} = 181.2 (\text{N/mm}^2) < f_f^w = 200 \text{ N/mm}^2 (\text{满足要求})$$

若本例题改用角焊缝,焊缝计算长度取 $8h_f$,则

$$\frac{750 \times 10^3}{1.22 \times 4 \times 0.7 h_f \times 8h_f} \leqslant 200 \quad 得 \quad h_f \geqslant 11.7 (\text{mm})$$

根据表 3-1,最小 $h_f = 6$ mm

$$h_f = 1.5\sqrt{t_2} = 1.5\sqrt{20} = 6.7 (\text{mm})$$

最大 $h_f = 1.2 t_1 = 1.2 \times 14 = 16.8 (\text{mm})$

取 $h_f = 13$ mm,满足构造要求。

但支承加劲肋宽度需加大,最小为 $20 + 8 \times 13 + 2 \times 13 = 150 (\text{mm})$。

采用角焊缝显然不经济。

本例题最佳的方案是将支承加劲肋端部刨平顶紧于梁下翼缘,并采用构造角焊缝连接,将在第 5 章讲述。

3.6　焊接残余应力和残余变形

3.6.1　焊接残余应力的种类

焊接过程是一个先局部加热,然后再冷却的过程。焊件在焊接时产生的变形称为热变形。

焊件冷却后产生的变形称为焊接残余变形,此时焊件中的应力称为焊接残余应力。焊接残余应力包括沿焊缝长度方向的纵向焊接残余应力、垂直于焊缝长度方向的横向焊接残余应力和沿厚度方向的焊接残余应力。

1. 纵向焊接残余应力

施焊时焊件上产生不均匀的温度场,焊缝及其附近母材温度最高,邻近区域温度则急剧下降,如图3-50(a)、(b)所示。不均匀的温度场产生不均匀的膨胀。温度高的母材膨胀大,但受到两侧母材限制而产生纵向拉应力。在碳素结构钢和低合金高强度结构钢中,这种拉应力区域的应力通常可达到钢材的屈服强度。焊接应力是一种无荷载作用下的应力,在焊件内部自相平衡,这就必然在距焊缝稍远的区域产生压应力(图3-50(c))。

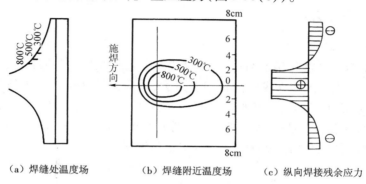

（a）焊缝处温度场　　（b）焊缝附近温度场　　（c）纵向焊接残余应力

图 3-50　焊接温度场及纵向焊接残余应力

2. 横向焊接残余应力

横向焊接残余应力产生的原因有二:一是由于焊缝纵向收缩,使两块钢板趋向于形成反方向的弯曲变形(图3-51(a)),但实际上焊缝将两块钢板连成整体,不能分开,于是两块钢板中间部位产生横向拉应力,两端则产生压应力(图3-51(b))。二是由于先施焊的焊缝已经凝固,阻止后焊焊缝在横向自由膨胀,使其发生横向的塑性压缩变形。当焊缝冷却时,后焊焊缝的收缩受到已凝固焊缝的限制而产生横向拉应力,先施焊部位则产生横向压应力,因应力自相平衡,更远部位的焊缝则受拉应力(图3-51(c))。焊缝的横向应力就是上述两种原因产生的应力叠加的结果(图3-51(d))。

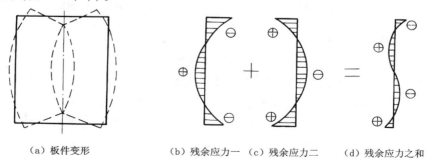

（a）板件变形　　（b）残余应力一　（c）残余应力二　　（d）残余应力之和

图 3-51　横向焊接残余应力

3. 厚度方向的焊接残余应力

在厚钢板的焊接连接中,焊缝需要多层施焊。因此,除产生纵向和横向焊接残余应力 σ_x、

σ_y 外,还存在沿钢板厚度方向的焊接残余应力 σ_z(图 3-52)。这三种应力形成同号三向应力场,将显著降低焊接连接的塑性。

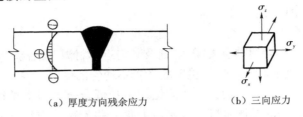

(a) 厚度方向残余应力 　　　(b) 三向应力

图 3-52　厚度方向焊接残余应力

3.6.2　焊接残余应力的影响

1. 对常温静力承载力无影响

对于在常温、静力荷载作用下的构件,焊接残余应力不会影响其承载力。设轴心受拉构件在受荷前($N=0$)截面上就存在纵向焊接残余应力,并假设其分布如图 3-53(a) 所示,截面 bt 部分的焊接残余拉应力已达到钢材的屈服强度 f_y,在轴力 N 作用下,应力不再增加,因钢材具有塑性性能,拉力 N 仅由受压的弹性区承担。两侧受压区的应力由原来受压逐渐变为受拉,最后也达到屈服强度 f_y,此时全截面应力都达到 f_y(图 3-53(b))。

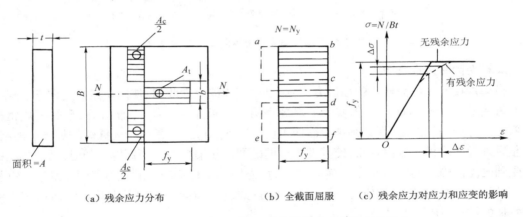

(a) 残余应力分布　　　　(b) 全截面屈服　　(c) 残余应力对应力和应变的影响

图 3-53　焊接残余应力对轴心受拉构件应力和应变的影响

由于焊接残余应力自相平衡,则:

$$(B-b)t\sigma = btf_y$$

构件全截面达到屈服强度 f_y 时构件所能承受的轴力:

$$N = (B-b)t(\sigma + f_y) = (B-b)t\sigma + Btf_y - btf_y = Btf_y$$

无焊接残余应力且无应力集中时,全截面应力达到 f_y 时构件所能承受的轴力:

$$N = Btf_y$$

由以上两式可知,有焊接残余应力构件的承载力和无焊接残余应力的相同,即焊接残余应力不影响构件的静力承载力。

2. 降低构件刚度

焊接残余应力降低构件的刚度。现仍以轴心受拉构件为例说明,由于截面 bt 部分的拉应

力已达到 f_y（图 3-53），此部分刚度为零，因而构件在拉力 N 作用下的应变增量：

$$\varepsilon_1 = \frac{N}{(B-b)tE}$$

无焊接残余应力时，构件在拉力 N 作用下的应变增量：

$$\varepsilon_2 = \frac{N}{BtE}$$

由于 $B-b < B$，所以 $\varepsilon_1 > \varepsilon_2$，即焊接残余应力的存在增大了构件的变形（图 3-53（c）），降低了构件的刚度。

3.降低受压稳定承载力

焊接残余应力使构件的有效截面积和有效惯性矩减小，从而降低受压构件的稳定承载力。

4.增加低温冷脆倾向

对于厚板或存在交叉焊缝（图 3-54）的情况，将产生三向焊接残余拉应力，阻碍了塑性变形的发展，增加了钢材在低温下的脆断倾向。因此，降低或消除焊缝中的残余应力是改善结构低温冷脆性能的重要措施之一。

5.降低疲劳强度

焊缝及其附近母材的残余拉应力通常达到钢材的屈服强度，此部位也是形成裂纹和疲劳裂纹发展最敏感的区域。因此，焊接残余应力对疲劳强度不利影响明显。

3.6.3　焊接残余变形

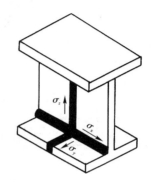

图 3-54　三向焊接残余应力

焊接过程中由于不均匀的加热和冷却，焊接区域在纵向和横向收缩时将导致构件产生局部鼓曲、弯曲、角变形和扭转等。焊接变形如图 3-55 所示，包括纵、横收缩（图（a））、弯曲变形（图（b））、角变形（图（c））、波浪变形（图（d））和扭曲变形（图（e））等，通常是几种变形的组合。任一焊接残余变形超过《钢结构工程施工质量验收规范》GB 50205 的规定时，必须进行矫正，以免影响构件的承载能力。

3.6.4　减少焊接残余应力和残余变形的措施

1.设计措施

（1）尽可能使焊缝对称布置，以减小焊接变形，如图 3-56（a）、（b）所示。

（2）尽量减少焊缝的数量和尺寸，并采用适宜的焊脚尺寸和焊缝长度（图 3-56（c）、（d））。

（3）焊缝不宜过分集中，当几块钢板交汇一处进行连接时，应采取图 3-56（e）的方式。如采用图 3-56（f）的方式，由于热量高度集中，会引起过大的焊接残余变形，同时焊缝及母材组织也会发生改变。

（4）尽量避免两条或三条焊缝垂直交叉。例如梁腹板加劲肋与腹板、翼缘的连接焊缝应中断，以保证主要的焊缝（翼缘与腹板的连接焊缝，图 3-56（g）、（h））连续通过。

（5）尽量避免在母材厚度方向的收缩应力（图 3-56（j）），应采用图 3-56（i）的形式。

（6）焊缝位置应避开最大应力区。

（7）应留有足够空间，便于焊接操作和焊接后焊缝检测。

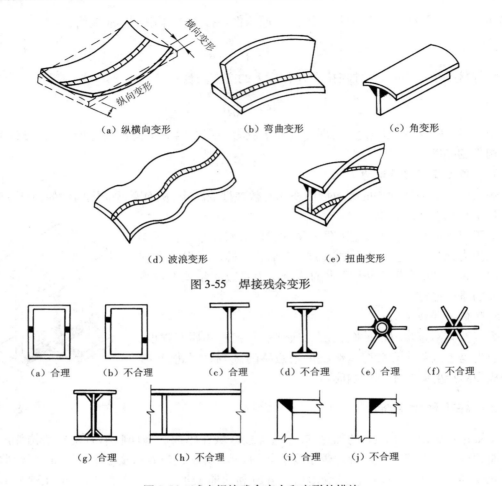

（a）纵横向变形　　　（b）弯曲变形　　　（c）角变形

（d）波浪变形　　　（e）扭曲变形

图 3-55　焊接残余变形

（a）合理　（b）不合理　（c）合理　（d）不合理　（e）合理　（f）不合理

（g）合理　　　（h）不合理　　　（i）合理　（j）不合理

图 3-56　减小焊接残余应力和变形的措施

2. 工艺措施

（1）采取合理的施焊顺序。例如钢板对接时采用分段退焊（图 3-57（a）），厚焊缝采用分层焊（图 3-57（b）），H 形截面采用对角跳焊（图 3-57（c）），钢板分块拼接（图 3-57（d））等。

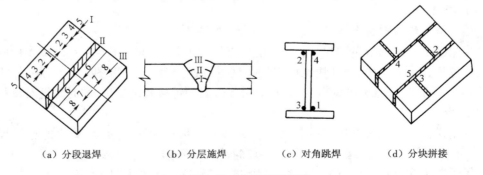

（a）分段退焊　　　（b）分层施焊　　　（c）对角跳焊　　　（d）分块拼接

图 3-57　合理焊接顺序

（2）采用反变形。施焊前给构件以一个与焊接残余变形反方向的预变形，使之与焊接所引起的变形相抵消,从而减小焊接残余变形。

(3)对于小尺寸焊件,焊前预热或焊后回火加热然后缓慢冷却,可以消除焊接残余应力和残余变形,也可采用刚性固定法将构件固定来减小焊接残余变形,但会增加焊接残余应力。

3.7　螺栓排列形式与孔型

3.7.1　螺栓排列形式

螺栓的排列通常分为并列和错列两种形式。并列(图 3-58(a))比较简单整齐,布置紧凑,所用连接板尺寸小,但对构件截面的削弱较大;错列(图 3-58(b))可以减小螺栓孔对截面的削弱,但螺栓排列松散,连接板尺寸较大。

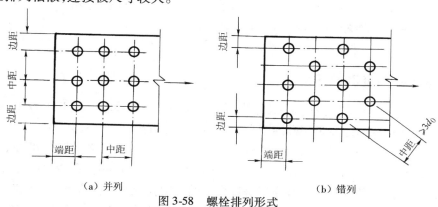

（a）并列　　　　　　　　　　　（b）错列

图 3-58　螺栓排列形式

螺栓的排列应布置紧凑,连接的中心与被连接板件的截面形心尽量重合,并考虑以下要求。

1. 受力要求

垂直于受力方向:对于受拉构件,各排螺栓的中距和边距不能过小,以免使螺栓周围应力集中相互影响,同时使钢板截面削弱过多,降低构件的承载力。

顺力作用方向:端距应按被连接板件材料的孔前挤压和端部抗冲剪等强度条件确定,以使板件在端部不致被螺栓冲剪破坏,端距不应小于 $2d_0$。

2. 构造要求

中距和边距不宜过大,否则被连接板件容易发生鼓曲现象,板件间不能紧密贴合,潮气侵入间隙易使钢材锈蚀。对顺力方向的受压板件,还应保应板件不发生屈曲。

3. 施工要求

保证留有便于采用扳手拧紧螺帽的操作空间。根据扳手尺寸和施工经验,规定最小中距为 $3d_0$。

根据以上要求,《钢结构设计标准》GB 50017 规定的被连接板件上螺栓的孔距、边距和端距的容许值见表 3-3。

表 3-3　螺栓孔距、边距和端距容许值

名称	位置和方向			最大容许距离 (取两者的较小值)	最小容许距离
中心间距	外排(垂直力方向或顺力方向)			$8d_0$ 或 $12t$	$3d_0$
	中间排	垂直力方向		$16d_0$ 或 $24t$	
		顺力方向	构件受压力	$12d_0$ 或 $18t$	
			构件受拉力	$16d_0$ 或 $24t$	
	沿对角线方向				
中心至板件边缘距离	顺力方向			$4d_0$ 或 $8t$	$2d_0$
	垂直力方向	剪切边或手工气割边			$1.5d_0$
		轧制边、自动气割或锯割边	高强度螺栓		
			其他螺栓		$1.2d_0$

注:1. d_0 为螺栓孔直径,槽孔为短向尺寸,t 为外层较薄板件的厚度;

　2. 钢板边缘与刚性构件(如角钢、槽钢等)相连的高强螺栓的最大距离,可按中间排的数值采用;

　3. 计算螺栓孔引起的截面削弱时可取 $d+4$ mm 和 d_0 的较大值。

3.7.2　螺栓孔型及孔径尺寸

C 级普通螺栓表面不经特别加工,螺栓孔的直径一般比螺栓直径大 $1.0 \sim 1.5$ mm。

高强度螺栓承压型连接采用标准圆孔时,其孔径 d_0 可按表 3-4 采用。

高强度螺栓摩擦型连接可采用标准孔、大圆孔和槽孔,不同孔型的尺寸可按表 3-4 采用。采用扩大孔连接时,同一侧连接只能在拼接板和芯板其中之一的板上采用大圆孔或槽孔,其余仍采用标准孔。高强度螺栓摩擦型连接拼接板采用大圆孔、槽孔时,应增大垫圈厚度或采用连续型垫板,其孔径与标准垫圈相同,M24 及以下的螺栓垫圈厚度不宜小于 8 mm,M24 以上的螺栓垫圈厚度不宜小于 10 mm。

表 3-4　高强度螺栓连接孔型及孔径尺寸　　　　　　　　　　　　　　(mm)

螺栓公称直径			M12	M16	M20	M22	M24	M27	M30
孔型	标准孔	直径	13.5	17.5	22	24	26	30	33
	大圆孔	直径	16	20	24	28	30	35	38
	槽孔	短向	13.5	17.5	22	24	26	30	33
		长向	22	30	37	40	45	50	55

3.8　普通螺栓连接的承载力

3.8.1　普通螺栓受剪连接的承载力验算

1. 普通螺栓受剪连接的受力性能

受剪连接是最常用的螺栓连接。对图 3-59(a)所示的螺栓连接试件进行受剪承载力试验,可得到试件 a、b 两点之间相对位移 δ 与剪力 N 之间的关系曲线(图 3-59(b))。由图可见,从加载开始至破坏连接经历三个阶段。

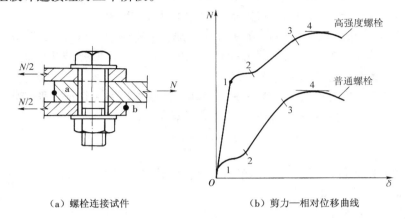

（a）螺栓连接试件　　　　　　（b）剪力—相对位移曲线

图 3-59　受剪螺栓连接的剪力—位移曲线

1）弹性阶段

加荷之初,连接所受剪力较小,剪力由被连接板件接触面的摩擦力传递,螺栓与孔壁的间隙保持不变,连接处于弹性阶段,对应 N—δ 曲线的 O1 斜直线段。由于被连接板件接触面摩擦力的大小取决于拧紧螺帽时螺栓的初始预拉力,一般情况下,普通螺栓的初始预拉力很小,故此阶段很短,可略去不计。

2）相对滑移阶段

荷载增大,连接所受剪力达到被连接板件接触面摩擦力的最大值,板件间产生相对滑移,最大滑移量为螺栓与孔壁的间隙,直至螺栓与孔壁接触,对应 N—δ 曲线的 12 线段。

3）弹塑性阶段

荷载继续增加,连接所承受的剪力主要由螺栓与孔壁接触传递。螺栓除主要承受剪力外,还承受弯矩和轴向拉力,孔壁则受到挤压。由于钢材的弹性性能,螺栓伸长受到螺帽的约束,增大了被连接板件间的压力,使被连接板件接触面的摩擦力增大,N—δ 曲线呈上升状态。达到"3"点时,表明螺栓或被连接板件承载力达到弹性极限状态。

荷载继续增加,即使剪力有很小的增量,连接的剪切变形也迅速增大,直到连接破坏。N—δ 曲线最高点"4"所对应的剪力即为普通螺栓连接所能承受的极限剪力。

螺栓受剪连接达到极限承载力时,可能的破坏形式(图 3-60)有四种:

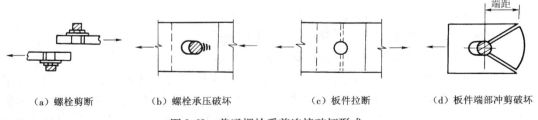

（a）螺栓剪断　　　　（b）螺栓承压破坏　　　　（c）板件拉断　　　　（d）板件端部冲剪破坏

图 3-60　普通螺栓受剪连接破坏形式

（1）当螺栓直径较小而被连接板件较厚时,螺栓可能被剪断(图(a));

（2）当螺栓直径较大、被连接板件较薄时,板件可能被挤压破坏(图(b)),由于螺栓和板

件的挤压是相对的,这种破坏也称为螺栓承压破坏;

(3)被连接板件截面可能因螺栓孔削弱太多被拉断(图(c));

(4)端距太小,被连接板件端部可能被螺栓冲剪破坏(图(d))。

第(3)种破坏形式通过构件截面强度验算避免,第(4)种破坏形式通过限制螺栓端距≥$2d_0$避免。因此,螺栓受剪连接的承载力计算只考虑第(1)、(2)两种破坏形式。

2. 一个普通螺栓的受剪承载力设计值

普通螺栓连接的受剪承载力应考虑螺栓受剪和孔壁承压两种情况。假定螺栓受剪面的剪应力均匀分布,则一个普通螺栓的受剪承载力设计值:

$$N_v^b = n_v \frac{\pi d^2}{4} f_v^b \tag{3-28}$$

式中:n_v——受剪面数量,图 3-61(a)为单剪面,$n_v = 1$;图(b)为双剪面,$n_v = 2$;图(c)为四剪面面,$n_v = 4$;依此类推;

d——螺栓公称直径;

f_v^b——螺栓的抗剪强度设计值,按附表 1-3 采用。

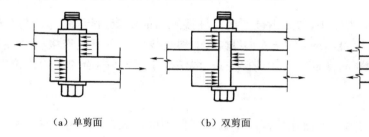

(a)单剪面　　　　　　(b)双剪面　　　　　　(c)四剪面

图 3-61　螺栓连接受剪面

由于螺栓的实际承压应力分布情况难以确定,为简化计算,假定螺栓承压应力均匀分布于螺栓直径平面(图 3-62),则一个普通螺栓的承压承载力设计值:

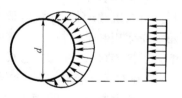

$$N_c^b = d \sum t f_c^b \tag{3-29}$$

式中:$\sum t$——在不同受力方向中一个受力方向承压板件总厚度的较小值,如图 3-61(c)中,$\sum t$ 取($a + c + e$)和($b + d$)的较小值;

图 3-62　螺栓承压

f_c^b——螺栓的承压强度设计值,按附表 1-3 采用。

一个螺栓的受剪承载力设计值取 N_v^b 和 N_c^b 的较小值 N_{min}^b。

3. 承受轴心剪力的普通螺栓连接承载力验算

试验表明,螺栓连接承受轴心剪力时,沿受力方向螺栓受力不均匀(图 3-63),两端螺栓受力大,中间螺栓受力小。当沿受力方向的螺栓连接长度 $l_1 \leq 15d_0$ 时,连接进入弹塑性阶段后,内力发生重分布,螺栓连接中各螺栓受力逐渐均匀,故可认为轴心剪力 N 由所有螺栓平均承担,即螺栓数量:

$$n = \frac{N}{N_{min}^b}$$

式中:N——螺栓连接承受的轴心剪力设计值。

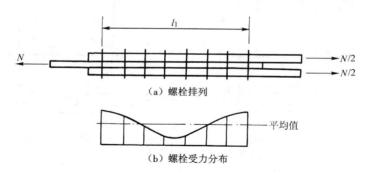

（a）螺栓排列

——平均值

（b）螺栓受力分布

图 3-63　沿力方向螺栓的受力分布

当 $l_1 > 15d_0$ 时,连接受力进入弹塑性阶段后,各螺栓受力不易均匀,端部螺栓首先达到极限承载力而破坏,然后由外向内依次破坏。因此,为防止端部螺栓提前破坏,当 $l_1 > 15d_0$ 时,螺栓的受剪承载力设计值应乘以折减系数 η 予以降低。η 由下式计算:

$$\eta = 1.1 - \frac{l_1}{150d_0} \qquad (3\text{-}30)$$

当 $l_1 > 60d_0$ 时,取 $\eta = 0.7$。

螺栓连接中力的传递可由图 3-64 说明:左边板件所承受的力 N 通过左边螺栓传至两块拼接板,再由两块拼接板通过右边螺栓传至右边板件,这样左右板件的力平衡。在力的传递过程中,板件不同截面处受力情况如图 3-64（c）所示,板件在截面 1-1 处承受全部力 N,在截面 1-1 和 2-2 之间则承受 $2N/3$,因为 $N/3$ 已经通过第 1 列螺栓传递给拼接板。

由于螺栓孔削弱了板件截面,为防止板件在净截面处被拉断,需要验算净截面强度（见第 4.1 节）:

$$\sigma = \frac{N}{A_n} \leqslant 0.7f_u$$

式中:f_u——钢材的抗拉强度,按附表 1-1 采用;

　　A_n——板件净截面面积。

A_n 的计算方法如下:

图 3-64（a）所示的螺栓并列排列,以左侧为例,截面 1-1、2-2、3-3 的板件净截面面积均相同。对于板件,根据传力情况,截面 1-1 受力为 N,截面 2-2 受力为 $N - \dfrac{n_1}{n}N$,截面 3-3 受力为 $N - \dfrac{n_1 + n_2}{n}N$,以截面 1-1 受力最大。其净截面面积:

$$A_n = t(B - n_1 d_0)$$

对于拼接板,以截面 3-3 受力最大,其净截面面积:

$$A'_n = 2t_1(B - n_3 d_0)$$

式中:n——连接一侧的螺栓数量;

　　n_1、n_2、n_3——截面 1-1、2-2、3-3 处的螺栓数量。

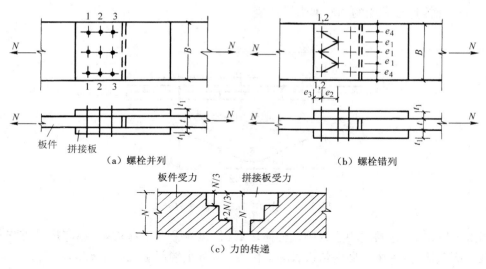

图 3-64　力的传递及板件净截面

图 3-64(b)所示的螺栓错列排列,对于板件不仅需要考虑沿截面 1-1(正交截面)破坏的可能,还需要考虑沿截面 2-2(折线截面)破坏的可能。

此时

$$A_n = t\left[2e_4 + (n_2 - 1)\sqrt{e_1{}^2 + e_2{}^2} - n_2 d_0\right]$$

式中:n_2——折线截面 2-2 处的螺栓数量。

计算拼接板的净截面面积时,其方法相同,只是验算部位应在拼接板受力最大处。

[**例题 3-13**]　如图 3-65 所示,设计两角钢采用 C 级 M20 普通螺栓的拼接,已知角钢型号为∟90×6,承受轴心拉力的设计值 $N = 160$ kN,拼接采角钢型号与构件相同,钢材为 Q235A,孔径 $d_0 = 21.5$ mm。

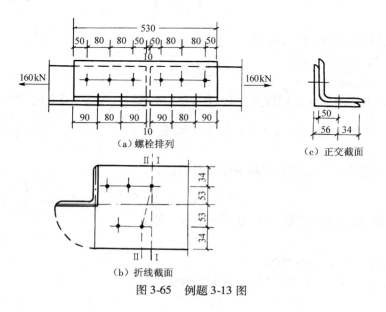

图 3-65　例题 3-13 图

[解]

（1）螺栓数量计算

一个螺栓的受剪承载力设计值

$$N_v^b = n_v \frac{\pi d^2}{4} f_v^b = 1 \times \frac{3.14 \times 20^2}{4} \times 140 \times 10^{-3} = 44.0 (kN)$$

一个螺栓的承压承载力设计值

$$N_c^b = d \sum tf_c^b = 20 \times 6 \times 305 \times 10^{-3} = 36.6 (kN)$$

连接一侧所需的螺栓数量

$$n = \frac{N}{N_{min}^b} = \frac{160}{36.6} = 4.4 (\text{个}), \text{取 5 个。}$$

连接构造如图 3-65（a）所示。

（2）构件净截面强度验算

角钢的毛截面面积　　　　　　　$A = 10.64 \ cm^2$

将角钢按中线展开，如图 3-65（b）所示。截面 I - I（正交截面）净面积

$$A_{nI} = A - n_1 d_0 t = 10.64 - 1 \times 2.15 \times 0.6 = 9.4 (cm^2)$$

截面 II - II（折线截面）净面积

$$A_{nII} = t[2e_4 + (n_2 - 1)\sqrt{e_1^2 + e_2^2} - n_2 d_0]$$

$$= 0.6 \times [2 \times 3.4 + (2-1)\sqrt{4^2 + 10.6^2} - 2 \times 2.15] = 8.3 (cm^2)$$

角钢净截面强度验算

$$\sigma = \frac{N}{A_{nII}} = \frac{160 \times 10^3}{830} = 192.8 (N/mm^2) < 0.7f_u = 259 \ N/mm^2 (\text{满足要求})$$

4. 承受扭矩的普通螺栓连接承载力验算

首先排列螺栓，然后计算受力最大螺栓所承受的剪力，再和一个螺栓的受剪承载力设计值 N_{min}^b 进行比较。

计算时作如下假定：

（1）被连接板件是刚性的，连接是弹性的；

（2）连接绕螺栓群形心 O 旋转（图 3-66），螺栓受力大小与其至螺栓群形心的距离成正比，力的方向与其和螺栓群形心的连线垂直。

图 3-66 所示的螺栓连接，承受扭矩 T 使每个螺栓受剪。假设各螺栓至螺栓群形心的距离分别为 $r_1, r_2, r_3, \cdots, r_n$，各螺栓所承受的剪力分别为 $N_1^T, N_2^T, N_3^T, \cdots, N_n^T$。

由力的平衡条件，各螺栓承受的剪力对螺栓群形心 O 的力矩总和应等于扭矩 T：

$$T = N_1^T r_1 + N_2^T r_2 + N_3^T r_3 + \cdots + N_n^T r_n$$

由于螺栓受力大小与其到 O 点的距离成正比，则：

$$\frac{N_1^T}{r_1} = \frac{N_2^T}{r_2} = \frac{N_3^T}{r_3} = \cdots = \frac{N_n^T}{r_n}$$

$$N_2^T = N_1^T \frac{r_2}{r_1}, N_3^T = N_1^T \frac{r_3}{r_1}, \cdots, N_n^T = N_1^T \frac{r_n}{r_1}$$

$$T = \frac{N_1^T}{r_1}(r_1^2 + r_2^2 + r_3^2 + \cdots + r_n^2) = \frac{N_1^T}{r_1} \sum r_i^2$$

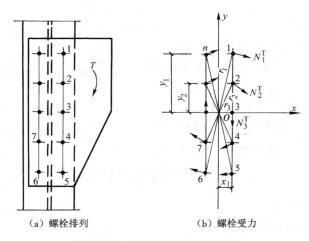

（a）螺栓排列　　　（b）螺栓受力

图 3-66　承受扭矩的螺栓连接

$$N_1^{\mathrm{T}} = \frac{T\,r_1}{\sum r_i^2} = \frac{T\,r_1}{\sum x_i^2 + \sum y_i^2} \qquad (3\text{-}31)$$

为了计算简便,当螺栓狭长布置,$y_1 > 3x_1$ 时,r_1 趋近于 y_1,$\sum x_i^2$ 与 $\sum y_i^2$ 比较可忽略不计。因此,式(3-31)可简化为:

$$N_1^{\mathrm{T}} = \frac{T\,y_1}{\sum y_i^2}$$

设计时,受力最大一个螺栓所承受的剪力设计值 N_1^{T} 应不大于螺栓的受剪承载力设计值 $N_{\min}^{\mathrm{b}}$,即:

$$N_1^{\mathrm{T}} \leqslant N_{\min}^{\mathrm{b}}$$

5.承受扭矩、剪力和轴力的普通螺栓连接承载力验算

图 3-67 所示的螺栓连接承受扭矩 T、剪力 V 和轴力 N。设计时通常先排列螺栓,再进行承载力验算。

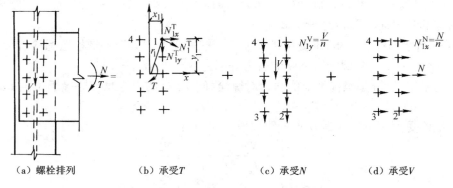

（a）螺栓排列　　（b）承受 T　　（c）承受 N　　（d）承受 V

图 3-67　承受扭矩、剪力和轴力的螺栓连接

在扭矩 T 作用下,螺栓 1 受力最大为 N_1^{T},其在 x、y 两个方向的分力:

$$N_{1x}^{\mathrm{T}} = N_1^{\mathrm{T}} \frac{y_1}{r_1} = \frac{T\, y_1}{\sum x_i^2 + \sum y_i^2}$$

$$N_{1y}^{\mathrm{T}} = N_1^{\mathrm{T}} \frac{x_1}{r_1} = \frac{T\, x_1}{\sum x_i^2 + \sum y_i^2}$$

在剪力 V 和轴力 N 作用下，螺栓均匀受力，每个螺栓受力：

$$N_{1y}^{\mathrm{V}} = \frac{V}{n}$$

$$N_{1x}^{\mathrm{N}} = \frac{N}{n}$$

以上各力对于螺栓都是剪力，故受力最大螺栓 1 承受的剪力合力 N_1 应满足：

$$N_1 = \sqrt{(N_{1x}^{\mathrm{T}} + N_{1x}^{\mathrm{N}})^2 + (N_{1y}^{\mathrm{T}} + N_{1y}^{\mathrm{V}})^2} \leqslant N_{\min}^{\mathrm{b}} \tag{3-48}$$

[**例题 3-14**]　设计如图 3-68 所示的钢板平接连接，钢板为 -18×600，钢材为 Q235B，承受的荷载设计值为：扭矩 $T = 48\ \mathrm{kN \cdot m}$，剪力 $V = 250\ \mathrm{kN}$，轴力 $N = 320\ \mathrm{kN}$，采用 C 级 M20 普通螺栓，孔径 $d_0 = 21.5\ \mathrm{mm}$。

[**解**]

（1）拼接板尺寸确定

采用 $2 - 10 \times 600$ 的拼接板，其截面面积为 $60 \times 1 \times 2 = 120(\mathrm{cm}^2)$，大于被拼接钢板的截面面积 $60 \times 1.8 = 108(\mathrm{cm}^2)$。

（2）螺栓连接承载力验算

首先排列螺栓（图 3-68），然后进行承载力验算。排列时可在螺栓容许距离范围内，水平距离取较小值，以减小拼接板的长度；竖向距离取较大值，以避免截面削弱过多。

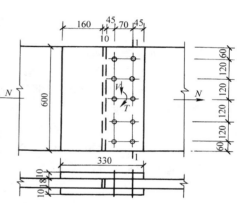

图 3-68　例题 3-14 图

一个螺栓的受剪承载力设计值

$$N_{\mathrm{v}}^{\mathrm{b}} = n_{\mathrm{v}} \frac{\pi d^2}{4} f_{\mathrm{v}}^{\mathrm{b}} = 2 \times \frac{3.14 \times 20^2}{4} \times 140 \times 10^{-3} = 87.9(\mathrm{kN})$$

$$N_{\mathrm{c}}^{\mathrm{b}} = d \sum t\, f_{\mathrm{c}}^{\mathrm{b}} = 20 \times 18 \times 305 \times 10^{-3} = 109.8(\mathrm{kN})$$

$$N_{\min}^{\mathrm{b}} = 87.9\ \mathrm{kN}$$

螺栓连接承载力验算：

在扭矩作用下，最外螺栓承受的最大剪力

$$N_{1x}^{\mathrm{T}} = \frac{T\, y_1}{\sum x_i^2 + \sum y_i^2} = \frac{48 \times 10^2 \times 24}{10 \times 3.5^2 + 4 \times (12^2 + 24^2)} = \frac{48 \times 10^2 \times 24}{3\ 002.5} = 38.4(\mathrm{kN})$$

$$N_{1y}^{\mathrm{T}} = \frac{T\, x_1}{\sum x_i^2 + \sum y_i^2} = \frac{48 \times 10^2 \times 3.5}{3\ 002.5} = 5.6(\mathrm{kN})$$

在剪力、轴力作用下，每个螺栓承受的剪力分别为

$$N_{1y}^{\mathrm{V}} = \frac{V}{10} = \frac{250}{10} = 25(\mathrm{kN})$$

$$N_{1x}^N = \frac{N}{n} = \frac{320}{10} = 32 \, (\text{kN})$$

最外螺栓承受的剪力合力

$$N_1 = \sqrt{(N_{1x}^T + N_{1x}^N)^2 + (N_{1y}^T + N_{1y}^V)^2}$$
$$= \sqrt{(38.4 + 32)^2 + (5.6 + 25)^2} = 76.8 \, (\text{kN}) < N_{\min}^b = 87.9 \, \text{kN}(满足要求)$$

(3)钢板净截面强度验算

钢板 1-1 截面面积最小,受力较大,应验算此截面强度。

1-1 截面的几何特性

$$A_n = t(b - n_1 d_0) = 1.8 \times (60 - 5 \times 2.15) = 88.7 \, (\text{cm}^2)$$

$$I = \frac{tb^3}{12} = \frac{1.8 \times 60^3}{12} = 32\,400 \, (\text{cm}^4)$$

$$I_n = 32\,400 - 1.8 \times 2.15 \times (12^2 + 24^2) \times 2 = 26\,827 \, (\text{cm}^4)$$

$$W_n = \frac{I_n}{30} = \frac{26\,827}{30} = 894.2 \, (\text{cm}^3)$$

$$S = \frac{tb}{2} \times \frac{b}{4} = \frac{1.8 \times 60^2}{8} = 810 \, (\text{cm}^3)$$

钢板截面边缘正应力

$$\sigma = \frac{N}{A_n} + \frac{M}{W_n} = \frac{320 \times 10^3}{88.7 \times 10^2} + \frac{48 \times 10^6}{894.2 \times 10^3} = 89.8 \, (\text{N/mm}^2) < f = 205 \, \text{N/mm}^2(满足要求)$$

钢板截面形心处剪应力

$$\tau = \frac{VS}{It} = \frac{250 \times 10^3 \times 810 \times 10^3}{32\,400 \times 10^4 \times 18} = 34.7 \, (\text{N/mm}^2) < f_v = 120 \, \text{N/mm}^2(满足要求)$$

钢板截面形心处的折算应力

$$\sigma_2 = \sqrt{\sigma^2 + 3\tau^2} = \sqrt{(320 \times 10^3 / 8\,870)^2 + 3 \times 34.7^2}$$
$$= 70.1 \, (\text{N/mm}^2) < 1.1f = 1.1 \times 205 = 225.5 \, (\text{N/mm}^2)(满足要求)$$

3.8.2 普通螺栓受拉连接的承载力验算

1. 一个普通螺栓的受拉承载力设计值

在受拉连接中普通螺栓所受的拉力和垂直连接件的刚度有关。

连接受拉时,通常是通过与螺栓垂直的板件传递拉力。如图 3-69(a)所示的 T 形连接,如果连接件的刚度较小,受力后与螺栓垂直的连接件会发生变形,因而形成杠杆作用,连接存在被撬开的趋势,使螺栓所受拉力增加并产生弯曲现象。考虑杠杆作用时,螺栓所受的轴力:

$$N_t = N + Q$$

式中:Q——由于杠杆作用对螺栓产生的撬力。

受拉螺栓的破坏形式为螺栓被拉断。一个受拉螺栓的承载力设计值:

$$N_t^b = \frac{\pi d_e^2}{4} f_t^b \tag{3-32}$$

式中:d_e——螺栓有效直径,按附表 8-1 采用;

f_t^b——螺栓的抗拉强度设计值,按附表 1-3 采用。

撬力的大小与连接件的刚度有关,连接件刚度越小,撬力越大;同时撬力也与螺栓直径和螺栓所在位置等因素有关。由于确定撬力比较复杂,为了计算方便,《钢结构设计标准》GB 50017 规定普通螺栓的抗拉强度设计值 f_t^b 取螺栓钢材抗拉强度设计值 f 的 0.8 倍,即 $f_t^b = 0.8f$。此外,在构造上也可采取一些措施增大连接件的刚度,如设置加劲肋(图 3-69(b)),可以减小甚至消除撬力的影响。

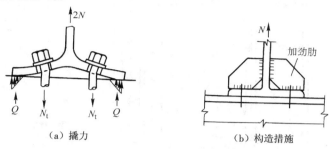

（a）撬力　　　　　　　　　　（b）构造措施

图 3-69　普通螺栓受拉连接

2. 承受轴心拉力的普通螺栓连接承载力验算

图 3-70 所示为承受轴心拉力的螺栓连接,通常假定螺栓平均受力,则连接所需的螺栓数量:

$$n = \frac{N}{N_t^b}$$

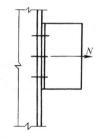

图 3-70　承受轴心拉力的螺栓连接

式中:N——螺栓连接承受的轴心拉力设计值。

3. 承受弯矩的普通螺栓连接承载力验算

图 3-71 所示为螺栓连接承受弯矩,剪力 V 通过承托板传递。按弹性设计方法,承受弯矩时,距中性轴越远的螺栓所受拉力越大,压力则由弯矩指向一侧的部分端板承受。设中性轴至端板受压边缘的距离为 c(图 3-71(c))。这种连接的受力具有如下特点:只有孤立的几个螺栓截面受拉,而端板受压区则是宽度较大的矩形截面(图 3-71(c))。假定中性轴位于形心位置时,所求得的端板受压区高度 c 很小,中性轴通常在弯矩指向一侧最外排螺栓附近的某个位置。因此,计算时可近似地取中性轴位于最下排螺栓 O 处(图 3-71(a)),即认为连接绕 O 处水平轴转动,螺栓拉力与从 O 处水平轴算起的纵坐标 y 成正比。根据假定,对 O 处水平轴列出弯矩平衡方程,偏安全地忽略力臂很小的端板受压区部分的力矩,只考虑受拉螺栓的力矩,则:

$$\frac{N_1}{y_1} = \frac{N_2}{y_2} = \cdots = \frac{N_i}{y_i} = \cdots = \frac{N_n}{y_n}$$

$$M = N_1 y_1 + N_2 y_2 + \cdots + N_i y_i + \cdots + N_n y_n$$

$$= \frac{N_1}{y_1} y_1^2 + \frac{N_2}{y_2} y_2^2 + \cdots + \frac{N_i}{y_i} y_i^2 + \cdots + \frac{N_n}{y_n} y_n^2 = \frac{N_i}{y_i} \sum y_i^2$$

则螺栓 i 所受的拉力:

$$N_i = \frac{M y_i}{\sum y_i^2} \tag{3-33}$$

设计时要求受力最大的最外排螺栓 1 所受拉力不超过一个螺栓的受拉承载力设计值,即:

$$N_1 = \frac{My_1}{\sum y_i^2} \leqslant N_t^b$$

4. 承受弯矩和拉力的普通螺栓连接承载力验算

由图 3-72(a)可知,螺栓连接承受轴心拉力 N 和弯矩 $M = Ne$。按弹性设计方法,根据偏心距的大小可能出现小偏心受拉和大偏心受拉两种情况。

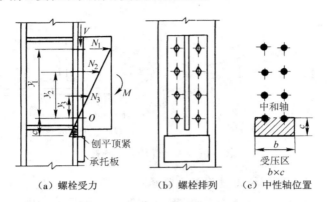

（a）螺栓受力　　　（b）螺栓排列　　　（c）中性轴位置

图 3-71　承受弯矩的普通螺栓连接

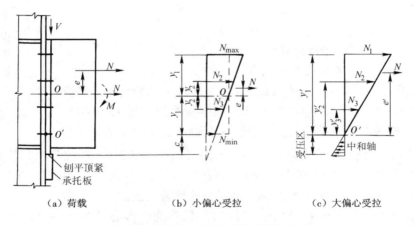

（a）荷载　　　　　（b）小偏心受拉　　　　　（c）大偏心受拉

图 3-72　承受偏心拉力的普通螺栓连接

1）小偏心受拉

对于小偏心受拉情况(图 3-72(b)),所有螺栓均承受拉力作用,但承受的拉力不同。轴心拉力 N 由所有螺栓均匀承担,弯矩 M 引起以螺栓群形心 O 处水平轴为中性轴的三角形拉力分布(图 3-72(b))。叠加后全部螺栓均受拉力,螺栓最大和最小拉力应满足:

$$N_{max} = \frac{N}{n} + \frac{Ney_1}{\sum y_i^2} \leqslant N_t^b \tag{3-34}$$

$$N_{min} = \frac{N}{n} - \frac{Ney_1}{\sum y_i^2} \geqslant 0 \tag{3-35}$$

式(3-34)表示受力最大螺栓的拉力不超过螺栓的受拉承载力设计值;式(3-35)表示全部

螺栓受拉,不存在受压区,这是式(3-34)成立的前提。由式(3-35)可得 $N_{\min} \geq 0$ 时的偏心距:

$$e \leqslant \frac{\sum y_i^2}{ny_1} \tag{3-36}$$

2)大偏心受拉

当偏心距 e 较大时,即 $e > \dfrac{\sum y_i^2}{ny_1}$ 时,端板底部将出现受压区(图 3-72(c))。近似并偏安全地取中性轴位于最下排螺栓 O' 处,可列出对 O' 处水平轴的弯矩平衡方程:

$$\frac{N_1}{y_1'} = \frac{N_2}{y_2'} = \cdots = \frac{N_i}{y_i'} = \cdots = \frac{N_n}{y_n'}$$

$$M = N_1 y_1' + N_2 y_2' + \cdots + N_i y_i' + \cdots + N_n y_n'$$

$$= \frac{N_1}{y_1'} y_1'^2 + \frac{N_2}{y_2'} y_2'^2 + \cdots + \frac{N_i}{y_i'} y_i'^2 + \cdots + \frac{N_n}{y_n'} y_n'^2 = \frac{N_1}{y_1'} \sum y_i'^2$$

则

$$N_1 = \frac{Ne'y_1'}{\sum y_i'^2} \leqslant N_t^b$$

[**例题 3-15**]　牛腿与柱采用 C 级 M20 普通螺栓和承托连接,如图 3-73 所示,承受竖向荷载设计值 $F = 220$ kN,偏心距 $e = 200$ mm。设计该螺栓连接。钢材为 Q235,孔径 $d_0 = 21.5$ mm。

[**解**]

牛腿承受的剪力 $F = 220$ kN,由端板刨平顶紧于承托传递;弯矩 $M = Fe = 220 \times 200 = 44 \times 10^3$ (kN·mm)由螺栓连接传递,使螺栓受拉。初步假设螺栓排列如图 3-73 所示。最下排螺栓 O 处水平轴为中性轴,受力最大螺栓(最上排 1)的拉力

$$N_1 = \frac{My_1}{\sum y_i^2} = \frac{44 \times 10^3 \times 320}{2 \times (80^2 + 160^2 + 240^2 + 320^2)}$$

$$= 36.7 \text{(kN)}$$

一个螺栓的受拉承载力设计值

$$N_t^b = A_e f_t^b = 245.0 \times 170 \times 10^{-3} = 41.7 \text{ (kN)} > N_1 = 36.7 \text{ kN(满足要求)}$$

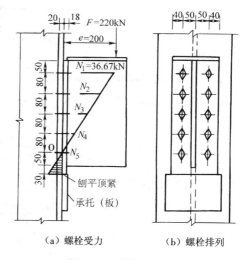

（a）螺栓受力　　（b）螺栓排列

图 3-73　例题 3-15 图

[**例题 3-16**]　图 3-74 所示为一刚接屋架下弦节点,竖向力由承托承受。普通螺栓为 C 级,承受偏心拉力,设计值 $N = 250$ kN,$e = 100$ mm。螺栓排列如图 3-74(a)所示,确定螺栓直径。

[**解**]

$$\frac{\sum y_i^2}{ny_1} = \frac{4 \times (5^2 + 15^2 + 25^2)}{12 \times 25} = 11.7 \text{ (cm)} > e = 100 \text{ mm}$$

属于小偏心受拉(图 3-74(c)),应由式(3-34)计算

$$N_1 = \frac{N}{n} + \frac{Ney_1}{\sum y_i^2} = \frac{250}{12} + \frac{250 \times 10 \times 25}{4 \times (5^2 + 15^2 + 25^2)} = 38.7 \text{ (kN)}$$

所需的螺栓有效面积

$$A_e = \frac{N_1}{f_t^b} = \frac{38.7 \times 10^3}{170} = 227.6 (\text{mm}^2)$$

采用 M20 螺栓，$A_e = 245.0 \text{ mm}^2$。

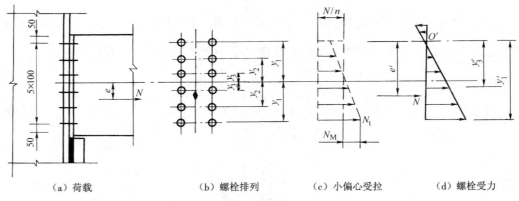

（a）荷载 　　　　　（b）螺栓排列 　　　　　（c）小偏心受拉 　　　　　（d）螺栓受力

图 3-74 例题 3-16、例题 3-17 图

[**例题 3-17**] 条件同例题 3-16，但 $e = 200 \text{ mm}$。

[**解**]

由于 $e = 200 \text{ mm} > 117 \text{ mm}$，应按大偏心受拉计算螺栓的最大拉力。假设螺栓直径为 M22（$A_e = 3.03 \text{ cm}^2$），并假定中性轴位于上面第一排螺栓处，则下面螺栓均为受拉螺栓（图 3-74（d））。

$$N_1 = \frac{Ne'y_1'}{\sum y_i'^2} = \frac{250 \times (20 + 25) \times 50}{2 \times (50^2 + 40^2 + 30^2 + 20^2 + 10^2)} = 51.1 (\text{kN})$$

所需的螺栓有效面积

$$A_e = \frac{N_1}{f_t^b} = \frac{51.1 \times 10^3}{170} = 300.6 (\text{mm}^2) < 303.0 \text{ mm}^2$$

则

$$N_1 = \frac{Ne'y_1'}{\sum y_i'^2} \leqslant N_t^b (\text{满足要求})$$

3.8.3 承受剪力和拉力的普通螺栓连接承载力验算

图 3-75 所示的普通螺栓连接承受剪力 V 和偏心力 N（轴心拉力 N 和弯矩 $M = Ne$）。

承受剪力和拉力的普通螺栓应考虑两种可能的破坏：一是螺栓受剪兼受拉破坏；二是孔壁承压破坏。

根据试验结果得到承受剪力和拉力的螺栓不破坏条件：

$$\sqrt{\left(\frac{N_v}{N_v^b}\right)^2 + \left(\frac{N_t}{N_t^b}\right)^2} \leqslant 1 \qquad (3-37)$$

式中：N_v——一个螺栓承受的剪力设计值；

N_t——受拉力最大螺栓承受的拉力设计值。

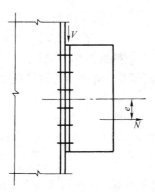

图 3-75 承受剪力和拉力的普通螺栓连接

一般假定剪力 V 由所有螺栓平均承担,即 $N_v = V/n$,n 为螺栓数量;C 级普通螺栓的抗剪性能较差,除剪力较小的情况外,应尽量设置承托承受剪力 V。

孔壁承压的验算:

$$N_v \leqslant N_c^b \tag{3-38}$$

[例题 3-18]　图 3-76 所示为牛腿与柱翼缘的连接,剪力 $V = 250$ kN,$e = 140$ mm,普通螺栓为 C 级,端竖板下设置承托。钢材为 Q235B,手工焊,焊条为 E43 型,按考虑承托传递剪力 V 和不传递 V 两种情况设计此连接。

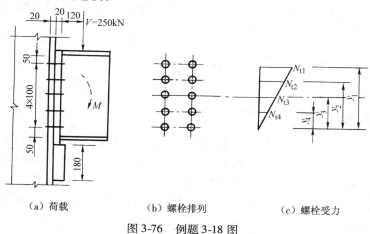

（a）荷载　　　　（b）螺栓排列　　　　（c）螺栓受力

图 3-76　例题 3-18 图

[解]

（1）承托传递剪力 V

承托传递剪力 $V = 250$ kN,螺栓连接只承受由偏心力引起的弯矩 $M = Ve = 250 \times 0.14 = 35$（kN·m）。按弹性设计方法,假定螺栓连接中性轴位于弯矩指向的最下排螺栓轴线处。假设螺栓为 M20（$A_e = 245.0$ mm²）,则受拉螺栓数量 $n = 8$。

一个螺栓的受拉承载力设计值

$$N_t^b = A_e f_t^b = 245.0 \times 170 \times 10^{-3} = 41.7（kN）$$

螺栓所受的最大拉力

$$N_t = \frac{My_1}{m \sum y_i^2} = \frac{35 \times 10^2 \times 40}{2 \times (10^2 + 20^2 + 30^2 + 40^2)} = 23.3（kN） < N_t^b = 41.7 \text{ kN（满足要求）}$$

设承托与柱翼缘连接角焊缝为两面侧焊,并取焊脚尺寸 $h_f = 10$ mm,焊缝强度

$$\tau_f = \frac{1.25V}{h_e \sum l_w} = \frac{1.25 \times 250 \times 10^3}{0.7 \times 10 \times 2 \times 160} = 139.5（\text{N/mm}^2） < f_f^w = 160 \text{ N/mm}^2（满足要求）$$

式中的系数 1.25 是考虑剪力 V 对承托与柱翼缘连接角焊缝的偏心影响。

（2）承托不传递剪力

承托不承受剪力 V,螺栓连接承受剪力 $V = 250$ kN 和弯矩 $M = 35$ kN·m。

一个螺栓的承载力设计值

$$N_v^b = n_v \frac{\pi d^2}{4} f_v^b = 1 \times \frac{3.14 \times 20^2}{4} \times 140 \times 10^{-3} = 44.0（kN）$$

$$N_c^b = d \sum t f_c^b = 20 \times 20 \times 305 \times 10^{-3} = 122.0(\text{kN})$$

$$N_t^b = 41.7 \text{ kN}$$

螺栓所受的最大拉力 $\qquad N_t = 23.3 \text{ kN}$

螺栓所受的剪力 $N_v = \dfrac{V}{n} = \dfrac{250}{10} = 25(\text{kN}) < N_c^b = 122.0 \text{ kN}(满足要求)$

承受剪力和拉力的螺栓

$$\sqrt{\left(\frac{N_v}{N_v^b}\right)^2 + \left(\frac{N_t}{N_t^b}\right)^2} = \sqrt{\left(\frac{25}{44.0}\right)^2 + \left(\frac{23.3}{41.7}\right)^2} = 0.797 < 1(满足要求)$$

3.9　高强度螺栓连接的承载力

3.9.1　高强度螺栓连接的受力性能

高强度螺栓连接和普通螺栓连接的主要区别在于普通螺栓连接受剪时依靠螺栓受剪和承压来传递剪力，拧紧螺帽时螺栓产生的预拉力很小，其影响可以忽略。高强度螺栓除了其材料强度高之外，拧紧螺帽时还施加很大的预拉力，使被连接板件间产生预压力，因而连接受剪时板件接触面产生很大的摩擦力。预拉力、被连接板件接触面抗滑移系数和钢材种类都影响高强度螺栓连接的承载力。

高强度螺栓摩擦型连接只依靠被连接板件接触面的摩擦力传递剪力，在荷载设计值下以剪力等于摩擦力作为承载能力的极限状态；适用于重要结构和直接承受动力荷载的结构，螺栓孔可采用标准孔、大圆孔和槽孔。高强度螺栓承压型连接在荷载标准值下，以剪力超过摩擦力、板件间发生相对滑移作为正常使用极限状态；在荷载设计值下以螺栓或被连接板件破坏作为承载能力的极限状态，可能的破坏形式与普通螺栓相同；可用于允许板件间产生少量滑移、承受静力荷载或间接承受动力荷载的结构；当允许板件间在某一方向产生较大滑移时，也可以采用槽孔。

承受拉力的高强度螺栓连接，由于预拉力作用，板件间在承受荷载前已经存在较大的压力，拉力作用首先要抵消该预压力，至板件完全被拉开后，高强度螺栓的受力情况和普通预螺栓受拉相同，不过高强度螺栓连接的变形要小得多。当拉力小于预压力时，被连接板件未被拉开，可以减少锈蚀，并改善连接的抗疲劳性能。

3.9.2　高强度螺栓的预拉力

1. 预拉力的控制方法

高强度螺栓主要有大六角头型连接副（图 3-77(a)）和扭剪型连接副（图 3-77(b)），其均通过拧紧螺帽，使螺栓受到拉伸作用，产生预拉力，从而使被连接板件间产生预压力。大六角头型高强度螺栓有 8.8 级、10.9 级两种性能等级，扭剪型高强度螺栓只有 10.9 级一种性能等级。

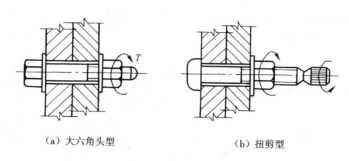

（a）大六角头型　　　　　　　　　　（b）扭剪型

图 3-77　高强度螺栓种类

大六角头螺栓的预拉力控制方法包括力矩法和转角法。

1）力矩法

一般采用指针式扭力（测力）扳手或预置式扭力（定力）扳手，目前应用较多的是电动扭矩扳手。力矩法是通过控制拧紧力矩来实现控制预拉力。拧紧力矩可由试验确定，施工时控制的预拉力为设计预拉力的 1.1 倍。

为了克服板件和垫圈等的变形，根本消除板件之间的间隙，使拧紧力矩系数有较好的线性度，从而提高施工控制预拉力值的准确度。在安装大六角头高强度螺栓时，应先按拧紧力矩的 50% 进行初拧，然后按 100% 拧紧力矩进行终拧。对于大型节点在初拧之后，还应按初拧力矩进行复拧，然后再进行终拧。

力矩法施加预拉力简单，易实施，费用少，但由于连接板件和被连接件的表面质量和拧紧速度的差异，测得的预拉力值误差大且分散，一般误差为 ±25%。

2）转角法

首先使用普通扳手进行初拧，使被连接板件相互紧密贴合，再以初拧位置为起点，按终拧角度，使用长扳手或风动扳手旋转螺母，拧至该角度值时，螺栓的拉力即达到施工控制预拉力。

扭剪型高强度螺栓强度高，安装简便，质量易于保证，可以单面拧紧，对操作人员没有特殊要求。扭剪型高强度螺栓与普通大六角头高强度螺栓不同，如图 3-77（b）所示，螺栓头为盘头，螺纹段端部有一个承受拧紧反力矩的十二角体和一个能在规定力矩下剪断的断颈槽。

2. 预拉力

高强度螺栓的预拉力设计值 P 由下式计算，并取 5 kN 的整数倍。

$$P = \frac{0.9 \times 0.9 \times 0.9}{1.2} A_e f_u \tag{3-39}$$

式中：A_e——螺栓螺纹处有效面积；

　　　f_u——螺栓经热处理后的最小抗拉强度。

式（3-39）中的系数考虑了以下 4 个因素：

（1）拧紧螺帽时，螺栓同时受到由预拉力引起的拉力和由扭矩引起的扭转剪力，试验表明，可取系数 1.2 考虑拧紧螺帽时扭矩对螺栓的不利影响。

（2）施工时为了弥补高强度螺栓预拉力的松弛损失，一般超张拉 5% ~ 10%，为此考虑超张拉系数 0.9。

（3）考虑螺栓材质的不均匀性，引入折减系数 0.9。

(4)由于计算采用螺栓的抗拉强度,引入安全系数0.9。

不同直径高强度螺栓的预拉力值列于表3-5。

表3-5 一个高强度螺栓的预拉力 P(kN)

螺栓的承载性能等级	螺栓公称直径(mm)					
	M16	M20	M22	M24	M27	M30
8.8 级	80	125	150	175	230	280
10.9 级	100	155	190	225	290	355

3.9.3 高强度螺栓受剪承载力设计值

1.摩擦型连接

高强度螺栓拧紧时,螺栓中产生了很大的预拉力,被连接板件间则产生很大的预压力。连接受剪力后,由于被连接板件接触面产生的摩擦力,能在相当大的剪力作用下阻止板件间的相对滑移,因此弹性阶段较长,如图3-59(b)所示。当所承受的剪力超过摩擦力后,板件间即发生相对滑移。高强度螺栓摩擦型连接是以板件间出现滑移作为抗剪承载能力的极限状态,故其最大承载力应取板件间产生相对滑移起始点"1"点的力(图3-59(b))。

摩擦型连接的承载力取决于板件接触面的摩擦力,而此摩擦力的大小与螺栓所受预拉力、摩擦面的抗滑移系数以及连接的传力摩擦面数有关。因此,一个摩擦型连接高强度螺栓的受剪承载力设计值:

$$N_v^b = 0.9kn_f \mu P \tag{3-40}$$

式中:0.9——材料抗力分顶系数的倒数;

  k——孔型系数,标准孔取1.0;大圆孔取0.85;受力与槽孔长向垂直时取0.7;受力与槽孔长向平行时取0.6;

  n_f——传力摩擦面的数量,单剪时 $n_f = 1$,双剪时 $n_f = 2$,依此类推;

  μ——摩擦面的抗滑移系数,按表3-6采用;

  P——一个高强度螺栓的预拉力设计值,按表3-5采用。

摩擦面抗滑移系数的大小与被连接板件接触面的处理方法和板件钢种有关。试验表明,此系数值随被连接板件接触面预压力的减小而降低。

《钢结构设计标准》GB 50017 推荐采用的接触面处理方法见表3-6,表中给出了各种处理方法相应的抗滑移系数 μ 值。

钢材表面经喷砂除锈后,表面存在微观的凹凸不平,在强大的预压力作用下,被连接板件接触面相互啮合,钢材强度和硬度越高,这种啮合面产生的摩擦力越大,因此,μ 值与钢种有关。试验证明,接触面涂红丹后 $\mu < 0.15$,即使经处理后 μ 值仍然很低,故严禁在接触面上涂刷红丹。另外,连接在潮湿或淋雨条件下拼装,也会降低 μ 值,故应采取有效措施保证连接处接触面的干燥。

表3-6 接触面抗滑移系数 μ 值

被连接板件接触面的处理方法	板件钢号		
	Q235 钢	Q345、Q355、Q390 钢	Q420、Q460 钢
喷硬质石英砂或铸钢棱角砂	0.45	0.45	0.45
抛丸(喷砂)	0.40	0.40	0.40
钢丝刷清除浮锈或未经处理的干净轧制面	0.30	0.35	—

注:1 钢丝刷除锈方向应与受力方向垂直;
    2 当被连接板件采用不同钢材种类时,μ 按相应较低强度者取值;
    3 采用其他方法处理时,其处理工艺及抗滑移系数值均需经试验确定。

2. 承压型连接

承压型连接受剪时,从受力至破坏的荷载—位移曲线如图 3-59(b)所示,由于其允许被连接板件间相对滑移并以连接破坏作为极限状态,接触面摩擦力只是延缓板件间相对滑移,因此承压型连接的最大受剪承载力应取图 3-59(b)曲线最高点"4"点的力。连接达到极限承载力时,由于螺栓伸长,预拉力几乎全部消失,故高强度螺栓承压型连接的计算方法与普通螺栓连接相同,仍可采用式(3-28)、式(3-29)计算一个螺栓的受剪和承压承载力设计值,式中应采用高强度螺栓的强度设计值。当剪切面在螺纹处时,高强度螺栓承压型连接的受剪承载力应按螺纹处的有效截面计算。但对于普通螺栓,其受剪强度设计值根据连接的试验数据统计得到,试验时不分剪切面是否在螺纹处,故计算受剪承载力设计值时采用公称直径。

3.9.4 高强度螺栓受拉承载力设计值

1. 摩擦型连接

图 3-78 表示一个高强度螺栓的受拉时的状态。

图 3-78(a)表示已施加预拉力的高强度螺栓未受拉力时的受力状态。接触面存在压力 C,螺栓预拉力为 P,根据力平衡条件 $C=P$,即接触面的压力 C 等于预拉力 P。

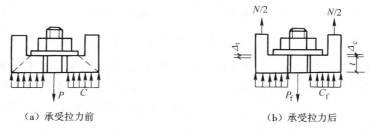

(a) 承受拉力前　　　　　　　　(b) 承受拉力后

图 3-78 承受拉力的高强度螺栓

图 3-78(b)是螺栓连接承受拉力 N 后的受力状态。螺栓连接受拉力 N 后螺栓伸长 Δ_t,此时螺栓中的拉力由原来的 P 增加到 P_f;由于螺栓被拉长,使原先被 P 压缩的板件相应地恢复压缩量 Δ_c。板件间的压力由原来的 C 降为 C_f。即当螺栓连接受拉力 N 后,螺栓中的拉力将增加,接触面的压力减小。

根据力平衡条件:

$$P_f = N + C_f$$

在板厚 t 范围内螺栓与板的变形相等,即:

$$\Delta_t = \Delta_c$$

亦即螺栓的伸长增量等于板件压缩的恢复量。

设螺栓的截面面积为 A_b,接触面面积为 A_P,螺栓和被连接板件的弹性模量均为 E,则:

$$\Delta_t = \frac{\sigma_t}{E}t = \frac{P_f - P}{A_b E}t$$

$$\Delta_c = \frac{\sigma_c}{E}t = \frac{C - C_f}{A_P E}t$$

故

$$\frac{P_f - P}{A_b} = \frac{C - C_f}{A_P}$$

把 $C = P$ 及 $C_f = P_f - N$ 代入上式中,则:

$$P_f = P + \frac{N}{A_P/A_b + 1}$$

通常 A_P 比 A_b 大很多倍,如取 $A_P/A_b = 10$,代入上式得:

$$P_f = P + 0.09N$$

由上式可知,当螺栓连接所受拉力 $N = P$ 时,$P_f = 1.09P$。即连接所受拉力不超过 P 时,高强度螺栓的拉力增加很少。可以认为螺栓的预拉力基本不变(图 3-79(a)),即 $P_f \approx P$。

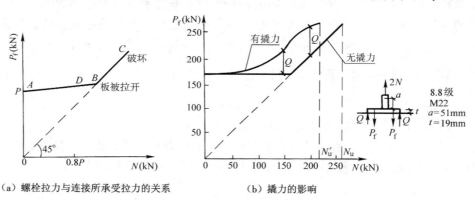

(a)螺栓拉力与连接所承受拉力的关系　　(b)撬力的影响

图 3-79　高强度螺栓拉力与承受荷载的关系

螺栓的超张拉试验表明:当螺栓承受拉力 N_t 过大时,螺栓将发生松弛现象,即螺栓中的预拉力将变小,这对连接的抗剪不利。当 $N_t \leqslant 0.8P$ 时,螺栓无松弛现象,所以《钢结构设计标准》GB 50017 规定螺栓所受的拉力 N_t 不得大于 $0.8P$,即摩擦型连接一个高强度螺栓的受拉承载力设计值:

$$N_t^b = 0.8P \tag{3-41}$$

对于刚度较小的 T 形连接件的翼缘,受拉后翼缘弯曲变形,在其端部产生撬力 Q,使 T 形连接件起杠杆作用,降低抗拉能力。

由图 3-79(b)所示的试验曲线可知,撬力 Q 对螺栓所能承受的极限拉力值没有影响,却降低 N 的极限值(由 N_u 降为 N_u')。关于撬力 Q 的影响,在设计时对普通螺栓连接采用降低螺栓抗拉设计强度的方法处理,对高强度螺栓如果在设计中不计算撬力 Q,应使 $N \leqslant 0.5P$,或者增大 T 形连接件翼缘的刚度。分析表明,当翼缘厚度 t_1 不小于 2 倍螺栓直径时,连接中可完全不产生撬力。实际上很难满足这一条件,可采用增设加劲肋的方法解决。

2. 承压型连接

一个承压型连接高强度螺栓受拉承载力设计值的计算方法与普通螺栓相同,按式(3-32)计算,式中 f_t^b 取相应的强度设计值。

3.9.5　高强度螺栓同时承受剪力和拉力的承载力

1. 摩擦型连接

如前所述,当螺栓所受拉力 $N_t \leqslant 0.8P$ 时,虽然螺栓中的预拉力 P 基本不变,但板件间压力减小到 $P - N_t$。试验研究表明,这时接触面的抗滑移系数 μ 有所降低,而且 μ 值随 N_t 的增大而减小。《钢结构设计标准》GB 50017 将 N_t 乘以系数 1.25 来考虑 μ 值降低的不利影响,故一个摩擦型连接高强度螺栓同时承受剪力和拉力时:

$$N_v \leqslant 0.9kn_f \mu (P - 1.25N_t)$$

将 $N_v^b = 0.9kn_f \mu P$、$N_t^b = 0.8P$ 代入上式,则:

$$\frac{N_v}{N_v^b} + \frac{N_t}{N_t^b} \leqslant 1 \tag{3-42}$$

式中:N_v、N_t——受力最大螺栓承受的剪力和拉力设计值。

2. 承压型连接

同时承受剪力和拉力的承压型连接高强度螺栓承载力计算方法与普通螺栓相同,即按式(3-37)验算螺栓的承载力是否满足要求。

由于仅承受剪力时,高强度螺栓板件间存在强大预压力,当板件接触面的摩擦被克服、螺栓与孔壁接触时,板件孔前区形成三向应力场,因而承压型连接高强度螺栓的承压强度设计值比普通螺栓高很多(约50%)。当承压型连接高强度螺栓受拉力时,板件间的预压力随拉力的增大而减小,因而其承压强度设计值也随之降低。为了计算方便,《钢结构设计标准》GB 50017 规定,只要螺栓受拉力,就将其承压强度设计值除以 1.2 予以降低,而未考虑承压强度设计值变化幅度随拉力大小而改变这一影响。因为每个高强度螺栓承受的拉力不大于 $0.8P$,此时可认为板件间始终处于紧密贴合状态,采用统一除以 1.2 的方法来降低螺栓承压强度设计值,一般能保证安全。

因此,对于同时承受剪力和拉力的承压型连接高强度螺栓,孔壁承压验算时采用下式:

$$N_v \leqslant \frac{N_c^b}{1.2} = \frac{1}{1.2}d \sum t f_c^b \tag{3-43}$$

式中:f_c^b——高强度螺栓的承压强度设计值,按附表1-3采用。

表 3-7 列出了不同受力状态一个螺栓承载力设计值计算式。

表 3-7　一个螺栓承载力设计值计算式

连接类别	受力状态	承载力设计值计算式	备注
普通螺栓连接	受剪	$N_v^b = n_v \dfrac{\pi d^2}{4} f_v^b$ $N_c^b = d \sum t f_c^b$	取 N_v^b 与 N_c^b 中较小值
	受拉	$N_t^b = \dfrac{\pi d_e^2}{4} f_t^b$	
	兼受拉剪	$\sqrt{\left(\dfrac{N_v}{N_v^b}\right)^2 + \left(\dfrac{N_t}{N_t^b}\right)^2} \leqslant 1$ $N_v \leqslant N_c^b$	
高强度螺栓摩擦型连接	受剪	$N_v^b = 0.9 k n_f \mu P$	
	受拉	$N_t^b = 0.8P$	
	兼受拉剪	$\dfrac{N_v}{N_v^b} + \dfrac{N_t}{N_t^b} \leqslant 1$ 或　$N_v \leqslant N_v^b = 0.9 k n_f \mu (P - 1.25 N_t)$ $N_t \leqslant 0.8P$	
高强度螺栓承压型连接	受剪	$N_v^b = n_v \dfrac{\pi d^2}{4} f_v^b$ $N_c^b = d \sum t f_c^b$	当剪切面在螺纹处时 $N_v^b = n_v \dfrac{\pi d_e^2}{4} f_v^b$ 取 N_v^b 与 N_c^b 的较小值
	受拉	$N_t^b = \dfrac{\pi d_e^2}{4} f_t^b$	
	兼受拉剪	$\sqrt{\left(\dfrac{N_v}{N_v^b}\right)^2 + \left(\dfrac{N_t}{N_t^b}\right)^2} \leqslant 1$ $N_v \leqslant N_c^b / 1.2$	

3.9.6　高强度螺栓连接的承载力验算

1. 受剪连接的承载力验算

1）承受轴心剪力的连接

承受轴心剪力的高强度螺栓连接所需的螺栓数量：

$$n \geqslant \frac{N}{N_{\min}^b}$$

对摩擦型连接，$N_{\min}^b$ 按式（3-40）计算。

对承压型连接，$N_{\min}^b$ 为分别按式（3-28）与式（3-29）计算的较小值。当剪切面在螺纹处时，计算 N_v^b 时应将 d 改为 d_e。

2）承受扭矩或承受扭矩和剪力的连接

高强度螺栓连接承受扭矩或承受扭矩和剪力时的承载力验算方法与普通螺栓连接相同，

但应采用高强度螺栓的承载力设计值进行验算。

2. 受拉连接的承载力验算

1）承受轴心拉力的连接

高强度螺栓连接所需的螺栓数量：

$$n \geqslant \frac{N}{N_{\mathrm{t}}^{\mathrm{b}}}$$

2）承受弯矩的连接

一个高强度螺栓所承受的拉力不应超过 $0.8P$，在连接承受弯矩（图 3-80（a））使螺栓受拉时，被连接板件始终保持紧密贴合，因此可认为中性轴位于螺栓连接的形心水平轴处（图 3-80（b）），最外排螺栓受力最大。按普通螺栓连接小偏心受拉弯矩使螺栓产生最大拉力的计算方法，高强度螺栓连接受弯时拉力最大螺栓的承载力验算式如下：

$$N_{\mathrm{t}1} = \frac{M y_1}{\sum y_i^2} \leqslant N_{\mathrm{t}}^{\mathrm{b}}$$

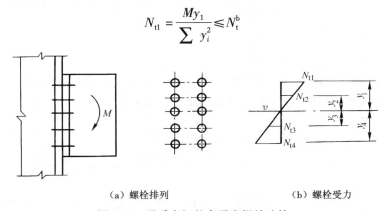

（a）螺栓排列　　　　　　（b）螺栓受力

图 3-80　承受弯矩的高强度螺栓连接

3）承受偏心拉力的连接

高强度螺栓连接承受偏心拉力时，一个螺栓承受的最大拉力不应超过 $0.8P$，能够保证被连接板件间始终保持紧密贴合，端板不会被拉开，故高强度螺栓摩擦型连接和承压型连接均可按普通螺栓连接小偏心受拉进行验算，即：

$$N_1 = \frac{N}{n} + \frac{N e y_1}{\sum y_i^2} \leqslant N_{\mathrm{t}}^{\mathrm{b}}$$

3. 同时承受剪力和拉力连接的承载力验算

图 3-81（a）所示为高强度螺栓摩擦型连接同时承受弯矩、剪力和拉力，被连接板件间的预压力和接触面抗滑移系数随拉力的增大而减小。高强度螺栓摩擦型连接同时承受剪力和拉力时，受力最不利螺栓：

$$N_{\mathrm{v}} \leqslant 0.9 k n_{\mathrm{f}} \mu (P - 1.25 N_{\mathrm{t}})$$

由图 3-81（b）可知，每排螺栓所受拉力 N_{t} 不同，故应按下式验算高强度螺栓摩擦型连接的受剪承载力：

$$V \leqslant n_0 (0.9 k n_{\mathrm{f}} \mu P) + 0.9 k n_{\mathrm{f}} \mu [(P - 1.25 N_{\mathrm{t}1}) + (P - 1.25 N_{\mathrm{t}2}) + \cdots] \qquad (3\text{-}44)$$

式中：n_0——受压区不同排（包括中性轴处）高强度螺栓的数量；

$N_{\mathrm{t}1}$、$N_{\mathrm{t}2}$——受拉区不同排高强度螺栓承受的拉力。

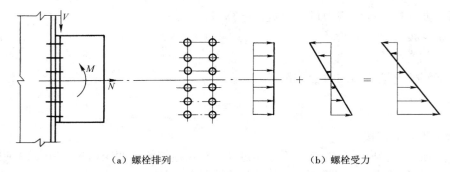

（a）螺栓排列　　　　　　　　　（b）螺栓受力

图 3-81　承受弯矩、剪力和拉力的高强度螺栓摩擦型连接

也可将式(3-44)写成：

$$V \leqslant 0.9kn_f\mu\left(nP - 1.25\sum N_{ti}\right) \tag{3-45}$$

式中：n——螺栓的总数量；

$\sum N_{ti}$——螺栓承受拉力的总和。

在式(3-44)或式(3-45)中，只考虑螺栓承受拉力对受剪承载力的不利影响，未考虑受压区板件间压力增加的有利作用，故按该式计算的结果略偏安全。

此外，受拉力螺栓应满足：

$$N_{ti} \leqslant 0.8P$$

对高强度螺栓承压型连接，除应按式(3-37)验算螺栓的承载力外，还应按式(3-43)验算孔壁承压是否满足要求。

[例题 3-19]　设计一采用双拼接板的连接。钢材为 Q235B，高强度螺栓为 8.8 级 M20，标准孔，被连接板件接触面采用喷砂处理，作用在螺栓连接形心处的轴心拉力设计值 $N = 700$ kN。

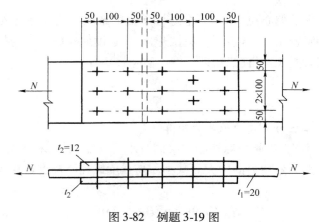

图 3-82　例题 3-19 图

[解]

（1）摩擦型连接

查表 3-5，每个 8.8 级 M20 高强度螺栓的预拉力 $P = 125$ kN，查表 3-6，$\mu = 0.40$；$k = 1.0$。

一个螺栓的受剪承载力设计值

$$N_v^b = 0.9kn_f\mu P = 0.9 \times 1.0 \times 2 \times 0.40 \times 125 = 90.0(\text{kN})$$

所需的螺栓数量

$$n = \frac{N}{N_v^b} = \frac{700}{90} = 7.8,取 8 个。$$

螺栓排列如图 3-82 右边所示。

（2）承压型连接

一个螺栓的受剪承载力设计值

$$N_v^b = n_v \frac{\pi d^2}{4} f_v^b = 2 \times \frac{3.14 \times 20^2}{4} \times 250 \times 10^{-3} = 157 (kN)$$

$$N_c^b = d \sum t f_c^b = 20 \times 20 \times 470 \times 10^{-3} = 188 (kN)$$

$$N_{min}^b = 157 \ kN$$

所需的螺栓数量

$$n = \frac{N}{N_{min}^b} = \frac{700}{157} = 4.5,取 6 个。$$

螺栓排列如图 3-82 左边所示。

[例题 3-20]　图 3-83 所示为高强度螺栓摩擦型连接,被连接板件的钢材为 Q235B。螺栓为 10.9 级 M20,标准孔,被连接板件接触面采用喷硬质石英砂处理。验算此连接的承载力,图中荷载均为设计值。

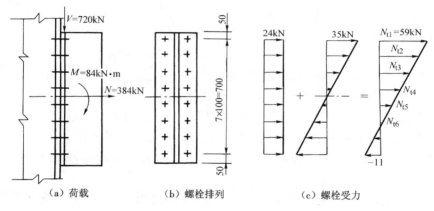

（a）荷载　　　　（b）螺栓排列　　　　（c）螺栓受力

图 3-83　例题 3-20 图

[解]

查表 3-5,$P = 155 \ kN$;查表 3-6,$\mu = 0.45$;$k = 1.0$。

螺栓所受的最大拉力

$$N_{t1} = \frac{N}{n} + \frac{M y_1}{m \sum y_i^2} = \frac{384}{16} + \frac{84 \times 10^2 \times 35}{2 \times 2 \times (35^2 + 25^2 + 15^2 + 5^2)}$$

$$= 24 + \frac{84 \times 10^2 \times 35}{8\ 400} = 59 (kN) < 0.8P = 124 \ kN$$

按比例关系可求得

$$N_{t2} = 49 \ kN$$

$$N_{t3} = 39 \ kN$$

$$N_{t4} = 29 \ kN$$

$$N_{t5} = 19 \text{ kN}$$

$$N_{t6} = 9 \text{ kN}$$

则 $\sum N_{ti} = (59 + 49 + 39 + 29 + 19 + 9) \times 2 = 408 (\text{kN})$

受剪承载力验算

$$0.9 k n_f \mu \left(nP - 1.25 \sum N_{ti} \right)$$

$$= 0.9 \times 1.0 \times 1 \times 0.45 \times (16 \times 155 - 1.25 \times 408) = 798(\text{kN}) > V = 720 \text{ kN}(满足要求)$$

习　题

3-1　选择题

1.《钢结构设计标准》GB 50017 中角焊缝的强度设计值是根据焊缝的_____确定。
　　(A)抗拉试验　　　　(B)抗剪试验　　　　(C)抗压试验　　　　(D)以上三者均不是

2. 下列关于角焊缝的叙述,错误的是_____。
　　(A)角焊缝按其长度与作用力方向的关系可分为正面角焊缝、侧面角焊缝和斜焊缝
　　(B)侧面角焊缝受力方向平行于焊缝长度方向
　　(C)侧面角焊缝应力沿焊缝长度方向分布很均匀
　　(D)正面角焊缝的破坏强度高于侧面角焊缝,但塑性变形能力较差

3. 在弹性阶段,侧面角焊缝应力沿焊缝长度方向的分布为_____。
　　(A)均匀分布　　　　　　　　　　(B)一端大、一端小
　　(C)两端大、中间小　　　　　　　(D)两端小、中间大

4. 下列关于熔透对接焊缝强度的叙述,正确的是_____。
　　(A)无缺陷的焊缝其金属强度等于母材强度
　　(B)焊接缺陷对焊缝受压、受剪强度影响较小,对受拉强度影响较大
　　(C)焊接缺陷对焊缝受压、受拉强度影响较大,对受剪强度影响较小
　　(D)一级对接焊缝与母材等强,考虑焊接缺陷的影响,二级对接焊缝强度低于母材强度

5. 下列关于对接焊缝的叙述,错误的是_____。
　　(A)板件厚度在一侧相差大于 4 mm 的对接焊缝连接中,应从一侧或两侧做成坡度不大于 1∶2.5 的斜坡,以减少应力集中
　　(B)当对接焊缝的强度低于母材强度时,可改用角焊缝
　　(C)若构件板件较厚而受力较小时,可采用部分熔透的对接焊缝
　　(D)当对接焊缝的质量等级为一级或二级时,必须在外观检查的基础上再进行无损检测

6. 下列关于焊接连接的叙述,错误的是_____。
　　(A)不削弱截面,用料经济
　　(B)密闭性好,但结构刚度差
　　(C)焊接热影响区内母材变脆
　　(D)焊接残余应力和残余变形使受压构件承载力降低

7. 下列关于钢结构焊接连接的叙述,正确的是_____。
　　(A)手工焊焊缝质量通常好于自动埋弧焊
　　(B)质量等级为二级的焊缝只要求进行全部焊缝的外观检查

（C）Q390 钢和 Q235 钢手工焊接连接时应采用 E43 型焊条

（D）焊缝内部缺陷一般很小,对焊缝受力性能的影响不大

8. 焊缝中最危险的缺陷是_____。

（A）气孔　　　　（B）裂纹　　　　（C）弧坑　　　　（D）咬边

9. 焊接残余应力对构件的_____无影响。

（A）变形　　　　（B）静力承载力　　　（C）疲劳强度　　　（D）整体稳定

10. 如图 3-84 所示的角焊缝在 P 的作用下,焊缝强度控制点是_____。

（A）a、b 点

（B）b、d 点

（C）c、d 点

（D）a、e 点

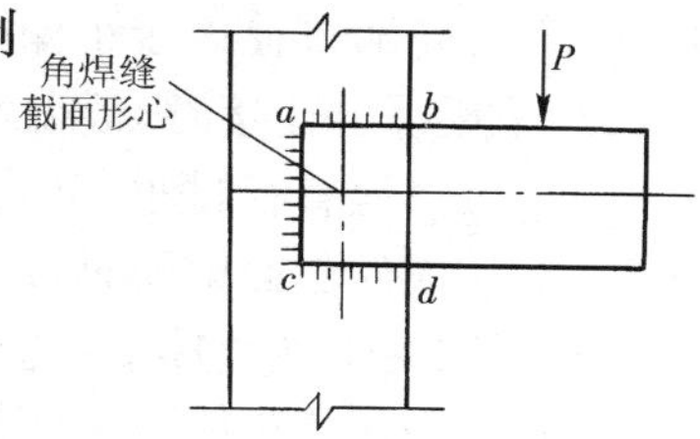

角焊缝截面形心

图 3-84　选择题 10 图

11. _____不是普通螺栓受剪连接可能的破坏模式。

（A）螺栓剪断

（B）孔壁承压破坏

（C）螺栓弯曲

（D）端部板件冲剪破坏

12. 一个普通螺栓的受剪承载力设计值与_____无关。

（A）受剪面数量

（B）螺栓孔直径

（C）螺栓抗剪强度设计值

（D）螺栓承压强度设计值

13. 同时承受剪力和拉力的普通螺栓连接承载力验算应考虑的破坏形式包括_____。

（A）螺栓受剪兼受拉破坏　　　（B）孔壁承压破坏

（C）板件拉断　　　　　　　　（D）螺栓破坏和孔壁破坏

14. 10.9 级高强度螺栓材料的屈服强度最接近_____。

（A）1 100 MPa　　（B）1 000 MPa　　（C）900 MPa　　（D）800 MPa

15. 高强度螺栓摩擦型连接与承压型连接的主要区别是_____。

（A）无本质区别　　　　　　　（B）预拉力不同

（C）设计计算方法不同　　　　（D）螺栓材料不同

16. 高强度螺栓摩擦型受剪连接,以剪力等于_____作为承载能力极限状态。

（A）螺栓的抗拉强度　　　　　（B）被连接板件接触面的摩擦力

（C）被连接板件的毛截面强度　（D）被连接板件的孔壁承压强度

17. 采用高强度螺栓摩擦型连接的轴心受拉构件,其净截面断裂验算公式 $\sigma = N'/A_n \leqslant 0.7f_u$,其中力 N' 与轴心受拉构件所受的拉力 N 相比,_____。

（A）$N' > N$　　（B）$N' < N$　　（C）$N' = N$　　（D）不定

18. 高强度螺栓摩擦型连接同时承受剪力和拉力时,螺栓的受剪承载力_____。

（A）提高　　　　（B）降低　　　　（C）不变　　　　（D）需计算确定

19. 摩擦型连接的高强度螺栓在杆轴方向受拉时,其承载力_____。

（A）与摩擦面的处理方法有关　（B）与摩擦面的数量有关

（C）与螺栓直径有关　　　　　（D）与螺栓的性能等级无关

20.高强度螺栓摩擦型连接和承压型连接,一个高强螺栓的受拉承载力设计值_____。

(A)前者大 　　(B)后者大 　　(C)近似相等 　　(D)无法确定

21.下列关于承受偏心拉力螺栓连接承载力计算的叙述,错误的是_____。

(A)普通螺栓连接可能出现小偏心和大偏心受拉两种情况

(B)普通螺栓连接大偏心受拉时,偏安全地将中性轴取为螺栓群的形心轴

(C)高强度螺栓连接中性轴始终位于螺栓群的形心轴

(D)普通螺栓连接小偏心受拉时,将螺栓群中性轴取为螺栓群的形心轴

22.采用螺栓连接时,板端发生冲剪破坏,是因为_____。

(A)螺栓直径过小 　　　　　　(B)板件过薄

(C)板件截面削弱过多 　　　　(D)板件端距过小

23.下列关于螺栓连接构造要求的叙述,正确的是_____。

(A)受压构件螺栓中距不宜过大,否则被连接板件易发生鼓曲现象

(B)螺栓中距不宜过小,主要是考虑施工空间的要求,对于构件的承载力无影响

(C)在顺力作用方向上,端距不受限制

(D)在可能的条件下,螺栓间距越大越好。

24.高强度螺栓承压型连接,一般其螺栓孔孔型为_____。

(A)标准孔 　　(B)大圆孔 　　(C)槽孔 　　(D)无要求

25.直接承受动力荷载的连接,下列连接方式中_____最为适合。

(A)角焊缝 　　　　　　　　　(B)普通螺栓连接

(C)高强度螺栓承压型连接 　　(D)高强度螺栓摩擦型连接

26. 在改建、扩建工程中,混合连接可以考虑共同受力的是_____。

(A)高强度螺栓摩擦型连接与普通螺栓连接

(B)高强度螺栓摩擦型连接与高强度螺栓承压型连接

(C)焊接与高强度螺栓承压型连接

(D)焊接与高强度螺栓摩擦型连接

3-2　如图 3-85 所示的连接节点,斜杆承受轴向拉力设计值 $N = 400$ kN,钢材为 Q235B,手

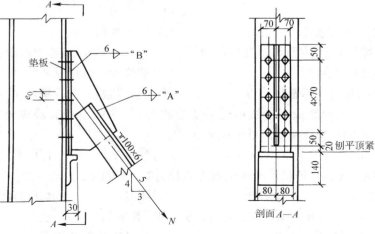

图 3-85　题 3-2 图

工焊，焊条 E43 型。高强度螺栓连接时，采用 10.9 级 M20 的螺栓摩擦型连接，标准孔，接触面喷砂处理。普通螺栓受拉连接时，采用 4.6 级 M20 普通螺栓。

（1）若角钢与连接板采用两侧焊缝，确定角焊缝"A"的长度。

（2）若角钢与连接板采用高强度螺栓摩擦型连接，确定所需螺栓数量。

（3）当偏心距 $e_0 = 0$ 时，确定连接板与翼缘的角焊缝"B"长度。

（4）当偏心距 $e_0 = 50$ mm，取焊缝计算长度 $l_w = 60h_f$ 时，角焊缝"B"的强度是否满足要求。

（5）翼缘宽 140 mm、厚 10 mm，垫板厚 6 mm，承托角钢将短肢切成宽 30 mm，翼缘底部刨平顶紧时局部承压强度是否满足要求。

（6）承托角钢采用∟140×90×10，$l = 160$ mm，短肢切成宽 30 mm，长肢焊于柱翼缘，角焊缝焊脚尺寸为 8 mm，侧面焊缝与底面焊缝连续施焊，承托焊缝考虑竖向力的偏心影响取系数 $\alpha = 1.25$，确定焊缝强度是否满足要求。

3-3　如图 3-86 所示，2∟100×80×10 通过 14 mm 厚的连接板和 20 mm 厚的翼缘连接于柱翼缘，钢材为 Q235B，手工焊，焊条为 E43 型，承受静力荷载设计值 $N = 540$ kN，确定角钢和连接板间的焊缝尺寸。

（1）采用侧面角焊缝；

（2）采用三面围焊缝，取 $h_f = 6$ mm。

3-4　设计习题 3-3 的连接板和翼缘间的角焊缝：

（1）假设 $d_1 = d_2 = 170$ mm，确定角焊缝的焊脚尺寸 h_f；

（2）假设 $d_1 = 150$ mm，$d_2 = 190$ mm，验算上面确定的 h_f 是否满足强度要求。

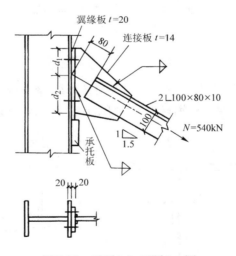

图 3-86　习题 3-3、习题 3-4 图

3-5　设计如图 3-87 所示牛腿与柱的连接角焊缝①、②、③。钢材为 Q235B，手工焊，焊条为 E43 型。

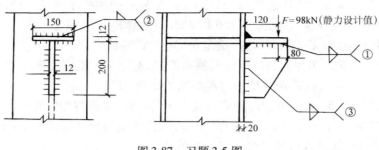

图 3-87 习题 3-5 图

3-6 习题 3-5 的连接中,若将焊缝②和焊缝③改为二级对接焊缝,确定该连接所能承受的最大荷载 F。

3-7 单槽钢牛腿与柱的连接如图 3-88 所示,三面围焊角焊缝采用 $h_f = 8$ mm(水平焊缝)和 $h_f = 6$ mm(竖焊缝)。钢材为 Q235B,手工焊,焊条为 E43 型。根据焊缝强度确定该牛腿所能承受的最大静力荷载设计值 F。

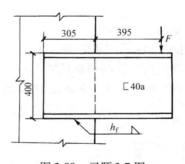

图 3-88 习题 3-7 图

3-8 焊接工字形截面梁,腹板拼接采用二级对接焊缝(图 3-89),拼接处荷载设计值:弯矩 $M = 1\,122$ kN·m,剪力 $V = 374$ kN,钢材为 Q235B,半自动焊,验算该焊缝的强度。

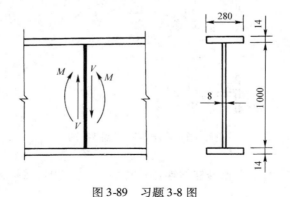

图 3-89 习题 3-8 图

3-9 验算如图 3-90 所示梁与柱间的二级对接焊缝强度。荷载设计值 $V = 100$ kN,$M = 1\,000$ kN·m,钢材为 Q235B,手工焊,焊条为 E43 型。

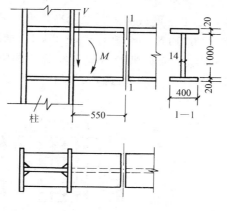

图 3-90　习题 3-9 图

3-10　Q235B 钢板承受轴心拉力设计值 $N = 1\ 350$ kN,采用 M24、4.6 级普通螺栓(孔径 25.5 mm)拼接,如图 3-91 所示。验算:(1)螺栓连接承载力是否满足要求;(2)钢板在截面 1、截面 1 齿状、截面 2 的强度是否满足要求;(3)拼接板的强度是否满足要求;(4)采用 8.8 级 M20 高强度螺栓承压型连接,螺栓连接承载力、钢板和拼接板的强度是否满足要求。

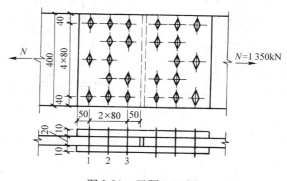

图 3-91　习题 3-10 图

3-11　习题 3-4 连接中的 $d_1 = 150$ mm,$d_2 = 190$ mm:

(1)角钢与连接板采用 4.6 级 M22 普通螺栓连接,孔径为 23.5 mm,设计此连接,并验算角钢的强度。

(2)角钢端板与柱翼缘采用 4.6 级 M22 普通螺栓连接,设计此连接:①承托承受竖向力;②承托不承受竖向力。

(3)角钢与连接板采用 8.8 级 M22 高强度螺栓摩擦型连接,标准孔,被连接板件接触面抛丸处理,设计此连接,并验算角钢的强度。

(4)角钢端板与柱翼缘采用 10.9 级 M20 高强度螺栓摩擦型连接,标准孔,被连接板件接触面抛丸处理。设计此连接:①承托承受竖向力;②承托不承受竖向力。

3-12　图 3-92 所示牛腿承受荷载设计值 $F = 220$ kN,通过连接角钢和 8.8 级 M22 高强度螺栓摩擦型连接于柱,标准孔,钢材为 Q235B,接触面抛丸处理。

(1)验算连接承载力是否满足要求。

（2）如采用 M20 高强度螺栓承压型连接,验算连接承载力是否满足要求。

3-13 验算如图 3-93 所示的工字形截面钢梁采用高强度螺栓摩擦型连接的承载力,拼接范围的荷载设计值为弯矩 $M = 2\ 600$ kN·m,剪力 $V = 650$ kN。钢材为 Q345,螺栓为 M20,标准孔,接触面抛丸处理。（说明:翼缘拼接处螺栓按与翼缘等强确定;腹板拼接处螺栓按腹板承受全部剪力 V 和按净截面惯性矩比例分配的弯矩 $M_w = MI_{wn}/I_n$ 计算。）

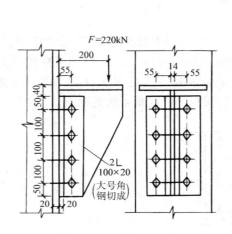

图 3-92 习题 3-12 图

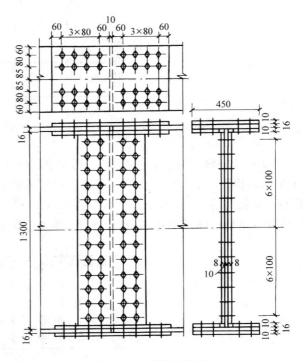

图 3-93 习题 3-13 图

3-1 答案

1.（B）	2.（C）	3.（C）	4.（B）	5.（B）	6.（B）	7.（C）
8.（B）	9.（B）	10.（B）	11.（C）	12.（B）	13.（D）	14.（C）
15.（C）	16.（B）	17.（B）	18.（B）	19.（C）	20.（C）	21.（B）
22.（D）	23.（A）	24.（A）	25.（D）	26.（D）		

第 4 章　轴心受力构件

4.1　轴心受力构件的特点

轴心受力构件包括轴心受拉构件(轴心拉杆)和轴心受压构件(轴心压杆)。钢结构中轴心受力构件的应用十分广泛,例如桁架、塔架和网架等结构中的杆件,轴心受压构件也广泛用于工业建筑的操作平台和一些支撑体系中。

如图 4-1 所示,轴心受力构件的截面有多种形式。图(a)为轧制型钢截面,包括圆钢、圆管、方管、角钢、T 型钢、槽钢、工字钢和 H 型钢等;图(b)为利用型钢或钢板组成的组合截面;图(c)为格构式截面,格构式构件可使轴心受压构件实现两主轴方向的等稳定性,并且刚度大,抗扭性能好,节约钢材。

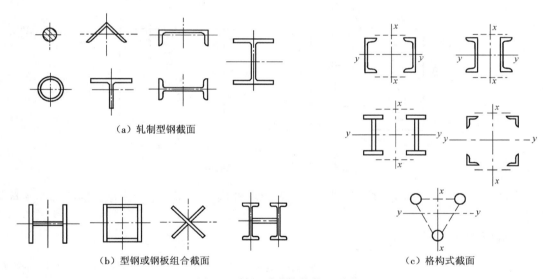

（a）轧制型钢截面

（b）型钢或钢板组合截面

（c）格构式截面

图 4-1　轴心受力构件截面形式

轴心受力构件的设计应满足承载能力极限状态和正常使用极限状态的要求。轴心受拉构件设计需分别进行截面强度和刚度(长细比)的验算,轴心受压构件的设计需分别进行截面强度、整体稳定、局部稳定和刚度(长细比)的验算。

4.2　轴心受力构件的截面强度和刚度

4.2.1　轴心受力构件的截面强度验算

1. 全部板件直接传力构件

对于轴心受拉构件,制造和安装产生的初弯曲和残余应力不会降低其承载力,因为构件受拉后初弯曲会被拉直,而残余应力在构件截面上自相平衡,当拉力使构件截面屈服后,拉、压应力相互抵消,但构件变形增大,刚度降低。

对于有孔洞的轴心受拉构件,在孔洞附近出现如图 4-2(a)所示的应力集中现象。在弹性阶段,随着孔洞形状的不同,孔壁边缘的最大应力 σ_{max} 可能达到构件毛截面平均应力 σ_a 的 3~4 倍。若拉力继续增加,当孔壁边缘的最大应力达到屈服强度后,其应力不再继续增加,塑性变形持续发展,截面应力产生重分布,最后净截面应力均匀地达到屈服强度(图 4-2(b)),此时轴心受拉构件达到承载能力极限状态。

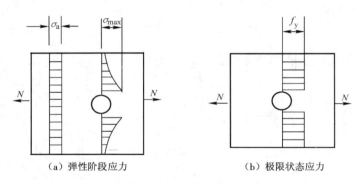

(a) 弹性阶段应力　　　　　　　　(b) 极限状态应力

图 4-2　轴心受拉构件截面应力

全部板件直接传力轴心受拉构件的截面强度验算以毛截面屈服和净截面断裂作为承载能力极限状态。

毛截面屈服

$$\sigma = \frac{N}{A} \leqslant \frac{f_y}{\gamma_R} = f \tag{4-1}$$

净截面断裂

$$\sigma = \frac{N}{A_n} \leqslant \frac{f_u}{\gamma_{Ru}} \approx 0.7 f_u \tag{4-2}$$

式中:N——所计算截面的拉力设计值;

A——构件毛截面面积;

A_n——构件净截面面积,当构件多个截面存在孔洞时取最不利截面;

f——钢材抗拉强度设计值;

f_u——钢材的抗拉强度;

γ_R——钢材屈服强度的抗力分项系数;

γ_{Ru}——钢材抗拉强度的抗力分项系数。

对于采用高强度螺栓摩擦型连接的构件,验算净截面强度时应考虑部分剪力已由孔前接触面摩擦力传递,如图 4-3 所示。因此,截面强度按下面公式验算。

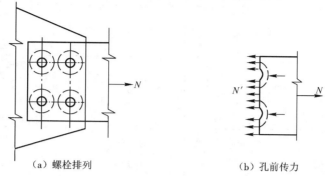

（a）螺栓排列　　　　　　　（b）孔前传力

图 4-3　高强度螺栓孔前传力

当构件为沿全长均排列较密螺栓的组合构件时:

$$\frac{N}{A_n} \leq f \tag{4-3}$$

除上述情况外,其毛截面强度应采用式(4-1)验算,净截面断裂按下式验算:

$$\sigma = \frac{N'}{A_n} = \left(1 - 0.5\frac{n_1}{n}\right)\frac{N}{A_n} \leq 0.7f_u \tag{4-4}$$

式中:n——在节点或拼接处,连接一侧的高强度螺栓数量;

$\quad\;\; n_1$——所计算截面(最外列螺栓)处的高强度螺栓数量。

轴心受压构件的截面强度按式(4-1)、式(4-2)进行验算。

2. 部分板件直接传力构件

当端部连接不是使构件全部板件直接传力时,应考虑剪切滞后的影响。

如图 4-4(a)所示的平板受拉构件在端部仅采用侧面角焊缝连接时,A-A 截面的应力分布不均匀,但只要角焊缝足够长,通过应力重分布可以达到构件全截面屈服的极限状态。但当 T 形截面受拉构件在端部仅翼缘采用两侧面角焊缝和节点板连接(图 4-4(b))时,构件截面应力情况则有所相同。由于腹板未与节点板连接,其所承受的力需通过剪切变形传至翼缘(剪切滞后效应),再传递到连接焊缝,A-A 截面的应力分布不均匀现象严重,截面并非全部受力,在达到构件全截面屈服之前就可能发生强度破坏。因此,《钢结构设计标准》GB 50017 规定当轴心受拉构件组成板件在节点或拼接处不是全部直接传力时,应将危险截面的面积乘以有效截面系数 η 进行折减,不同构件截面形式和连接方式的 η 值列于表 4-1。

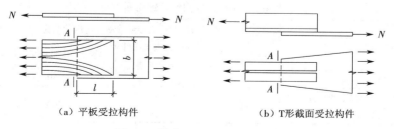

（a）平板受拉构件　　　　　　　（b）T形截面受拉构件

图 4-4　部分板件直接传力构件

表 4-1　轴心受力构件节点或拼接处危险截面有效截面系数

构件截面形式	连接形式	η	图例
角钢	单边连接	0.85	
H 形	翼缘连接	0.90	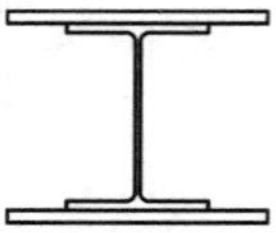
	腹板连接	0.70	

对于轴心受压构件,危险截面同样也难以达到均匀屈服的状态,虽没有被拉断的危险,但《钢结构设计标准》GB 50017 规定也宜与受拉构件相同,对危险截面面积乘以有效截面系数后进行强度验算。

4.2.2　轴心受力构件的刚度验算

为满足结构的正常使用要求,轴心受力构件应具有一定的刚度,以保证构件在运输和安装过程中不会产生弯曲或过大的变形,在使用期间不会因自重产生明显下挠,在动力荷载作用下也不会发生较大的振动。对于轴心受压构件,刚度过小还会显著降低其稳定承载力。

轴心受力构件的刚度是以限制其长细比来保证的,即:

$$\lambda = \frac{l_0}{i} \leqslant [\lambda] \tag{4-5}$$

式中:λ——构件长细比;

l_0——构件计算长度;

i——截面回转半径,$i = \sqrt{I/A}$,其中 I 为截面惯性矩;

$[\lambda]$——构件长细比容许值。

《钢结构设计标准》GB 50017 根据构件的重要性和荷载情况,分别规定了轴心受拉和轴心受压构件的长细比容许值,分别列于表 4-2 和表 4-3。

表 4-2　轴心受拉构件长细比容许值

构件名称	承受静力荷载或间接承受动力荷载的结构			直接承受动力荷载的结构
	一般建筑结构	对腹杆提供平面外支点的拉杆	有重级工作制吊车的厂房	
桁架的杆件	350	250	250	250
吊车梁或吊车桁架以下的柱间支撑	300	—	200	

构件名称	承受静力荷载或间接承受动力荷载的结构			直接承受动力荷载的结构
	一般建筑结构	对腹杆提供平面外支点的拉杆	有重级工作制吊车的厂房	
除张紧圆钢外的其他拉杆、支撑、系杆等	400	—	350	—

注:①除对腹杆提供平面外支点的弦杆外,承受静力荷载的结构受拉构件可仅计算竖向平面内的长细比;
　　②在直接或间接承受动力荷载的结构中,计算单角钢受拉构件的长细比时,应采用角钢的最小回转半径;但在计算交叉点相互连接的交叉杆件平面外的长细比时,应采用与角钢肢边平行轴的回转半径;
　　③中、重级工作制吊车桁架下弦杆的长细比不宜超过200;
　　④在设有夹钳或刚性料耙等硬钩起重机的厂房中,支撑的长细比不宜超过300;
　　⑤受拉构件在永久荷载与风荷载组合作用下受压时,其长细比不宜超过250;
　　⑥跨度等于或大于60 m的桁架,其受拉弦杆和腹杆的长细比,承受静力荷载或间接承受动力荷载时不宜超过300,直接承受动力荷载时不宜超过250;
　　⑦柱间支撑按拉杆设计时,竖向荷载作用下柱的轴力应按无支撑时考虑。

表4-3　轴心受压构件长细比容许值

构 件 名 称	长细比容许值
轴心受压柱、桁架和天窗架中的压杆	150
柱的缀条、吊车梁或吊车桁架以下的柱间支撑	
支撑	200
用以减小受压构件长细比的杆件	

注:①当杆件内力设计值不大于承载能力的50%时,长细比容许值可取200;
　　②计算单角钢受压构件长细比时,应采用角钢的最小回转半径;但计算在交叉点相互连接的交叉杆件平面外的长细比时,可采用与角钢肢边平行轴的回转半径;
　　③跨度等于或大于60 m的桁架,其受压弦杆、端压杆和直接承受动力荷载的受压腹杆长细比不宜大于120;
　　④验算长细比时可不考虑扭转效应。

[**例题 4-1**]　焊接桁架的下弦杆,轴心拉力设计值 $N = 620$ kN,间接承受动力荷载。下弦杆在桁架平面内的计算长度 $l_{0x} = 3.0$ m,桁架平面外的计算长度 $l_{0y} = 12.0$ m。采用双角钢组成的 T 形截面,节点板厚度为 12 mm,钢材为 Q235 B。确定此拉杆的截面尺寸。

[**解**]

Q235 钢的抗拉强度设计值 $f = 215$ N/mm^2($t \leqslant 16$),承受间接动力荷载时桁架拉杆的长细比容许值 $[\lambda] = 350$,焊接结构 $A_n = A$。

所需的截面面积

$$A \geqslant \frac{N}{f} = \frac{620 \times 10^3}{215} = 2\ 883.7(\text{mm}^2)$$

$$A_n \geqslant \frac{N}{0.7 f_u} = \frac{620 \times 10^3}{0.7 \times 370} = 2\ 393.8(\text{mm}^2)$$

所需的截面回转半径

$$i_x \geqslant \frac{l_{0x}}{[\lambda]} = \frac{3\ 000}{350} = 8.6(\text{mm})$$

$$i_y \geq \frac{l_{0y}}{[\lambda]} = \frac{12\ 000}{350} = 34.3\ (\text{mm})$$

因所需的 $i_y \approx 4i_x$，拟选用 2 个不等边角钢，短肢相并如图 4-5 所示。查附表 7-5，选用 2∟100×63×10，截面几何特性为

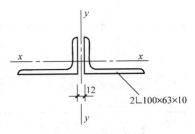

图 4-5　例题 4-1 图

$$A = 3\ 100.0\ \text{mm}^2 > 2\ 883.7\ \text{mm}^2$$
$$i_x = 17.5\ \text{mm} > 8.6\ \text{mm}$$
$$i_y = 51.0\ \text{mm} > 34.3\ \text{mm}$$

A 和 i_x、i_y 都满足要求，故不需再进行验算。

[例题 4-2]　验算图 4-6 所示的高强度螺栓摩擦型连接的钢板截面强度。螺栓为 M20，标准孔，孔径为 22 mm，钢材为 Q235B，承受轴心拉力设计值 $N = 540\ \text{kN}$。

[解]

采用高强度螺栓摩擦型连接，按最不利截面 1-1 验算钢板强度。

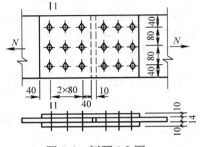

图 4-6　例题 4-2 图

$$N' = \left(1 - 0.5\frac{n_1}{n}\right)N = \left(1 - 0.5 \times \frac{3}{9}\right) \times 540 = 450\ (\text{kN})$$

$$A_n = (240 - 3 \times 22) \times 14 = 2\ 436\ (\text{mm}^2)$$

毛截面强度　$\sigma = \dfrac{N}{A} = \dfrac{540\ 000}{240 \times 14} = 160.7\ (\text{N/mm}^2) < f = 215\ \text{N/mm}^2$

净截面断裂　$\sigma = \dfrac{N'}{A_n} = \dfrac{450\ 000}{2\ 436} = 184.7\ (\text{N/mm}^2) < 0.7f_u = 0.7 \times 370 = 259\ \text{N/mm}^2$

所以，钢板截面强度满足要求。

4.3　轴心受压构件的整体稳定

轴心受压构件的整体稳定是指构件在轴心压力作用下能整体保持稳定的能力。当轴心受压构件的长细比较大而截面又无孔洞削弱时，一般不会因为截面应力达到屈服强度而丧失承载能力，整体稳定是轴心受压构件截面设计的控制条件。

4.3.1　理想轴心受压构件的整体失稳临界力

理想轴心受压构件假设构件完全顺直，荷载沿截面形心作用，在承受荷载之前构件无初始应力、初弯曲和初偏心等缺陷，截面沿构件长度均匀。当压力达到某临界值时，理想轴心受压构件可能有三种整体失稳形式。

（1）弯曲失稳。构件截面只绕一个主轴旋转，构件纵轴由直线变为曲线，这是双轴对称截面构件最常见的失稳形式。图 4-7(a) 就是两端铰接 H 形截面构件发生的绕弱轴的弯曲失稳。

（2）扭转失稳。构件除支承端外的各截面均绕纵轴扭转，图 4-7(b) 为长度较小的十字形截面构件发生的扭转失稳。

（3）弯扭失稳。单轴对称截面构件绕对称轴失稳时,在发生弯曲的同时伴随着扭转,图4-7(c)即T形截面构件发生的弯扭失稳。

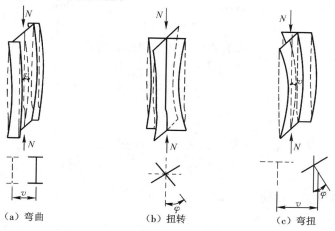

（a）弯曲　　　　　　（b）扭转　　　　　　（c）弯扭

图4-7　轴心受压构件失稳形式

下面推导理想轴心受压构件整体失稳临界力的计算公式。

1. 弯曲失稳的临界力

图4-8 所示为一长度 l 两端铰接的等截面理想轴心受压构件,当轴力 N 达到临界值时,构件处于微弯状态,现推导其弯曲失稳临界力 N_{cr} 的计算公式。

轴心受压构件微弯时,截面中将产生弯矩 M 和剪力 V,任一点由弯矩产生变形为 y_1,由剪力产生变形为 y_2,根据图4-8(a),则总变形为:

$$y = y_1 + y_2$$

构件弯曲变形后的曲率:

$$\frac{\mathrm{d}^2 y_1}{\mathrm{d}x^2} = -\frac{M}{EI} \qquad (4-6)$$

在剪力 V 作用下,构件变形曲线因剪力影响而产生斜率的改变:

$$\gamma = \frac{\mathrm{d}y_2}{\mathrm{d}x} = \frac{\beta}{GA}V = \frac{\beta}{GA}\frac{\mathrm{d}M}{\mathrm{d}x} \qquad (4-7)$$

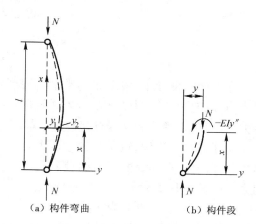

（a）构件弯曲　　　（b）构件段

图4-8　轴心受压构件弯曲失稳

式中:A、I——构件截面面积和截面惯性矩;

E、G——钢材的弹性模量和剪切模量;

β——与构件截面形状有关的系数。

由于 $M = Ny$,$\dfrac{\mathrm{d}^2 y_2}{\mathrm{d}x^2} = \dfrac{\beta}{GA}\dfrac{\mathrm{d}^2 M}{\mathrm{d}x^2}$,因而考虑剪力影响的平衡条件:

$$\frac{\mathrm{d}^2 y}{\mathrm{d}x^2} = -\frac{N}{EI}y + \frac{\beta N}{GA}\frac{\mathrm{d}^2 y}{\mathrm{d}x^2}$$

$$y''\left(1 - \frac{\beta N}{GA}\right) + \frac{N}{EI}y = 0$$

令 $k^2 = \dfrac{N}{EI\left(1 - \dfrac{\beta N}{GA}\right)}$,则:

$$y'' + k^2 y = 0$$

代入边界条件 $x = 0$、$x = l$ 时 $y = 0$,满足上式的最小 k 值:

$$k^2 = \frac{N}{EI\left(1 - \dfrac{\beta N}{GA}\right)} = \frac{\pi^2}{l^2}$$

则临界力:

$$N_{cr} = \frac{\pi^2 EI}{l^2}\frac{1}{1 + \dfrac{\pi^2 EI}{l^2}\dfrac{\beta}{GA}} = \frac{\pi^2 EI}{l^2}\frac{1}{1 + \dfrac{\pi^2 EI}{l^2}\gamma_1} \tag{4-8}$$

式中:γ_1——承受单位剪力时构件轴线的转角,$\gamma_1 = \beta / (GA)$。

临界应力:

$$\sigma_{cr} = \frac{N_{cr}}{A} = \frac{\pi^2 E}{\lambda^2}\frac{1}{1 + \dfrac{\pi^2 EA}{\lambda^2}\gamma_1} \tag{4-9}$$

式中:λ——构件长细比。

通常剪切变形的影响较小。计算表明,实腹式受压构件略去剪切变形,临界力只相差约 3‰。若只考虑弯曲变形,则上述临界力计算式即为欧拉临界力计算公式:

$$N_E = \frac{\pi^2 EI}{l^2} = \frac{\pi^2 EA}{\lambda^2} \tag{4-10}$$

$$\sigma_E = \frac{\pi^2 E}{\lambda^2} \tag{4-11}$$

在上面的推导中,假定 E 为常量,因此要求临界应力 σ_{cr} 不超过钢材的比例极限 f_p。当临界应力 σ_{cr} 超过了比例极限 f_p 进入弹塑性状态后,一般采用两种理论来计算构件的弹塑性临界力,即双模量理论和切线模量理论,采用切线模量理论更接近试验结果。

切线模量理论假设:①当轴心压力达到临界压力 N_{cr} 时,构件仍保持顺直,但微弯时轴心压力增加了 ΔN;②虽然 ΔN 很小,但所增加的平均压应力恰好等于截面受拉一侧所产生的弯曲拉应力。因此认为全截面都是应变和应力增加,没有退降区,如图 4-9 所示,这就使切线模量 E_t 适用于全截面。

临界力:

$$N_{cr,t} = \frac{\pi^2 E_t I}{l^2} \tag{4-12}$$

临界应力:

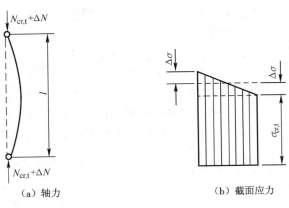

（a）轴力　　　　　　（b）截面应力

图 4-9　切线模量理论适用条件

$$\sigma_{cr,t} = \frac{\pi^2 E_t}{\lambda^2} \tag{4-13}$$

在实际工程结构中,构件端部不可能都为铰接。对任意端部支承条件的轴心受压构件,其临界力可用下式表达:

$$N_{cr} = \frac{\pi^2 EI}{(\mu l)^2} = \frac{\pi^2 EI}{l_0^2} \tag{4-14}$$

式中:l_0——构件计算长度,$l_0 = \mu l$,其中 l 为构件在其有效约束点间的几何长度;

　　μ——计算长度系数。

引入计算长度后,就可把两端非铰接的构件转换为等效的两端铰接构件。

表 4-4 列出了几种理想端部支承条件轴心受压构件的计算长度系数 μ 值。对于无转动的端部支承条件,实际工程很难完全实现,所以 μ 的建议值有所增大。对于端部铰接的轴压构件,实际的连接构造往往存在一定的约束,此种约束提供的有利影响程度与连接构造情况有关,表 4-4 未考虑这种有利影响。

表 4-4　轴心受压构件计算长度系数 μ 值

简　图						
μ 的理论值	0.50	0.70	1.0	1.0	2.0	2.0
μ 的建议值	0.65	0.80	1.0	1.2	2.1	2.0
端部支承条件符号说明	无转动 无侧移		无转动 自由侧移		自由转动 无侧移	自由转动 自由侧移

2. 扭转失稳的临界力

图 4-10 所示为一双轴对称截面轴心受压构件,在轴心压力 N 作用下,除可能沿 x 轴或 y 轴弯曲失稳外,还可能绕 z 轴发生扭转失稳。假定此构件两端为简支并符合夹支条件,即端部截面可自由翘曲,但不能绕 z 轴转动,为约束扭转。约束扭转时构件纵向纤维发生弯曲,因此截面中产生正应力,称为翘曲正应力。由此伴随产生弯曲剪应力,称为翘曲剪应力。

截面翘曲剪应力形成的翘曲扭矩,加上自由扭转产生的扭矩,与作用扭矩 M_T 平衡,即:

$$M_T = M_t + M_\omega \tag{4-15}$$

$$M_t = GI_t \varphi' \tag{4-16}$$

$$M_\omega = -EI_\omega \varphi''' \tag{4-17}$$

式中:M_T——纵向纤维倾斜时由轴力 N 产生的扭矩;

　　M_t——自由扭转扭矩;

　　M_ω——翘曲扭矩;

　　φ——截面扭转角;

I_t——自由扭转常数；

I_ω——毛截面扇性惯性矩。

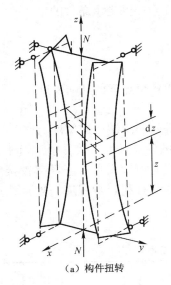 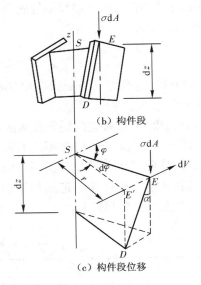

（a）构件扭转　　　　　　　　　　（c）构件段位移

（b）构件段

图 4-10　轴心受压构件扭转失稳

当构件截面由几个狭长矩形板（如 H 形、T 形、槽形和角形等）组成时，I_t 可由下式计算：

$$I_t = \frac{k}{3} \sum_{i=1}^{n} b_i t_i^3 \tag{4-18}$$

式中：b_i、t_i——矩形板宽度和厚度；

k——考虑连接处约束的有利影响系数；其值由试验确定，H 形截面 $k = 1.25$，T 形截面 $k = 1.15$，槽形截面 $k = 1.12$，角形截面 $k = 1.0$。

把式（4-16）、式（4-17）代入式（4-15），得约束扭转的平衡方程：

$$-EI_\omega \varphi''' + GI_t \varphi' = M_T \tag{4-19}$$

设构件任意截面的扭转角为 φ，则长度为 $\mathrm{d}z$ 微元段两个邻近截面的相对扭转角为 $\mathrm{d}\varphi$，E、D 两点为两截面的对应点（图 4-10(b)），ED 纤维发生倾斜，倾角为：

$$\alpha = \frac{EE'}{\mathrm{d}z} = r \frac{\mathrm{d}\varphi}{\mathrm{d}z}$$

式中：r——E 点到截面剪心的距离。

E 点处的微压力 $\sigma \mathrm{d}A$ 在微截面上的横向剪力：

$$\mathrm{d}V = \sigma \mathrm{d}A \alpha = \sigma \mathrm{d}A r \varphi'$$

此横向剪力对剪心的扭矩为 $\sigma \mathrm{d}A r^2 \varphi'$，故全截面的扭矩：

$$M_T = \int_A \sigma r^2 \varphi' \mathrm{d}A = \sigma \varphi' \int_A r^2 \mathrm{d}A = \sigma \varphi' A i_0^2 = N i_0^2 \varphi'$$

式中：$\int_A r^2 \mathrm{d}A = A i_0^2$ 为截面极惯性矩，其值等于 $I_x + I_y$；$i_0 = \sqrt{(I_x + I_y)/A}$，称为截面对剪心（双轴对称截面即形心）的极回转半径。

将 M_T 代入式（4-19）中，即得轴心受压构件扭转的平衡微分方程：

$$- EI_\omega \varphi''' + GI_t \varphi' = Ni_0^2 \varphi' \tag{4-20}$$

令 $k^2 = \dfrac{Ni_0^2 - GI_t}{EI_\omega}$，则：

$$\varphi''' + k^2 \varphi' = 0$$

代入边界条件 $z = 0$ 时 $\varphi = 0$（端部夹支）；$z = 0$ 时 $\varphi'' = 0$（端部自由翘曲），满足上式的最小 k 值：

$$k^2 = \frac{\pi^2}{l^2} = \frac{Ni_0^2 - GI_t}{EI_\omega}$$

式中的 N 就是扭转失稳临界力，用 N_z 表示：

$$N_z = \left(\frac{\pi^2 EI_\omega}{l^2} + GI_t \right) \frac{1}{i_0^2} \tag{4-21}$$

式（4-21）是根据弹性稳定理论推导的，括号中的第二项为自由扭转部分，与长度无关；第一项为翘曲扭转部分，与长度有关。若将 l 改为计算长度 l_ω，则式（4-21）可用于各种支承情况。

3. 弯扭失稳的临界力

如图 4-11 所示的单轴对称 T 形截面构件，当绕 x 轴（非对称轴）失稳时，截面上剪应力的合力必然通过中心，所以截面只有平移没有扭转，即发生弯曲失稳（图 4-11(a)）。当截面绕 y 轴（对称轴）发生平面弯曲变形时，截面产生剪力（作用于形心 C）与剪力流的合力（作用于剪心 S）不重合，必然伴随着扭转，这种现象称为弯扭失稳（图 4-11(b)）。

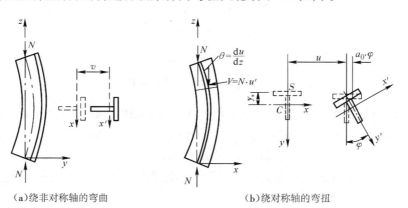

(a)绕非对称轴的弯曲　　　　　　　　　(b)绕对称轴的弯扭

图 4-11　轴心受压构件弯扭失稳

弯扭失稳的轴心受压构件（图 4-11(b)），在微弯和微扭状态下，可建立两个平衡方程。

对 y 轴（对称轴）的弯矩平衡方程：截面剪心 S 沿 x 轴方向的位移为 u，由于扭转角 φ 使形心（即压力作用点）增加位移 $y_s\varphi$（y_s 为形心与剪心距离），故平衡方程：

$$- EI_y u'' = N(u + y_s\varphi) \tag{4-22}$$

对 z 轴（纵轴）的扭矩平衡方程：由于产生侧向位移后，横向剪力（通过压力作用点）对剪心产生扭矩 $Ny_s u'$，所以对纵轴扭矩的平衡方程应是在轴心受压构件扭转平衡微分方程的基础上增加该外扭矩，即：

$$-EI_\omega \varphi''' + GI_t\varphi' = Ni_0^2\varphi' + Ny_s u' \tag{4-23}$$

式中:i_0——截面对剪心的极回转半径,单轴对称截面 $i_0^2 = y_s^2 + i_x^2 + i_y^2$。

两端铰接且端截面可自由翘曲的弹性构件,其挠度和扭转角均为正弦曲线分布,即:

$$u = C_1 \sin\frac{\pi z}{l}$$

$$\varphi = C_2 \sin\frac{\pi z}{l}$$

将 u、φ 代入式(4-22)、式(4-23)中,则:

$$\sin\frac{\pi z}{l}\Big[\Big(\frac{\pi^2 EI_y}{l^2} - N\Big)C_1 - Ny_s C_2 \Big] = 0$$

$$\frac{\pi}{l}\cos\frac{\pi z}{l}\Big[-Ny_s C_1 + \Big(\frac{\pi^2 EI_\omega}{l^2} + GI_t - Ni_0^2\Big)C_2 \Big] = 0$$

由于构件为微变形状态,$\sin\left(\frac{\pi z}{l}\right)$ 和 $\cos\left(\frac{\pi z}{l}\right)$ 不能等于零,故以上两式方括号中数值必然等于零。令 $N_{Ey} = \frac{\pi^2 EI_y}{l^2}$,$N_z = \Big(\frac{\pi^2 EI_\omega}{l^2} + GI_t\Big)\frac{1}{i_0^2}$,则:

$$(N_{Ey} - N)C_1 - Ny_s C_2 = 0$$
$$-Ny_s C_1 + (N_z - N)i_0^2 C_2 = 0$$

当 C_1 和 C_2 为非零解时,应使系数的行列式等于零,即:

$$\begin{vmatrix} N_{Ey} - N & -Ny_s \\ -Ny_s & (N_z - N)i_0^2 \end{vmatrix} = 0$$

则:

$$(N_{Ey} - N)(N_z - N) - N^2\Big(\frac{y_s}{i_0}\Big)^2 = 0 \tag{4-24}$$

式(4-24)解的最小值即为弯扭失稳临界力 N_{yz}。由此式可知,双轴对称截面因 $y_s = 0$,得 $N_{yz} = N_{Ey}$ 或 $N_{yz} = N_z$,即弯扭失稳临界力为弯曲失稳和扭转失稳临界力的较小者;单轴对称截面 $y_s \neq 0$,N_{yz} 比 N_{Ey} 和 N_z 都小,y_s/i_0 值越大,小得越多。

由式(4-24)可求解理想轴心受压构件的弹性弯扭失稳临界力,如果进入弹塑性状态或再考虑初始缺陷,将使计算非常复杂。

4.3.2　初始缺陷对轴心受压构件承载力的影响

以上介绍的是理想轴心受压构件失稳临界力的计算方法,实际工程中的构件不可避免地存在初弯曲、荷载初偏心和残余应力等初始缺陷,这些缺陷会降低轴心受压构件的稳定承载力,必须加以考虑。

1. 残余应力的影响

残余应力包括纵向残余应力、横向残余应力和沿板厚度方向的残余应力。横向残余应力的绝对值一般很小,且对构件承载力的影响可忽略,故通常只考虑纵向残余应力。图 4-12 给出了几种截面的纵向残余应力计算简图。图(a)是轧制普通工字钢截面,其腹板较薄,热轧后首先冷却,翼缘在冷却收缩过程中受到腹板的约束,因此翼缘中产生纵向残余拉应力,腹板中部受到压缩作用产生纵向压应力。图(b)是轧制 H 型钢截面,由于翼缘较宽,其端部先冷却,因此产生残余压应力,其值 σ_{rc} 为 $0.3f_y$ 左右;残余应力在翼缘宽度上的分布,通常假设为抛物线或取为直线。图(c)为翼缘是轧制边或剪切边的焊接 H 形截面,其残余应力分布情况与轧制 H 型钢截面类似,但翼缘与腹板连接处的残余拉应力通常达到钢材屈服强度。图(d)为翼缘是火焰切割边的焊接 H 形截面,翼缘端部和翼缘与腹板连接处都产生残余拉应力,后者达到钢材屈服强度。图(e)是焊接箱形截面,焊缝处的残余拉应力也达到钢材的屈服强度,为了平衡,板中部将产生残余压应力。图(f)是轧制等边角钢截面的残余应力分布。

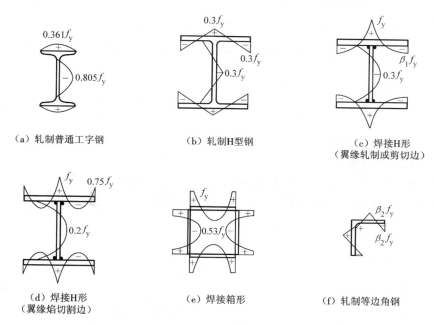

（a）轧制普通工字钢　　　　（b）轧制H型钢　　　　（c）焊接H形
　　　　　　　　　　　　　　　　　　　　　　　　　　　（翼缘轧制或剪切边）

（d）焊接H形　　　　（e）焊接箱形　　　　（f）轧制等边角钢
（翼缘焰切割边）

图 4-12　纵向残余应力简图($\beta_1 = 0.3 \sim 0.6, \beta_2 \approx 0.25$)

以上的残余应力分布一般假设沿板件厚度方向不变,板两侧表面分布相同。但此种假设只是在板件厚度较薄时成立。对厚板组成的截面,残余应力沿厚度方向变化较大,不能忽略。图4-13(a)为轧制厚板焊接的 H 形截面,翼缘外表面产生残余压应力,端部压应力可能达到钢材的屈服强度;翼缘内表面与腹板连接焊缝处有较高的残余拉应力;在板厚中部残余应力大小则介于内、外表面之间,随板件宽厚比和焊缝大小而变化。图4-13(b)为无缝轧制钢管残余应力分布,由于外表面先冷却,后冷却的内表面受到外表面的约束,故有残余拉应力,而外表面存在残余压应力,从而产生沿厚度变化的残余应力,但其值不大。

由于厚板常需多层施焊,在厚度方向将产生焊接残余应力;同时板表面与中部温度分布不均匀,也会产生残余应力,残余应力分布规律与焊接工艺密切相关。

当轴心受压构件截面的平均应力 $\sigma > f_p$ 时,构件截面将出现塑性和弹性两个区域。由切线模量理论可知,构件微弯时截面无应变变号,即弯曲应力都是增加。由于截面塑性区应力不可能再增加,能够产生抵抗力矩的只是截面弹性区,此时的临界力:

$$N_{cr} = \frac{\pi^2 E I_e}{l^2} = \frac{\pi^2 E I}{l^2} \frac{I_e}{I}$$

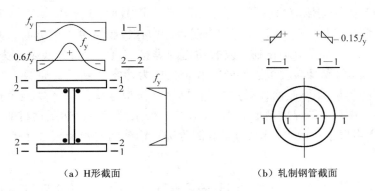

图 4-13　板厚（或壁厚）方向残余应力分布

临界应力：

$$\sigma_{cr} = \frac{\pi^2 E}{\lambda^2} \frac{I_e}{I}$$

式中：I_e——弹性区截面惯性矩；

　　I——全截面惯性矩。

下面以忽略腹板的 H 形截面为例，计算其弹塑性状态的临界应力值。

当 $\sigma = N/A > f_p$ 时，翼缘塑性区和应力分布如图 4-14（a）、（b）所示，翼缘宽度为 b，弹性区宽度为 kb。

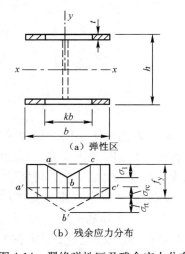

图 4-14　翼缘弹性区及残余应力分布

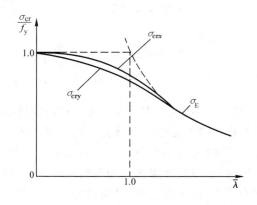

图 4-15　考虑残余应力的柱子曲线

对 x 轴（强轴）失稳时

$$\sigma_{crx} = \frac{\pi^2 E I_{ex}}{\lambda_x^2 \, I_x} = \frac{\pi^2 E}{\lambda_x^2} \frac{2t(kb) h^2/4}{2tbh^2/4} = \frac{\pi^2 E}{\lambda_x^2} k \tag{4-25a}$$

对 y 轴（弱轴）失稳时

$$\sigma_{cry} = \frac{\pi^2 E I_{ey}}{\lambda_y^2 \, I_y} = \frac{\pi^2 E}{\lambda_y^2} \frac{2t(kb)^3/12}{2tb^3/12} = \frac{\pi^2 E}{\lambda_y^2} k^3 \tag{4-25b}$$

由于 $k < 1.0$，故残余应力对弱轴的影响比对强轴的影响大得多。

因为 k 为未知量,故不能用上述两式直接求解临界应力。应根据图 4-14(b) 中残余应力的分布情况,由力的平衡条件求出平均应力:

$$\sigma_{crx}(或 \sigma_{cry}) = \frac{2btf_y - 2kbt \times 0.5k(\sigma_{rc} + \sigma_{rt})}{2bt} = f_y - \frac{\sigma_{rc} + \sigma_{rt}}{2}k^2$$

将上式与式(4-25)联合求出 σ_{crx} 和 σ_{cry},绘制的无量纲曲线(又称柱子曲线)如图 4-15 所示,图中 $\bar{\lambda}$ 为无量纲长细比,$\bar{\lambda} = \dfrac{\lambda}{\pi}\sqrt{\dfrac{f_y}{E}}$。

2. 初弯曲的影响

如图 4-16 所示,具有初弯曲的构件在未受荷载前就呈弯曲状态,假设初弯曲沿构件全长呈正弦曲线分布,则任一点 C 处的初弯曲:

$$y_0 = v_0 \sin \frac{\pi x}{l}$$

式中:v_0——构件长度中点的初始弯曲值。

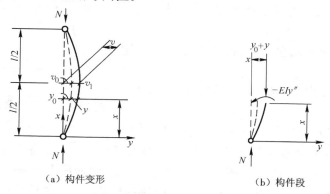

(a) 构件变形　　　　　　　　(b) 构件段

图 4-16　具有初弯曲的轴心受压构件

当构件承受压力 N 时,沿构件任一点增加的变形为 y,同时存在附加弯矩 $N(y_0 + y)$,建立如图 4-16(b) 所示的构件段的平衡微分方程:

$$-EIy'' = N(y_0 + y)$$

将 y_0 代入上式:

$$-EIy'' - N\left(y + v_0 \sin \frac{\pi x}{l}\right) = 0 \tag{4-26}$$

根据前述有关两端铰接理想轴心受压构件的情况,可以认为在弹性状态增加的变形也呈正弦曲线分布,即:

$$y = v_1 \sin \frac{\pi x}{l}$$

式中:v_1——构件长度中点增加的最大变形。

将 y 和二次求导所得的 $y'' = -v_1 \dfrac{\pi^2}{l^2}\sin \dfrac{\pi x}{l}$ 代入式(4-26):

$$\sin \frac{\pi x}{l}\left[-v_1 \frac{\pi^2 EI}{l^2} + N(v_1 + v_0)\right] = 0$$

由于 $\sin \dfrac{\pi x}{l} \neq 0$,必然方括号中数值为零,令 $\dfrac{\pi^2 EI}{l^2} = N_E$,则:

$$-v_1 N_E + N(v_1 + v_0) = 0$$

因而

$$v_1 = \frac{Nv_0}{N_E - N}$$

构件长度中点的总变形:

$$v = v_1 + v_0 = \frac{1}{1 - N/N_E} v_0 \tag{4-27}$$

式中:$\dfrac{1}{1 - N/N_E}$ 为变形增大系数。当 $N \rightarrow N_E$ 时,变形增大系数趋向无穷大。

图 4-17 中的实线为根据式(4-27)绘制的荷载—变形曲线,假设钢材为无限弹性,曲线具有如下特点:

(1)具有初弯曲的构件,压力开始作用,构件就进一步弯曲,并随着荷载的增大而增加,开始变形增长慢,随后迅速增长,当压力 N 接近 N_E 时,构件长度中点变形 v 趋于无限大。

(2)构件的初弯曲 v_0 值越大,相同压力 N 下,构件变形越大。

(3)初弯曲即使很小,构件的承载力总是小于欧拉临界力。

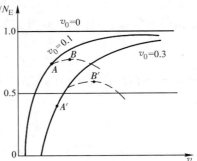

图 4-17　具有初弯曲轴心受压构件的荷载—
变形曲线(v_0 和 v 为相对数值)

由于实际构件并非无限弹性,只要变形增大到一定程度,构件长度中点截面在轴力 N 和弯矩 Nv 作用下边缘开始屈服(图 4-17 中的 A 点或 A' 点),随后截面塑性区不断增大,构件即进入弹塑性状态,致使压力还未达到 N_E 之前就丧失承载能力。图 4-17 中的虚线即为弹塑性状态的荷载—变形曲线。虚线的最高点(B 点和 B' 点)为构件弹塑性状态的极限承载力。

无残余应力仅有初弯曲的轴心受压构件截面边缘开始屈服的条件:

$$\frac{N}{A} + \frac{Nv}{W} = \frac{N}{A} + \frac{Nv_0}{W} \frac{N_E}{N_E - N} = f_y$$

$$\frac{N}{A}\left(1 + v_0 \frac{A}{W} \frac{\sigma_E}{\sigma_E - \sigma}\right) = f_y$$

$$\sigma\left(1 + \varepsilon_0 \frac{\sigma_E}{\sigma_E - \sigma}\right) = f_y$$

式中:ε_0——构件初弯曲率,$\varepsilon_0 = v_0 A/W$;

　　　W——构件毛截面模量。

上式的解,即为以截面边缘屈服为准则的临界应力:

$$\sigma_{cr} = \frac{f_y + (1 + \varepsilon_0)\sigma_E}{2} - \sqrt{\left[\frac{f_y + (1 + \varepsilon_0)\sigma_E}{2}\right]^2 - f_y \sigma_E} \tag{4-28}$$

式(4-28)称为柏利(Perry)公式,由边缘屈服准则导出,实际上为考虑压力二阶效应的承载力计算公式。

如果取初弯曲 $v_0 = l/1\,000$,则初弯曲率:

$$\varepsilon_0 = \frac{l}{1\,000}\frac{A}{W} = \frac{l}{1\,000}\frac{1}{\rho_0} = \frac{\lambda}{1\,000}\frac{i}{\rho_0}$$

式中:ρ_0——截面核心距,$\rho_0 = W/A$;

i——截面回转半径;

λ——构件长细比。

对不同构件截面及其对应轴,i/ρ_0 值各不相同,因此由柏利公式确定的 σ_{cr}—λ 曲线就不同。例如焊接 H 形截面,对弱轴 $i/\rho_0 \approx 2.10$,对强轴 $i/\rho_0 \approx 1.16$,在相同初弯曲 v_0 情况下,对弱轴(y 轴)的柱子曲线就低于对强轴的柱子曲线,如图 4-18 所示。

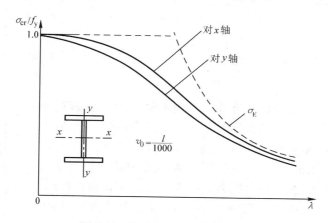

图 4-18 考虑初弯曲的柱子曲线

3. 初偏心的影响

由于构件尺寸的偏差和安装误差,使作用力产生初偏心。图 4-19 表示两端均有最不利的相同初偏心距 e_0 的轴心受压构件。假设构件受力前顺,建立微弯状态弹性微分方程:

$$EIy'' + N(e_0 + y) = 0$$

令 $k^2 = N/(EI)$,则:

$$y'' + k^2 y = -k^2 e_0$$

解此微分方程,可得构件长度中点变形 v 的表达式:

$$v = e_0\left(\sec\frac{\pi}{2}\left(\sqrt{\frac{N}{N_E}} - 1\right)\right) \qquad (4\text{-}29)$$

根据式(4-29)绘制的荷载—变形曲线如图 4-20 所示,与图 4-17 对比可知,具有初偏心的轴心受压构件,其荷载—变形曲线与具有初弯曲轴心受压构件的特点相同,只是图 4-17 的曲线不通过坐标原点,而图 4-20 的曲线通过坐标原点。可以认为,初偏心影响与初弯曲影响类似,但影响的程度却有差别。初弯曲对中等长细比构件的不利影响较大;初偏心的数值通常较小,除了对较短构件有较明显的影响外,构件越长影响越小。图 4-20 的虚线表示构件弹塑性状态的荷载—变形曲线。

由于初偏心与初弯曲的影响相似,通常只考虑其中一种缺陷来模拟两种缺陷的影响。

4.3.3 轴心受压构件的极限承载力和柱子曲线

以上介绍了理想轴心受压构件失稳临界力的计算方法和主要缺陷对其承载力的影响。

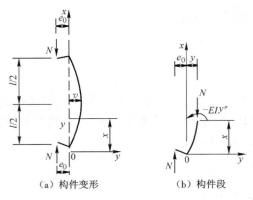

图 4-19 具有初偏心的轴心受压构件

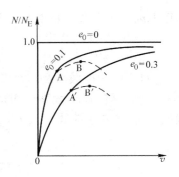

图 4-20 具有初偏心轴心受压
构件的荷载—变形曲线

理想轴心受压构件失稳时才产生变形,但具有初弯曲(或初偏心)的轴心受压构件,压力开始作用就产生变形,其荷载—变形曲线如图 4-21 所示,图中 A 点表示构件长度中点截面边缘屈服时对应的压力,基于边缘屈服准则就是以 N_A 作为最大承载力。但对于极限状态设计,压力还可增加,只是压力超过 N_A 后,进入弹塑性状态,随着截面塑性区的不断扩展,v 值增加得更快,到达 B 点之后,构件的抵抗能力开始小于压力,不能维持稳定平衡。曲线的最高点 B 处的压力 N_B,才是具有初弯曲构件真正的极限承载力,以此为准则计算构件的稳定承载力,称为基于"最大强度准则"。

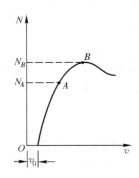

图 4-21 轴心受压构件
荷载—变形曲线

实际构件中通常各种初始缺陷同时存在,但从概率统计的角度,各种缺陷同时达到最不利的可能性极小。由热轧钢板和型钢组成的普通钢结构,通常只考虑影响较大的残余应力和初弯曲两种缺陷。

采用最大强度准则计算承载力时,如果同时考虑残余应力和初弯曲缺陷,则截面各点以及沿构件长度各截面,应力—应变关系都在变化,很难列出失稳临界力的解析式,只能借助数值方法,通常采用数值积分法。

轴心受压构件失稳时临界应力 σ_{cr} 与长细比 λ 之间的关系曲线称为柱子曲线。《钢结构设计标准》GB 50017 采用的轴心受压构件柱子曲线是按最大强度准则确定的,柱子曲线分布在图 4-22 所示的虚线范围内,呈相当宽的带状分布。分布范围的上、下限相差较大,特别是常用的中等长细比时相差更显著,因此,若用一条曲线来代表,显然不合理。《钢结构设计标准》GB 50017 在理论分析的基础上,结合工程实际,将这些柱子曲线合并归纳为四组,取每组中柱子曲线的平均值作为代表曲线,即图 4-22 中的 a、b、c、d 四条曲线,分别对应 a、b、c、d 四类截面。在 $\lambda = 40 \sim 120$ 的常用范围内,λ 值相同时,柱子曲线 a 比曲线 b 的 φ 值大 4% ~ 15%,曲线 c 比曲线 b 的 φ 值小 7% ~ 13%,曲线 d 的 φ 值则更小,主要用于厚板截面构件。

图中 ε_k 为钢种修正系数,其值为 235 N/mm² 与钢材牌号中屈服强度数值比值的平方根,$\varepsilon_k = \sqrt{235/f_y}$。

组成板件厚度 $t < 40$ mm 轴心受压构件的截面分类列于表 4-5，$t \geqslant 40$ mm 的截面分类列于表 4-6。

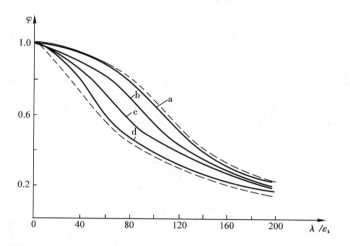

图 4-22　《钢结构设计标准》GB 50017 中的 $\lambda - \varphi$ 曲线

表 4-5　轴心受压构件截面分类（板厚 $t < 40$ mm）

截面形式		对 x 轴	对 y 轴
x ⊕ x　轧制		a 类	a 类
x —I— x　轧制	$b/h \leqslant 0.8$	a 类	b 类
	$b/h > 0.8$	a* 类	b* 类
x —⊥— x　轧制等边角钢		a* 类	a* 类

截面形式		对 x 轴	对 y 轴
焊接，翼缘为焰切边 焊接		b 类	b 类
轧制			
轧制，焊接（板件宽厚比 >20） 轧制或焊接			
焊接 轧制截面和I形缘为焰切边的焊接截面			
格构式 焊接，板件边缘焰切			
焊接，翼缘为轧制或剪切边		b 类	c 类
焊接，板件边缘轧制或剪切 轧制、焊接，板件宽厚比≤20		c 类	c 类

注:1 a* 类含义为 Q235 钢取 b 类, Q345、Q355、Q390、Q420 和 Q460 钢取 a 类; b* 类含义为 Q235 钢取 c 类, Q345、Q355、Q390、Q420 和 Q460 钢取 b 类。

  2 无对称轴且剪心和形心不重合的截面, 其截面分类可按有对称轴的类似截面确定, 如不等边角钢采用等边角钢的类别; 当无类似截面时, 可取 c 类。

表 4-6　轴心受压构件截面分类（板厚 $t \geqslant 40$ mm）

截面情况		对 x 轴	对 y 轴
轧制H型钢	$t < 80$ mm	b 类	c 类
	$t \geqslant 80$ mm	c 类	d 类

续表

截面情况		对 x 轴	对 y 轴
焊接 H 形截面	翼缘为焰切边	b 类	b 类
	翼缘为轧制或剪切边	c 类	d 类
焊接箱形截面	板件宽厚比 >20	b 类	b 类
	板件宽厚比 $\leqslant 20$	c 类	c 类

　　轧制圆管以及轧制普通工字钢（$b/h \leqslant 0.8$）构件绕 x 轴失稳时，其残余应力对承载力影响较小，属 a 类。

　　格构式构件绕虚轴的整体稳定验算，由于不宜采用截面发展塑性的最大强度准则，采用边缘屈服准则确定的 φ 值与曲线 b 接近，故属于 b 类。

　　当槽形截面用于格构式柱的分肢时，由于分肢的扭转变形受到缀件的牵制，所以验算分肢绕其自身对称轴稳定时，可采用曲线 b。翼缘为轧制或剪切边的焊接 H 形截面构件，绕弱轴失稳时边缘为残余压应力，使承载力降低，故将其归入 c 类。

　　板件厚度大于或等于 40 mm 的轧制 H 型钢和焊接 H 形、箱形截面构件，残余应力不但沿板件宽度方向变化，在厚度方向的变化也比较显著，另外厚板由于板厚效应也会对稳定带来不利影响，故应按表 4-6 进行分类。

4.3.4　轴心受压构件的整体稳定验算

　　轴心受压构件的应力不应大于其失稳时的临界应力，考虑抗力分项系数 γ_R，则：

$$\sigma = \frac{N}{A} \leqslant \frac{\sigma_{cr}}{\gamma_R} = \frac{\sigma_{cr} f_y}{f_y \, \gamma_R} = \varphi f$$

　　《钢结构设计标准》GB 50017 规定除考虑板件屈曲的实腹式构件外，轴心受压构件的整体稳定采用下式验算：

$$\frac{N}{\varphi A f} \leqslant 1.0 \tag{4-30}$$

式中：φ——轴心受压构件的稳定系数，$\varphi = \sigma_{cr}/f_y$，取截面两主轴稳定系数中较小者。

　　稳定系数 φ 值应根据表 4-5、表 4-6 中的截面分类和构件的长细比，按附录 4 中附表 4-1 ~ 附表 4-4 确定。

　　稳定系数 φ 值可以采用式（4-28）柏利（Perry）公式的形式来表达，即：

$$\varphi = \frac{\sigma_{cr}}{f_y} = \frac{1}{2} \left\{ \left[1 + (1 + \varepsilon_0) \frac{\sigma_E}{f_y} \right] - \sqrt{\left[1 + (1 + \varepsilon_0) \frac{\sigma_E}{f_y} \right]^2 - 4 \frac{\sigma_E}{f_y}} \right\} \tag{4-31a}$$

　　此时 φ 值是按最大强度理论确定构件的极限承载力后再反算 λ 值，因此式中的 ε_0 值实质为考虑初弯曲、残余应力等影响的等效初弯曲率。

《钢结构设计标准》GB 50017 中四条柱子曲线的 ε_0 取值如下：

a 类截面：$\varepsilon_0 = 0.152\bar{\lambda} - 0.014$

b 类截面：$\varepsilon_0 = 0.300\bar{\lambda} - 0.035$

c 类截面：$\varepsilon_0 = 0.595\bar{\lambda} - 0.094(\bar{\lambda} \leqslant 1.05)$

$\varepsilon_0 = 0.302\bar{\lambda} + 0.216(\bar{\lambda} > 1.05)$

d 类截面：$\varepsilon_0 = 0.915\bar{\lambda} - 0.132(\bar{\lambda} \leqslant 1.05)$

$\varepsilon_0 = 0.432\bar{\lambda} + 0.375(\bar{\lambda} > 1.05)$

式中：$\bar{\lambda}$——无量纲长细比，$\bar{\lambda} = \dfrac{\lambda}{\pi}\sqrt{\dfrac{f_y}{E}}$。

上述 ε_0 值只适用于 $\bar{\lambda} > 0.215$（相当于 $\lambda > 20\varepsilon_k$）的情况，将以上 ε_0 值代入式（4-31a），即可得到 $\bar{\lambda} > 0.215$ 时附表 4-1 ~ 附表 4-4 中的 φ 值。

当 $\bar{\lambda} \leqslant 0.215$（即 $\lambda \leqslant 20\varepsilon_k$）时，柏利（Perry）公式不再适用，《钢结构设计标准》GB 50017 采用一条近似曲线，使 $\bar{\lambda} = 0.215$ 与 $\bar{\lambda} = 0(\varphi = 1.0)$ 相衔接，即：

$$\varphi = 1 - \alpha_1\bar{\lambda}^2 \qquad (4\text{-}31\text{b})$$

式中系数 α_1 分别等于 0.41（a 类截面）、0.65（b 类截面）、0.73（c 类截面）和 1.35（d 类截面）。

轴心受压构件的长细比 λ 应按照下列规定确定。

1. 截面为双轴对称的构件（截面形心与剪心重合）

1）弯曲失稳

$$\lambda_x = \frac{l_{0x}}{i_x}$$

$$\lambda_y = \frac{l_{0y}}{i_y} \qquad (4\text{-}32)$$

式中：l_{0x}、l_{0y}——对 x 轴、y 轴的构件计算长度；

i_x、i_y——对 x 轴、y 轴的截面回转半径。

2）扭转失稳

双轴对称十字形截面构件截面板件宽厚比不超过 $15\varepsilon_k$ 时，可不验算其扭转失稳。不满足此条件时，可采用扭转屈曲临界力与欧拉临界力相等得到换算长细比 λ_z：

$$N_z = \left(\frac{\pi^2 EI_\omega}{l_\omega^2} + GI_t\right)\frac{1}{i_0^2} = \frac{\pi^2 E}{\lambda_z^2}A$$

$$\lambda_z = \sqrt{\frac{Ai_0^2}{GI_t/(\pi^2 E) + I_\omega/l_\omega^2}} = \sqrt{\frac{I_0}{I_t/25.7 + I_\omega/l_\omega^2}} \qquad (4\text{-}33)$$

式中：I_0、I_t、I_ω——毛截面对剪心的极惯性矩、自由扭转常数和扇性惯性矩，十字形截面可近似取 $I_\omega = 0$；

l_ω——构件扭转屈曲的计算长度，两端铰接且端部截面可自由翘曲时，取构件几何长度 l；两端嵌固且端部截面翘曲完全受到约束时，取 $0.5l$。

由换算长细比 λ_z 可按弯曲失稳的柱子曲线获得稳定系数 φ 值。由于稳定系数 φ 中已考虑构件的初始缺陷和材料的非弹性，相当于扭转失稳也考虑这些因素。这种间接考虑的方法虽有一定近似性,但不失为一种简便可行的方法。

2. 截面为单轴对称的构件

单轴对称截面构件,绕非对称轴发生弯曲失稳;由于截面形心与剪心不重合,绕对称轴弯曲的同时伴随着扭转,即发生弯扭失稳。在相同情况下,弯扭失稳比弯曲失稳的临界力低。因此,对 T 形和槽形等单轴对称截面构件绕对称轴失稳时,将弹性弯扭失稳临界力与欧拉临界力相等得到换算长细比,再以此计及扭转效应的换算长细比由弯曲失稳的柱子曲线获得稳定系数 φ 值。这种间接考虑非弹性和初始缺陷影响的方法,虽有一定近似性,但同样不失为一种简便可行的方法。

令式(4-24)中的 $N = N_{yz} = \pi^2 EA / \lambda_{yz}^2$,$N_{Ey} = \pi^2 EA / \lambda_y^2$,$N_z = \pi^2 EA / \lambda_z^2$,可以得到单轴对称截面轴心受压构件绕对称轴的换算长细比:

$$\lambda_{yz} = \left[\frac{(\lambda_y^2 + \lambda_z^2) + \sqrt{(\lambda_y^2 + \lambda_z^2)^2 - 4(1 - y_s/i_0^2)\lambda_y^2\lambda_z^2}}{2}\right]^{1/2} \tag{4-34}$$

式中:y_s——截面剪心至形心的距离;

　　i_0——截面对剪心的极回转半径,单轴对称截面 $i_0^2 = y_s^2 + i_x^2 + i_y^2$;

　　λ_y——对对称轴的构件长细比;

　　λ_z——构件扭转屈曲的换算长细比。

（1）等边单角钢截面（图4-23）构件

等边单角钢轴心受压构件当绕两主轴弯曲的计算长度相等时,可不验算其弯扭失稳。

（2）双角钢组合 T 形截面（图4-24）构件

图 4-23　等边单角钢截面

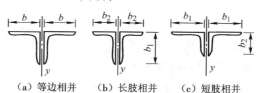

（a）等边相并　　（b）长肢相并　　（c）短肢相并

图 4-24　双角钢组合 T 形截面

双角钢组合 T 形截面构件绕对称轴的换算长细比可采用下列简化公式计算。

（1）等边双角钢截面（图4-24(a)）。

当 $\lambda_y \geqslant \lambda_z$ 时

$$\lambda_{yz} = \lambda_y\left[1 + 0.16\left(\frac{\lambda_z}{\lambda_y}\right)^2\right] \tag{4-35a}$$

当 $\lambda_y < \lambda_z$ 时

$$\lambda_{yz} = \lambda_z\left[1 + 0.16\left(\frac{\lambda_y}{\lambda_z}\right)^2\right] \tag{4-35b}$$

$$\lambda_z = 3.9\frac{b}{t} \tag{4-36}$$

（2）长肢相并的不等边双角钢截面（图4-24(b)）。

当 $\lambda_y \geqslant \lambda_z$ 时

$$\lambda_{yz} = \lambda_y \left[1 + 0.25 \left(\frac{\lambda_z}{\lambda_y} \right)^2 \right] \qquad (4\text{-}37a)$$

当 $\lambda_y < \lambda_z$ 时

$$\lambda_{yz} = \lambda_z \left[1 + 0.25 \left(\frac{\lambda_y}{\lambda_z} \right)^2 \right] \qquad (4\text{-}37b)$$

$$\lambda_z = 5.1 \frac{b_2}{t} \qquad (4\text{-}38)$$

(3)短肢相并的不等边双角钢截面(图 4-24(c))。

当 $\lambda_y \geqslant \lambda_z$ 时

$$\lambda_{yz} = \lambda_y \left[1 + 0.06 \left(\frac{\lambda_z}{\lambda_y} \right)^2 \right] \qquad (4\text{-}39a)$$

当 $\lambda_y < \lambda_z$ 时

$$\lambda_{yz} = \lambda_z \left[1 + 0.06 \left(\frac{\lambda_y}{\lambda_z} \right)^2 \right] \qquad (4\text{-}39b)$$

$$\lambda_z = 3.7 \frac{b_1}{t} \qquad (4\text{-}40)$$

3. 截面无对称轴且剪心和形心不重合的构件

$$\lambda_{xyz} = \pi \sqrt{\frac{EA}{N_{xyz}}} \qquad (4\text{-}41)$$

$$(N_x - N_{xyz})(N_y - N_{xyz})(N_z - N_{xyz}) - N_{xyz}^2(N_x - N_{xyz})\left(\frac{y_s}{i_0}\right)^2 - N_{xyz}^2(N_y - N_{xyz})\left(\frac{x_s}{i_0}\right)^2 = 0$$
$$(4\text{-}42)$$

$$i_0^2 = i_x^2 + i_y^2 + x_s^2 + y_s^2 \qquad (4\text{-}43)$$

式中：N_{xyz} ——理想构件的弹性弯扭失稳临界力；

x_s、y_s ——截面剪心相对于形心的坐标；

i_0 ——截面对剪心的极回转半径；

N_x、N_y、N_z ——构件绕 x 轴、y 轴的弯曲失稳临界力和绕 z 轴的扭转失稳临界力。

4. 不等边角钢截面(图 4-25)构件

当 $\lambda_v \geqslant \lambda_z$ 时

$$\lambda_{xyz} = \lambda_v \left[1 + 0.25 \left(\frac{\lambda_z}{\lambda_v} \right)^2 \right] \qquad (4\text{-}44a)$$

当 $\lambda_v < \lambda_z$ 时

$$\lambda_{xyz} = \lambda_z \left[1 + 0.25 \left(\frac{\lambda_v}{\lambda_z} \right)^2 \right] \qquad (4\text{-}44b)$$

$$\lambda_z = 4.21 \frac{b_1}{t} \qquad (4\text{-}45)$$

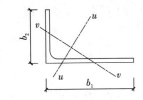

图 4-25　不等边
角钢截面

4.4 轴心受压构件的局部稳定

为了提高轴心受压构件的稳定承载力,一般其组成板件的宽(高)厚比都较大,在压力作用下板件可能离开平面位置发生凹凸变形,这种现象称为构件丧失局部稳定。构件丧失局部稳定后其还可能继续维持平衡状态,但由于部分板件屈曲后退出工作,使构件有效截面减少,将加速构件整体失稳而丧失承载能力。

4.4.1 受压板的屈曲临界力

图 4-26 所示为四边简支矩形板,在 x 轴方向承受均布压力 N_x,根据弹性力学小挠度理论,其平衡微分方程:

$$D\left(\frac{\partial^4 w}{\partial x^4} + 2\frac{\partial^4 w}{\partial x^2 \partial y^2} + \frac{\partial^4 w}{\partial y^4}\right) + N_x \frac{\partial^2 w}{\partial x^2} = 0 \tag{4-46}$$

$$D = \frac{Et^3}{12(1 - \nu^2)} \tag{4-47}$$

式中:w——板的挠度;

N_x——单位宽度板中面所承受的 x 方向力,压力为正,拉力为负;

D——单位宽度板的抗弯刚度;

E——钢材的弹性模量;

t——板的厚度;

ν——钢材的泊松比,$\nu = 0.3$。

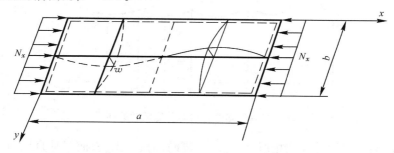

图 4-26 四边简支单向均匀受压板屈曲形式

四边简支板的边界条件如下:

当 $x = 0$、$x = a$ 时 $w = 0$,$\frac{\partial^2 w}{\partial x^2} + v\frac{\partial^2 w}{\partial y^2} = 0$(即 $M_x = 0$);

当 $y = 0$、$y = b$ 时 $w = 0$,$\frac{\partial^2 w}{\partial y^2} + v\frac{\partial^2 w}{\partial x^2} = 0$(即 $M_y = 0$)。

采用二重三角级数来表示偏微分方程(4-46)的通解,则:

$$w = \sum_{m=1}^{\infty} \sum_{n=1}^{\infty} A_{mn} \sin\frac{m\pi x}{a} \sin\frac{n\pi y}{b}$$

式中:m、n——板屈曲时沿 x 轴和 y 轴方向的半波数。

将上式代入式(4-46),则:

$$\sum_{m=1}^{\infty} \sum_{n=1}^{\infty} A_{mn} \left(\frac{m^4 \pi^4}{a^4} - 2 \frac{m^2 n^2 \pi^4}{a^2 b^2} + \frac{n^4 \pi^4}{b^4} - \frac{N_x m^2 \pi^2}{D} \frac{\pi^2}{a^2} \right) \sin \frac{m \pi x}{a} \sin \frac{n \pi y}{b} = 0$$

当板处于微弯状态时,以上无穷级数中的系数 A_{mn} 不会等于零,故只有括号中的数值为零,则:

$$N_x = \frac{\pi^2 D}{b^2} \left(\frac{mb}{a} + \frac{n^2 a}{mb} \right)^2$$

临界荷载是板保持微弯状态的最小荷载,只有 $n = 1$(在 y 方向为 1 个半波)时,N_x 值最小,因而临界荷载:

$$N_{crx} = \frac{\pi^2 D}{b^2} \left(\frac{mb}{a} + \frac{a}{mb} \right)^2 = \frac{\pi^2 D}{b^2} k \tag{4-48}$$

式中:$k = \left(\frac{mb}{a} + \frac{a}{mb} \right)^2$——屈曲系数。

分别计算 $m = 1, 2, \cdots$ 时,不同长宽比 a/b 板的 k 值,并绘制如图 4-27 所示的一簇曲线,其下界线如图中实曲线所示。可以看到,对于任一 m 值,k 的最小值等于 4,且除 $a/b < 1$ 的一段外,图中实曲线的 k 值变化不大。因此,当 $a/b \geqslant 1$ 时,对任何 m 和 a/b 情况均可取 $k = 4$,则临界荷载:

$$N_{crx} = \frac{4 \pi^2 D}{b^2}$$

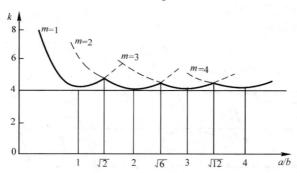

图 4-27 四边简支单向均匀受压板的屈曲系数

上式与欧拉临界力的计算式相似,但与压力方向的板长无关,而与垂直压力方向板宽 b 的平方成反比。

因此,板的弹性屈曲临界应力:

$$\sigma_{crx} = \frac{N_{crx}}{1 \times t} = \frac{k \pi^2 E}{12(1 - v^2)} \left(\frac{t}{b} \right)^2 \tag{4-49}$$

单向均匀受压板四边简支时,$k = 4$。当板的两侧边不是简支时,也可采用上述方法求得屈曲系数 k 值。图 4-28 给出了所示支承条件板的 k 值计算结果。

4.4.2 轴心受压构件的局部稳定验算

图 4-29 所示为 H 形截面轴心受压构件翼缘(图(a))和腹板(图(b))的屈曲形式。

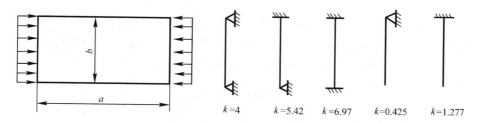

图 4-28 不同支承条件单向均匀受压板的屈曲系数

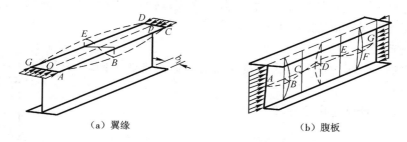

（a）翼缘　　　　　　　　（b）腹板

图 4-29 轴心受压构件局部失稳

在单向压力作用下,当板件进入弹塑性状态后,临界应力可用下式计算:

$$\sigma_{cr} = \frac{\chi k \pi^2 \sqrt{\eta} E}{12(1-v^2)} \left(\frac{t}{b}\right)^2 \tag{4-50}$$

式中:χ——板的弹性嵌固系数;

η——弹性模量折减系数,根据轴心受压构件试验资料,可取:

$$\eta = 0.101\ 3\lambda^2 \left(1 - 0.024\ 8\lambda^2 \frac{f_y}{E}\right) \frac{f_y}{E} \tag{4-51}$$

设计时应保证板件的屈曲不先于构件的整体失稳,即:

$$\frac{\chi k \pi^2 \sqrt{\eta} E}{12(1-v^2)} \left(\frac{t}{b}\right)^2 \geqslant \varphi f_y \tag{4-52}$$

由式(4-52)可得到保证构件局部稳定时板件宽(高)厚比的限值。

1. H 形截面(图 4-30)

1)翼缘

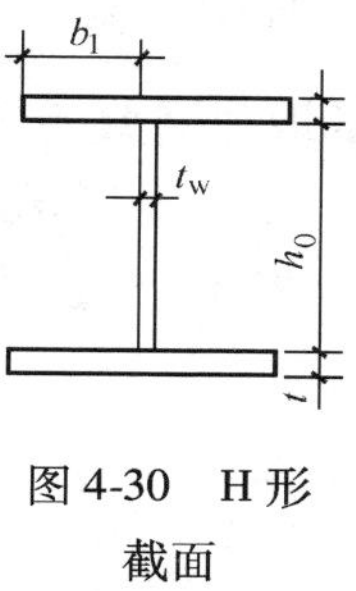

由于 H 形截面轴心受压构件的腹板一般较薄,对翼缘几乎没有嵌固作用,因此翼缘可视为三边简支一边自由的单向均匀受压板,屈曲系数 k = 0.425,弹性嵌固系数 χ = 1.0。由式(4-52)可以得到翼缘自由外伸部分的宽厚比 b_1/t 与长细比 λ 的关系式。此关系式较为复杂,为了便于计算,采用下列简单的直线式表达:

$$\frac{b_1}{t} \leqslant (10 + 0.1\lambda)\varepsilon_k \tag{4-53}$$

图 4-30 H 形截面

式中:λ——构件两方向长细比的较大值;当 $\lambda < 30$ 时取 $\lambda = 30$;当 $\lambda > 100$ 时取 $\lambda = 100$;

b_1、t——翼缘自由外伸的宽度和厚度。

2)腹板

腹板可视为四边简支的单向均匀受压板,屈曲系数 $k = 4$。当腹板发生屈曲时,翼缘作为腹板纵向边的支承,对腹板起一定的弹性嵌固作用,使腹板屈曲临界应力提高,根据试验可取弹性嵌固系数 $\chi = 1.3$。由式(4-52)经计算简化后得到:

$$\frac{h_0}{t_w} \leq (25 + 0.5\lambda)\varepsilon_k \tag{4-54}$$

式中:λ——取值同翼缘;

h_0、t_w——腹板的计算高度和厚度。

腹板的计算高度 h_0:焊接截面构件,为腹板高度;高强度螺栓连接截面构件,为上、下翼缘与腹板连接高强度螺栓间的最小距离。

2. 箱形截面(图4-31)

箱形截面轴心受压构件的翼缘与腹板均为四边简支的单向均匀受压板,且取 $\chi = 1.0$。

由式(4-52)经计算简化后可得:

$$\frac{b_0}{t} \leq 40\varepsilon_k \tag{4-55}$$

$$\frac{h_0}{t_w} \leq 40\varepsilon_k \tag{4-56}$$

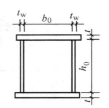

图4-31 箱形截面

式中:b_0、t——腹板之间翼缘的宽度和厚度。

当设置纵向加劲时,b_0、h_0 取翼缘或腹板与加劲肋之间的距离。

3. T形截面(图4-32)

T形截面轴心受压构件翼缘自由外伸的 b_1/t 和 H 形截面的相同,应满足式(4-53)。

T形截面腹板也是三边简支一边自由的单向均匀受压板,但其受翼缘弹性嵌固作用稍强。腹板高厚比 h_0/t_w 应满足下式:

图4-32 T形截面

热轧剖分T型钢

$$\frac{h_0}{t_w} \leq (15 + 0.2\lambda)\varepsilon_k \tag{4-57}$$

焊接T形钢

$$\frac{h_0}{t_w} \leq (13 + 0.17\lambda)\varepsilon_k \tag{4-58}$$

λ 的取值同H形截面。

4. 等边角钢截面

当 $\lambda \leq 80\varepsilon_k$ 时

$$b_L/t \leq 15\varepsilon_k \tag{4-59a}$$

当 $\lambda > 80\varepsilon_k$ 时

$$b_L/t \leq 5\varepsilon_k + 0.125\lambda \tag{4-59b}$$

式中:b_L、t——角钢的平板宽度和厚度,简化计算时 b_L 可取 $b - 2t$,b 为角钢宽度;

λ——按角钢绕非对称主轴回转半径计算的长细比。

不等边角钢没有对称轴,发生弯扭失稳,整体稳定验算时考虑了肢件宽厚比的影响,不再对肢件宽度比进行规定。

5. 圆钢管截面（图 4-33）

圆钢管属于圆柱壳，根据非线性弹性稳定理论，无缺陷轴压圆柱壳的屈曲临界应力：

$$\sigma_{cr} \approx 0.3 \frac{Et}{D}$$

式中：t——圆钢管壁厚；

图 4-33　圆钢管截面

　　D——圆钢管外直径。

壳体屈曲对缺陷敏感，所以圆钢管的缺陷对 σ_{cr} 的影响显著，一般需要将理论计算值折减很多才与试验结果相符，并且局部屈曲常常发生在弹塑性状态，弹性临界应力仍需予以修正。《钢结构设计标准》GB 50017 规定圆钢管保证局部稳定的径厚比：

$$\frac{D}{t} \leqslant 100\varepsilon_k^2 \tag{4-60}$$

不同截面形式的轴心受压构件保证局部稳定的板件宽（高）厚比限值列于表 4-7 。

表 4-7　轴心受压构件局部稳定的板件宽（高）厚比限值

截面及板件尺寸	宽（高）厚比限值
	$\dfrac{b_1}{t} \leqslant (10 + 0.1\lambda)\varepsilon_k$
	$\dfrac{h_0}{t_w} \leqslant (15 + 0.2\lambda)\varepsilon_k$（热轧剖分 T 型钢）
	$\dfrac{h_0}{t_w} \leqslant (13 + 0.17\lambda)\varepsilon_k$（焊接 T 形钢）
	$\dfrac{h_0}{t_w} \leqslant (25 + 0.5\lambda)\varepsilon_k$（H 形、工字形）
	$\dfrac{b_0}{t}\left(或 \dfrac{h_0}{t_w}\right) \leqslant 40\varepsilon_k$
	$\dfrac{b_L}{t} \leqslant 15\varepsilon_k\,(\lambda \leqslant 80\varepsilon_k)$
	$\dfrac{b_L}{t} \leqslant 5\varepsilon_k + 0.125\lambda\,(\lambda > 80\varepsilon_k)$
	$\dfrac{D}{t} \leqslant 100\varepsilon_k^2$

当作用于轴心受压构件的压力小于其稳定承载力 $\varphi A f$ 时，可将其板件宽（高）厚比限值乘以放大系数 $\alpha = \sqrt{\varphi A f / N}$ 。

H 形和箱形截面轴心受压构件的腹板高厚比、箱形截面的翼缘宽厚比不满足局部稳定要求时，可配置纵向加劲肋，如图 4-34 所示，此时 h_0 应取翼缘与加劲肋之间的高度，b_0 应取腹板与加劲肋之间的宽度。H 形截面腹板的加劲肋宜在两侧成对配置，其一侧外伸宽度不应小于

$10t_w$,厚度不应小于$0.75t_w$。

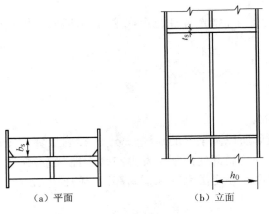

(a) 平面　　　　　　　(b) 立面

图 4-34　腹板纵向加劲肋

4.5　考虑板件屈曲轴心受压构件的强度和整体稳定

当轴心受压构件腹板高厚比h_0/t_w、翼缘宽厚比b_0/t不满足局部稳定要求时,除了加厚板件和配置纵向加劲肋外,还可考虑板件屈曲采用有效截面(图 4-35)的概念进行承载力验算,稳定系数φ按全截面有效计算。

考虑板件屈曲时轴心受压构件截面强度和整体稳定可按下列公式验算:

截面强度

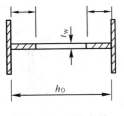

图 4-35　H形有效截面

$$\frac{N}{A_{ne}} \leqslant f \tag{4-61}$$

$$A_{ne} = \sum \rho_i A_{ni} \tag{4-62}$$

整体稳定

$$\frac{N}{\varphi A_e f} \leqslant 1.0 \tag{4-63}$$

$$A_e = \sum \rho_i A_i \tag{4-64}$$

式中:A_{ne}、A_e——构件有效净截面面积和有效毛截面面积;

A_{ni}、A_i——各板件的净截面面积和毛截面面积;

φ——轴心受压构件的稳定系数,可按全截面计算;

ρ_i——各板件的有效截面系数,按下列公式计算。

1. H 形截面腹板和箱形截面腹板、翼缘

当h_0/t_w(或b_0/t)$\leqslant 42\varepsilon_k$时

$$\rho = 1.0 \tag{4-65a}$$

当h_0/t_w(或b_0/t)$>42\varepsilon_k$时

$$\rho = \frac{1}{\lambda_{n,p}}\left(1 - \frac{0.19}{\lambda_{n,p}}\right) \tag{4-65b}$$

$$\lambda_{n,p} = \frac{h_0/t_w}{56.2}\frac{1}{\varepsilon_k} \text{ 或 } \lambda_{n,p} = \frac{b_0/t}{56.2}\frac{1}{\varepsilon_k} \tag{4-66}$$

当 $\lambda > 52\varepsilon_k$ 时

$$\rho \geqslant (29\varepsilon_k + 0.25\lambda)\frac{t_w}{h_0} \text{ 或 } \rho \geqslant (29\varepsilon_k + 0.25\lambda)\frac{t}{b} \tag{4-67}$$

2. 单角钢截面

当 $w/t > 15\varepsilon_k$ 时

$$\rho = \frac{1}{\lambda_{n,p}}\left(1 - \frac{0.1}{\lambda_{n,p}}\right) \tag{4-68}$$

$$\lambda_{n,p} = \frac{w/t}{16.8}\frac{1}{\varepsilon_k} \tag{4-69}$$

当 $\lambda > 80\varepsilon_k$ 时

$$\rho \geqslant (5\varepsilon_k + 0.13\lambda)\frac{t}{w} \tag{4-70}$$

4.6　实腹式轴心受压构件的截面设计

实腹式轴心受压构件一般采用双轴对称截面,以避免发生弯扭失稳。常用截面形式包括型钢截面和焊接组合截面两种,如图 4-36 所示。

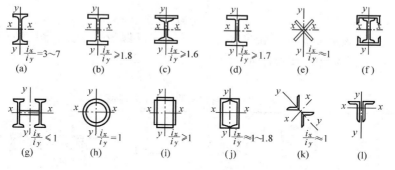

图 4-36　轴心受压实腹构件截面形式

实腹式轴心受压构件截面选择时一般应根据受力大小,两主轴方向的计算长度以及制造加工、材料供应等情况综合考虑。主要原则如下:①截面的分布应尽量开展,以增大截面惯性矩和回转半径,提高构件的整体稳定承载力和刚度;②两个主轴方向尽量等稳定,以达到经济的效果;③便于与其他构件连接,尽可能构造简单,制造省工,取材方便。

单根轧制普通工字钢由于对 y 轴的回转半径远小于对 x 轴的回转半径,因而只适用于计算长度 $l_{0x} \geqslant 3l_{0y}$ 的情况。热轧宽翼缘 H 型钢(HW)的最大优点是制造省工,腹板较薄,翼缘较宽,可以与截面高度相同,因而具有很好的截面特性。采用三块钢板焊接的 H 形及十字形截面组合灵活,易使截面分布合理,制造也不复杂。采用型钢组成的截面适用于压力很大的构件。管截面由于两个方向的回转半径相近,因而最适合于两方向计算长度相等的轴心受压构件;管形截面构件为封闭式,内部不易生锈,但与其他构件的连接和构造措施稍复杂。

4.6.1 实腹式轴心受压构件的截面设计

选择实腹式轴心受压构件截面时,首先应根据轴心压力的设计值和计算长度选择合适的截面形式,再初步确定截面尺寸,然后进行强度、整体稳定、局部稳定和刚度验算。具体步骤如下。

(1)假设构件的长细比 λ,求出需要的截面面积 A。一般假设 $\lambda = 50 \sim 100$,当压力大而计算长度小时取较小值,反之取较大值。根据 λ 和截面分类可查得稳定系数 φ,则需要的截面面积:

$$A = \frac{N}{\varphi f}$$

(2)计算两个主轴所需要的回转半径:

$$i_x = \frac{l_{0x}}{\lambda}$$

$$i_y = \frac{l_{0y}}{\lambda}$$

(3)根据截面面积 A 和两主轴的回转半径要求 i_x、i_y 优先选用轧制型钢,如 H 型钢、普通工字钢等。当型钢规格不能满足所需截面尺寸时,可采用组合截面,此时需初步定截面的轮廓尺寸,一般是根据回转半径由下式确定所需截面的高度 h 和宽度 b:

$$h \approx \frac{i_x}{\alpha_1}$$

$$b \approx \frac{i_y}{\alpha_2}$$

式中 α_1、α_2 为系数,表示 h、b 和回转半径 i_x、i_y 之间的近似数值关系,常用截面可由表 4-8 查得。例如由三块钢板组成的 H 形截面 $\alpha_1 = 0.43$,$\alpha_2 = 0.24$。

表 4-8　不同截面的 a_1、a_2 近似值

截面							
$i_x = \alpha_1 h$	$0.43h$	$0.38h$	$0.38h$	$0.40h$	$0.30h$	$0.28h$	$0.32h$
$i_y = \alpha_2 b$	$0.24b$	$0.44b$	$0.60b$	$0.40b$	$0.215b$	$0.24b$	$0.20b$

(4)由所需的 A、h 和 b 等,同时考虑构造要求、局部稳定以及钢材规格等,确定截面的初选尺寸。

(5)构件的强度、稳定和刚度验算。

①当截面有削弱时,需进行强度验算。

②整体稳定验算。

③局部稳定验算:轴心受压构件的局部稳定是以限制其组成板件的宽(高)厚比来保证。对于热轧型钢截面,由于其板件的宽厚比较小,一般能保证局部稳定。对于焊接组合截面,则

应对板件的宽(高)厚比进行验算。

　　④刚度验算:实腹式轴心受压构件的长细比应满足《钢结构设计标准》GB 50017 所规定的容许长细比要求。整体稳定验算时,需计算构件的长细比,因此刚度验算可与整体稳定验算同时进行。

4.6.2　实腹式轴心受压构件的构造要求

　　为了保证大型实腹式构件(H 形、箱形)截面几何形状不变,提高构件抗扭刚度,在受有较大的水平集中力处和每个运送单元的端部应设置横隔(图4-37),横隔的间距不得大于构件截面长边尺寸的 9 倍或 8 m。

　　H 形截面实腹式构件的横隔一般采用钢板,其横隔与翼缘同宽(图4-37(a)),箱形截面实腹式构件的横隔,有一边或两边不能预先焊接,可先焊两边或三边,装配后再在构件壁钻孔采用电渣焊焊接其他边(图4-38)。

（a）H形截面　　（b）箱形截面

图 4-37　实腹式构件横隔

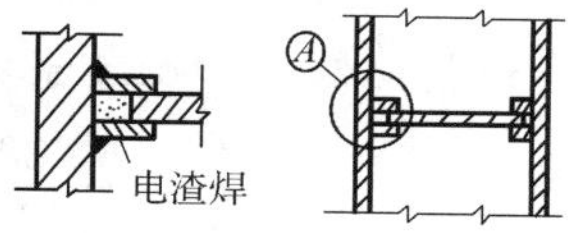

图 4-38　箱形截面横隔焊接方式

　　实腹式轴心受压构件翼缘与腹板连接焊缝受力很小,不必计算,可按构造要求确定焊缝尺寸。

　　[例题4-3]　图4-39(a)所示为一管道支架,其支柱承受的压力设计值 $N = 1\,450$ kN,柱两端铰接,钢材为 Q235,截面无孔眼削弱。试按下列情况确定支柱的截面尺寸:(1)采用普通轧制工字钢;(2)采用热轧 H 型钢;(2)采用焊接 H 形截面,翼缘板为焰切边。

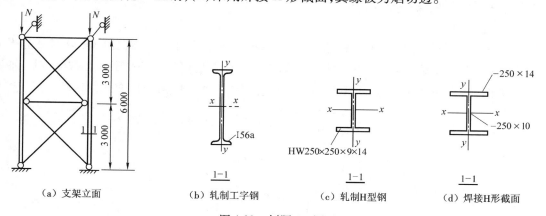

（a）支架立面　　　（b）轧制工字钢　　　（c）轧制H型钢　　　（d）焊接H形截面

图 4-39　例题 4-3 图

　　[解]

　　支柱在两个方向的计算长度不相等,故取如图4-39(b)所示的截面方向,强轴为 x 轴方向,弱轴为 y 轴方向。柱在两个方向的计算长度

$$l_{0x} = 6\,000 \text{ mm}$$

$$l_{0y} = 3\,000 \text{ mm}$$

1. 轧制工字钢(图 4-39(b))

1)试选截面

假定 $\lambda = 90$，对于轧制工字钢 $b/h \leqslant 0.8$，当绕 x 轴失稳时属于 a 类截面，查附表 4-1，$\varphi_x = 0.714$；绕 y 轴失稳时属于 b 类截面，查附表 4-2，$\varphi_y = 0.621$。所需的截面几何特性

$$A = \frac{N}{\varphi_{\min} f} = \frac{1\,450 \times 10^3}{0.621 \times 215} = 10\,860\,(\text{mm}^2)$$

$$i_x = \frac{l_{0x}}{\lambda} = \frac{6\,000}{90} = 66.7\,(\text{mm})$$

$$i_y = \frac{l_{0y}}{\lambda} = \frac{3\,000}{90} = 33.3\,(\text{mm})$$

由附表 7-1 中不可能选出同时满足 A、i_x 和 i_y 的工字钢，可适当考虑 A 和 i_y 进行选择。试选 I56a，$A = 135\,\text{cm}^2$，$i_x = 22.0\,\text{cm}$，$i_y = 3.18\,\text{cm}$。

2)截面验算

因截面无孔洞削弱，可不验算截面强度。又因轧制工字钢的翼缘和腹板均较厚，可不验算局部稳定，只需进行整体稳定和刚度验算

长细比 $\qquad \lambda_x = \dfrac{l_{0x}}{i_x} = \dfrac{6\,000}{220} = 27.3 < [\lambda] = 150$

$$\lambda_y = \frac{l_{0y}}{i_y} = \frac{3\,000}{31.8} = 94.3 < [\lambda] = 150$$

λ_y 远大于 λ_x，故由 λ_y 查附表 4-2，$\varphi = 0.592$，则

$$\frac{N}{\varphi A f} = \frac{1\,450 \times 10^3}{0.592 \times 135 \times 10^2 \times 205} = 0.89 < 1.0\,(\text{满足要求})$$

2. 热轧 H 型钢(图 4-39(c))

1)试选截面

由于热轧 H 型钢可以选用宽翼缘的形式，截面宽度较大，因此长细比的假设值可适当减小，假设 $\lambda = 60$。对宽翼缘 H 型钢，因 $b/h > 0.8$，Q235 钢，所以对 x 轴属于 b 类截面，对 y 轴属于 c 类截面，当 $\lambda = 60$ 时，查附表 4-2、附表 4-3，$\varphi_{\min} = 0.709$。所需的截面几何特性

$$A = \frac{N}{\varphi f} = \frac{1\,450 \times 10^3}{0.709 \times 215} = 9\,512\,(\text{mm}^2)$$

$$i_x = \frac{l_{0x}}{\lambda} = \frac{6\,000}{60} = 100\,(\text{mm})$$

$$i_y = \frac{l_{0y}}{\lambda} = \frac{3\,000}{60} = 50\,(\text{mm})$$

由附表 7-2 中试选 HW250 × 255 × 14 × 14，$A = 104.7\,\text{cm}^2$，$i_x = 10.5\,\text{cm}$，$i_y = 6.09\,\text{cm}$。

2)截面验算

因截面无孔洞削弱，可不验算强度。又因为是热轧型钢，亦可不验算局部稳定，只需进行整体稳定和刚度验算

$$\lambda_x = \frac{l_{0x}}{i_x} = \frac{6\,000}{105} = 57.1 < [\lambda] = 150$$

$$\lambda_y = \frac{l_{0y}}{i_y} = \frac{3\,000}{60.9} = 49.3 < [\lambda] = 150$$

查附表 4-2、附表 4-3，$\varphi_{\min} = 0.779$，则

$$\frac{N}{\varphi A f} = \frac{1\,450 \times 10^3}{0.779 \times 104.7 \times 10^2 \times 215} = 0.83(\text{N/mm}^2) < 1.0(\text{满足要求})$$

3. 焊接 H 形截面（图 4-39(d)）

1）试选截面

参照 H 型钢截面，初选截面如图 4-39(d) 所示，翼缘 2 – 250 × 14，腹板 1 – 250 × 10，截面几何特性

$$A = 2 \times 250 \times 14 + 250 \times 10 = 9\,500(\text{mm}^2)$$

$$I_x = \frac{1}{12}(250 \times 278^3 - 240 \times 250^3) = 135\,103\,167(\text{mm}^4)$$

$$I_y = 2 \times \frac{1}{12} \times 14 \times 250^3 = 36\,458\,333(\text{mm}^4)$$

$$i_x = \sqrt{\frac{I_x}{A}} = \sqrt{\frac{135\,103\,167}{9\,500}} = 119.3(\text{mm})$$

$$i_y = \sqrt{\frac{I_y}{A}} = \sqrt{\frac{36\,458\,333}{9\,500}} = 62.0(\text{mm})$$

2）整体稳定和长细比验算

长细比

$$\lambda_x = \frac{l_{0x}}{i_x} = \frac{6\,000}{119.3} = 50.3 < [\lambda] = 150$$

$$\lambda_y = \frac{l_{0y}}{i_y} = \frac{3\,000}{62.0} = 48.4 < [\lambda] = 150$$

因对 x 轴和 y 轴 φ 值均属 b 类，故由长细比的较大值查附表 4-2，$\varphi = 0.855$，则

$$\frac{N}{\varphi A f} = \frac{1\,450 \times 10^3}{0.855 \times 95 \times 10^2 \times 215} = 0.83 < 1.0(\text{满足要求})$$

3）局部稳定验算

翼缘

$$\frac{b_1}{t} = \frac{12.5 - 0.5}{1.4} = 8.6 < (10 + 0.1\lambda)\varepsilon_k = 15.0(\text{满足要求})$$

腹板

$$\frac{h_0}{t_w} = \frac{25}{1.0} = 25 < (25 + 0.5\lambda)\varepsilon_k = 50.2(\text{满足要求})$$

截面无孔洞削弱，不必验算强度。

4）构造设计

翼缘与腹板的连接焊缝：按表 3-1，最小焊脚尺寸 $h_f = 6$ mm；$h_f = 1.5\sqrt{t_2} = 1.5\sqrt{14} = 5.6$ mm；采用 $h_f = 6$ mm。

以上对支柱采用三种不同的截面形式进行了设计。由计算结果可知,轧制普通工字钢截面比热轧 H 型钢截面和焊接 H 形截面约大 30%,这是由于普通工字钢绕弱轴的回转半径过小。在本例题中,尽管弱轴方向的计算长度仅为强轴方向计算长度的 1/2,前者的长细比仍远大于后者,因而支柱的承载力由弱轴控制,对强轴则有较大富裕,这样不经济,若必须采用此种截面,宜再增加侧向支撑的数量。对于轧制 H 型钢和焊接 H 形截面构件,由于其两个方向的长细比非常接近,基本上做到了等稳定,用料经济。但焊接 H 形截面的焊接工作量大,在设计轴心受压实腹柱时宜优先选用 H 型钢。

[**例题 4-4**] 试设计一焊接箱形截面轴心受压构件。钢材为 Q235B,柱高 9 m,上端铰接,下端刚接。承受轴心压力永久荷载标准值 $N_{G_k} = 1\,200$ kN($\gamma_G = 1.3$),可变荷载标准值 $N_{Q_k} = 2\,400$ kN($\gamma_Q = 1.5$)。图 4-40(a)为构件简图,图 4-40(b)为截面尺寸。

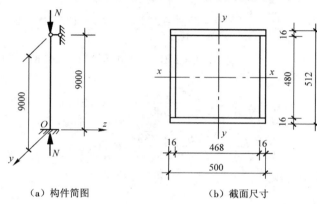

(a) 构件简图　　　　(b) 截面尺寸

图 4-40　例题 4-4 图

[**解**]

荷载设计值

$$N = 1.3N_{G_k} + 1.5N_{Q_k} = 1.3 \times 1\,200 + 1.5 \times 2\,400 = 5\,160(\text{kN})$$

构件计算长度

$$l_{0x} = l_{0y} = 0.8l = 0.8 \times 9 = 7.2(\text{m})$$

(1)试选截面

设 $\lambda_x = \lambda_y = 40$,则

$$i_x = \frac{l_{0x}}{\lambda_x} = \frac{7\,200}{40} = 180(\text{mm})$$

$$i_y = \frac{l_{0y}}{\lambda_y} = \frac{7\,200}{40} = 180(\text{mm})$$

根据表 4-5,对 x 轴和 y 轴都属 b 类截面(假设板件宽厚比 >20),查附表 4-2,$\varphi = 0.899$。所需的截面积

$$A = \frac{N}{\varphi f} = \frac{5\,160 \times 10^3}{0.899 \times 215} = 26\,696(\text{mm}^2)$$

由表 4-8 近似回转半径关系得构件截面的轮廓尺寸

$$b = \frac{i_y}{0.40} = \frac{180}{0.40} = 450(\text{mm})$$

$$h = \frac{i_x}{0.40} = \frac{180}{0.40} = 450(\text{mm})$$

根据所需的截面积 A 和截面大致轮廓尺寸 $b \times h$，初选截面如下

　　翼　缘　$2 - 16 \times 500$
　　腹　板　$2 - 16 \times 480$

所选翼缘和腹板的宽度都比要求的 b 和 h 大，目的是使板厚 $t \leqslant 16$ mm，否则 f 值将降低。

截面几何特性

截面积　$A = 2 \times 16(500 + 480) = 31\ 360(\text{mm}^2) > 26\ 800\ \text{mm}^2$

截面惯性矩　$I_x = \frac{1}{12}(500 \times 512^3 - 468 \times 480^3) = 1.279 \times 10^9(\text{mm}^4)$

$$I_y = \frac{1}{12}(512 \times 500^3 - 480 \times 468^3) = 1.233 \times 10^9(\text{mm}^4)$$

回转半径　　　　　　　　$i_x = \sqrt{\frac{I_x}{A}} = \sqrt{\frac{1.279 \times 10^9}{31\ 360}} = 202.0(\text{mm})$

$$i_y = \sqrt{\frac{I_y}{A}} = \sqrt{\frac{1.233 \times 10^9}{31\ 360}} = 198.3(\text{mm})$$

长细比　$\lambda_x = \frac{l_{0x}}{i_x} = \frac{7\ 200}{202.0} = 35.6 < [\lambda] = 150$

$$\lambda_y = \frac{l_{0y}}{i_y} = \frac{7\ 200}{198.3} = 36.3 < [\lambda] = 150$$

（2）截面验算

整体稳定

由 $\lambda = 36.3$，查附表 4-2，$\varphi = 0.913$。

$$\frac{N}{\varphi A f} = \frac{5\ 160 \times 10^3}{0.913 \times 31\ 360 \times 215} = 0.84 < 1.0(\text{满足要求})$$

因截面无削弱，不需进行强度验算。

局部稳定

　　腹板　　　$\frac{h_0}{t_w} = \frac{480}{16} = 30 < 40\varepsilon_k = 40(\text{满足要求})$

所选截面满足要求。

[例题 4-5]　钢屋架的上弦压杆，已知计算长度 $l_{0x} = 1\ 500$ mm，$l_{0y} = 3\ 000$ mm，承受轴心压力设计值 $N = 800$ kN。采用双角钢组成 T 形截面（图 4-41），节点板厚度为 12 mm，钢材为 Q235B。确定此上弦杆的截面尺寸。

[解]

（1）初选截面

双角钢截面不论对 x 轴和 y 轴，都属于 b 类截面。

假设　$\lambda = 45$

所需的截面回转半径　　　　$i_x \geqslant \frac{l_{0x}}{\lambda} = \frac{1\ 500}{45} = 33.3(\text{mm})$

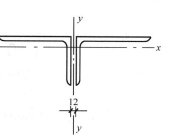

图 4-41　例题 4-5 图

$$i_y \geq \frac{l_{0y}}{\lambda} = \frac{3\,000}{45} = 66.7\,(\text{mm})$$

由 $\lambda = 45$，查附表 4-2，$\varphi = 0.878$。

所需的截面积 $\qquad A \geq \dfrac{N}{\varphi f} = \dfrac{800 \times 10^3}{0.878 \times 215} = 4\,238\,(\text{mm}^2)$

$i_y \approx 2i_x$，采用不等边角钢短肢相并(图 4-41)时，由附表 7-5，满足 $i_x = 33.3$ mm 的最小角钢截面为 $2 \llcorner 200 \times 125 \times 12$，$A = 7\,580$ mm²，远大于 $4\,238$ mm²，说明假设的长细比 $\lambda = 45$ 偏小。

重新假设 $\lambda = 60$，查附表 4-2，$\varphi = 0.807$。

所需的截面回转半径

$$i_x \geq \frac{1\,500}{60} = 25.0\,(\text{mm})$$

$$i_y \geq \frac{3\,000}{60} = 50.0\,(\text{mm})$$

所需的截面积

$$A \geq \frac{N}{\varphi f} = \frac{800 \times 10^3}{0.807 \times 215} = 4\,611\,(\text{mm}^2)$$

按所需的截面积和回转半径，由附表 7-5 选用不等边角钢截面 $2 \llcorner 140 \times 90 \times 12$，$A = 5\,280$ mm²、$i_x = 25.4$ mm 和 $i_y = 68.9$ mm，均满足要求。

(2)截面验算

$$\lambda_x = \frac{l_{0x}}{i_x} = \frac{1\,500}{25.4} = 59.1 < [\lambda] = 150$$

$$\lambda_y = \frac{l_{0y}}{i_y} = \frac{3\,000}{68.9} = 43.5 < [\lambda] = 150$$

不等边角钢短肢相并

$$\lambda_z = 3.7\frac{b_1}{t} = 3.7\frac{140}{12} = 43.2$$

$$\lambda_y = 43.5 > \lambda_z$$

$$\lambda_{yz} = \lambda_y \left[1 + 0.06\left(\frac{\lambda_z}{\lambda_y}\right)^2\right] = 69.2$$

$$\lambda_{yz} = \lambda_y = 43.5$$

由 $\lambda_{yz} = 69.2$ 查附表 4-2，$\varphi = 0.756$。

$\dfrac{N}{\varphi A f} = \dfrac{800 \times 10^3}{0.756 \times 52.80 \times 10^2 \times 215} = 0.93 < 1.0$，虽满足要求，但应力比较大，宜适当增大截面尺寸。

截面无削弱，不必验算强度。

4.7 格构式轴心受压构件的截面设计

格构式轴心受压构件一般采用2个分肢组成,例如采用2个槽钢(图4-42(a)、(b))或H型钢(图4-42(c))作为分肢,分肢间采用缀条或缀板连成整体。格构柱两肢间距离的确定以两个主轴的等稳定为原则。

在构件截面上穿过分肢腹板的轴为实轴,如图4-42(a)、(b)、(c)中的 y 轴;穿过两分肢之间缀件面的轴称为虚轴,如图4-42(a)、(b)、(c)中的 x 轴。

缀条一般采用单角钢制成,缀板通常采用钢板制成。

采用4个角钢组成的四肢格构式柱(图4-42(d))适用于长度较大而受力较小的构件,四面皆以缀件相连,两个主轴 x 轴和 y 轴均为虚轴。三面用缀件相连的三肢格构式构件(图4-42(e)),一般采用圆管作为分肢,受力性能较好,两个主轴亦均为虚轴。

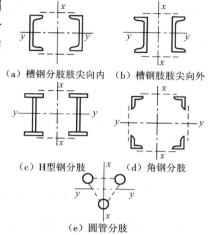

(a) 槽钢分肢肢尖向内 (b) 槽钢肢尖向外

(c) H型钢分肢 (d) 角钢分肢

(e) 圆管分肢

图4-42 格构式轴心受压构件

4.7.1 格构式轴心受压构件绕虚轴的换算长细比

格构式轴心受压构件绕实轴的整体稳定验算与实腹式轴心受压构件验算相同,但绕虚轴的整体稳定临界力比长细比相同的实腹式轴心受压构件低。

轴心受压构件整体弯曲后,沿构件各截面将产生弯矩和剪力。对实腹式轴心受压构件,剪力引起的附加变形很小,对临界力的影响只占3‰左右。因此,在确定实腹式轴心受压构件整体稳定临界力时,仅考虑由弯矩所产生的变形,忽略剪力所产生的变形。格构式轴心受压构件绕虚轴失稳时,因分肢之间并不是连续的板而只是每隔一定距离采用缀条或缀板连接,构件的剪切变形较大,剪力产生的影响不能忽略,通常采用换算长细比来考虑缀件剪切变形对格构式轴心受压构件绕虚轴的稳定承载力的降低。

1. 双肢格构式构件的换算长细比

1) 缀条式格构式构件

根据式(4-8),轴心受压构件的稳定临界力表达式:

$$N_{cr} = \frac{\pi^2 EA}{\lambda_x^2} \frac{1}{1 + \frac{\pi^2 EA}{\lambda_x^2}\gamma_1} = \frac{\pi^2 EA}{\lambda_{0x}^2} \quad (4\text{-}71)$$

式中:λ_{0x}——格构式构件绕虚轴的换算长细比;

γ_1——单位剪力作用下构件轴线的转角。

如图4-43(b)所示,在单位剪力作用下一侧缀件所受剪力 $V_1 = 1/2$。设一个节间内两侧斜缀条的面积之和为 A_1,其所受力 $N_d = 1/\sin \alpha$;斜缀条长 $l_d = l_1/\cos \alpha$,α 为斜缀条与柱轴线间的夹角,则

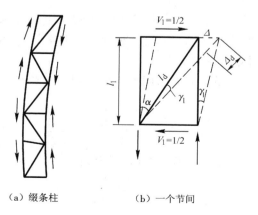

(a) 缀条柱 (b) 一个节间

图4-43 缀条柱剪切变形

斜缀条的轴向变形:

$$\Delta_d = \frac{N_d l_d}{EA_1} = \frac{l_1}{EA_1 \sin \alpha \cos \alpha}$$

假定变形和剪切角微小,则由 Δ_d 引起的水平变形:

$$\Delta = \frac{\Delta_d}{\sin \alpha} = \frac{l_1}{EA_1 \sin^2 \alpha \cos \alpha}$$

剪切角:

$$\gamma_1 = \frac{\Delta}{l_1} = \frac{1}{EA_1 \sin^2 \alpha \cos \alpha}$$

将 γ_1 代入式(4-71),则:

$$\lambda_{0x} = \sqrt{\lambda_x^2 + \frac{\pi^2}{\sin^2 \alpha \cos \alpha} \frac{A}{A_1}} \tag{4-72}$$

一般斜缀条与分肢轴线间的夹角在 $40° \sim 70°$ 之间,在此范围内 $\dfrac{\pi^2}{\sin^2 \alpha \cos \alpha}$ 的值变化不大,《钢结构设计标准》GB 50017 加以简化取为常数 27,由此得双肢缀条式格构式构件的换算长细比:

$$\lambda_{0x} = \sqrt{\lambda_x^2 + 27 \frac{A}{A_1}} \tag{4-73}$$

式中:λ_x——整个构件对虚轴的长细比;

A——整个构件的毛截面面积;

A_1——构件截面中垂直于 x 轴的所有缀条毛截面面积之和。

需要注意的是,当斜缀条与分肢轴线间的夹角不在 $40° \sim 70°$ 范围时,$\dfrac{\pi^2}{\sin^2 \alpha \cos \alpha}$ 值将比 27 大很多,式(4-73)偏于不安全,此时应按式(4-72)计算换算长细比 λ_{0x}。

2)缀板式格构式构件

缀板式格构构件中缀板与分肢的连接可视为刚接,因而分肢和缀板组成一个多层框架,假定变形时反弯点在各节间的中点(图 4-44(a))。若只考虑分肢和缀板在水平剪力作用下的弯曲变形,取计算单元如图 4-44(b)所示。

单位剪力作用下缀板弯曲引起的分肢变形:

$$\Delta_1 = \frac{l_1}{2} \theta_1 = \frac{l_1}{2} \frac{al_1}{12EI_b} = \frac{al_1^2}{24EI_b}$$

分肢自身弯曲时的变形:

$$\Delta_2 = \frac{l_1^3}{48EI_1}$$

由此得剪切角:

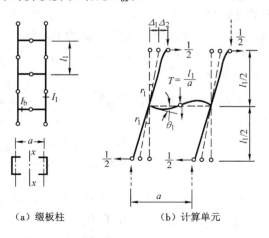

(a)缀板柱　　　　(b)计算单元

图 4-44　缀板柱剪切变形

$$\gamma_1 = \frac{\Delta_1 + \Delta_2}{0.5 l_1} = \frac{al_1}{12EI_b} + \frac{l_1^2}{24EI_1} = \frac{l_1^2}{24EI_1}\left(1 + 2\frac{I_1/l_1}{I_b/a}\right)$$

将 γ_1 值代入式(4-71)，并令 $K_1 = I_1/l_1$，$K_b = \sum I_b/a$，则：

$$\lambda_{0x} = \sqrt{\lambda_x + \frac{\pi^2 A l_1^2}{24 I_1}\left(1 + 2\frac{K_1}{K_b}\right)}$$

假设分肢截面面积 $A_1 = 0.5A$，$A_1 l_{01}^2/I_1 = \lambda_1^2$，则：

$$\lambda_{0x} = \sqrt{\lambda_x + \frac{\pi^2}{12}\left(1 + 2\frac{K_1}{K_b}\right)\lambda_1^2} \tag{4-74}$$

式中：λ_1——分肢对最小刚度轴 $1-1$ 的长细比，$\lambda_1 = l_{01}/i_1$，l_{01} 为相邻两缀板间的净距离（焊接时）或相邻两缀板边缘螺栓的距离（螺栓连接时），i_1 为分肢对 $1-1$ 轴的回转半径；

K_1——一个分肢的线刚度，$K_1 = I_1/l_1$，l_1 为缀板中心距，I_1 为分肢绕 $1-1$ 轴的惯性矩；

K_b——两侧缀板的线刚度之和，$K_b = \sum I_b/a$，I_b 为缀板的惯性矩，a 为分肢轴线间距离。

《钢结构设计标准》GB 50017 规定，同一截面处缀板线刚度之和 K_b 应大于 6 倍较大分肢的线刚度，即 $K_b/K_1 \geqslant 6$。若取 $K_b/K_1 = 6$，则式(4-74)中的 $\frac{\pi^2}{12}\left(1 + 2\frac{K_1}{K_b}\right) \approx 1$。因此双肢缀板构件的换算长细比：

$$\lambda_{0x} = \sqrt{\lambda_x^2 + \lambda_1^2} \tag{4-75}$$

若在某些特殊情况下无法满足 $K_b/K_1 \geqslant 6$ 的要求时，则换算长细比 λ_{0x} 应按式(4-74)计算。

2. 四肢格构式构件的换算长细比

当缀件为缀条时

$$\lambda_{0x} = \sqrt{\lambda_x^2 + 40\frac{A}{A_{1x}}} \tag{4-76a}$$

$$\lambda_{0y} = \sqrt{\lambda_y^2 + 40\frac{A}{A_{1y}}} \tag{4-76b}$$

当缀件为缀板时

$$\lambda_{0x} = \sqrt{\lambda_x^2 + \lambda_1^2} \tag{4-77a}$$

$$\lambda_{0y} = \sqrt{\lambda_y^2 + \lambda_1^2} \tag{4-77b}$$

式中：λ_x、λ_y——整个构件对 x、y 轴的长细比；

A_{1x}、A_{1y}——构件截面中垂直于 x、y 轴的所有斜缀条毛截面面积之和。

3. 三肢格构式构件的换算长细比

缀件为缀条的三肢组合构件

$$\lambda_{0x} = \sqrt{\lambda_x^2 + \frac{42A}{A_1(1.5 - \cos^2\theta)}} \tag{4-78a}$$

$$\lambda_{0y} = \sqrt{\lambda_y^2 + \frac{42A}{A_1\cos^2\theta}} \tag{4-78b}$$

式中：A_1——构件截面中所有斜缀条毛截面面积之和；

θ——构件截面中缀条所在平面与 x 轴的夹角。

4.7.2 格构式轴心受压构件的缀件设计

1.格构式轴心受压构件的计算剪力

格构式构件绕虚轴发生失稳弯曲时,缀件要承受水平剪力的作用。因此,需要首先计算水平剪力的数值,然后进行缀件的设计。

图 4-45 所示一两端铰接轴心受压构件,绕虚轴弯曲时,假定弯曲曲线为正弦曲线,长度中点最大变形为 v_0,则沿构件长度任一点的变形:

$$y = v_0 \sin \frac{\pi z}{l}$$

任一点的弯矩

$$M = Ny = Nv_0 \sin \frac{\pi z}{l}$$

相应的剪力

$$V = \frac{\mathrm{d}M}{\mathrm{d}z} = N \frac{\pi v_0}{l} \cos \frac{\pi z}{l}$$

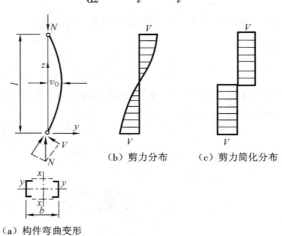

(b) 剪力分布　　(c) 剪力简化分布

(a) 构件弯曲变形

图 4-45　剪力分布图

可见剪力按余弦曲线分布(图 4-45(b)),最大值在构件的两端,即:

$$V_{\max} = \frac{N\pi}{l} v_0 \tag{4-79}$$

构件长度中点的变形 v_0 可由边缘纤维屈服准则导出。当截面边缘最大应力达到屈服强度时:

$$\frac{N}{A} + \frac{Nv_0}{I_x} \frac{b}{2} = f_y$$

即

$$\frac{N}{Af_y}\left(1 + \frac{v_0}{i_x^2} \frac{b}{2}\right) = 1$$

上式中令 $\dfrac{N}{Af_y} = \varphi$，并取 $b \approx i_x/0.44$，则：

$$v_0 = 0.88 i_x (1 - \varphi) \frac{1}{\varphi}$$

将 v_0 代入式(4-79)，则：

$$V_{max} = \frac{0.88\pi(1-\varphi)}{\lambda_x} \frac{N}{\varphi} = \frac{1}{k'} \frac{N}{\varphi}$$

式中：$k' = \dfrac{\lambda_x}{0.88\pi(1-\varphi)}$。

经过对双肢格构式构件的计算分析，在常用的长细比范围内，k' 值与长细比 λ_x 的关系不大，可取为常数，对 Q235 钢构件，取 $k = 85$；对 Q345、Q355、Q390、Q420 和 Q460 钢构件，取 $k \approx 85\varepsilon_k$。

因此格构式轴心受压构件平行于缀件面的水平剪力：

$$V_{max} = \frac{N}{85\varphi} \frac{1}{\varepsilon_k}$$

式中：φ——按虚轴换算长细比确定的稳定系数。

令 $N = \varphi Af$，即得最大剪力的计算式：

$$V = \frac{Af}{85} \frac{1}{\varepsilon_k} \tag{4-80}$$

在设计中，假设剪力 V 沿构件长度不变，相当于简化为图 4-45(c)所示的剪力分布。

2. 缀条的设计

缀条的布置一般采用单系缀条(图 4-46(a))，也可采用交叉缀条(图 4-46(b))。缀条可视为以分肢为弦杆的平行弦桁架腹杆，受力与桁架腹杆的计算方法相同。在剪力作用下一个斜缀条的轴力：

$$N_1 = \frac{V_1}{n\cos\theta} \tag{4-81}$$

式中：V_1——一个缀条面的剪力；

n——承受剪力 V_1 的斜缀条数量，单系缀条时 $n=1$；交叉缀条时 $n=2$；

θ——缀条的倾角。

由于剪力的方向不确定，斜缀条可能受拉也可能受压，应按轴心受压构件设计其截面。

缀条一般采用单角钢，与分肢单面连接，考虑其受力的偏心和失稳时的弯扭，当按轴心受压构件设计时，应将钢材强度设计值乘以下列折减系数 η：

(1)按轴心受力构件计算截面强度时：$\eta = 0.85$。

(2)按轴心受压构件计算稳定时：

等边角钢　　$\eta = 0.6 + 0.0015\lambda$，但不大于 1.0；

短边相连的不等边角钢　　$\eta = 0.5 + 0.0025\lambda$，但不大于 1.0；

长边相连的不等边角钢　　$\eta = 0.70$。

式中：λ——缀条的长细比，对中间无联系的单角钢，按最小回转半径计算，当 $\lambda < 20$ 时取 $\lambda = 20$。

交叉缀条体系的横缀条按承受压力 $N = V_1$ 计算。为了减小分肢的计算长度，单系缀条也可设置横缀条,其截面尺寸一般与斜缀条相同,也可按长细比容许值确定。

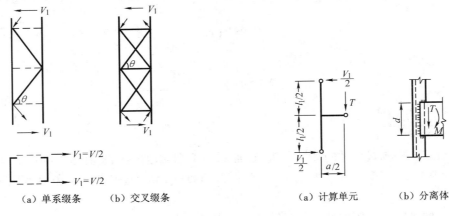

(a) 单系缀条	(b) 交叉缀条

图 4-46　缀条计算简图

(a) 计算单元	(b) 分离体

图 4-47　缀板计算简图

3.缀板的设计

缀板式格构构件可视为一多层框架。框架弯曲变形时,假定各层分肢中点和缀板中点为反弯点(图 4-47(a))。从构件中取出如图 4-47(b)所示分离体,可得缀板受力如下:

剪力

$$T = \frac{V_1 l_1}{a} \tag{4-82}$$

弯矩(与肢件连接处)

$$M = T\frac{a}{2} = \frac{V_1 l_1}{2} \tag{4-83}$$

式中:l_1——缀板中心线间的距离;

$\quad a$——分肢轴线间的距离。

缀板与分肢间采用角焊缝连接,角焊缝承受剪力 V 和弯矩 M,需验算焊缝强度是否满足要求。

缀板应有一定的刚度,同一截面处两侧缀板线刚度之和不得小于较大分肢线刚度的 6 倍。

一般取缀板宽度 $d \geqslant 2a/3$(图 4-47(b));厚度 $t \geqslant a/40$,并不小于 6 mm;端缀板宜适当加宽,取 $d = a$。

4.7.3　格构式构件的构造要求

格构式构件截面中部空心,同实腹式构件相比抗扭刚度较差。为了提高格构式构件的抗扭刚度,保证构件在运输和安装过程中截面形状不变,应设置横隔。(1)每个运输单元的端部应设置横隔;(2)构件受有较大水平集中力处应设置横隔,以免分肢局部受弯;(3)横隔的间距不宜大于构件截面长边尺寸的 9 倍或 8 m;(4)横隔可用钢板(图 4-48(a))或交叉角钢(图 4-48(b))制作。

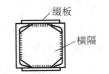

(a) 钢板横隔

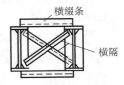

(b) 角钢横隔

图 4-48　格构式
构件横隔形式

4.7.4　格构式轴心受压构件的截面设计步骤

格构式轴心受压构件的设计需首先选择分肢截面和缀件的形式,两分肢距离较大时宜采用缀条柱,斜缀条与分肢轴线间的夹角应为 $40° \sim 70°$。

(1)按对实轴(y 轴)的整体稳定选择构件的截面,方法与实腹式构件相同。

(2)按对虚轴(x 轴)的整体稳定确定两分肢的距离。

为了满足等稳定性,应使两方向的长细比相等,即 $\lambda_{0x} = \lambda_y \leqslant [\lambda]$。

双肢缀条柱

$$\lambda_{0x} = \sqrt{\lambda_x^2 + 27 \frac{A}{A_1}} = \lambda_y$$

即

$$\lambda_x = \sqrt{\lambda_y^2 - 27 \frac{A}{A_1}} \qquad (4\text{-}84)$$

双肢缀板柱

$$\lambda_{0x} = \sqrt{\lambda_x^2 + \lambda_1^2} = \lambda_y$$

即

$$\lambda_x = \sqrt{\lambda_y^2 - \lambda_1^2} \qquad (4\text{-}85)$$

缀条式构件应首先确定斜缀条的面积 A_1,缀板式构件应首先假设分肢长细比 λ_1。按式(4-84)或式(4-85)计算得到 λ_x 后,即可得到对虚轴的回转半径:

$$i_x = l_{0x} / \lambda_x$$

根据表 4-8,可得构件在缀材方向的宽度 $b \approx i_x / \alpha_1$,亦可由已知截面的几何特性直接计算构件的宽度 b。

(3)验算构件对虚轴的整体稳定,不满足时应调整构件宽度 b 再进行验算。

(4)设计缀条或缀板(包括与分肢的连接)。

进行以上计算时应满足下列条件:

(1)缀条柱的分肢长细比 $\lambda_1 = l_1/i_1$ 不应大于构件两方向长细比(虚轴取换算长细比)较大值的 0.7 倍,否则分肢可能先于整体构件失稳;

(2)缀板柱的分肢长细比 $\lambda_1 = l_{01}/i_1$ 不应大于 $40\varepsilon_k$,并不应大于构件较大长细比 λ_{max} 的 0.5 倍,当 $\lambda_{max} < 50$ 时取 $\lambda_{max} = 50$,亦是为了保证分肢不先于整体构件失稳。

填板连接而成的双角钢或双槽钢构件,采用普通螺栓连接时应按格构式构件进行计算;除此之外,可按实腹式构件进行计算,但受压构件填板间的距离不应超过 $40i$,受拉构件填板间的距离不应超过 $80i$。i 为单肢截面回转半径,应按下列规定采用:

(1)当为图 4-49(a)、(b)所示的双角钢或双槽钢截面时,取一个角钢或一个槽钢对与填板平行的形心轴的回转半径;

(2)当为图 4-49(c)所示的十字形截面时,取一个角钢的最小回转半径。

受压构件两个侧向支承点之间的填板数量不应少于 2 个。

（a）T形双角钢截面　　　（b）双槽钢截面　　　（c）十字形双角钢截面

图 4-49　回转半径形心轴示意图

[**例题 4-6**]　设计一格构式轴心受压柱的截面,柱肢采用两热轧槽钢,翼缘肢尖向内。柱高 6 m,两端铰接,承受压力设计值 $N = 1\ 200$ kN(静力荷载,包括柱自重)。钢材为 Q235,手工焊,焊条为 E43 型,截面无削弱。缀件采用缀板。

[**解**]

已知 $N = 1\ 200$ kN;两端铰接,$l_{0x} = l_{0y} = l = 6$ m;钢材为 Q235,假设 $t \leqslant 16$ mm 则 $f = 215$ N/mm^2,$f_v = 125$ N/mm^2;E43 型焊条,$f_f^w = 160$ N/mm^2。

（1）按绕实轴(y 轴)的稳定要求,确定分肢截面尺寸（图 4-50）

假设 $\lambda_y = 60$,查附表 4-2,$\varphi = 0.807$。

所需的截面面积 $A = \dfrac{N}{\varphi f} = \dfrac{1\ 200 \times 10^3}{0.807 \times 215} = 6\ 916(\text{mm}^2)$

所需的回转半径 $i_y = \dfrac{l_{0y}}{\lambda_y} = \dfrac{6\ 000}{60} = 100(\text{mm})$

已知分肢采用两槽钢翼缘向内,由附表 7-3 中试选 2[28a,$A = 2 \times 4\ 002 = 8\ 004$ mm^2,$i_y = 109.0$ mm。其他截面几何特性:$i_1 = 23.3$ mm,$z_0 = 20.9$ mm,$I_1 = 2.179 \times 10^6$ mm^4。

验算对实轴的整体稳定

$$\lambda_y = \frac{l_{0y}}{i_y} = \frac{6\ 000}{109.0} = 55.0 < [\lambda] = 150$$

查附表 4-2,$\varphi = 0.833$,则

$$\frac{N}{\varphi A f} = \frac{1\ 200 \times 10^3}{0.833 \times 8\ 004 \times 215} = 0.84 < 1.0(\text{满足要求})$$

（2）按绕虚轴(x 轴)稳定确定分肢轴线间距 a（图 4-50）

按等稳定原则 $\lambda_{0x} = \lambda_y$,计算 λ_x 和 i_x。

$\lambda_y = 55.0$,分肢长细比 $\lambda_1 \leqslant 40\varepsilon_k = 40$ 和 $\lambda_1 \leqslant 0.5\lambda_{\max} = 0.5 \times 55 = 27.5$,取 $\lambda_1 = 25$。

$$\lambda_x = \sqrt{\lambda_y^2 - \lambda_1^2} = \sqrt{55.0^2 - 25^2} = 49.0$$

$$i_x = \frac{l_{0x}}{\lambda_x} = \frac{6\ 000}{49.0} = 122.4(\text{mm})$$

$$a = 2\sqrt{i_x^2 - i_1^2} = 2\sqrt{122.4^2 - 23.3^2} = 240.3(\text{mm})$$

$$b = a + 2z_0 = 240.3 + 2 \times 20.9 = 282.1(\text{mm})$$

采用 $b = 290$ mm,实际 $a = 290 - 2 \times 20.9 = 248.2$ mm。

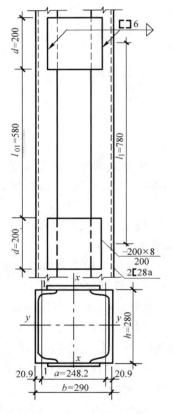

图 4-50　例题 4-6 图

两槽钢翼缘间净距 $= 290 - 2 \times 82 = 126 \ \text{mm} > 100 \ \text{mm}$

验算对虚轴的整体稳定

缀板间净距 $l_{01} = \lambda_1 i_1 = 25 \times 23.3 = 582.5 (\text{mm})$，采用 580 mm。

$$\lambda_1 = \frac{580}{23.3} = 24.9$$

$$i_x = \sqrt{\left(\frac{a}{2}\right)^2 + i_1^2} = \sqrt{\left(\frac{248.2}{2}\right)^2 + 23.3^2} = 126.3 (\text{mm})$$

$$\lambda_x = \frac{6\ 000}{126.3} = 47.5$$

$$\lambda_{0x} = \sqrt{\lambda_x^2 + \lambda_1^2} = \sqrt{47.5^2 + 24.9^2} = 53.6 < [\lambda] = 150$$

根据 λ_{0x}，查附表 4-2，$\varphi = 0.840$，则

$$\frac{N}{\varphi A f} = \frac{1\ 200 \times 10^3}{0.840 \times 8\ 004 \times 215} = 0.83 < 1.0 (\text{满足要求})$$

$$\lambda_{\max} = 55.0, \lambda_1 = 24.9 < 0.5\lambda_{\max} = 27.5 (\text{单肢整体稳定满足要求})$$

单肢采用型钢，不必验算其局部稳定。

（3）缀板设计

计算剪力

$$V = \frac{Af}{85} \frac{1}{\varepsilon_k} = \frac{8\ 004 \times 215}{85} \times 1.0 = 20.2 \times 10^3 (\text{N}) = 20.2 (\text{kN})$$

每侧缀板剪力 $V_1 = \frac{V}{2} = \frac{20.2}{2} = 10.1 (\text{kN})$

①初选缀板尺寸

纵向高度 $d \geqslant \frac{2}{3} a = \frac{2}{3} \times 248.2 = 165.5 (\text{mm})$

厚度 $t_b \geqslant \frac{a}{40} = \frac{248.2}{40} = 6.2 (\text{mm})$，取缀板为 -8×200。

相邻缀板中心距 $l_1 = l_{01} + d = 580 + 200 = 780 (\text{mm})$

缀板线刚度之和与分肢线刚度比值

$$\frac{\dfrac{\sum I_b}{a}}{\dfrac{I_1}{l_1}} = \frac{\dfrac{2 \times 8 \times 200^3/12}{248.2}}{\dfrac{2.179 \times 10^6}{780}} = 15.4 > 6 (\text{满足要求})$$

②验算缀板强度

弯矩 $\qquad M_b = \dfrac{V_1 l_1}{2} = \dfrac{10.1 \times 780}{2} = 3\ 939 (\text{kN} \cdot \text{mm})$

剪力 $\qquad V_b = \dfrac{V_1 l_1}{a} = 10.1 \times \dfrac{780}{248.2} = 31.7 (\text{kN})$

$$\sigma = \frac{6M_b}{t_b d^2} = \frac{6 \times 3\ 939 \times 10^3}{8 \times 200^2} = 73.9 (\text{N/mm}^2) < f = 215 \ \text{N/mm}^2 (\text{满足要求})$$

$$\tau = 1.5 \frac{V_b}{t_b d} = 1.5 \times \frac{31.7 \times 10^3}{8 \times 200} = 29.7 (\text{N/mm}^2) < f_v = 125 \ \text{N/mm}^2 (\text{满足要求})$$

③缀板焊缝计算

采用三面围焊。计算时偏于安全地只取端部纵向焊缝，l_w 取 200 mm，确定焊脚尺寸 h_f。

$$\sqrt{\left(\frac{1}{\beta_f}\frac{M_b}{W_w}\right)^2+\left(\frac{V_b}{A_w}\right)^2}=\sqrt{\frac{1}{1.5}\left(\frac{6M_b}{0.7h_fd^2}\right)^2+\left(\frac{V_b}{0.7h_fd}\right)^2}$$

$$=\sqrt{\frac{1}{1.5}\left(\frac{6\times3\,939\times10^3}{0.7h_f\times200^2}\right)^2+\left(\frac{31.7\times10^3}{0.7h_f\times200}\right)^2}$$

$$=\frac{725.4}{h_f}(\text{N/mm}^2)\leqslant f_f^w=160\text{ N/mm}^2$$

$$h_f\geqslant4.5\text{ mm}$$

根据表 3-1，最小 $h_f=6$ mm

$$h_f=1.5\sqrt{t_2}=1.5\sqrt{12.5}=5.8(\text{mm})$$

最大　$h_f=8-(1\sim2)=7\sim6(\text{mm})$

取 $h_f=6$ mm。

(4)横隔

采用钢板式横隔，厚 8 mm，与缀板配合设置。间距 $\leqslant9h=2.61$ m 和 8 m；柱高 6 m，柱端有柱头和柱脚，中间三分点处设两道横隔。

[**例题 4-7**]　同例题 4-6，但缀件采用缀条。

[**解**]

(1)按绕实轴(y 轴)稳定条件选择槽钢尺寸

同例题 4-6，选用 2[28a(图 4-51)，$\lambda_y=55.0$。

(2)按绕虚轴(x 轴)稳定条件确定截面高度 b

柱所受力 N 不大，缀条采用最小角钢，取∟45×5。两缀条面内斜缀条毛截面面积之和 $A_{1x}=2\times429=858(\text{mm}^2)$。

按等稳定原则 $\lambda_{0x}=\lambda_y$，则

$$\lambda_x=\sqrt{\lambda_y^2-27\frac{A}{A_{1x}}}=\sqrt{55.0^2-27\times\frac{8\,004}{858}}=52.7$$

$$i_x=\frac{l_{0x}}{\lambda_x}=\frac{6\,000}{52.7}=113.9(\text{mm})$$

$$a=2\sqrt{i_x^2-i_1^2}=2\sqrt{113.9^2-23.3^2}=223.0(\text{mm})$$

$$b=a+2z_0=223.0+2\times20.9=264.8(\text{mm})$$

采用 $b=270$ mm，实际 $a=270-2\times20.9=228.2(\text{mm})$。

两槽钢翼缘间净距 $=270-2\times82=106(\text{mm})>100$ mm

验算对虚轴的整体稳定

$$i_x=\sqrt{\left(\frac{a}{2}\right)^2+i_1^2}=\sqrt{\left(\frac{228.2}{2}\right)^2+23.3^2}=116.5(\text{mm})$$

$$\lambda_x=\frac{l_{0x}}{i_x}=\frac{6\,000}{116.5}=51.5$$

$$\lambda_{0x}=\sqrt{\lambda_x^2+27\frac{A}{A_{1x}}}=\sqrt{51.5^2+27\times\frac{8\,004}{858}}=53.9<[\lambda]=150$$

查附表 4-2,$\varphi = 0.838$。

$$\frac{N}{\varphi A f} = \frac{1\ 200 \times 10^3}{0.838 \times 8\ 004 \times 215} = 0.83 < 1.0(满足要求)$$

$$\lambda_{max} = \lambda_y = 55.0, \lambda_1 \leqslant 0.7\lambda_{max} = 38.5,分肢稳定满足要求。$$

$$l_{01} = \lambda_1 i_1 = 38.5 \times 23.3 = 897(mm)$$

如采用人字式单斜杆缀条件系,$\theta = 40°$,交汇于分肢槽钢边线,则

$$l_{01} = 2 \times \frac{b}{\tan \theta} = 2 \times \frac{270}{\tan 40°} = 644(mm),采用 l_{01} = 600\ mm。$$

$$\theta = \arctan \frac{270}{600/2} = 42°(满足要求)$$

槽钢为轧制型钢,无须验算其局部稳定。

（3）缀条设计

柱的剪力同例题 4-6,$V = 20.2\ kN,V_1 = 10.1\ kN$。

缀条尺寸已初步确定∟$45 \times 5,A_{d1} = 429\ mm^2,i_{min} = 8.8\ mm$。

采用人字形单缀条件系,$\theta = 42°$,分肢 $l_{01} = 600\ mm$。

斜缀条长度　$l_d = \frac{270}{\sin 42°} = 403.5(mm)$

①缀条受力和稳定验算

一根缀条受力 $N_{d1} = \frac{V_1}{\sin \theta} = \frac{10.1}{\sin 42°} = 15.1(kN)$

缀条　$\lambda_1 = \frac{l_d}{i_{min}} = \frac{403.5}{8.8} = 45.9 < [\lambda] = 150$

查附表 4-2,$\varphi = 0.874$。

单面连接等边单角钢按轴心受压构件计算整体稳定时,强度设计值折减系数

$$\eta = 0.6 + 0.001\ 5\lambda = 0.6 + 0.001\ 5 \times 45.9 = 0.669$$

$$\frac{N_{d1}}{\varphi A(\eta f)} = \frac{15.1 \times 10^3}{0.874 \times 429 \times (0.669 \times 215)} = 0.28 < 1.0(满足要求)$$

②缀条连接

单面连接单角钢按轴心受力计算连接强度时,强度设计值折减系数 $\eta = 0.85$。

缀条焊缝采用角焊缝,肢背

$$h_{f1} l_{w1} = \frac{0.7 N_{d1}}{0.7 \times 0.85 f_f^w} = \frac{0.7 \times 15.1 \times 10^3}{0.7 \times 0.85 \times 160} = 111.0(mm^2)$$

按照构造要求,肢背和肢尖焊缝均采用 5-50,计算值 $h_f l_w = 5 \times 40 = 200(mm^2) > 111.0\ mm^2$。

（4）横隔

柱截面最大宽度为 280 mm,横隔间距≤$9 \times 0.28 = 2.52\ m$ 和 8 m。柱高 6 m,上、下两端柱头、柱脚处以及中间三分点处设置钢板横隔,与斜缀条节点配合设置。

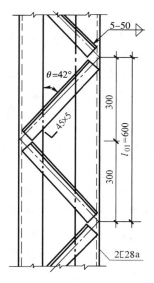

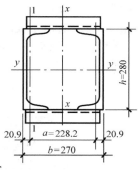

图 4-51　例题 4-7 图

4.8 轴心受压柱的柱头和柱脚设计

柱头为柱顶与梁连接的部分,其作用是将上部结构的荷载传到柱身,梁与柱连接节点设计必须遵循传力可靠、构造简单和便于安装的原则。柱脚为柱下端与基础连接的部分,柱脚的作用是将柱身所受的力传递和分布给基础,并将柱固定于基础。

4.8.1 轴心受压柱的柱头设计

梁与轴心受压柱铰接时,梁可支承于柱顶(图 4-52(a)、(b)、(c)),亦可连于柱的侧面(图 4-52(d)、(e))。梁支承于柱顶时,梁的支座反力通过柱顶板传给柱身。顶板与柱采用焊缝连接。为了便于安装定位,梁与柱顶板采用普通螺栓连接。图 4-52(a)的构造方式,将梁的反力通过支承加劲肋直接传给柱的翼缘,两相邻梁之间留一空隙,以便于安装,最后采用夹板和构造螺栓连接;这种连接方式构造简单,对梁长度尺寸的要求不高;缺点是当柱顶两侧梁的支座力不等时将使柱偏心受压。图 4-52(b)的构造方式,梁的反力通过端部突缘支座传至柱的轴线附近,因此即使两相邻梁的支座反力不等,柱仍接近轴心受压;梁端突缘支座的底面应刨平顶紧于柱顶板;由于梁的反力大部分传给柱的腹板,因而腹板不能太薄且必须设置加劲肋加强。两相邻梁间可留一定空隙,安装时嵌入合适尺寸的填板并采用普通螺栓连接。对于格构式柱(图 4-52(c)),为了保证传力均匀并托住顶板,应在两柱肢之间设置竖向隔板。

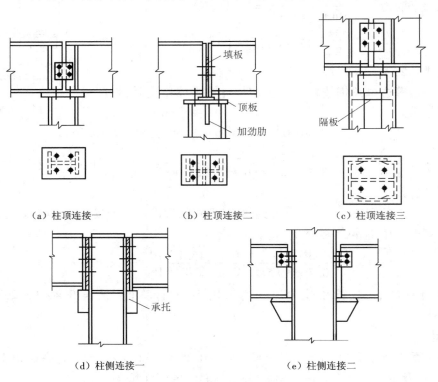

(a)柱顶连接一　　　　(b)柱顶连接二　　　　(c)柱顶连接三

(d)柱侧连接一　　　　　　(e)柱侧连接二

图 4-52　梁与柱铰接连接

对多层框架的中间梁柱连接,梁只能与柱侧相连。图 4-52(d)、(e)是梁连接于柱侧面的铰接构造。梁的反力由突缘支座传给承托，承托可采用厚钢板制成（图 4-52(d)），也可采用 T 形牛腿（图 4-52(e)），承托与柱翼缘间采用角焊缝连接。采用厚钢板的承托适用于承受较大的压力，但制作与安装的精度要求较高。承托端面须刨平并与梁的突缘支座顶紧以便直接传递压力。考虑荷载偏心的不利影响，承托与柱的连接焊缝强度按梁支座反力的 1.25 倍计算。为方便安装，梁端与柱间应留空隙加填板并设置构造螺栓。当两侧梁的支座反力相差较大时，应考虑偏心影响按压弯构件设计。

4.8.2 轴心受压柱的柱脚设计

1. 钢结构柱脚类型及适用范围

柱脚是钢结构的重要节点，其作用是将柱端的轴力、剪力和弯矩传递给基础。

柱脚按其位置分为外露式、外包式、埋入式柱脚和插入式四种类型；按其形式分整体式和分离式柱脚两种形式；按其受力情况分为铰接柱脚和刚接柱脚。外露式柱脚与基础的连接分为铰接和刚接，外包式、埋入式和插入式柱脚与基础的连接均为刚接。

轻型钢结构房屋和重工业厂房中采用外露式柱脚和插入式柱脚较多，高层钢结构一般采用外包式和埋入式柱脚。

2. 钢结构柱脚的基本设计要求

（1）柱脚构造应符合计算假定，传力可靠，减少应力集中，且便于制作、运输和安装。

（2）柱脚钢材牌号不应低于下段柱的钢材牌号。构造加劲肋可采用 Q235B 钢。对于承受拉力的柱脚底板，当钢板厚度不小于 40 mm 时，应选用厚度性能等级 Z15 的钢板。

（3）柱脚的靴梁、肋板和隔板应对称布置。

（4）柱脚承载力设计值应不小于下段柱承载力设计值。

（5）柱脚的焊缝承载力应不小于柱脚承载力。

3. 轴心受压柱柱脚设计

轴心受压柱的柱脚主要传递轴心压力，与基础一般采用铰接（图 4-53）。铰接柱脚通常仅按承受轴压力设计，轴压力 N 一部分由柱身传递给靴梁、肋板等，再传递给底板，最后传递给基础；另一部分是经柱身与底板间的连接焊缝传递给底板，再传给基础。

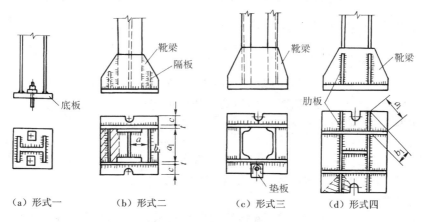

（a）形式一　　　（b）形式二　　　（c）形式三　　　（d）形式四

图 4-53 平板式铰接柱脚

图 4-53 是几种常用的平板式铰接柱脚。由于基础混凝土强度远低于钢材强度,所以必须把柱的底部设置底板以增加其与基础顶部的接触面积。图 4-53(a)是一种最简单的柱脚形式,在柱下端仅焊一块底板,柱中压力由焊缝传到底板,再传给基础;这种柱脚只适用于小型柱,否则底板过厚。一般的铰接柱脚通常采用图 4-53(b)、(c)、(d)的形式,在柱端部与底板之间增设一些中间传力部件,如靴梁、隔板和肋板等,以增加柱与底板的连接焊缝长度,并将底板分隔成若干区格,使区格底板的弯矩减小,厚度减小。图(b)中,靴梁焊于柱的两侧,在靴梁之间采用隔板加强,以减小底板的弯矩,并提高靴梁的稳定性。图(c)是格构式柱的柱脚构造。图(d)中,在靴梁外侧设置肋板。底板设计成正方形或接近正方形。

布置柱脚的连接焊缝时,应考虑施焊的方便与可能。如图 4-53(b)隔板的里侧,图 4-53(c)、(d)中靴梁中间部分的里侧,都不宜布置焊缝。

柱脚底板通过锚栓固定于基础,虽然锚栓的直径不是计算确定,但考虑到安装阶段的稳定和构造的需要,锚栓数量为 2 个或 4 个,其直径 d 不应小于 24 mm,埋入基础内深度不宜小于 $25d$,钢材质量等级可为 Q235B 或 Q345B。为安装方便,底板开孔直径为 $1.5d$,柱在安装调整至设计位置后锚栓再套上垫板并与底板焊接,垫板的厚度为 $(0.4 \sim 0.5)d$,一般不小于 20 mm,垫板孔径 $d_0 = d + 2$ mm,并采用双螺母。

铰接柱脚的剪力通常由底板与混凝土基础表面的摩擦力(摩擦系数为 0.4)传递。当柱脚承受的水平剪力大于摩擦力时,应在柱脚底板下面设置抗剪键(图 4-54),抗剪键可采用钢板或 H 型钢制作。

1)底板尺寸

(1)底板平面尺寸

底板的平面尺寸决定于基础混凝土的轴心抗压强度值,底板与基础之间的压应力可近似为均匀分布,因此所需要的底板净面积 A_n 应按下式确定:

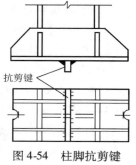

图 4-54 柱脚抗剪键

$$A_n \geqslant \frac{N}{f_c} \tag{4-86}$$

式中: f_c ——基础混凝土的轴心抗压强度设计值,可考虑基础混凝土局部承压的强度提高系数 β_1。

根据构造要求确定底板宽度(图 4-53(b)):

$$B = a_1 + 2t + 2c \tag{4-87}$$

式中: a_1 ——柱截面高度;

t ——靴梁厚度,一般同柱翼缘厚度,且不小于 10 mm;

c ——底板伸出靴梁外的宽度,一般取 20 ~ 30 mm。

确定了底板宽度,则长度:

$$L = \frac{A_n}{B} \tag{4-88}$$

底板长度 L 不应大于 2 倍宽度 B,并尽量设计成方形。

(2)底板厚度

底板的厚度由其抗弯强度决定。底板可视为一支承在靴梁、隔板和柱端的平板,其承受基础传来的均匀反力。靴梁、肋板、隔板和柱端面均可视为底板的支承边,并将底板分隔成不同的区格支承板,其中有四边支承、三边支承、两相邻边支承和一边支承板等。在均匀分布的基础反力作用下,各区格板单位宽度的最大弯矩计算如下。

①四边支承板:

$$M = \alpha q a^2 \tag{4-89}$$

式中:q——作用于底板的压应力,$q = N/A_n$;

　　　a——四边支承板的短边长度;

　　　b——四边支承板的长边长度;

　　　α——系数,根据长边与短边之比 b/a 按表4-9采用。

表 4-9　α 值

b/a	1.0	1.1	1.2	1.3	1.4	1.5	1.6	1.7	1.8	1.9	2.0	2.0	≥2.0
α	0.0479	0.0553	0.0626	0.0693	0.0753	0.0812	0.0862	0.0908	0.0948	0.0985	0.1011	0.1190	0.1250

②三边支承板和两相邻边支承板:

$$M = \beta q a_1^2 \tag{4-91}$$

式中:a_1——三边支承板的自由边长度,两相邻边支承板的对角线长度(图4-53(b)、(d));

　　　b_1——三边支承板垂直于自由边的宽度,两相邻边支承板内角顶点至对角线的垂直距离(图4-53(b)、(d));

　　　β——系数,根据 b_1/a_1 值按表4-10采用。

表 4-10　β 值

b_1/a_1	0.30	0.35	0.40	0.45	0.50	0.55	0.60	0.65	0.70	0.75	0.80
β	0.0273	0.0355	0.0439	0.0522	0.0602	0.0677	0.0747	0.0812	0.0871	0.0924	0.0972
b_1/a_1	0.85	0.90	0.95	1.00	1.10	1.20	1.30	1.40	1.50	1.75	2.00
β	0.1015	0.1053	0.1087	0.1117	0.1167	0.1205	0.1235	0.1258	0.1275	0.1302	0.1316

当三边支承板的 $b_1/a_1 < 0.3$ 时,可按悬伸长度为 b_1 的悬臂板计算。

③两对边支承板:

当板 b/a(或 b_1/a_1)> 2 及两对边支承时

$$M = \frac{1}{8} q a_2^2 \tag{4-92}$$

式中:a_2——板的跨度(a 或 a_1)。

④一边支承板(即悬臂板):

$$M = \frac{1}{2} q c^2 \tag{4-93}$$

式中:c——板的悬臂长度。

各区格板所承受的弯矩不等,取最大弯矩 M_{max} 按下式确定底板的厚度:

$$t \geqslant \sqrt{\frac{6M_{max}}{f}} \tag{4-94}$$

式中:f——底板钢材的抗弯强度设计值。

设计时靴梁和隔板的布置应尽可能使各区格板所承受的弯矩相近,以免所需的底板过厚,否则应调整底板尺寸和重新划分区格。

底板厚度不应小于 20 mm,以保证其具有足够的刚度,满足基础反力均匀分布的假定,且使柱脚易于施工和维修。

上述柱脚底板厚度的计算方法简单,但偏于安全,可采用有限元法分析确定底板厚度。

柱端与靴梁、底板、隔板以及靴梁、底板、隔板间的连接焊缝一般均采用角焊缝。

2)靴梁的尺寸

靴梁的高度由其与柱连接所需的焊缝长度决定,此连接焊缝承受柱传来的压力 N。

靴梁按支承于柱的双悬臂梁计算,根据所承受的最大弯矩和最大剪力设计值,验算靴梁的受弯和受剪强度。

3)隔板与肋板的尺寸

为了支承底板,隔板应具有一定刚度,因此隔板的厚度不得小于其宽度的1/50,一般比靴梁略薄些,高度略小些。

隔板可视为支承于靴梁的简支梁,荷载可按承受图 4-53(b)中阴影面积的底板反力计算,按此荷载所产生的内力验算隔板与靴梁的连接焊缝以及隔板的强度。注意隔板内侧的焊缝不易施焊,计算时不考虑其受力。

肋板按悬臂梁计算,承受的荷载为图 4-53(d)所示阴影部分的底板反力。肋板与靴梁间的连接焊缝以及肋板的强度均应按其承受的弯矩和剪力进行验算。

[**例题 4-8**] 一轴心受压实腹柱,轴心压力设计值为 $N = 1\ 300$ kN,柱截面尺寸如图 4-55(b)所示,设计此实腹柱的柱头和柱脚,钢材为 Q235。

[**解**]

(1)柱头设计

柱顶设置顶板 $-14 \times 280 \times 400$,柱端加劲肋尺寸 $2 - 16 \times 125 \times 500$(图 4-55(a))。

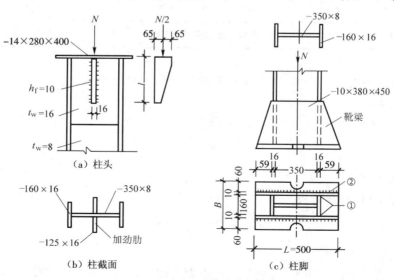

图 4-55 例题 4-8 图

荷载 $N = 1\ 300$ kN 通过顶板端面承压传给两加劲肋,所需的承压面积

$$A = \frac{N}{f_{ce}} = \frac{1\ 300 \times 10^3}{320} = 4\ 062.5\ (\text{mm}^2)$$

故选用加劲肋宽 130 mm,厚 16 mm,$A = 2 \times 130 \times 16 = 4160\ (\text{mm}^2)$。

加劲肋各采用 2 条 $h_f = 10$ mm、$l = 500$ mm 的角焊缝和柱腹板连接。每根加劲肋传力 $N/2 = 650$ kN。

焊缝强度验算

$$A_w = 0.7 h_f \sum l_w = 2 \times 0.7 \times 10 \times (500 - 20) = 6720\ (\text{mm}^2)$$

$$W_w = \frac{2}{6} \times 0.7 h_f l_w^2 = \frac{2}{6} \times 0.7 \times 10 \times 480^2 = 5.376 \times 10^5\ (\text{cm}^3)$$

$$\sqrt{\left(\frac{\sigma_f}{\beta_f}\right)^2 + \tau_f^2} = \sqrt{\left(\frac{N/2 \times 65}{1.22 W_w}\right)^2 + \left(\frac{N/2}{A_w}\right)^2}$$

$$= \sqrt{\left(\frac{650 \times 10^3 \times 65}{1.22 \times 537\ 600}\right)^2 + \left(\frac{650 \times 10^3}{6\ 720}\right)^2}$$

$$= \sqrt{64.4^2 + 96.7^2} = 116.2\ (\text{N/mm}^2) < f_f^w = 160\ \text{N/mm}^2\ (\text{满足要求})$$

加劲肋厚度取决于端面承压要求,由于加劲肋厚度为 16 mm,故需将柱头部分的腹板换成 $t_w = 16$ mm 的板。

验算加劲肋强度,按悬臂梁计算。与腹板连接处的截面为 16×500 的矩形截面,受剪力 $N/2 = 650$ kN,弯矩 $M = 650 \times 65 = 42\ 250\ (\text{kN} \cdot \text{mm})$,则

$$\tau = 1.5 \times \frac{650 \times 10^3}{16 \times 500} = 121.9\ (\text{N/mm}^2) < f_v = 125\ \text{N/mm}^2\ (\text{满足要求})$$

$$\sigma = \frac{M}{W} = \frac{4\ 225 \times 10^4}{\frac{1}{6} \times 16 \times 500^2} = 67.6\ (\text{N/mm}^2) < f = 215\ \text{N/mm}^2\ (\text{满足要求})$$

计算表明,加劲肋高度 500 mm 取决于加劲肋的受剪强度。

(2)柱脚设计

底板宽度 $\qquad\qquad B = 160 + 2(10 + 60) = 300\ (\text{mm})$

假设基础混凝土强度等级为 C20,不考虑基础混凝土局部承受压的强度提高系数,混凝土轴心抗压强度设计值 $f_c = 9.6\ \text{N/mm}^2$,则

$$L = \frac{N}{B f_c} = \frac{1\ 300 \times 10^3}{300 \times 9.6} = 451\ (\text{mm})$$

考虑底板的锚栓孔,取 $L = 500$ mm。

轴压力 $N = 1\ 300$ kN 经 4 根角焊缝①传给靴梁,取 $h_f = 8$ mm,角焊缝的长度

$$l_w = \frac{N}{4 \times 0.7 h_f \times f_f^w} = \frac{1\ 300 \times 10^3}{4 \times 0.7 \times 8 \times 160} = 363\ (\text{mm})$$

取靴梁高 380 mm。

靴梁所受的力经角焊缝②传给底板,设焊缝高度 $h_f = 12$ mm,则 $\sum l_w = 2 \times 476 = 952\ (\text{mm})$。

$$\sigma_f = \frac{N}{0.7 h_f \sum l_w} = \frac{1\ 300 \times 10^3}{0.7 \times 12 \times 952} = 162.6\ (\text{N/mm}^2) < \beta_f f_f^w = 195.2\ \text{N/mm}^2\ (\text{满足要求})$$

基础对底板压应力 $\quad q = \dfrac{N}{BL} = \dfrac{1\ 300 \times 10^3}{300 \times 500} = 8.7\,(\mathrm{N/mm}^2)$

悬臂板 $\quad M = \dfrac{qc^2}{2} = \dfrac{8.7 \times 60^2}{2} = 15\ 660\,(\mathrm{N \cdot mm})$

三边支承板 $\quad a_1 = 160\ \mathrm{mm}, b_1 = 59\ \mathrm{mm}, b_1/a_1 = 0.369,$ 表查 4-10, $\beta = 0.0383,$ 则
$$M = \beta q a_1^2 = 0.0383 \times 8.7 \times 160^2 = 8\ 530\,(\mathrm{N \cdot mm})$$

四边支承板 $\quad a = 76\ \mathrm{mm}, b = 350\ \mathrm{mm}, b/a = 4.605,$ 查表 4-9, $\alpha = 0.1250,$ 则
$$M = \alpha q a^2 = 0.1250 \times 8.7 \times 76^2 = 6\ 281\,(\mathrm{N \cdot mm})$$

$$t = \sqrt{\dfrac{6M_{\max}}{f}} = \sqrt{\dfrac{6 \times 15\ 660}{205}} = 21.4\,(\mathrm{mm})$$

取 $t = 24\ \mathrm{mm}$。底板厚度为 24 mm, $f = 205\ \mathrm{N/mm}^2$。

验算靴梁强度,按双悬臂梁计算。悬伸部分长 59 mm,荷载 $\bar{q} = q\dfrac{B}{2} = 8.7 \times 150 \times 10^{-3} = 1.31\,(\mathrm{kN/mm})$,靴梁高度 380 mm,厚度 10 mm,承受剪力 $V = \bar{q} \times 59 = 77.3\ \mathrm{kN}$,弯矩 $M = \dfrac{1}{2}\bar{q} \times 59^2 = 2\ 280\,(\mathrm{kN \cdot mm})$,则

$$\tau = \dfrac{1.5V}{380 \times 10} = \dfrac{1.5 \times 77.3 \times 10^3}{380 \times 10} = 30.5\,(\mathrm{N/mm}^2) < f_v = 125\ \mathrm{N/mm}^2\ (满足要求)$$

$$\sigma = \dfrac{M}{W} = \dfrac{2\ 280 \times 10^3}{\dfrac{1}{6} \times 10 \times 380^2} = 9.5\,(\mathrm{N/mm}^2) < f = 215\ \mathrm{N/mm}^2\ (满足要求)$$

靴梁跨中正弯矩部分由于底板参加工作,因而不进行强度验算。

习　题

4-1　选择题

1. 按极限状态设计实腹式轴心受拉构件时,需验算的内容为_____。

  (A)强度　　　　　　　　　　　　(B)强度和整体稳定

  (C)强度、局部稳定和整体稳定　　(D)强度、刚度(长细比)

2. 对有孔洞削弱的轴心受拉构件强度验算,《钢结构设计标准》GB 50017 采用的准则为_____。

  (A)净截面断裂　　　　　　　　　(B)毛截面屈服

  (C)毛截面屈服、净截面断裂　　　(D)净截面屈服、毛截面断裂

3. 当构件端部的连接并非使构件全部板件直接传力时,强度验算时危险截面面积需乘以有效截面系数,这是因为_____。

  (A)连接不可靠　　　　　　　　　(B)考虑剪切滞后的影响

  (C)增大安全保障　　　　　　　　(D)端部板件可能被拉断

4. 验算高强度螺栓摩擦型连接的轴心受拉构件的强度时,_____。

  (A)只需计算净截面强度

  (B)只需计算毛截面强度

  (C)需计算净截面强度和毛截面强度

（D）视具体情况计算净截面强度和毛截面强度

5. 按极限状态设计焊接组合截面轴心受压构件时,需验算内容包括_____。

（A）强度、刚度（长细比）

（B）强度、整体稳定、刚度（长细比）

（C）强度、整体稳定、局部稳定

（D）强度、整体稳定、局部稳定、刚度（长细比）

6. 轴心受压构件的整体失稳形式不包括_____。

（A）弯曲失稳　　　（B）扭转失稳　　　（C）弯扭失稳　　　（D）剪切失稳

7. 轴心受压构件的柱子曲线是根据构件发生_____确定的。

（A）弯曲失稳　　　（B）扭转失稳　　　（C）弯扭失稳　　　（D）剪切失稳

8. 确定轴心受压构件的柱子曲线时考虑了_____的影响。

（A）初弯曲和残余应力　　　　　　（B）初弯曲和初偏心

（C）初弯曲和初扭转　　　　　　　（D）初偏心和残余应力

9. 为提高轴心受压构件的整体稳定承载力,在构件截面面积不变的情况下,构件截面分布应_____。

（A）尽可能集中于截面形心　　　　（B）尽可能远离截面形心

（C）任意分布无影响　　　　　　　（D）尽可能集中于截面剪心

10. 为了_____,确定轴心受压实腹式构件的截面形式时,应使两个主轴方向的长细比尽可能接近。

（A）便于与其他构件连接　　　　　（B）构造简单、制造方便

（C）达到经济效果　　　　　　　　（D）便于运输、安装和减少节点类型

11. 轴心受压构件的截面强度与整体稳定,应分别满足_____。

（A）$\dfrac{N}{A_n}\leqslant f,\dfrac{N}{A}\leqslant 0.7f_u,\dfrac{N}{\varphi A_n f}\leqslant 1.0$　　　　（B）$\dfrac{N}{A_n}\leqslant f,\dfrac{N}{A}\leqslant 0.7f_u,\dfrac{N}{\varphi A f}\leqslant 1.0$

（C）$\dfrac{N}{A}\leqslant f,\dfrac{N}{A_n}\leqslant 0.7f_u,\dfrac{N}{\varphi A_n f}\leqslant 1.0$　　　　（D）$\dfrac{N}{A}\leqslant f,\dfrac{N}{A_n}\leqslant 0.7f_u,\dfrac{N}{\varphi A f}\leqslant 1.0$

12. 轴心受压构件整体稳定的验算公式$\dfrac{N}{\varphi A f}\leqslant 1.0$,其意义是_____。

（A）截面平均应力不超过钢材强度设计值

（B）截面最大应力不超过钢材强度设计值

（C）截面平均应力不超过构件欧拉临界应力设计值

（D）构件承受的轴力设计值不超过构件稳定承载力设计值

13. 其他条件相同,如图 4-56 所示的四种轴压力分布情况下,构件的稳定承载力关系是_____。

（A）$N_{k1} > N_{k2} > N_{k3} > N_{k4}$

（B）$N_{k1} < N_{k2} < N_{k3} < N_{k4}$

（C）$N_{k4} > N_{k2} > N_{k3} > N_{k1}$

（D）$N_{k4} > N_{k1} > N_{k2} > N_{k3}$

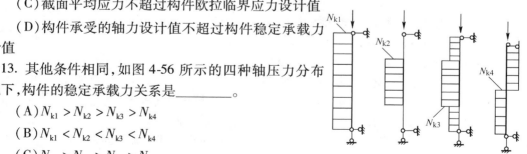

图 4-56　选择题 13 图

14. 以下关于轴心受压构件柱子曲线的叙述,错误的是_____。

(A)构件失稳临界应力与长细比之间的关系曲线称为柱子曲线

(B)柱子曲线是按边缘强度准则确定的

(C)柱子曲线分类归纳为四条曲线

(D)d 类柱子曲线,主要用于厚板构件

15. 长细比相同时,a 类截面的轴心受压构件稳定系数 φ 值最高,这是因为_____。

(A)截面是轧制截面   (B)初弯曲和残余应力的影响都较小

(C)初弯曲的影响最小   (D)残余应力的影响最小

16. 格构式轴心受压构件绕虚轴的整体稳定验算时,采用换算长细比 λ_{0x} 代替 λ_x,这是考虑_____。

(A)格构式构件弯曲变形的影响   (B)格构式构件剪切变形的影响

(C)缀件弯曲变形的影响   (D)缀件剪切变形的影响

17. 验算格构式轴心受压构件绕虚轴 x 轴整体稳定,其稳定系数应根据____查表确定。

(A)λ_x (B)λ_{0x} (C)λ_y;   (D)λ_{0y}

18. 双肢缀条式轴心受压构件绕实轴和绕虚轴 x 轴等稳定的要求是_____。

(A)$\lambda_{0y} = \lambda_y$ (B)$\lambda_y = \sqrt{\lambda_x^2 + 27\dfrac{A}{A_1}}$

(C)$\lambda_{0y} = \sqrt{\lambda_y^2 + 27\dfrac{A}{A_1}}$ (D)$\lambda_x = \lambda_y$

19. 当缀条采用单角钢时,按轴心受压构件验算其承载力,但须将强度设计值乘以折减系数,原因是_____。

(A)格构式构件计算剪力值是近似的

(B)缀条很重要,应提高其安全性

(C)缀条破坏将引起构件绕虚轴的整体失稳

(D)单角钢缀条实际为偏心受力构件

20. 以下关于构件局部失稳的叙述,错误的是_____。

(A)局部失稳是指构件组成板件离开平面位置发生凹凸变形的现象

(B)轴心受压和轴心受拉构件,均需验算局部稳定

(C)轴心受压构件丧失局部稳定后,还可能继续维持整体平衡状态

(D)轴心受压构件丧失局部稳定后,有效截面减少,将加速构件的整体失稳

21. 轴心受压的构件局部稳定的保证条件是腹板 h_0/t_w 不大于某一限值,此限值_____。

(A)与钢材强度和构件的长细比无关

(B)与钢材强度有关,与构件的长细比无关

(C)与钢材强度无关,与构件的长细比有关

(D)与钢材强度和构件的长细比均有关

22. 轴心受压构件腹板不满足局部稳定要求时,一般采取的措施是_____。

(A)增加腹板高厚比   (B)增加腹板厚度

(C)增加腹板高度   (D)腹板中部设置纵向加劲肋

23. H 形截面轴心受压构件腹板高厚比不满足局部稳定要求时,_____。

(A)可采用有效截面验算构件承载力

（B）必须加厚腹板

（C）必须设置纵向加劲肋

（D）必须设置横向加劲肋

24．以下关于轴心受压构件横向加劲肋和横隔的叙述，错误的是＿＿＿＿＿＿＿。

（A）横向加劲肋一般双侧布置

（B）横隔通常设置在构件两端，构件较长时，应设置中间横隔

（C）横向加劲肋的宽度通常大于横隔宽度

（D）箱形截面构件的横隔，可采用电渣焊

25．以下关于轴心受压柱柱脚底板厚度的叙述，错误的是＿＿＿＿＿＿＿。

（A）底板各区格板承受的弯矩数值应尽量接近

（B）底板厚度与基础反力和底板的支承条件有关

（C）其他条件相同时，四边支承板应比三边支承板更厚些

（D）底板不能太薄，否则刚度不足，将使基础反力分布不均匀

4-2　竖向支撑桁架如图 4-57 所示。两斜腹杆均采用双角钢截面，节点板厚 8 mm，钢材为 Q235。承受荷载标准值 $P_k = 12.5$ kN（$\gamma_Q = 1.5$），全部由可变荷载所引起。取拉杆和压杆的长细比容许值分别为 400 和 200。假设斜腹杆的计算长度 $l_{0x} = l_{0y} = l$（l 为节点间杆件的几何长度），支座处两水平反力相等。确定两斜腹杆的截面尺寸。

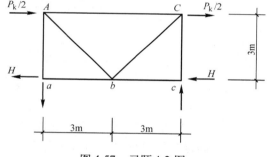

图 4-57　习题 4-2 图

4-3　按切线模量理论绘制轴心压杆的临界应力与长细比的关系曲线。压杆由屈服强度 $f_y = 235$ N/mm² 的钢材制成，材料的应力—应变曲线近似地由图 4-58 所示的三段直线组成，假定不考虑残余应力的影响，$E = 2.06 \times 10^5$ N/mm²（由于材料的应力—应变曲线分段变化，每段的弹性模量为常数，所以 σ_{cr}—λ 曲线将是不连续的）。

4-4　如果习题 4-3 中轴心压杆钢材的比例极限 $f_p = (2/3)f_y$，临界应力与长细比的关系曲线如图 4-59 所示，在 A、B 两点之间用二次抛物线表示。试按切线模量理论推导临界应力 σ_{cr} 与压杆长细比 λ、钢材屈服强度 f_y 的关系式。当压杆的临界应力 $\sigma_{cr} = (3/4)f_y$ 时，计算此压杆长细比 λ 和此时切线模量 E_t 与弹性模量 E 的比值。

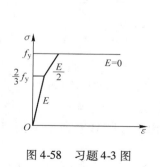

图 4-58　习题 4-3 图

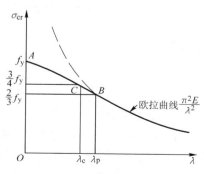

图 4-59　习题 4-4 图

4-5 一理想轴心受压 H 形截面构件,两翼缘截面均为 $b_1 \times t$,翼缘残余应力按二次抛物线分布,残余压应力峰值 $\sigma_{rc} = 0.3f_y$,如图 4-60 所示。腹板截面较小,略去不计。钢材应力 – 应变关系为理想弹塑性,屈服强度为 f_y。绘制考虑残余应力影响的此轴心受压构件绕截面弱轴 y 轴的柱子曲线,即 $\overline{\sigma}_{cr}$—$\overline{\lambda}$ 曲线($\overline{\sigma}_{cr} = \dfrac{\sigma_{cr}}{f_y}$, $\overline{\lambda} = \dfrac{\lambda}{\pi}\sqrt{\dfrac{f_y}{E}}$),并求当 $\overline{\lambda} = 1$ 时,$\overline{\sigma}_{cr}$ 较不考虑残余应力影响时降低多少?(提示:截面残余应力应满足静力平衡条件,由此可求出 σ_{rt})

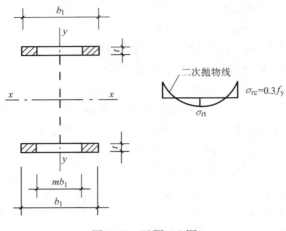

图 4-60 习题 4-5 图

4-6 一车间工作平台柱高 2.6 m,为两端铰接轴心受压柱。如果柱采用 I16,计算:

(1)钢材采用 Q235 时,设计承载力为多少?

(2)改用 Q345 钢时,设计承载力是否显著提高?

(3)如果轴心压力设计值为 330 kN,I16 能否满足承载力要求? 如不满足要求,构造上采取什么措施可满足要求?

4-7 图 4-61(a)、(b)所示的两种截面(焰切边缘)截面积相等,钢材均为 Q235。当长度为 10 m 的两端铰接轴心受压柱采用此两种截面时,能否承受设计荷载 3 200 kN?

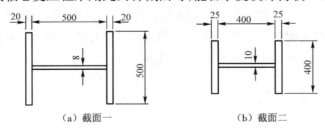

(a) 截面一   (b) 截面二

图 4-61 习题 4-7 图

4-8 一工作平台的轴心受压柱,承受轴心压力标准值 $N_k = 3\,000$ kN(非直接动力荷载),其中永久荷载(包括柱自重)为 30%($\gamma_G = 1.3$),可变荷载为 70%($\gamma_Q = 1.5$)。计算长度 $l_{0x} = l_{0y} = l = 7$ m,钢材为 Q235,手工焊,焊条为 E43 型。采用由 2 个热轧普通工字钢组成的缀板柱,设计此缀板柱(包括缀板及其连接)。

4-9 同习题 4-8,改用缀条柱。斜缀条截面采用 1∟ 50×5,设计此轴心受压柱的截面和验算所选定缀条截面是否满足要求。若斜缀条截面减小为 $1 \llcorner 45 \times 4$,对柱承载力有何影响?

4-10 一工业平台柱承受轴心压力设计值 5 000 kN,柱高 8 m,两端铰接。设计一 H 型钢或焊接 H 形截面柱及其柱脚。钢材为 Q235,基础混凝土的强度等级为 C20。

答案

4-1

1.(D)	2.(C)	3.(B)	4.(C)	5.(D)	6.(D)	7.(A)
8.(A)	9.(B)	10.(C)	11.(D)	12.(D)	13.(C)	14.(B)
15.(D)	16.(D)	17.(B)	18.(B)	19.(D)	20.(B)	21.(D)
22.(D)	23.(A)	24.(C)	25.(C)			

第5章 受弯构件

5.1 受弯构件的特点

承受横向荷载的构件称为受弯构件,包括实腹式和格构式两大类。实腹式受弯构件通常称为梁,在土木工程中应用广泛,例如框架梁、楼盖梁、工作平台梁、吊车梁、屋面檩条和墙架横梁等。

按照制作方法钢梁可分为型钢梁和组合梁两种。

型钢梁加工简单,应优先采用。型钢梁通常采用热轧工字钢、H型钢和槽钢(图5-1(a))三种。H型钢截面分布最合理,翼缘内外两表面平行,与其他构件连接较方便,用于梁的H型钢宜为窄翼缘型(HN型);槽钢因其截面剪心在腹板外侧,弯曲的同时产生扭转,故只有在构造上使荷载作用线接近剪心或能保证截面不发生扭转时采用。

由于轧制条件的限制,热轧型钢的腹板较厚,用钢量较多,檩条和墙架横梁等受弯构件通常采用冷弯薄壁型钢(图5-1(b))更经济,但防腐要求高。

当荷载较大或梁跨度较大时,由于型钢受到截面尺寸的限制,不能满足承载力和刚度的要求,必须采用组合梁(图5-1(c))。组合梁是由钢板或型钢连接而成,最常采用的是三块钢板焊接而成的工字形截面。当焊接梁翼缘需要很厚时,可采用两层钢板。荷载很大而高度受到限制或梁的抗扭要求较高时,可采用箱形截面梁。组合梁的截面组成比较灵活,可使材料在截面上分布更为合理,节省钢材。

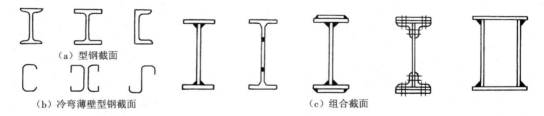

(a) 型钢截面

(b) 冷弯薄壁型钢截面

(c) 组合截面

图5-1　梁截面类型

梁可设计为简支梁、连续梁和悬臂梁等。简支梁用钢量虽然较多,但其制造、安装和拆换较方便,且不受温度变化和支座沉陷的影响,因而得到广泛的应用。

梁的设计应满足承载能力极限状态和正常使用极限状态的要求。钢梁的承载能力极限状态包括强度、整体稳定和局部稳定三个方面,设计时要求在荷载设计值作用下,梁的受弯强度、受剪强度、局部承压强度和折算应力均不超过相应的强度设计值;保证梁不发生整体失稳;组成梁的板件不发生屈曲或腹板可以发生屈曲,考虑腹板屈曲后强度进行承载力计算。正常使用极限状态主要指梁的挠度计算,设计时要求梁具有足够的抗弯刚度,即在荷载标准值作用下,梁的最大挠度不大于《钢结构设计标准》GB 50017规定的挠度容许值。

5.2　梁截面等级及其板件宽(高)厚比限值

截面板件宽(高)厚比是指截面板件平直段宽(高)度与厚度的比值。

根据截面承载力和塑性转动能力的不同,国际上一般将钢构件截面分为四类,《钢结构设计标准》GB 50017 将其分为以下五个等级。

S1 级截面:可达到全截面塑性,保证塑性铰具有塑性设计要求的转动能力,且在转动过程中承载力不下降,称为一级塑性截面或塑性转动截面。

S2 级截面:可达到全截面塑性,但由于截面板件局部屈曲,塑性铰转动能力有限,称为二级塑性截面。

S3 级截面:截面翼缘全部屈服,腹板可发展不超过四分之一截面高度的塑性,称为弹塑性截面。

S4 级截面:截面边缘纤维可达到屈服强度,但由于截面板件局部屈曲不能发展塑性,称为弹性截面。

S5 级截面:截面边缘纤维达到屈服前,腹板可能发生局部屈曲,称为薄壁截面。

塑性截面可达到全截面塑性,S1 级截面比 S2 级截面的宽(高)厚比更小,因而在截面屈服后能发展更大的塑性变形而板件不发生屈曲。弹性截面的宽(高)厚比是截面边缘屈服和板件屈曲同时发生的弹性界限宽(高)厚比(简称弹性宽(高)厚比),如果板件宽(高)厚比大于弹性界限宽厚比,则板件发生局部屈曲而不会进入屈服。

1. 工字形截面

受压翼缘的弹性屈曲临界应力:

$$\sigma_{cr} = \frac{\chi k \pi^2 E}{12(1 - v^2)} \left(\frac{t}{b_1}\right)^2$$

式中:b_1、t——翼缘自由外伸的宽度和厚度。

梁受压翼缘自由外伸部分为三边简支板,单向均匀受压时屈曲系数 $k = 0.425$。腹板一般较薄,对翼缘无约束作用,取嵌固系数 $\chi = 1.0$。当临界应力达到屈服强度 $f_y = 235$ N/mm² 时的翼缘弹性宽厚比:

$$\left(\frac{b_1}{t}\right)_y = 18.3 \sqrt{\frac{235}{f_y}} = 18.3\varepsilon_k$$

考虑初始缺陷的影响,将弹性宽厚比乘以折减系数 0.8,所以 S4 级截面的宽厚比限值为 $15\varepsilon_k$。

S1 级、S2 级、S3 级和 S5 级截面的翼缘宽厚比限值分别取 $\left(\frac{b_1}{t}\right)_y$ 的 0.5、0.6、0.7 和 1.1 倍的整数,如表 5-1 所示。S5 级截面构件可采用有效截面计算其承载力,但仍然限制板件宽厚比。

腹板的弹性屈曲临界应力:

$$\sigma_{cr} = \frac{\chi k \pi^2 E}{12(1 - v^2)} \left(\frac{t_w}{h_0}\right)^2$$

腹板为受弯四边简支板,其屈曲系数 $k = 23.9$。翼缘屈服后对腹板约束作用较小,取嵌固

系数 $\chi = 1.0$。当临界应力达到屈服强度 $f_y = 235$ N/mm² 时的腹板弹性高厚比:

$$\left(\frac{h_0}{t_w}\right)_y = 137.5\sqrt{\frac{235}{f_y}} = 137.5\varepsilon_k$$

S1 级、S2 级、S3 级和 S4 级截面的腹板高厚比限值分别取 $\left(\frac{h_0}{t_w}\right)_y$ 的 0.5、0.6、0.7 和 0.8 倍,并进行调整取整数,如表 5-1 所示。对于 S5 级截面,因高厚比大的腹板具有很高的屈曲后强度,所以将其高厚比限值取为《钢结构设计标准》GB 50017 规定的腹板最大高厚比 250。

2. 箱形截面

箱形截面梁在两腹板之间的翼缘部分,近似于四边简支单向均匀受压板,其屈曲系数 $k = 4.0$。当临界应力达到屈服强度 $f_y = 235$ N/mm² 时的翼缘弹性宽厚比:

$$\left(\frac{b_0}{t}\right)_y = 56.3\sqrt{\frac{235}{f_y}} = 56.3\varepsilon_k$$

S1 级、S2 级、S3 级和 S4 级截面的翼缘宽厚比限值分别取 $\left(\frac{b_0}{t}\right)_y$ 的 0.5、0.6、0.7 和 0.8 倍,因抗震设计的梁对塑性变形要求较高,因此将其适当减小并取整数,如表 5-1 所示。对于 S5 级截面,因两纵向边腹板支承的翼缘具有屈曲后强度,所以不再限制其宽厚比。

受弯时箱形截面梁腹板的受力情况与工字形截面梁腹板的受力情况基本相同,所以其相同截面等级腹板的高厚比限值与工字形截面梁腹板的相同。

表 5-1 梁截面等级及其板件宽(高)厚比限值

截面板件宽(高)厚比等级		S1 级	S2 级	S3 级	S4 级	S5 级
工字形截面	翼缘 b_1/t	$9\varepsilon_k$	$11\varepsilon_k$	$13\varepsilon_k$	$15\varepsilon_k$	20
	腹板 h_0/t_w	$65\varepsilon_k$	$72\varepsilon_k$	$93\varepsilon_k$	$124\varepsilon_k$	250
箱形截面	腹板间翼缘 b_0/t	$25\varepsilon_k$	$32\varepsilon_k$	$37\varepsilon_k$	$42\varepsilon_k$	—
	腹板 h_0/t_w	$65\varepsilon_k$	$72\varepsilon_k$	$93\varepsilon_k$	$124\varepsilon_k$	250

5.3 梁的截面强度和挠度

5.3.1 梁的截面强度验算

梁的截面强度包括受弯强度、受剪强度、局部承压强度和折算应力,设计时要求在承受荷载设计值时,均不超过《钢结构设计标准》GB 50017 规定的相应钢材强度设计值。

1. 受弯强度

梁承受的荷载不断增加时,梁截面弯曲应力的发展可分为三个阶段,以双轴对称工字形截面梁为例说明如下。

1)弹性状态

荷载较小时,截面上各点的弯曲应力均小于钢材屈服强度 f_y,荷载继续增加,直至边缘纤

维应力达到 f_y（图 5-2（b）），相应的弯矩为梁弹性状态的最大弯矩，计算如下：

$$M_e = W_n f_y \tag{5-1}$$

式中：W_n——对 x 轴的净截面模量。

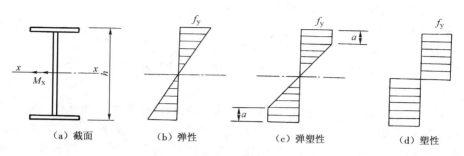

图 5-2　截面弯曲应力发展过程

2）弹塑性状态

荷载继续增加，梁截面高度上、下各有一个高度为 a 的区域其应力 σ 达到钢材屈服限度 f_y。截面中间区域仍为弹性（图 5-2（c）），此时梁处于弹塑性状态。

3）塑性状态

荷载再继续增加，梁截面塑性区不断向截面内部发展，弹性区域不断变小。当弹性区域完全消失（图 5-2（d））时，荷载不再增加，变形继续增大，形成"塑性铰"，梁的承载能力达到极限状态。极限弯矩为：

$$M_p = (S_{1n} + S_{2n}) f_y = W_{pn} f_y \tag{5-2}$$

式中：S_{1n}、S_{2n}——中性轴以上及以下净截面对中性轴的面积矩；

　　　W_{pn}——梁净截面塑性模量，$W_{pn} = S_{1n} + S_{2n}$。

验算梁的受弯强度时，需要验算疲劳的梁常采用弹性设计。虽然考虑截面塑性发展更经济，但非塑性设计梁若按截面形成塑性铰进行设计，梁可能产生的挠度过大。因此，《钢结构设计标准》GB 50017 只是有限制地利用塑性，取截面塑性发展深度 $a \leqslant 0.125h$。

根据以上分析，不考虑腹板屈曲后强度时梁的受弯强度按下式验算：

单向受弯

$$\frac{M_x}{\gamma_x W_{nx}} \leqslant f \tag{5-3}$$

双向受弯

$$\frac{M_x}{\gamma_x W_{nx}} + \frac{M_y}{\gamma_y W_{ny}} \leqslant f \tag{5-4}$$

式中：M_x、M_y——同一截面处绕 x 轴、y 轴的弯矩设计值；

　　　W_{nx}、W_{ny}——对 x 轴、y 轴的净截面模量；当截面板件宽厚比满足 S1、S2、S3 或 S4 级截面要求时，取全截面模量；满足 S5 级截面要求时，取有效截面模量，均匀受压翼缘有效外伸宽度取 $15\varepsilon_k$ 倍翼缘宽度，腹板有效截面按 6.6 节方法计算；

　　　γ_x、γ_y——对 x 轴、y 轴的截面塑性发展系数，按下列规定采用：

（1）工字形和箱形截面，当截面板件宽厚比满足 S4 或 S5 级截面要求时，取 $\gamma_x = \gamma_y = 1.0$；

满足 S1、S2 或 S3 级截面要求时,

  ①工字形截面:取 $\gamma_x = 1.05$,$\gamma_y = 1.20$;

  ②箱形截面:取 $\gamma_x = \gamma_y = 1.05$。

  (2)其他截面的塑性发展系数,按表6-2采用。

  (3)需要验算疲劳的梁,取 $\gamma_x = \gamma_y = 1.0$。

  f——钢材的抗弯强度设计值,按附表1-1采用。

当梁的受弯强度不满足设计要求时,增大梁的高度最有效。

2. 受剪强度

一般情况下,梁同时承受弯矩和剪力。工字形截面和槽形截面梁腹板的剪应力分布分别如图 5-3(a)、(b)所示。截面最大剪应力位于腹板中性轴处。在主平面受弯的实腹梁,以截面最大剪应力达到钢材的抗剪屈服强度为承载力极限状态。因此,不考虑腹板屈曲后强度时受剪强度按下式验算:

$$\tau = \frac{VS}{It_w} \leqslant f_v \tag{5-5}$$

式中:V——计算截面沿腹板平面作用的剪力设计值;

  S——计算剪应力处以上(或以下)毛截面对中性轴的面积矩;

  I——梁毛截面惯性矩;

  t_w——腹板厚度;

  f_v——钢材的抗剪强度设计值,按附表1-1采用。

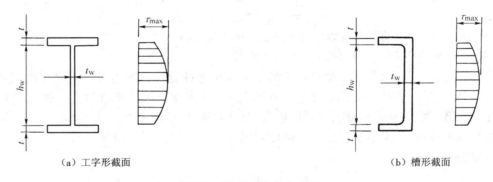

(a)工字形截面   (b)槽形截面

图 5-3 腹板的剪应力分布

当梁的受剪强度不满足设计要求时,最有效的方法是增大腹板面积,但腹板高度一般由梁的挠度和构造要求确定,故通常采用加大腹板厚度的方法来增大梁的受剪承载力。型钢梁由于腹板较厚,一般均能满足式(5-5)要求,因此只在最大剪力截面有较大削弱时,才需要进行受剪强度的验算。

3. 局部承压强度

当梁翼缘承受沿腹板平面作用的固定集中荷载(包括支座反力)且该荷载处又未设置支承加劲肋(图5-4(a))、或承受移动集中荷载(图5-4(b)所示的吊车的轮压)时,应验算腹板计算高度边缘处的局部承压强度。

在集中荷载作用下,翼缘(吊车梁包括轨道)类似支承于腹板的弹性地基梁。腹板计算高度边缘的压应力分布如图5-4(c)的曲线所示。梁的局部承压强度按下式验算:

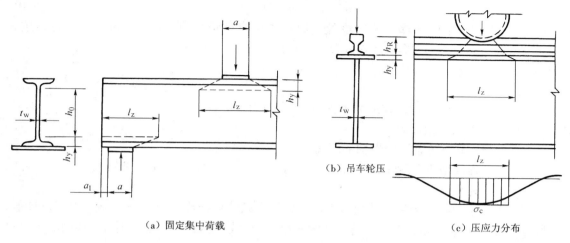

（a）固定集中荷载   （b）吊车轮压   （c）压应力分布

图 5-4 局部压应力分布

$$\sigma_c = \frac{\psi F}{t_w l_z} \leqslant f \qquad (5\text{-}6)$$

$$l_z = 3.25 \sqrt[3]{\frac{I_R + I_f}{t_w}} \qquad (5\text{-}7)$$

或假定集中荷载从作用处以 1∶2.5（在 h_y 高度范围）和 1∶1（在 h_R 高度范围）比例扩散,均匀分布于腹板计算高度边缘处,则:

$$l_z = a + 5h_y + 2h_R \qquad (5\text{-}8)$$

支座处 $\qquad\qquad l_z = a + 2.5h_y + a_1 \qquad (5\text{-}9)$

式中:F——集中荷载设计值,对动力荷载应考虑动力系数;

$\quad\psi$——集中荷载的增大系数;对重级工作制吊车梁 $\psi = 1.35$;对其他梁 $\psi = 1.0$;

$\quad l_z$——集中荷载在腹板计算高度边缘的假定分布长度,按式(5-7)计算,也可采用简化式(5-8)计算,支座处应根据具体情况按式(5-9)计算;

$\quad I_R$——轨道截面绕自身形心轴的惯性矩;

$\quad I_f$——上翼缘绕翼缘中面的惯性矩;

$\quad a$——集中荷载沿梁跨度方向的支承长度,钢轨上的轮压可取 50 mm;

$\quad h_y$——自梁顶面至腹板计算高度上边缘的距离;焊接梁为上翼缘厚度,轧制工字钢梁为梁顶面到腹板内弧结束点的距离;

$\quad h_R$——轨道高度,梁顶无轨道的梁取值为 0;

$\quad f$——钢材的抗压强度设计值(N/mm^2)。

当局部承压强度不满足式(5-6)时,在固定集中荷载处(包括支座处)应配置支承加劲肋,并对支承加劲肋进行验算。对移动集中荷载,应加大腹板厚度。

4. 折算应力

在组合梁的腹板计算高度边缘处同时存在较大的弯曲应力 σ、剪应力 τ 和局部压应力 σ_c 时,或同时存在较大的弯曲应力 σ 和剪应力 τ 时(如连续梁支座处或梁翼缘截面改变处等),应按下式验算该处的折算应力:

$$\sqrt{\sigma^2 + \sigma_c^2 - \sigma\sigma_c + 3\tau^2} \leq \beta_1 f \tag{5-10}$$

式中:σ、τ、σ_c——腹板计算高度边缘处同时存在的弯曲应力、剪应力和局部压应力,τ 按式 (5-5) 计算,σ_c 按式(5-6)计算,σ 按下式计算:

$$\sigma = \frac{M y_1}{I_{nx}}$$

σ,σ_c 均以拉应力为正值,压应力为负值;

I_{nx}——净截面惯性矩;

y_1——所计算位置至中性轴的距离;

β_1——强度增大系数;当 σ、σ_c 异号时,取 $\beta_1 = 1.2$;当 σ、σ_c 同号或 $\sigma_c = 0$ 时,取 $\beta_1 = 1.1$。

实际工程中只是梁的某一截面腹板计算高度边缘处的折算应力达到钢材的强度设计值,几种应力皆以较大值同时存在于一处的概率很小,故将钢材的强度设计值乘以 β_1 予以提高。当 σ、σ_c 异号时,其塑性变形能力比 σ、σ_c 同号时强,因此 β_1 值取值更大些。

5.3.2 梁的挠度验算

梁的抗弯刚度不足,其将会产生较大的挠度。楼盖梁挠度超过某一限值时,给人们一种不舒服和不安全的感觉,同时可能使其上部的楼面及下部的抹灰开裂,影响结构的使用功能。吊车梁挠度过大将加剧吊车运行时的冲击和振动,甚至使吊车运行困难等。因此,应按下式验算梁的挠度:

$$v \leq [v] \tag{5-11}$$

式中:v——由荷载标准值计算的梁最大挠度;

[v]——梁的挠度容许值,《钢结构设计标准》GB 50017 根据实践经验规定的容许挠度值见附表 2。

承受多个集中荷载的梁,其挠度的精确计算较为复杂,但其与最大弯矩相同的均布荷载作用下的挠度接近。因此,可采用下列近似公式验算等截面简支梁的挠度:

$$\frac{v}{l} = \frac{5q_k l^3}{384EI_x} = \frac{5}{48}\frac{q_k l^2}{8}\frac{l}{EI_x} \approx \frac{M_k l}{10EI_x} \leq \frac{[v]}{l} \tag{5-12}$$

式中:q_k——均布荷载标准值;

M_k——由荷载标准值计算的最大弯矩;

I_x——跨中毛截面惯性矩。

计算梁挠度 v 时取用的荷载标准值应与附表 2 中挠度容许值[v]的荷载相对应。例如对吊车梁,挠度 v 应按自重和起重量最大的一台吊车计算;对楼盖或工作平台梁,应分别验算全部荷载作用下的挠度和仅有可变荷载作用下的挠度。

5.4 梁的整体稳定

5.4.1 梁的整体失稳现象

梁主要用于承受弯矩,为了充分发挥钢材的强度,其截面通常设计得高而窄。如图 5-5 所示的工字形截面梁,荷载作用在最大刚度平面内。当荷载较小时,梁仅在弯矩作用平面内弯曲,当荷载增大到某一数值后,梁在弯矩作用平面内弯曲的同时,将突然发生侧向弯曲和扭转(弯扭失稳),并丧失继续承载的能力,这种现象称为梁的整体失稳。梁维持其稳定平衡状态所承受的最大弯矩,称为临界弯矩。

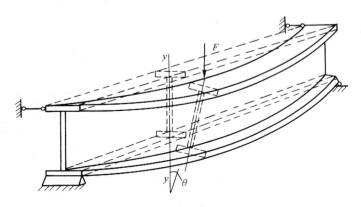

图 5-5　梁整体失稳

梁整体失稳横向荷载的临界值与其沿梁高的作用位置有关。荷载作用在上翼缘(图 5-6(a)),当梁产生微小侧向位移和扭转时,荷载 F 将产生绕剪心的附加扭矩 Fe,其对梁侧向弯曲和扭转不利,加速梁的整体失稳。当荷载 F 作用在梁的下翼缘(图 5-6(b))时,其将产生反方向附加扭矩 Fe,有利于阻止梁的侧向弯曲扭转,延缓梁的整体失稳。后者的临界荷载(或临界弯矩)将高于前者。

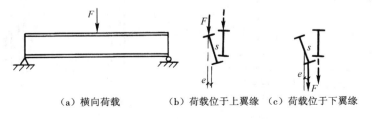

（a）横向荷载　　　（b）荷载位于上翼缘　（c）荷载位于下翼缘

图 5-6　荷载位置对梁整体稳定的影响

5.4.2　自由扭转与约束扭转

根据支承条件和荷载形式的不同,扭转分为自由扭转(圣维南扭转)和约束扭转(弯曲扭转)两种形式。

1. 自由扭转

非圆截面构件扭转时,原来为平面的截面不再保持为平面,产生翘曲变形,即构件在扭矩作用下,截面上各点沿构件长度方向产生位移。如果扭转时该位移不受任何约束,截面可自由翘曲变形(图 5-7(a)),称为自由扭转。自由扭转时,各截面的翘曲变形相同,纵向纤维保持直线且长度保持不变,截面只有剪应力,没有纵向正应力。

根据弹性力学的方法,开口薄壁构件自由扭转时,扭矩和扭转率的关系:

$$M_t = GI_t \frac{\mathrm{d}\varphi}{\mathrm{d}z} \tag{5-13}$$

式中：M_t——自由扭转扭矩；

$\quad\quad G$——钢材的剪切模量；

$\quad\quad I_t$——自由扭转常数；

$\quad\quad \varphi$——截面扭转角。

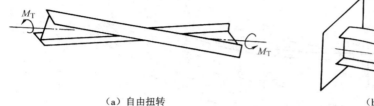

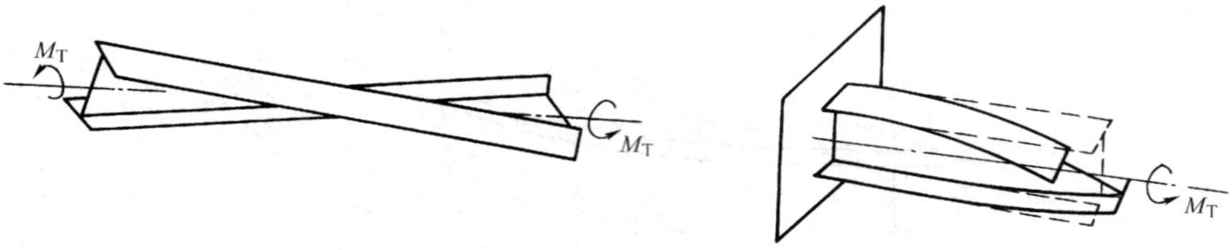

（a）自由扭转　　　　　　　　　　　　　　（b）约束扭转

图 5-7　构件扭转形式

　　开口薄壁截面构件自由扭转时，截面只有剪应力，该应力在板厚范围内形成一个封闭的剪力流，如图 5-8 所示。剪应力方向与板厚中心线平行，大小沿板厚呈直线变化，中心处为零，板表面处最大。最大剪应力：

$$\tau_t = \frac{M_t t}{I_t} \text{或} \tau_t = G\, t\, \frac{\mathrm{d}\varphi}{\mathrm{d}z} \tag{5-14}$$

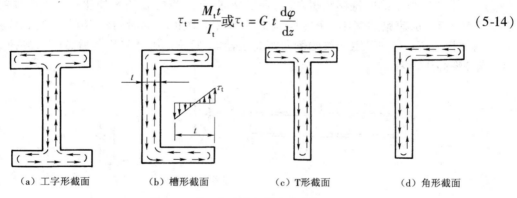

（a）工字形截面　　　　（b）槽形截面　　　　（c）T形截面　　　　（d）角形截面

图 5-8　开口薄壁截面剪应力分布

　　闭合薄壁截面构件自由扭转时，截面剪应力的分布与开口截面不同。闭合截面沿壁厚剪应力方向相同。由于壁薄，可认为剪应力 τ 沿厚度均匀分布，方向为切线方向（图 5-9），可以证明截面上任一处的 τt 为一常数。这样微元 $\mathrm{d}s$ 上的剪力对原点的力矩为 $r\tau t \mathrm{d}s$，总扭转力矩：

$$M_t = \oint r\tau t \mathrm{d}s = \tau t \oint r \mathrm{d}s \tag{5-15}$$

式中：r——剪力 τt 作用线至中心点的距离；

$\quad\quad \oint r \mathrm{d}s$——沿闭合曲线积分，为壁厚中心线所围成面积 A 的 2 倍。

则
$$M_t = 2\tau t A$$

$$\tau = \frac{M_t}{2At} \tag{5-16}$$

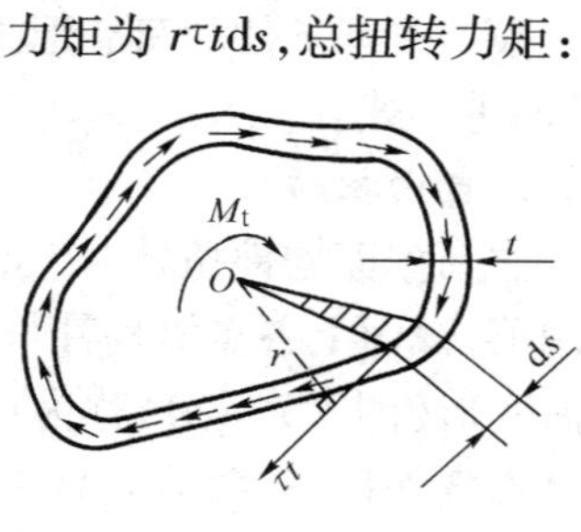

图 5-9　闭合截面剪应力分布

闭合截面构件的抗扭能力要比开口截面构件的抗扭能力大得多。

2. 约束扭转

由于支承条件或外力作用方式使构件扭转时截面翘曲受到约束,称为约束扭转(图 5-7(b))。约束扭转时,构件产生弯曲变形,截面上将产生纵向正应力,称为翘曲正应力。同时还必然产生与翘曲正应力相平衡的翘曲剪应力。

如图 5-10(a)所示的双轴对称工字形截面悬臂构件,在悬臂端处作用的扭矩 M_T 使上、下翼缘向不同方向弯曲。悬臂端截面翘曲变形最大,越靠近固定端截面的翘曲变形越小,在固定端处,翘曲变形完全受到约束,因此中间各截面受到不同程度的约束。

截面翘曲剪应力形成的翘曲扭矩 M_ω(图 5-10(c))与由自由扭转产生的扭矩 M_t(图 5-10(b))之和,应与扭矩 M_T 相平衡,即:

$$M_T = M_\omega + M_t \tag{5-17}$$

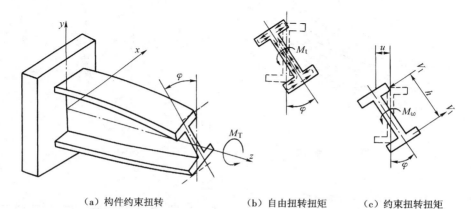

(a)构件约束扭转 (b)自由扭转扭矩 (c)约束扭转扭矩

图 5-10 工字形截面构件约束扭转

下面推导双轴对称工字形截面翘曲扭矩 M_ω 的计算公式。

对距固定端为 z 的截面,扭转角为 φ,上、下翼缘在水平方向的位移各为 u,则:

$$u = \frac{h}{2}\varphi$$

根据弯矩曲率关系,一个翼缘的弯矩:

$$M_1 = -EI_1\frac{\mathrm{d}^2 u}{\mathrm{d}z^2} = -EI_1\frac{h}{2}\frac{\mathrm{d}^2\varphi}{\mathrm{d}z^2}$$

一个翼缘的水平剪力:

$$V_1 = \frac{\mathrm{d}M_1}{\mathrm{d}z} = -EI_1\frac{h}{2}\frac{\mathrm{d}^3\varphi}{\mathrm{d}z^3}$$

式中:I_1——一个翼缘对 y 轴的惯性矩。

忽略腹板的影响,翘曲扭矩:

$$M_\omega = V_1 h = -EI_1\frac{h^2}{2}\frac{\mathrm{d}^3\varphi}{\mathrm{d}z^3} \tag{5-18}$$

令 $I_1 h^2/2 = I_\omega$,并将式(5-18)代入式(5-17):

$$M_{\mathrm{T}} = -EI_{\omega}\frac{\mathrm{d}^3\varphi}{\mathrm{d}z^3} + GI_{\mathrm{t}}\frac{\mathrm{d}\varphi}{\mathrm{d}z} \tag{5-19}$$

式(5-19)就是约束扭转的平衡微分方程,虽然此方程由双轴对称工字形截面推导,但也适用于其他形式截面,只是 I_{ω} 取值不同。

5.4.3　梁的整体稳定系数

1. 梁的整体稳定系数

图5-11(a)所示为一两端简支双轴对称工字形截面纯弯曲梁,梁两端均承受弯矩 M 作用,弯矩沿梁长均匀分布。这里所指的"简支"符合夹支条件,即支座处梁截面可自由翘曲,能绕 x 轴和 y 轴转动,但不能绕 z 轴转动,也不能侧向移动。

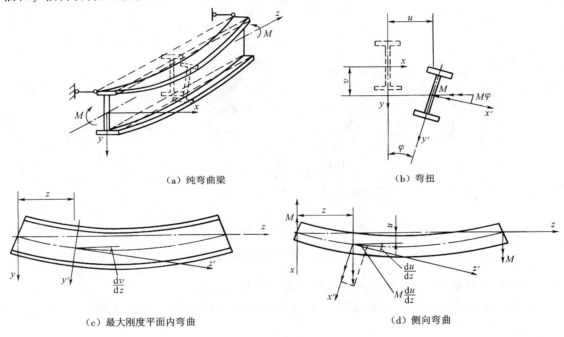

(a) 纯弯曲梁　　　　　　　　　(b) 弯扭

(c) 最大刚度平面内弯曲　　　　　　(d) 侧向弯曲

图5-11　梁侧向弯扭失稳

设固定坐标系为 x、y、z,弯矩 M 达到一定数值梁弯扭变形后,相应的坐标系为 x'、y'、z',截面形心在 x、y 轴方向的位移分别为 u、v,截面扭转角为 φ。图5-11(b)、(d)中弯矩采用双箭头向量表示,其方向按向量右手规则确定。

梁在最大刚度平面内($y'z'$平面)发生弯曲(图5-11(c)),平衡方程:

$$-EI_x\frac{\mathrm{d}^2v}{\mathrm{d}z^2} = M \tag{5-20}$$

梁在 $x'z'$ 平面内发生侧向弯曲(图5-11(d)),平衡方程:

$$-EI_y\frac{\mathrm{d}^2u}{\mathrm{d}z^2} = M\varphi \tag{5-21}$$

式中:I_x、I_y——对 x 轴、y 轴的梁毛截面惯性矩。

由于梁端部夹支,中部任意截面扭转时,纵向纤维发生了弯曲,属于约束扭转。根据式

（5-19），扭转的微分方程：

$$-EI_\omega \frac{\mathrm{d}^3\varphi}{\mathrm{d}z^3} + GI_t \frac{\mathrm{d}\varphi}{\mathrm{d}z} = M\frac{\mathrm{d}u}{\mathrm{d}z} \tag{5-22}$$

可得到 φ 的微分方程：

$$EI_\omega \frac{\mathrm{d}^4\varphi}{\mathrm{d}z^4} - GI_t \frac{\mathrm{d}^2\varphi}{\mathrm{d}z^2} - \frac{M^2}{EI_y}\varphi = 0 \tag{5-23}$$

假定两端简支梁的扭转角为正弦曲线分布，即：

$$\varphi = C\sin\frac{\pi z}{l}$$

将 φ、φ 的二阶导数和四阶导数代入式（5-23）：

$$\left[EI_\omega\left(\frac{\pi}{l}\right)^4 + GI_t\left(\frac{\pi}{l}\right)^2 - \frac{M^2}{EI_y} \right]C\sin\frac{\pi z}{l} = 0$$

使上式在任何 z 值都成立的条件是方括号中数值为零，即：

$$EI_\omega\left(\frac{\pi}{l}\right)^4 + GI_t\left(\frac{\pi}{l}\right)^2 - \frac{M^2}{EI_y} = 0$$

上式中的 M 就是双轴对称工字形截面简支梁纯弯曲时的临界弯矩：

$$M_{cr} = \frac{\pi}{l}\sqrt{EI_y GI_t}\sqrt{1 + \frac{\pi^2 EI_\omega}{l^2 GI_t}} \tag{5-24}$$

式中：EI_y——梁侧向抗弯刚度；

$\quad\ GI_t$——梁自由扭转刚度；

$\quad\ EI_\omega$——梁翘曲刚度。

　　式（5-24）是根据双轴对称工字形截面简支梁纯弯曲推导的临界弯矩。由式（5-24）可见，梁整体稳定临界荷载与梁的侧向抗弯刚度、自由扭转刚度、翘曲刚度以及梁的跨度有关。

　　加强梁的受压翼缘，有利于提高梁的整体稳定性。单轴对称截面简支梁（图 5-12）在不同荷载作用下，根据弹性稳定理论可推导其临界弯矩的计算公式：

$$M_{cr} = C_1 \frac{\pi^2 EI_y}{l^2}\left[C_2\alpha + C_3\beta_y + \sqrt{(C_2\alpha + C_3\beta_y)^2 + \frac{I_\omega}{I_y}\left(1 + \frac{l^2 GI_t}{\pi^2 EI_\omega}\right)} \right] \tag{5-25}$$

$$\beta_y = \frac{1}{2I_x}\int_A y(x^2 + y^2)\,\mathrm{d}A - y_0$$

式中：β_y——单轴对称截面的几何参数，当双轴对称时，$\beta_y = 0$；

$\quad\ y_0$——剪心的纵坐标，$y_0 = -\dfrac{I_1 h_1 - I_2 h_2}{I_y}$；正值时剪心在形心之下，

$\qquad\quad$ 负值时在形心之上；

$\quad\ \alpha$——荷载作用点与剪心之间的距离，当荷载作用点在剪心以下

$\qquad\quad$ 时取正值，反之取负值；

$\quad\ I_1$、I_2——受压翼缘和受拉翼缘对 y 轴的惯性矩，$I_1 = t_1 b_1^3/12$，$I_2 = t_2 b_2^3/12$；

$\quad\ h_1$、h_2——受压翼缘和受拉翼缘形心至截面形心的距离；

$\quad\ C_1$、C_2、C_3——根据荷载类型确定的系数，其值如表 5-2 所示。

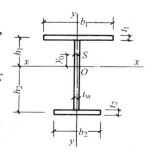

图 5-12　单轴对称
工字形截面

上述的所有纵坐标均以截面形心为原点,y 轴指向下方时为正向。

式(5-25)已被国内外许多试验研究所证实,并被许多国家制订设计标准时参考采用。

表 5-2　C_1、C_2 和 C_3 系数

荷 载 情 况	C_1	C_2	C_3
跨中集中荷载	1.35	0.55	0.40
满跨均布荷载	1.13	0.46	0.53
纯弯曲	1.00	0	1.00

由式(5-24)可得双轴对称工字形截面简支梁的临界应力:

$$\sigma_{cr} = \frac{M_{cr}}{W_x} \tag{5-26}$$

式中:W_x——对 x 轴的毛截面模量。

梁的整体稳定应满足:

$$\sigma = \frac{M_x}{W_x} \leqslant \frac{\sigma_{cr}}{\gamma_R} = \frac{\sigma_{cr}}{f_y} \frac{f_y}{\gamma_R} = \varphi_b f$$

式中:φ_b——梁的整体稳定系数,$\varphi_b = \sigma_{cr}/f_y$。

I_t 的简化计算:

$$I_t = \frac{1.25}{3} \sum b_i t_i^3 \approx \frac{1}{3} A t_1^2$$

$$I_\omega = \left(\frac{h}{2}\right)^2 I_y$$

式中:A——梁毛截面面积。

代入数值 $E = 2.06 \times 10^5$ N/mm^2,$E/G = 2.6$,令 $I_y = A i_y^2$,$l/i_y = \lambda_y$,并取 Q235 钢的 $f_y = 235$ N/mm^2,得到稳定系数的近似值:

$$\varphi_b = \frac{4\,320}{\lambda_y^2} \frac{Ah}{W_x} \sqrt{1 + \left(\frac{\lambda_y t_1}{4.4h}\right)^2} \, \varepsilon_k^2 \tag{5-27}$$

式中:t_1——受压翼缘厚度。

实际工程中梁受纯弯曲的情况很少。当梁受任意横向荷载时,临界弯矩的理论值应按式(5-25)计算,并可求得相应的稳定系数 φ_b,但计算很复杂,所以通常选取较多的常用梁截面尺寸,应用数值方法进行计算和统计分析,得出了不同荷载作用下的稳定系数与纯弯曲作用下稳定系数的比值 β_b。同时为了能够应用于单轴对称焊接工字形截面简支梁的一般情况,梁整体稳定系数 φ_b 的计算公式可以表示如下:

$$\varphi_b = \beta_b \frac{4\,320}{\lambda_y^2} \frac{Ah}{W_x} \left[\sqrt{1 + \left(\frac{\lambda_y t_1}{4.4h}\right)^2} + \eta_b\right] \varepsilon_k^2 \tag{5-28}$$

式中:β_b——梁整体稳定的等效弯矩系数,按附表 3-1 采用;

　　　λ_y——梁在侧向支承点间对 y 轴的长细比;

　　　h——梁截面高度;

　　　η_b——截面不对称影响系数;双轴对称截面(图 5-13(a)、(d))$\eta_b = 0$;单轴对称工字形截

面(图 5-13(b)、(c)),加强受压翼缘 $\eta_b = 0.8(2\alpha_b - 1)$,加强受拉翼缘 $\eta_b = 2\alpha_b - 1$;

其中 $\alpha_b = \dfrac{I_1}{I_1 + I_2}$,$I_1$ 和 I_2 分别为受压翼缘和受拉翼缘对 y 轴的惯性矩。

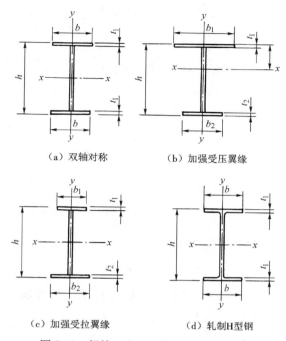

（a）双轴对称　　　　　　（b）加强受压翼缘

（c）加强受拉翼缘　　　　　（d）轧制H型钢

图 5-13　焊接工字形和轧制 H 型钢截面

上述整体稳定系数计算公式是按弹性稳定理论推导的。研究证明,当计算的 φ_b 值大于 0.6 时,梁已进入非弹性状态,整体稳定临界应力明显降低,须对 φ_b 进行修正。《钢结构设计标准》GB 50017 规定,当按式(5-28)计算的 φ_b 值大于 0.60 时,采用式(5-29)求得的 φ_b' 值代替 φ_b 值进行梁的整体稳定验算。

$$\varphi_b' = 1.07 - \frac{0.282}{\varphi_b} \leqslant 1.0 \tag{5-29}$$

轧制普通工字钢简支梁整体稳定系数 φ_b 可直接按附表 3-2 采用,当所得的 φ_b 值大于 0.6 时,应采用式(5-29)计算的 φ_b' 值代替 φ_b 值。

轧制槽钢简支梁的整体稳定系数,不论荷载形式及其作用点在截面高度的位置如何,均可按下式计算:

$$\varphi_b = \frac{570bt}{l_1 h} \varepsilon_k^2 \tag{5-30}$$

式中:h、b、t——槽钢截面的高度、翼缘宽度和平均厚度。

按式(5-30)算得的 φ_b 值大于 0.6 时,应采用式(5-29)计算的 φ_b' 值代替 φ_b 值。

双轴对称工字形截面悬臂梁的整体稳定系数,可按公式(5-28)计算,但式中系数 β_b 应按附表 3-3 查得,$\lambda_y = l_1/i_y$(l_1 为悬臂梁的悬伸长度)。当求得的 φ_b 值大于 0.6 时,应采用式(5-29)计算的 φ_b' 值代替 φ_b 值。

2. 梁整体稳定系数的近似计算

均匀弯曲的梁,当 $\lambda_y \leqslant 120\varepsilon_k$ 时,其整体稳定系数 φ_b 可按下列近似公式计算。

1)工字形截面

双轴对称

$$\varphi_b = 1.07 - \frac{\lambda_y^2}{44\,000}\frac{1}{\varepsilon_k^2}$$ (5-31)

单轴对称

$$\varphi_b = 1.07 - \frac{W_x}{(2\alpha_b + 0.1)Ah}\frac{\lambda_y^2}{14\,000}\frac{1}{\varepsilon_k^2}$$ (5-32)

2)T形截面(弯矩作用在对称轴平面)

(1)弯矩使翼缘受压时:

双角钢T形截面

$$\varphi_b = 1 - 0.001\,7\lambda_y\frac{1}{\varepsilon_k}$$ (5-33)

剖分T型钢和两板组合T形截面:

$$\varphi_b = 1 - 0.002\,2\lambda_y\frac{1}{\varepsilon_k}$$ (5-34)

(2)弯矩使翼缘受拉且腹板宽厚比不大于 $18\varepsilon_k$ 时

$$\varphi_b = 1 - 0.000\,5\lambda_y\frac{1}{\varepsilon_k}$$ (5-35)

按式(5-31)～式(5-35)计算的 φ_b 值大于 0.6 时,不需换算成 φ_b';当按式(5-31)、式(5-32)算得的 φ_b 值大于 1.0 时,取 $\varphi_b = 1.0$。

5.4.4 梁的整体稳定验算

1. 梁的整体稳定性保证

为了提高梁的整体稳定性,当梁上密铺刚性铺板(如楼盖梁的楼面板)时,应使之与梁受压翼缘牢固连接;若无刚性铺板或铺板与梁受压翼缘连接不可靠时,则应设置平面支撑。楼盖或工作平台梁格的平面支撑包括横向平面支撑和纵向平面支撑两种。横向支撑使梁受压翼缘的自由长度由跨长减小为 l_1(侧向支承点间的距离),纵向支撑是为了保证整个梁格横向整体刚度。

符合下列情况之一时,梁的整体稳定可以得到保证,不必验算。

(1)当刚性铺板密铺在梁的受压翼缘上并与其牢固连接,能阻止梁受压翼缘的侧向位移。

(2)箱形截面简支梁,其截面尺寸(图 5-14)满足 $h/b_0 \leqslant 6$,且 $l_1/b_0 < 95\varepsilon_k^2$,支座处视为有侧向支承。

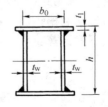

图 5-14 箱形截面

2. 梁的整体稳定验算

当不满足上述不必验算梁整体稳定的条件时,按下式验算梁的整体稳定:

$$\frac{M_x}{\varphi_b W_x f} \leqslant 1.0$$ (5-36)

式中:M_x——绕 x 轴的最大弯矩设计值;

　　W_x——受压最大纤维对 x 轴的毛截面模量;当截面板件宽厚比满足 S1、S2、S3 或 S4 级截面要求时,取全截面模量;满足 S5 级截面要求时,取有效截面模量,均匀受压翼

缘有效外伸宽度取 $15\varepsilon_k$ 倍翼缘宽度,腹板有效截面按 6.6 节方法计算;

φ_b——梁的整体稳定系数。

当梁的整体稳定不满足要求时,可采用加大梁截面尺寸或增加侧向支撑的方法解决,前者以增大受压翼缘宽度最有效,侧向支撑应设置在(或靠近)梁的受压翼缘平面。

不论梁是否需要验算其整体稳定,梁支座处均应采取构造措施阻止其端截面扭转 (图 5-15)。

在两个主平面受弯的工字形截面梁,其整体稳定验算:

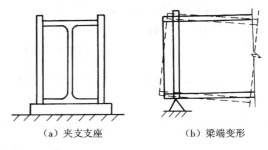

$$\frac{M_x}{\varphi_b W_x f} + \frac{M_y}{\gamma_y W_y f} \leqslant 1.0 \qquad (5\text{-}37)$$

式中:W_x、W_y——受压最大纤维对 x 轴、y 轴的毛截面模量。

（a）夹支支座　　　　（b）梁端变形

图 5-15　梁端夹支支座

[例题 5-1]　一焊接工字形截面简支梁,跨度 $l = 12$ m,无侧向支撑。跨中上翼缘作用一集中静力荷载,标准值为 P_k,其中永久荷载占 20%($\gamma_G = 1.3$)、可变荷载占 80%($\gamma_Q = 1.5$)。钢材为 Q235 B。选择的两个截面如图 5-16 所示,两梁的截面积和梁高均相同。计算两梁各能承受的集中荷载标准值 P_k(梁自重略去不计)。设 P_k 由梁的整体稳定和受弯强度控制。

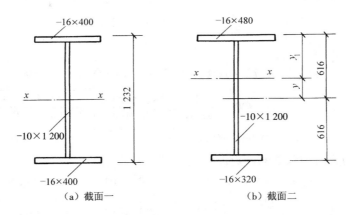

（a）截面一　　　　　　　　　（b）截面二

图 5-16　例题 5-1 图

[解]

(1)双轴对称工字形截面(图 5-16(a))

梁所能承受集中荷载的大小将由整体稳定条件控制。

双轴对称截面整体稳定系数

$$\varphi_b = \beta_b \frac{4\,320\,Ah}{\lambda_y^2\,W_x} \sqrt{1 + \left(\frac{\lambda_y t_1}{4.4h}\right)^2}\,\varepsilon_k^2$$

$$\varepsilon_k = \sqrt{\frac{235}{f_y}} = \sqrt{\frac{235}{235}} = 1.0$$

受压翼缘　　　　　$11\varepsilon_k = 11 < \dfrac{b_1}{t} = \dfrac{195}{16} = 12.2 < 13\varepsilon_k = 13$

根据表 5-1,受压翼缘宽厚比满足 S3 级截面要求。

腹板 $\qquad 93\varepsilon_k = 93 < \dfrac{h_0}{t_w} = \dfrac{1\,200}{10} = 120 < 124\varepsilon_k = 124$

根据表 5-1,腹板高厚比满足 S4 级截面要求。

按全截面模量计算梁的整体稳定。

截面的几何特性:

截面积 $\qquad A = 2 \times 40 \times 1.6 + 120 \times 1.0 = 248(\mathrm{cm}^2)$

截面惯性矩 $\qquad I_x = \dfrac{1}{12} \times 1.0 \times 120^3 + 2 \times 40 \times 1.6 \times 60.8^2 = 617\,170(\mathrm{cm}^4)$

$$I_y = 2 \times \dfrac{1}{12} \times 1.6 \times 40^3 = 17\,067(\mathrm{cm}^4)$$

截面模量 $\qquad W_x = \dfrac{I_x}{h/2} = \dfrac{617\,170}{123.2/2} = 10\,019(\mathrm{cm}^3)$

回转半径 $\qquad i_y = \sqrt{\dfrac{I_y}{A}} = \sqrt{\dfrac{17\,067}{248}} = 8.3(\mathrm{cm})$

侧向长细比 $\qquad \lambda_y = \dfrac{l_1}{i_y} = \dfrac{1\,200}{8.3} = 144.6$

参数 $\qquad \xi = \dfrac{l_1 t_1}{bh} = \dfrac{1\,200 \times 1.6}{40 \times 123.2} = 0.390 < 2.0$

查附表 3-1,等效弯矩系数

$$\beta_b = 0.73 + 0.18\xi = 0.73 + 0.18 \times 0.390 = 0.800$$

则 $\qquad \varphi_b = 0.800 \times \dfrac{4\,320}{144.6^2} \times \dfrac{248 \times 123.2}{10\,019} \sqrt{1 + \left(\dfrac{144.6 \times 1.6}{4.4 \times 123.2}\right)^2} \times 1.0^2$

$$= 0.548 < 0.60$$

双轴对称截面梁所能承受的弯矩设计值

$$M_x = \varphi_b f W_x = 0.548 \times 215 \times 10\,019 \times 10^3 \times 10^{-6} = 1\,180.4(\mathrm{kN \cdot m})$$

集中荷载设计值 $\qquad P = \dfrac{4M_x}{l} = \dfrac{4 \times 1\,180.4}{12} = 393.5(\mathrm{kN})$

因 $\quad P = 1.3 \times 0.2P_k + 1.5 \times 0.8P_k = 1.46P_k$

故此梁能承受的跨中集中荷载标准值

$$P_k = \dfrac{P}{1.46} = \dfrac{393.5}{1.46} = 269.5(\mathrm{kN})$$

(2)单轴对称工字形截面(图 5-16(b))

单轴对称截面整体稳定系数

$$\varphi_b = \beta_b \dfrac{4\,320}{\lambda_y^2} \dfrac{Ah}{W_x} \left[\sqrt{1 + \left(\dfrac{\lambda_y t_1}{4.4h}\right)^2} + \eta_b \right] \varepsilon_k^2$$

形心轴至梁顶面距离

$$y_1 = \dfrac{48 \times 1.6 \times 1.0 + 120 \times 1.0 \times 61.6 + 32 \times 1.6 \times 122.4}{48 \times 1.6 + 120 \times 1.0 + 32 \times 1.6}$$

$$= \frac{13\ 720.\ 3}{248} = 55.\ 32\ (\text{cm})$$

受压翼缘宽厚比和腹板高厚比均满足 S4 级截面要求,按全截面模量计算整体稳定和受弯强度。

截面的几何特性:

截面积 $A = 248\ \text{cm}^2$

截面惯性矩 $I_x = 48 \times 1.6 \times 54.52^2 + \frac{1}{3} \times 1.0 \times 53.72^3 + \frac{1}{3} \times 1.0 \times 66.28^3$

$$+ 32 \times 1.6 \times 67.08^2 = 607\ 401\ (\text{cm}^4)$$

$$I_y = I_1 + I_2 = \frac{1}{12} \times 1.6 \times 48^3 + \frac{1}{12} \times 1.6 \times 32^3$$

$$= 14\ 746 + 4\ 369 = 19\ 115\ (\text{cm}^4)$$

截面对受压翼缘的模量 $W_{1x} = \dfrac{I_x}{y_1} = \dfrac{607\ 401}{55.\ 32} = 10\ 980\ (\text{cm}^3)$

回转半径 $i_y = \sqrt{\dfrac{I_y}{A}} = \sqrt{\dfrac{19\ 115}{248}} = 8.\ 8\ (\text{cm})$

侧向长细比 $\lambda_y = \dfrac{1\ 200}{8.\ 8} = 136.\ 4$

参数 $\xi = \dfrac{l_1 t_1}{bh} = \dfrac{1\ 200 \times 1.6}{48 \times 123.2} = 0.\ 325 < 2.\ 0$

$$\alpha_b = \frac{I_1}{I_1 + I_2} = \frac{14\ 746}{19\ 115} = 0.\ 771 < 0.\ 8$$

查附表 3-1,等效弯矩系数

$$\beta_b = 0.\ 73 + 0.\ 18\xi = 0.\ 73 + 0.\ 18 \times 0.\ 325 = 0.\ 789$$

截面不对称影响系数 $\eta_b = 0.\ 8(2\alpha_b - 1) = 0.\ 8(2 \times 0.\ 771 - 1) = 0.\ 434$

则

$$\varphi_b = 0.\ 789 \times \frac{4\ 320}{136.\ 4^2} \times \frac{248 \times 123.2}{10\ 980}\left[\sqrt{1 + \left(\frac{136.\ 4 \times 1.6}{4.\ 4 \times 123.2}\right)^2} + 0.\ 434\right] \times 1.\ 0^2$$

$$= 0.\ 771 > 0.\ 60$$

应换算为

$$\varphi_b' = 1.\ 07 - \frac{0.\ 282}{0.\ 771} = 0.\ 704$$

按整体稳定控制,此截面梁所能承受的弯矩设计值

$$M_x = \varphi_b' f W_{1x} = 0.\ 704 \times 215 \times 10\ 980 \times 10^3 \times 10^{-6} = 1\ 662.\ 0\ (\text{kN} \cdot \text{m})$$

对加强受压翼缘的单轴对称工字形截面,还需计算按受拉翼缘受弯强度控制梁所能承受的弯矩设计值:

受拉翼缘宽厚比满足 S2 级截面要求,所以 $\gamma_x = 1.\ 05$。

$$W_{2x} = \frac{I_x}{h - y_1} = \frac{607\ 401}{123.\ 2 - 55.\ 32} = 8\ 948\ (\text{cm}^3)$$

$$M_x = \gamma_x f W_{2x} = 1.\ 05 \times 215 \times 8\ 948 \times 10^3 \times 10^{-6}$$

$$= 2\ 020.\ 0\ (\text{kN} \cdot \text{m}) > 1\ 662.\ 0\ \text{kN} \cdot \text{m}$$

因此单轴对称截面梁所能承受的集中荷载由梁的整体稳定所控制。

承受的集中荷载设计值

$$P = \frac{4M_x}{l} = \frac{4 \times 1\,662.0}{12} = 554.0(\text{kN})$$

承受的集中荷载标准值

$$P_k = \frac{P}{1.46} = \frac{554.0}{1.46} = 379.5(\text{kN})$$

比较上述计算结果,两梁的截面积和截面高度均相同,加强受压翼缘的单轴对称截面梁所能承受的集中荷载标准值为双轴对称截面梁的 1.41 倍,但 I_x 降低约 1.6%,即挠度值将比双轴对称截面梁增加约 1.6%。

[例题 5-2] 一简支梁,跨度 $l = 12$ m,截面如图 5-17 所示,钢材为 Q345。梁跨中上翼缘作用一集中静力荷载,标准值为 P_k,其中永久荷载占 30%($\gamma_G = 1.3$),可变荷载占 70%($\gamma_Q = 1.5$)。设计两个方案:(1)在集中荷载作用处设置一侧向支撑;(2)不设置侧向支撑。试根据受弯强度和整体稳定条件确定两个方案中梁所能承受的集中荷载标准值。

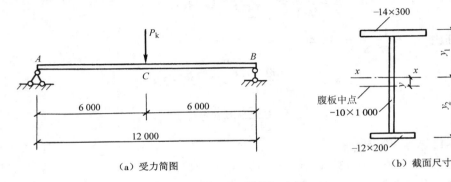

（a）受力简图 （b）截面尺寸

图 5-17 例题 5-2 图

[解]

(1)截面板件宽(高)厚比等级确定

$$\varepsilon_k = \sqrt{\frac{235}{f_y}} = \sqrt{\frac{235}{345}} = 0.83$$

受压翼缘

$$11\varepsilon_k = 9.13 < \frac{b_1}{t} = \frac{150-5}{14} = 10.36 < 13\varepsilon_k = 10.79$$

根据表 5-1,受压翼缘宽厚比满足 S3 级截面要求。

腹板

$$93\varepsilon_k = 77.19 < \frac{h_0}{t_w} = \frac{1\,000}{10} = 100 < 124\varepsilon_k = 102.92$$

根据表 5-1,腹板高厚比满足 S4 级截面要求。

按全截面模量计算梁的整体稳定和受弯强度。

(2)截面的几何特性

截面积 $A = 1.4 \times 30 + 1.0 \times 100 + 1.2 \times 20 = 42 + 100 + 24 = 166(\text{cm}^2)$

形心轴至腹板高度中点距离

$$y = \frac{42(50+0.7)-24(50+0.6)}{166} = 5.5(\text{cm})$$

$$y_1 = (50+1.4)-5.5 = 45.9(\text{cm})$$

$$y_2 = 102.6-45.9 = 56.7(\text{cm})$$

截面惯性矩

$$I_x = 42 \times 45.2^2 + \frac{1}{3} \times 1.0 \times 44.5^3 + \frac{1}{3} \times 1.0 \times 55.5^3 + 24 \times 56.1^2 = 247\ 699(\text{cm}^4)$$

$$I_y = \frac{1}{12} \times 1.4 \times 30^3 + \frac{1}{12} \times 1.2 \times 20^3 = 3\ 150 + 800 = 3\ 950(\text{cm}^4)$$

受压纤维对 x 轴的截面模量 $W_{1x} = \dfrac{I_x}{y_1} = \dfrac{247\ 699}{45.9} = 5\ 396(\text{cm}^3)$

受拉纤维对 x 轴的截面模量 $W_{2x} = \dfrac{I_x}{y_2} = \dfrac{247\ 699}{56.7} = 4\ 369(\text{cm}^3)$

回转半径 $i_y = \sqrt{\dfrac{I_y}{A}} = \sqrt{\dfrac{3\ 950}{166}} = 4.88(\text{cm})$

梁自重 $g = 9.81\rho A = 9.81 \times 7\ 850 \times 166 \times 10^{-4}$

$$= 1\ 278(\text{N/m}) \approx 1.28\ \text{kN/m}$$

（3）设置侧向支撑

整体稳定系数

$$\varphi_b = \beta_b \frac{4\ 320}{\lambda_y^2} \frac{Ah}{W_{1x}} \left[\sqrt{1 + \left(\frac{\lambda_y t_1}{4.4h}\right)^2} + \eta_b \right] \varepsilon_k^2$$

梁承受跨中处一集中荷载的作用，查附表 3-1，$\beta_b = 1.75$。

$$l_1 = 6\ \text{m}$$

$$\lambda_y = \frac{l_1}{i_y} = \frac{600}{4.88} = 123.0$$

截面不对称影响系数

$$\alpha_b = \frac{I_1}{I_1 + I_2} = \frac{3\ 150}{3\ 950} = 0.797$$

$$\eta_b = 0.8(2\alpha_b - 1) = 0.8(2 \times 0.797 - 1) = 0.475$$

$$\varphi_b = 1.75 \times \frac{4\ 320}{123.0^2} \times \frac{166 \times 102.6}{5\ 396} \left[\sqrt{1 + \left(\frac{123.0 \times 1.4}{4.4 \times 102.6}\right)^2} + 0.475 \right] \times 0.83^2$$

$$= 1.679 > 0.6$$

需换算为 φ_b'

$$\varphi_b' = 1.07 - \frac{0.282}{1.679} = 0.902$$

按整体稳定控制，梁所能承受的弯矩设计值

$$M_x = \varphi_b' f W_{1x} = 0.902 \times 305 \times 5\ 396 \times 10^3 \times 10^{-6} = 1\ 484.5(\text{kN} \cdot \text{m})$$

按受拉下翼缘受弯强度控制，梁所能承受的弯矩设计值

受压翼缘宽厚比满足 S3 级截面要求，$\gamma_x = 1.05$。

$$M_x = \gamma_x f W_{2x} = 1.05 \times 305 \times 4\ 369 \times 10^3 \times 10^{-6}$$

$$= 1\ 399.2(kN \cdot m) < 1\ 484.5\ kN \cdot m$$

所以,梁的承载力由下翼缘受弯强度控制。

梁自重产生的弯矩设计值

$$M_x^g = \frac{1}{8}(\gamma_G g)l^2 = \frac{1}{8}(1.3 \times 1.28) \times 12^2 = 30.0(kN \cdot m)$$

集中荷载产生的弯矩设计值

$$M_x^p = \frac{1}{4}Pl = M_x - M_x^g = 1\ 399.2 - 30.0 = 1\ 369.2(kN \cdot m)$$

梁所能承受的集中荷载设计值

$$P = \frac{4M_x^p}{l} = \frac{4 \times 1\ 369.2}{12} = 456.4(kN)$$

因

$$P = 1.3 \times 0.3P_k + 1.5 \times 0.7P_k = 1.44P_k$$

故梁所能承受的集中荷载标准值

$$P_k = \frac{P}{1.44} = \frac{456.4}{1.44} = 316.9(kN)$$

(3)不设置侧向支撑

$$l_1 = l = 12\ m$$

参数 $\quad \xi = \frac{l_1 t_1}{bh} = \frac{1\ 200 \times 1.4}{30 \times 102.6} = 0.546 < 2.0$

查附表 3-1,等效弯矩系数

$$\beta_b = 0.73 + 0.18\xi = 0.73 + 0.18 \times 0.546 = 0.828$$

因 $\alpha_b = 0.797 < 0.8$,按附表 3-1 注,β_b 不必折减。

$$\lambda_y = \frac{l_1}{i_y} = \frac{1\ 200}{4.88} = 245.9$$

$$\varphi_b = 0.828 \times \frac{4\ 320}{245.9^2} \times \frac{166 \times 102.6}{5\ 396}\left[\sqrt{1 + \left(\frac{245.9 \times 1.4}{4.4 \times 102.6}\right)^2} + 0.475\right] \times 0.83^2$$

$$= 0.223 < 0.6$$

按整体稳定控制,梁所能承受的弯矩设计值

$$M_x = \varphi_b f W_{1x} = 0.223 \times 305 \times 5\ 396 \times 10^3 \times 10^{-6}$$
$$= 367.0(kN \cdot m) < \gamma_x f W_{2x} = 1\ 399.2\ kN \cdot m$$

所以,梁的承载力由整体稳定控制。

梁所能承受的集中荷载设计值

$$P = \frac{4M_x^p}{l} = \frac{4(367.0 - 30.0)}{12} = 112.3(kN)$$

则

$$P_k = \frac{P}{1.44} = \frac{112.3}{1.44} = 78.0(kN)$$

上述计算表明:梁在跨中设置一侧向支撑更合理,其所能承受的跨中集中荷载为不设置侧向支撑时的 4.06 倍;当所求得整体稳定系数 $\varphi_b < 0.6$ 时,采用强度较高的钢材并不能提高整体稳定所控制的弯矩值,因而没有必要采用高强度钢材。以本例题跨中不设侧向支撑时为例,若改用 Q235 钢,则其整体稳定系数

$$\varphi_{\mathrm{b}} = 0.324 < 0.6$$

梁所能承受的弯矩设计值

$$M_x = \varphi_{\mathrm{b}} f W_x = 0.324 \times 215 \times 5\,396 \times 10^3 \times 10^{-6} = 375.9(\mathrm{kN \cdot m})$$

与采用 Q345 钢时 $M_x = 367.0\ \mathrm{kN \cdot m}$ 基本相同。

5.5　梁的局部稳定和腹板加劲肋设计

　　焊接梁翼缘和腹板如果采用的板件宽(高)而薄,板中压应力或剪应力达到某数值后,受压翼缘(图 5-18(a))或腹板(图 5-18(b))可能偏离其平面位置,出现凹凸变形,这种现象称为梁丧失局部稳定。

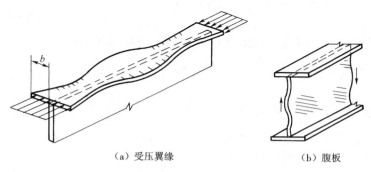

(a) 受压翼缘　　　　　　　　　　(b) 腹板

图 5-18　梁局部失稳

　　对于焊接梁,承受静力荷载和间接承受动力荷载时可考虑腹板屈曲后强度,按第 5.6 节计算其受弯和受剪承载力;不考虑腹板屈曲后强度时,当 $h_0/t_\mathrm{w} \geqslant 80\varepsilon_\mathrm{k}$ 时,应验算腹板的稳定性。中级工作制吊车梁验算腹板的稳定性时,吊车轮压设计值可乘以折减系数 0.9。

　　对于热轧型钢梁,其板件宽(高)厚比一般都较小,能够保证梁的局部稳定。

5.5.1　受压翼缘

　　梁的受压翼缘主要承受均布压应力。为了充分发挥钢材强度,翼缘应采用一定厚度的钢板,使其屈曲临界应力 σ_{cr} 不小于钢材的屈服强度 f_y,从而保证受压翼缘不发生屈曲。一般采用限制宽厚比的方法来保证梁受压翼缘的稳定。

　　由第 5.2 节可知,当受压翼缘宽厚比满足 S4 级截面要求时,其不会发生屈曲,因此,工字形截面梁受压翼缘宽厚比应满足:

$$\frac{b_1}{t} \leqslant 15\varepsilon_\mathrm{k} \tag{5-38}$$

箱形截面受压翼缘宽厚比应满足:

$$\frac{b_0}{t} \leqslant 42\varepsilon_\mathrm{k} \tag{5-39}$$

　　当箱形截面受压翼缘不满足局部稳定要求设置纵向加劲肋时,b_0 取腹板与纵向加劲肋之间的翼缘宽度。

5.5.2 腹板的屈曲临界应力

1.受弯腹板的屈曲临界应力

受弯腹板的屈曲形式如图5-19所示,凹凸变形的中心靠近压应力的合力处。

受弯理想平板的弹性屈曲临界应力:

$$\sigma_{cr} = \frac{\chi_b k_b \pi^2 E}{12(1-\nu^2)} \left(\frac{t_w}{h_0}\right)^2$$

受弯四边简支板的屈曲系数 $k_b = 23.9$;当有刚性铺板密铺在梁的受压翼缘并与受压翼缘牢固连接,使受压翼缘的扭转受到约束时,取嵌固系数 $\chi_b = 1.66$;当梁的受压翼缘扭转未受到约束时,取嵌固系数 $\chi_b = 1.0$。

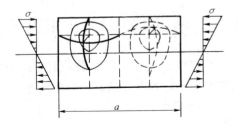

图5-19 受弯腹板屈曲形式

为保证腹板在最大受压边缘屈服前不发生屈曲,取 $\sigma_{cr} \geqslant f_y$,则:

梁受压翼缘扭转受到约束时 $\qquad \frac{h_0}{t_w} \leqslant 177\varepsilon_k$ (5-40a)

梁受压翼缘扭转未受到约束时 $\qquad \frac{h_0}{t_w} \leqslant 138\varepsilon_k$ (5-40b)

即腹板高厚比满足式(5-40)时,受弯腹板不会发生屈曲。

定义用于受弯腹板的正则化高厚比:

$$\lambda_{n,b} = \sqrt{\frac{f_y}{\sigma_{cr}}} \qquad (5-41)$$

式中: f_y ——钢材的屈服强度;

σ_{cr} ——受弯理想平板的弹性屈曲临界应力。

将 $E = 2.06 \times 10^5 \text{ N/mm}^2$,$\nu = 0.3$,$\chi_b = 1.66$ 和 $\chi_b = 1.0$ 代入式(5-41),可得:

梁受压翼缘扭转受到约束时 $\qquad \lambda_{n,b} = \frac{h_0/t_w}{177} \frac{1}{\varepsilon_k}$ (5-42a)

梁受压翼缘扭转未受到约束时 $\qquad \lambda_{n,b} = \frac{h_0/t_w}{138} \frac{1}{\varepsilon_k}$ (5-42b)

当梁截面为单轴对称时,为了提高梁的整体稳定性,一般加强受压翼缘,这样腹板受压区高度 h_c 小于 $h_0/2$,腹板受压边缘应力小于受拉边缘应力,这种情况下计算临界应力 σ_{cr} 时,屈曲系数 k_b 应大于23.9,在实际计算中仍取 $k_b = 23.9$,而把腹板计算高度 h_0 用 $2h_c$ 代替。

当梁受压翼缘扭转受到约束时

$$\lambda_{n,b} = \frac{2h_c/t_w}{177} \frac{1}{\varepsilon_k} \qquad (5-43a)$$

当梁受压翼缘扭转未受到约束时

$$\lambda_{n,b} = \frac{2h_c/t_w}{138} \frac{1}{\varepsilon_k} \qquad (5-43b)$$

考虑腹板几何缺陷和钢材弹塑性的影响,根据正则化高厚比 $\lambda_{n,b}$ 范围的不同,受弯腹板的屈曲临界应力计算如下:

当 $\lambda_{n,b} \leqslant 0.85$ 时

$$\sigma_{cr} = f \tag{5-44a}$$

当 $0.85 < \lambda_{n,b} \leqslant 1.25$ 时

$$\sigma_{cr} = \left[1 - 0.75(\lambda_{n,b} - 0.85) \right] f \tag{5-44b}$$

当 $\lambda_{n,b} > 1.25$ 时

$$\sigma_{cr} = 1.1f / \lambda_{n,b}^2 \tag{5-44c}$$

式中：f——钢材的抗弯强度设计值。

式(5-44)的三个公式分别属于塑性、弹塑性和弹性状态,各阶段之间界限确定的原则为:对于既无几何缺陷又无残余应力的理想弹塑性板,并不存在弹塑性过渡区,塑性状态和弹性状态的分界点应是 $\lambda_{n,b} = 1.0$,当 $\lambda_{n,b} = 1.0$ 时,$\sigma_{cr} = f_y$。实际工程中的板由于存在缺陷,在 $\lambda_{n,b}$ 未达到 1.0 之前临界应力就开始减小。《钢结构设计标准》GB 50017 取 $\lambda_{n,b} = 0.85$,即腹板边缘应力达到强度设计值时高厚比分别为 150(受压翼缘扭转受到约束)和 117(受压翼缘扭转未受到约束)。计算梁的整体稳定时,当整体稳定系数 φ_b 大于 0.6 时需进行非弹性修正,相应的 $\lambda_{n,b}$ 为 $(1/0.6)^{1/2} = 1.29$。考虑残余应力对腹板稳定的不利影响小于对梁整体稳定的影响,取 $\lambda_{n,b} = 1.25$。屈曲临界应力和腹板受弯计算正则化高厚比的关系曲线如图 5-20 所示。

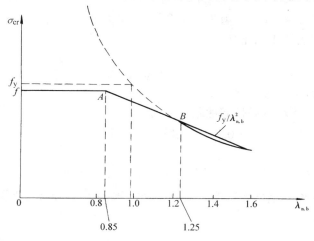

图 5-20　σ_{cr}—$\lambda_{n,b}$ 曲线

2. 受剪腹板的屈曲临界应力

受剪腹板在 45°方向产生主应力,主拉应力和主压应力在数值上都等于剪应力。在主压应力作用下,腹板屈曲形式如图 5-21 所示,产生大约 45°方向倾斜的凹凸变形。

受剪理想平板的弹性屈曲临界应力:

$$\tau_{cr} = \frac{\chi_s k_s \pi^2 E}{12(1 - \nu^2)} \left(\frac{t_w}{h_0} \right)^2$$

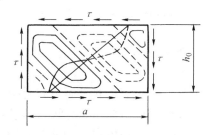

图 5-21　受剪腹板屈曲形式

四边简支受剪腹板的屈曲系数 k_s 和腹板区格的长宽比 a/h_0 有关。

当 $a/h_0 \leqslant 1.0$ 时

$$k_s = 4 + 5.34 \left(\frac{h_0}{a} \right)^2 \tag{5-45a}$$

当 $a/h_0 > 1.0$ 时

$$k_s = 5.34 + 4\left(\frac{h_0}{a}\right)^2 \tag{5-45b}$$

式中:a——腹板横向加劲肋的间距;

χ_s——嵌固系数,简支梁 $\chi_s = 1.23$,框架梁梁端最大应力区 $\chi_s = 1.0$。

当腹板不设置横向加劲肋时,取 $k_s = 5.34$,$\chi_s = 1.23$。若 $\tau_{cr} \geqslant f_{vy}$,可得:

$$\frac{h_0}{t_w} \leqslant 94.9\varepsilon_k \tag{5-46}$$

即在弹性状态时只要满足式(5-46)受剪腹板不会发生屈曲。

实际上,弹性状态只适用于临界应力 τ_{cr} 不大于剪切比例极限 τ_p 的情况。当 $\tau_{cr} > \tau_p$ 时,腹板发生非弹性屈曲。根据试验结果,非弹性屈曲的临界应力为 $\tau'_{cr} = \sqrt{\tau_{cr}\tau_p}$。对于梁腹板,考虑其残余应力影响较小,可取 $\tau_p = 0.8f_{vy}$。若令 $\tau'_{cr} \geqslant f_{vy}$,则:

$$\frac{h_0}{t_w} \leqslant 75.9\varepsilon_k \tag{5-47}$$

即腹板高厚比满足式(5-47)时,受剪腹板不会发生屈曲。

定义用于受剪腹板的正则化高厚比:

$$\lambda_{n,s} = \sqrt{\frac{f_{vy}}{\tau_{cr}}} \tag{5-48}$$

式中:f_{vy}——钢材的抗剪屈服强度;

τ_{cr}——受剪理想平板的弹性屈曲临界应力。

将 $E = 2.06 \times 10^5 \text{ N/mm}^2$,$\nu = 0.3$ 代入式(5-48),则:

$$\lambda_{n,s} = \frac{h_0/t_w}{37} \frac{1}{\sqrt{\chi_s k_s}\,\varepsilon_k} \tag{5-49}$$

考虑腹板几何缺陷和钢材弹塑性的影响,根据正则化高厚比 $\lambda_{n,s}$ 范围的不同,受剪腹板的屈曲临界应力计算如下:

当 $\lambda_{n,s} \leqslant 0.8$ 时

$$\tau_{cr} = f_v \tag{5-50a}$$

当 $0.8 < \lambda_{n,s} \leqslant 1.2$ 时

$$\tau_{cr} = [1 - 0.59(\lambda_{n,s} - 0.8)]f_v \tag{5-50b}$$

当 $\lambda_{n,s} > 1.2$ 时

$$\tau_{cr} = 1.1f_v/\lambda_{n,s}^2 \tag{5-50c}$$

式中:f_v——钢材的抗剪强度设计值。

式(5-50)塑性和弹性状态界限分别取 $\lambda_{n,s} = 0.8$ 和 $\lambda_{n,s} = 1.2$,前者参考 EN1993 Eurocode3 采用。后者认为钢材剪切比例极限为 $0.8f_{vy}$,再引入板件几何缺陷影响系数 0.9,弹性状态界限应为 $[1/(0.8 \times 0.9)]^{1/2} = 1.18$,调整为 1.20。

3. 受局部压应力腹板的屈曲临界应力

受局部压应力腹板的屈曲形式如图 5-22 所示,产生一个靠近横向压应力作用边缘的凸曲面。

受局部压应力理想平板的弹性屈曲临界应力:

$$\sigma_{c,cr} = \frac{\chi_c k_c \pi^2 E}{12(1-\nu^2)} \left(\frac{t_w}{h_0}\right)^2$$

承受局部压应力的腹板,翼缘对其的嵌固系数:

$$\chi_c = 1.81 - 0.255 \frac{h_0}{a} \tag{5-51}$$

和式(5-51)嵌固系数相配合的屈曲系数如下:

当 $0.5 \leqslant a/h_0 \leqslant 1.5$ 时

$$k_c = \left(7.4 + 4.5 \frac{h_0}{a}\right)\frac{h_0}{a} \tag{5-52a}$$

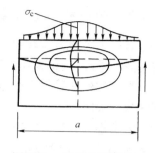

图 5-22　局部受压腹板
屈曲形式

当 $1.5 < a/h_0 \leqslant 2.0$ 时

$$k_c = \left(11 - 0.9 \frac{h_0}{a}\right)\frac{h_0}{a} \tag{5-52b}$$

定义用于局部受压腹板的正则化高厚比:

$$\lambda_{n,c} = \sqrt{\frac{f_y}{\sigma_{c,cr}}} \tag{5-53}$$

式中:$\sigma_{c,cr}$——局部受压理想平板的弹性屈曲临界应力。

将 $E = 2.06 \times 10^5 \text{ N/mm}^2$,$\nu = 0.3$ 代入式(5-53),得:

$$\lambda_{n,c} = \frac{h_0/t_w}{28} \frac{1}{\sqrt{\chi_c k_c}} \frac{1}{\varepsilon_k} \tag{5-54}$$

计算 $\chi_c k_c$ 比较复杂,进行简化后代入式(5-54),则 $\lambda_{n,c}$ 的表达式如下:

当 $0.5 \leqslant a/h_0 \leqslant 1.5$ 时

$$\lambda_{n,c} = \frac{h_0/t_w}{28\sqrt{10.9 + 13.4(1.83 - a/h_0)^3}} \frac{1}{\varepsilon_k} \tag{5-55a}$$

当 $1.5 < a/h_0 \leqslant 2.0$ 时

$$\lambda_{n,c} = \frac{h_0/t_w}{28\sqrt{18.9 - 5a/h_0}} \frac{1}{\varepsilon_k} \tag{5-55b}$$

考虑腹板几何缺陷和钢材弹塑性的影响,根据正则化高厚比 $\lambda_{n,c}$ 范围的不同,受局部压应力腹板的屈曲临界应力计算如下:

当 $\lambda_{n,c} \leqslant 0.9$ 时

$$\sigma_{c,cr} = f \tag{5-56a}$$

当 $0.9 < \lambda_{n,c} \leqslant 1.2$ 时

$$\sigma_{c,cr} = [1 - 0.79(\lambda_{n,c} - 0.9)]f \tag{5-56b}$$

当 $\lambda_{n,c} > 1.2$ 时

$$\sigma_{c,cr} = 1.1f/\lambda_{n,c}^2 \tag{5-56c}$$

以上三组腹板屈曲临界应力计算公式中,式(a)和式(b)都引进了抗力分项系数,对高厚比很小的腹板,临界应力等于钢材强度设计值 f 或 f_v。式(c)都乘以系数1.1,其是抗力分项系数的近似值,即式(c)的临界应力就是弹性屈曲应力的理论值,即不再除以抗力分项系数,这是因为腹板在弹性状态屈曲,其具有较大的屈曲后强度。

5.5.3　腹板的稳定验算

对于承受静力荷载和间接承受动力荷载的焊接梁,允许腹板在梁整体失稳前屈曲,并利用其屈曲后强度,按第5.6节的方法计算其受剪和受弯承载力。对于直接承受动力荷载的吊车梁及类似构件或其他不考虑屈曲后强度的焊接梁,以腹板的屈曲作为承载能力的极限状态,验算腹板的稳定。

为了提高腹板的稳定性,可增加腹板的厚度,也可配置腹板加劲肋,后者比较经济。如图5-23所示,腹板加劲肋和翼缘使腹板成为若干四边支承的矩形区格板,这些区格通常弯曲应力、剪应力和局部压应力同时存在。

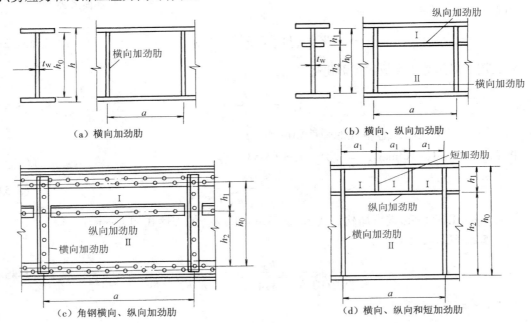

（a）横向加劲肋　　　　　　　　　　（b）横向、纵向加劲肋

（c）角钢横向、纵向加劲肋　　　　　　（d）横向、纵向和短加劲肋

图 5-23　腹板加劲肋

焊接梁腹板宜按下列规定配置加劲肋:

（1）当 $h_0/t_w \leqslant 80\varepsilon_k$ 时,对有局部压应力的梁,宜按构造配置横向加劲肋;当局部压应力较小时,可不配置加劲肋。

（2）直接承受动力荷载的吊车梁及类似构件:

1）当 $h_0/t_w > 80\varepsilon_k$ 时,应配置横向加劲肋;

2）当受压翼缘扭转受到约束且 $h_0/t_w > 170\varepsilon_k$、受压翼缘扭转未受到约束且 $h_0/t_w > 150\varepsilon_k$ 或按计算需要时,应在弯曲应力较大区格的受压区增加配置纵向加劲肋;局部压应力很大的梁,必要时尚宜在受压区配置短加劲肋。确定单轴对称梁是否要配置纵向加劲肋时,h_0 应取腹板受压区高度 h_c 的 2 倍。

（3）不考虑腹板屈曲后强度,当 $h_0/t_w > 80\varepsilon_k$ 时,宜配置横向加劲肋。

（4）h_0/t_w 不宜超过 250。

（5）梁的支座处和上翼缘受有较大固定集中荷载处,宜配置支承加劲肋。

　　验算腹板稳定时,应首先配置加劲肋,然后进行验算,若不满足要求(不足或裕量太大),应调整加劲肋间距,重新验算。腹板稳定验算时,中级工作制吊车梁的吊车轮压设计值可乘以折减系数0.9。

　　1. 配置横向加劲肋的腹板稳定验算

　　仅配置横向加劲肋的腹板(图5-23(a)),各区格的稳定按下式验算:

$$\left(\frac{\sigma}{\sigma_{cr}}\right)^2 + \left(\frac{\tau}{\tau_{cr}}\right)^2 + \frac{\sigma_c}{\sigma_{c,cr}} \leqslant 1.0 \tag{5-57}$$

式中:σ——所计算区格由平均弯矩产生的腹板计算高度边缘的弯曲压应力;

　　　　τ——所计算区格由平均剪力产生的腹板平均剪应力,$\tau = \frac{V}{h_w t_w}$,h_w 为腹板高度;

　　　　σ_c——腹板计算高度边缘的局部压应力,$\sigma_c = \frac{F}{t_w l_z}$,$F$ 为集中荷载,对动力荷载应考虑动

　　　　　　力系数;中级工作制的吊车轮压设计值可乘以折减系数0.9;

　　　　σ_{cr}、τ_{cr}、$\sigma_{c,cr}$——仅承受弯矩、剪力或局部压力时的临界屈曲应力,分别按式(5-44)、(5-50)和(5-56)计算。

　　2. 配置横向和纵向加劲肋的腹板稳定验算

　　同时配置横向和纵向加劲肋的腹板,一般纵向加劲肋设置在距离腹板上边缘$(1/5 \sim 1/4)h_0$处,把腹板划分为上、下两个区格(图5-24)。

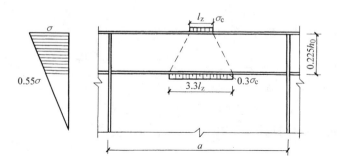

图 5-24　受压翼缘和纵向加劲肋之间的区格

1)上区格板

　　上区格板为狭长板幅,区格板高度取平均值 $0.225h_0$。

　　腹板受弯时,上区格板非均匀受压,应力由 σ 变到 0.55σ,根据 EN1993 Eurocode3,其屈曲系数 $k_b = 5.13$。

　　梁受压翼缘的扭转受到约束时,取嵌固系数 $\chi_b = 1.4$,相应的正则化高厚比:

$$\lambda_{n,b1} = \frac{h_1/t_w}{75} \frac{1}{\varepsilon_k} \tag{5-58a}$$

　　梁受压翼缘扭转未受到约束时,取嵌固系数 $\chi_b = 1.0$,则:

$$\lambda_{n,b1} = \frac{h_1/t_w}{64} \frac{1}{\varepsilon_k} \tag{5-58b}$$

式中:h_1——纵向加劲肋至腹板计算高度受压边缘的距离。

承受集中荷载时,区格板上边缘产生局部压应力 σ_c,同时下边缘产生局部压应力 $0.3\sigma_c$,如图5-24所示。区格板可假设为板状轴心受压柱计算其临界应力。板柱上端承受压应力 σ_c,分布宽度为 l_z,板柱长度中点的应力分布宽度为上下边缘宽度的平均值 $2.15l_z$,可以近似取为 $2h_1$。这样,可以把板柱看作截面积为 $2h_1 t_w$ 的均匀受压构件。板柱的临界力按欧拉临界力公式计算,但是弹性模量 E 除以 $(1-\nu^2)$,则:

$$N_{cr} = \frac{\pi^2 E}{(1-\nu^2)\lambda^2} 2h_1 t_w$$

板柱的计算长度为 h_1,截面回转半径为 $t_w/\sqrt{12}$,代入上式得:

$$N_{cr} = \frac{\pi^2 E}{6(1-\nu^2)} \left(\frac{t_w}{h_1}\right)^2 h_1 t_w$$

σ_c 的临界值为:

$$\sigma_{c,cr1} = \frac{N_{cr}}{h_1 t_w} = 37.2 \left(\frac{100 t_w}{h_1}\right)^2$$

当梁受压翼缘扭转受到约束时,相当于板柱上端嵌固,计算长度为 $0.707 h_1$,则:

$$\lambda_{n,c1} = \frac{h_1/t_w}{56} \frac{1}{\varepsilon_k} \tag{5-59a}$$

当梁的受压翼缘扭转未受到约束时

$$\lambda_{n,c1} = \frac{h_1/t_w}{40} \frac{1}{\varepsilon_k} \tag{5-59b}$$

上区格板的稳定按下式验算:

$$\frac{\sigma}{\sigma_{cr1}} + \left(\frac{\sigma_c}{\sigma_{c,cr1}}\right)^2 + \left(\frac{\tau}{\tau_{cr1}}\right)^2 \leqslant 1.0 \tag{5-60}$$

式中:σ_{cr1}——按式(5-44)计算,但式中的 $\lambda_{n,b}$ 改用 $\lambda_{n,b1}$ 代替;

τ_{cr1}——按式(5-50)计算,但式中的 h_0 改为 h_1;

$\sigma_{c,cr1}$——按式(5-44)计算,但式中的 $\lambda_{n,b}$ 改用 $\lambda_{n,c1}$ 代替。

2)下区格板

根据 EN1993 Eurocode3,受弯时下区格板屈曲系数 $k_b = 47.6$。

相应的正则化高厚比

$$\lambda_{n,b2} = \frac{h_2/t_w}{194} \frac{1}{\varepsilon_k} \tag{5-61}$$

其中 $h_2 = h_0 - h_1$。

下区格板的稳定验算公式为:

$$\left(\frac{\sigma_2}{\sigma_{cr2}}\right)^2 + \left(\frac{\tau}{\tau_{cr2}}\right)^2 + \frac{\sigma_{c2}}{\sigma_{c,cr2}} \leqslant 1.0 \tag{5-62}$$

式中:σ_2——所计算区格由平均弯矩产生的腹板纵向加劲肋处的压应力;

σ_{c2}——腹板纵向加劲肋处的压应力,取 $0.3\sigma_c$;

σ_{cr2}——按式(5-44)计算,但式中的 $\lambda_{n,b}$ 改用 $\lambda_{n,b2}$ 代替;

τ_{cr2}——按式(5-50)计算,但式中的 h_0 改为 h_2;

$\sigma_{c,cr2}$——按式(5-56)计算,但式中的 h_0 改为 h_2,当 $a/h_2 > 2$ 时,取 $a/h_2 = 2$。

3. 受压翼缘与纵向加劲肋之间配置短加劲肋的区格板稳定验算

配置短加劲肋后，不影响弯曲压应力的临界值，和配置纵向加劲肋时相同，按式(5-60)验算区格板稳定，式中的 σ_{crl} 按式(5-44)计算，临界剪应力虽然受到短加劲肋的影响，但计算方法不变，按式(5-50)计算，计算时用 h_1 和 a_1 代替 h_0 和 a，a_1 为短加劲肋间距。

配置短加劲肋后影响最大的为局部压应力的临界值。未配置短加劲肋时，腹板上区格为狭长板，在局部压力作用下性能接近两边支承板。配置短加劲肋后(图 5-25)，成为四边支承板，稳定承载力提高，并和比值 a_1/h_1 有关。

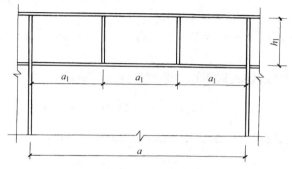

图 5-25　配置短加劲肋的区格

屈曲系数如下：

当 $a_1/h_1 \leqslant 1.2$ 时

$$k_c = 6.8$$

当 $a_1/h_1 > 1.2$ 时

$$k_c = 6.8\sqrt{0.4 + 0.5\frac{a_1}{h_1}}$$

对 $a_1/h_1 \leqslant 1.2$ 的区格，相应的正则化高厚比：

当梁受压翼缘扭转受到约束时，取嵌固系数 $\chi_c = 1.4$

$$\lambda_{n,c1} = \frac{a_1/t_w}{87}\frac{1}{\varepsilon_k} \tag{5-63a}$$

当梁受压翼缘扭转未受到约束时

$$\lambda_{n,c1} = \frac{a_1/t_w}{73}\frac{1}{\varepsilon_k} \tag{5-63b}$$

对 $a_1/h_1 > 1.2$ 的区格，式(5-63)右侧应乘以 $1\left/\sqrt{0.4 + 0.5\dfrac{a_1}{h_1}}\right.$。

受压翼缘与纵向加劲肋之间配置短加劲肋区格板的稳定仍按式(5-60)验算：

$$\frac{\sigma}{\sigma_{crl}} + \left(\frac{\sigma_c}{\sigma_{c,crl}}\right)^2 + \left(\frac{\tau}{\tau_{crl}}\right)^2 \leqslant 1.0$$

式中：σ_{crl}——按式(5-44)计算，但式中的 $\lambda_{n,b}$ 改用 $\lambda_{n,b1}$ 代替；

τ_{crl}——按式(5-50)计算，但将 h_0 和 a 改为 h_1 和 a_1；

$\sigma_{c,crl}$——按式(5-44)计算，但式中的 $\lambda_{n,b}$ 改用 $\lambda_{n,c1}$ 代替。

5.5.4 加劲肋的设计

1. 加劲肋的构造要求和截面尺寸

焊接梁一般采用钢板制作的加劲肋,加劲肋的配置应符合下列要求:宜在腹板两侧成对配置,也可单侧配置;但支承加劲肋、重级工作制吊车梁的加劲肋不应单侧配置。

横向加劲肋的间距 a 最小为 $0.5h_0$,最大为 $2h_0$;无局部压应力的梁,当 $h_0/t_w \leqslant 100$ 近一些时,最大间距可为 $2.5h_0$。纵向加劲肋至腹板受压边缘的距离应为 $h_c/2.5 \sim h_c/2$, h_c 为腹板受压区高度。

加劲肋应有足够的刚度才能作为腹板的可靠支承,所以对加劲肋的截面尺寸和截面惯性矩有一定要求。

在腹板两侧成对配置的钢板横向加劲肋的外伸宽度应满足:

$$b_s \geqslant \frac{h_0}{30} + 40 (\text{mm}) \tag{5-64}$$

加劲肋单侧配置时,外伸宽度应大于上式计算值的 1.2 倍。

加劲肋的厚度:

承受压力加劲肋 $$t_s \geqslant \frac{b_s}{15} \tag{5-65a}$$

不受力加劲肋 $$t_s \geqslant \frac{b_s}{19} \tag{5-65b}$$

当腹板同时配置横向加劲肋和纵向加劲肋时,横向加劲肋的截面尺寸除符合上述规定外,其对 z 轴截面惯性矩(图 5-26)尚应满足下列要求:

$$I_z \geqslant 3h_0 t_w^3 \tag{5-66}$$

纵向加劲肋的截面惯性矩,应满足:

当 $a/h_0 \leqslant 0.85$ 时 $$I_y \geqslant 1.5h_0 t_w^3 \tag{5-67a}$$

当 $a/h_0 > 0.85$ 时 $$I_y \geqslant \left(2.5 - 0.45\frac{a}{h_0}\right)\left(\frac{a}{h_0}\right)^2 h_0 t_w^3 \tag{5-67b}$$

短加劲肋的最小间距为 $0.75h_0$,外伸宽度为横向加劲肋外伸宽度的 $(0.7 \sim 1.0)$ 倍,厚度不应小于短加劲肋外伸宽度的 1/15。

大型梁采用型钢(H 型钢、工字钢、槽钢和肢尖焊于腹板的角钢)制作的加劲肋时,其截面惯性矩不得小于相应钢板加劲肋的惯性矩。

腹板两侧成对配置的加肋肋惯性矩计算时轴线取腹板中心线,腹板一侧配置的加劲肋惯性矩计算时轴线取与加劲肋相连的腹板边缘。

为了避免焊缝交叉,减小焊接残余应力,焊接梁的横向加劲肋与翼缘、腹板连接处应切角(图 5-26),作为焊接工艺孔时,切角宜采用半径 $r = 30$ mm 的 1/4 圆弧。

2. 支承加劲肋设计

支承加劲肋是指承受固定集中荷载或者支座反力的横向加劲肋。支承加劲肋应在腹板两侧成对配置,并应进行整体稳定和端面承压计算,其截面通常比一般横向加劲肋大。

按轴心受压构件计算支承加劲肋在腹板平面外的稳定。构件截面包括加劲肋及其每侧各 $15t_w\varepsilon_k$ 范围内的腹板面积(图 5-26 中阴影部分),其计算长度近似取为 h_0。

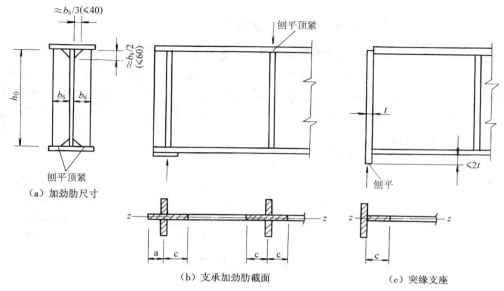

图 5-26　加劲肋的构造要求和截面尺寸

支承加劲肋一般刨平顶紧于梁的翼缘(图 5-26(b))或柱顶(图 5-26(c)),其端面承压强度按下式计算:

$$\sigma_{ce} = \frac{F}{A_{ce}} \leqslant f_{ce} \tag{5-68}$$

式中:F——集中荷载或支座反力设计值;

　　　A_{ce}——加劲肋端面承压面积;

　　　f_{ce}——钢材的端面承压强度设计值。

突缘支座(图 5-26(c))的伸出长度不应大于加劲肋厚度的 2 倍。当端部焊接时,应按传力情况验算焊缝强度。

支承加劲肋与腹板的连接焊缝,应按承受全部集中力或支座反力进行验算,假定应力沿焊缝长度均匀分布。

5.6　考虑腹板屈曲梁的承载力

四边支承薄板的屈曲性能不同于压杆,压杆一旦屈曲,即表明其达到承载能力极限状态,屈曲荷载也就是其极限荷载;四边支承薄板的屈曲荷载并不是其极限荷载,薄板屈曲后还有较大的继续承载能力,称为屈曲后强度。

梁的腹板可视为支承在上、下翼缘和两横向加劲肋的四边支承板,如果支承刚度较强,当腹板屈曲发生侧向位移时,腹板中面内将产生薄膜拉应力形成薄膜张力场,薄膜张力场可阻止侧向位移的加大,使梁能继续承受更大的荷载,直至腹板屈服或板的四边支承破坏,这就是产生腹板屈曲后强度的原因。利用屈曲后强度的腹板,可加大腹板的高厚比,腹板高厚比达到 250 时也不必设置纵向加劲肋,可以获得更好的经济效果。

5.6.1 考虑腹板屈曲后强度梁的受剪承载力

如图 5-27 所示,配置横向加劲肋的腹板区格,受剪时产生主压应力和主拉应力,当主压应力达到一定数值时,腹板沿一斜方向因受主压应力而呈现凹凸变形,即腹板发生了受剪屈曲,不能再继续承受主压应力。但是此时主拉应力还未达到钢材的屈服强度,腹板可以通过斜向张力场承受继续增加的剪力。此时梁可视为一桁架(图 5-28),张力场似桁架的斜拉杆,翼缘为弦杆,加劲肋起竖杆作用。

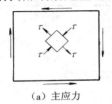 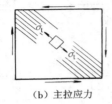 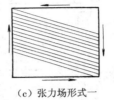 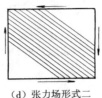

　　　(a) 主应力　　　　　(b) 主拉应力　　　　(c) 张力场形式一　　　(d) 张力场形式二

图 5-27　受剪腹板的主应力和屈曲后张力场

1. 受剪承载力理论计算公式

研究者们提出了多种张力场的分布假定,从而有多种受剪腹板屈曲后承载力的理论分析和计算方法。下面介绍一种适用于建筑结构焊接梁的半张力场理论,其基本假定:(1)考虑腹板屈曲后强度时其承受的剪力,一部分由小挠度理论计算的抗剪力承担,一部分由斜张力场(薄膜效应)承

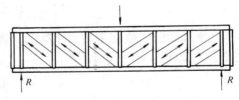

图 5-28　腹板张力场

担;(2)翼缘拉弯刚度小,假定不能承担腹板张力场产生的垂直分力的作用。

根据基本假定(1),腹板能够承担的极限剪力 V_u 为屈曲剪力 V_{cr} 与张力场剪力 V_t 之和,即:

$$V_u = V_{cr} + V_t \tag{5-69}$$

屈曲剪力

$$V_{cr} = h_w t_w \tau_{cr}$$

$$\tau_{cr} = \frac{k\pi^2 E}{12(1-\nu^2)} \left(\frac{t_w}{h_w}\right)^2$$

式中:h_w、t_w——腹板高度和厚度。

下面计算张力场承担的剪力 V_t。

首先确定薄膜张力在水平方向的最优倾角 θ。根据基本假定(2),可认为张力场仅为传力至加劲肋的拉力带,其宽度为 s(图 5-29(a))。

$$s = h_w \cos\theta - a\sin\theta$$

拉力带的拉应力为 σ_t,所提供的剪力:

$$V_{t1} = \sigma_t t_w s\sin\theta = \sigma_t t_w (h_w\cos\theta - a\sin\theta)\sin\theta$$
$$= \sigma_t t_w (0.5h_w\sin 2\theta - a\sin^2\theta)$$

最优 θ 角应使张力场提供的剪力最大,因此,由 $\mathrm{d}V_{t1}/\mathrm{d}\theta = 0$,则:

$$\cot 2\theta = a/h_w$$

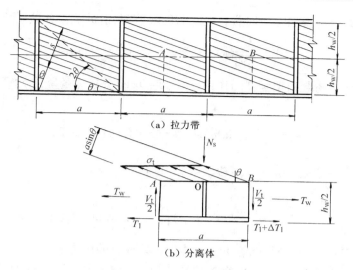

（a）拉力带

（b）分离体

图 5-29　张力场承担剪力计算简图

或

$$\sin 2\theta = \frac{1}{\sqrt{1 + (a/h_{\mathrm{w}})^2}}$$

实际上腹板拉力带以外部分也存在少量薄膜应力。为了求得更符合实际的张力场承担的剪力 V_{t}，按图 5-29（b）所示的分离体进行计算。根据此分离体的受力情况，由水平力的平衡条件可求出翼缘的水平力增量（包括腹板水平力增量的影响）：

$$\Delta T_1 = \sigma_{\mathrm{t}} t_{\mathrm{w}} a \sin \theta \cos \theta = \frac{1}{2} \sigma_{\mathrm{t}} t_{\mathrm{w}} a \sin 2\theta$$

根据对 O 点的力矩之和 $\sum M_O = 0$，则：

$$\frac{V_{\mathrm{t}}}{2} a = \Delta T_1 \frac{h_{\mathrm{w}}}{2}$$

或

$$V_{\mathrm{t}} = \frac{h_{\mathrm{w}}}{a} \Delta T_1 = \frac{1}{2} \sigma_{\mathrm{t}} t_{\mathrm{w}} h_{\mathrm{w}} \sin 2\theta$$

将 $\sin 2\theta$ 代入上式，则：

$$V_{\mathrm{t}} = \frac{1}{2} \sigma_{\mathrm{t}} t_{\mathrm{w}} h_{\mathrm{w}} \frac{1}{\sqrt{1 + (a/h_{\mathrm{w}})^2}} \tag{5-70}$$

式（5-70）中的 σ_{t} 值尚待确定。因腹板的实际受力情况涉及 σ_{t} 和 τ_{cr}，所以必须考虑二者共同作用的破坏条件。假定腹板从屈曲到极限状态，τ_{cr} 保持常量，并假定 τ_{cr} 引起的主拉应力与 σ_{t} 方向相同，根据剪应力的屈服条件，相应于拉应力 σ_{t} 的剪应力为 $\sigma_{\mathrm{t}}/\sqrt{3}$，总剪应力达到其屈服强度 f_{vy} 时不能再增大，则：

$$\frac{\sigma_{\mathrm{t}}}{\sqrt{3}} + \tau_{\mathrm{cr}} = f_{\mathrm{vy}}$$

将上式代入式（5-70），则：

$$V_{\mathrm{t}} = \frac{\sqrt{3}}{2} h_{\mathrm{w}} t_{\mathrm{w}} \frac{f_{\mathrm{vy}} - \tau_{\mathrm{cr}}}{\sqrt{1 + (a/h_{\mathrm{w}})^2}}$$

由式(5-69)即得到考虑腹板屈曲后强度的极限剪力,引进抗力分项系数 γ_R,则:

$$V_u = \frac{h_w t_w}{\gamma_R}\left[\tau_{cr} + \frac{f_{vy} - \tau_{cr}}{1.15\sqrt{1 + (a/h_w)^2}}\right] \tag{5-71}$$

腹板屈曲后加劲肋起桁架竖杆的作用,由图 5-29(b)分离体的竖向力平衡条件,可得到加劲肋所受压力:

$$N_s = (\sigma_t a t_w \sin\theta)\sin\theta = \frac{1}{2}\sigma_t t_w a(1 - \cos 2\theta)$$

代入 $\cos 2\theta = \dfrac{a}{\sqrt{h^2 + a^2}}$ 和 $\sigma_t = \sqrt{3}(f_{vy} - \tau_{cr})$,则:

$$N_s = \frac{\sqrt{3}}{2}\frac{a t_w}{\gamma_R}(f_{vy} - \tau_{cr})\left(1 - \frac{a/h_w}{\sqrt{1 + (a/h_w)^2}}\right) \tag{5-72}$$

梁的中间横向加劲肋,必须能够承受由式(5-72)计算的压力。

对于梁端加劲肋承受的压力,可直接取梁支座反力 R(图 5-28),同时还承受拉力带的水平分力,其作用点可取距上翼缘 $h/4$ 处。

2.《钢结构设计标准》GB 50017 的计算公式

EN1993 Eurocode3 给出了受剪极限承载力较为精确的计算方法,认为张力场不仅存在于横向加劲肋之间,同时也存在于上下翼缘之间(图 5-27(d)),计算时需要首先确定拉力带宽度,计算比较复杂。为了方便计算,此规范同时还给出一种简化计算方法,该方法计算得到的承载力相当于不同尺寸腹板区格的承载力下限,《钢结构设计标准》GB 50017 参考了后一种简化方法,腹板受剪承载力设计值计算如下:

当 $\lambda_{n,s} \leq 0.8$ 时

$$V_u = h_w t_w f_v \tag{5-73a}$$

当 $0.8 < \lambda_{n,s} \leq 1.2$ 时

$$V_u = h_w t_w f_v[1 - 0.5(\lambda_{n,s} - 0.8)] \tag{5-73b}$$

当 $\lambda_{n,s} > 1.2$ 时

$$V_u = h_w t_w f_v / \lambda_{n,s}^{1.2} \tag{5-73c}$$

5.6.2 考虑腹板屈曲梁的受弯承载力

梁腹板承受的弯矩达到一定数值时受压区局部屈曲(图 5-30(a))。此时若截面边缘应力未达到钢材的屈服强度,则梁还能继续承受更大的荷载,但截面应力重分布,屈曲部分的应力不再继续增大,甚至可能减小,而和翼缘相邻部分及压应力较小和受拉部分区域的应力继续增大,直至截面边缘应力达到钢材的屈服强度。

因为腹板屈曲后使梁的受弯承载力下降不多,考虑腹板屈曲计算梁的受弯承载力时,一般采用近似公式确定。《钢结构设计标准》GB 50017 中梁受弯承载力计算采用有效截面的概念,假定腹板受压区有效高度为 ρh_c,等分在 h_c 的两端,中部减去 $(1 - \rho)h_c$ 的高度,梁的中性轴下移(图 5-30(b))。为计算简便,假定在腹板受拉区同样减去 $(1 - \rho)h_c$ 高度,这样中性轴位置不变(图 5-30(c))。

梁有效截面惯性矩(忽略孔洞绕自身轴惯性矩):

$$I_{xe} = I_x - 2(1-\rho)h_c t_w \left(\frac{h_c}{2}\right)^2 = I_x - \frac{1}{2}(1-\rho)h_c^3 t_w \tag{5-74}$$

梁截面模量折减系数：

$$\alpha_e = \frac{W_{xe}}{W_x} = \frac{I_{xe}}{I_x} = 1 - \frac{(1-\rho)h_c^3 t_w}{2I_x} \tag{5-75}$$

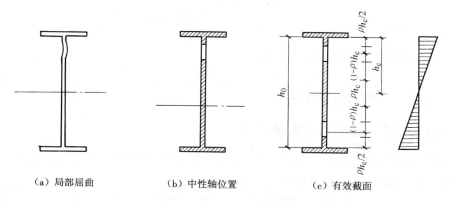

（a）局部屈曲　　　　　　（b）中性轴位置　　　　　　（c）有效截面

图 5-30　受弯屈曲腹板的有效高度

式（5-75）是按双轴对称截面、塑性发展系数 $\gamma_x = 1.0$ 得到的偏安全近似公式，也可用于 $\gamma_x = 1.05$ 和单轴对称截面。

腹板受压区有效高度系数 ρ 按下列方法确定。

临界应力：

$$\sigma_{cr} = \frac{k\pi^2 E}{12(1-\nu^2)}\left(\frac{t}{b}\right)^2$$

板件受压屈曲后最大受压纤维屈服时：

$$\frac{k\pi^2 E}{12(1-\nu)^2}\left(\frac{t}{b_e}\right)^2 = f_y$$

式中：b_e——板件屈曲后的有效宽度。

由以上两式可得：

$$\frac{b_e}{b} = \sqrt{\frac{\sigma_{cr}}{f_y}}$$

对于受弯腹板，上式左端为 $\frac{h_e}{h_c}$，右端则为 $\frac{1}{\lambda_{n,b}}$，因此：

$$\frac{h_e}{h_c} = \frac{1}{\lambda_{n,b}}$$

令 $\rho = h_e/h_c$ 为腹板受压区有效高度系数，考虑几何缺陷和残余应力等不利影响，将上式进行修正：

$$\rho = \frac{1}{\lambda_{n,b}}\left(1 - \frac{0.2}{\lambda_{n,b}}\right)$$

此式只适用于弹性状态，即适用于 $\lambda_{n,b} > 1.25$ 的情况。

当 $\lambda_{n,b} \leqslant 0.85$ 时，腹板不发生屈曲，即全截面有效，$\rho = 1.0$。

《钢结构设计标准》GB 50017 规定 ρ 按下列公式计算：

当 $\lambda_{n,b} \leqslant 0.85$ 时
$$\rho = 1.0 \qquad\qquad (5\text{-}76a)$$

当 $0.85 < \lambda_{n,b} \leqslant 1.25$ 时
$$\rho = 1 - 0.82(\lambda_{n,b} - 0.85) \qquad\qquad (5\text{-}76b)$$

当 $\lambda_{n,b} > 1.25$ 时
$$\rho = \frac{1}{\lambda_{n,b}}\left(1 - \frac{0.2}{\lambda_{n,b}}\right) \qquad\qquad (5\text{-}76c)$$

考虑腹板屈曲梁的受弯承载力设计值：
$$M_{eu} = \gamma_x \alpha_e W_x f \qquad\qquad (5\text{-}77)$$

式中梁截面模量 W_x 按全截面有效计算。

5.6.3 考虑腹板屈曲梁的弯剪承载力

梁腹板通常同时承受弯矩和剪力，考虑腹板承受弯矩和剪力屈曲后梁的承载力计算比较复杂，一般采用弯矩 M 和剪力 V 的相关关系曲线确定。

《钢结构设计标准》GB 50017 采用如图 5-31 所示的 M 和 V 无量钢化相关关系曲线。

假定当弯矩不超过翼缘所能承受的弯矩 M_f 时，腹板不参与承担弯矩，即在 $M \leqslant M_f$ 的范围内相关关系为一水平线，$V/V_u = 1.0$。

当梁全截面有效腹板边缘屈服时，腹板可以承担平均应力约为 $0.65f_{vy}$ 的剪力。偏安全地取承担剪力为最大值 V_u 的 0.5 倍，即当 $V/V_u \leqslant 0.5$ 时，取 $M/M_{eu} = 1.0$。

图 5-31 所示相关曲线的 A 点(M_f/M_{eu},1)和 B 点(1,0.5)之间的曲线采用抛物线，由此抛物线确定的计算式：

$$\left(\frac{V}{0.5V_u} - 1\right)^2 + \frac{M - M_f}{M_{eu} - M_f} \leqslant 1$$

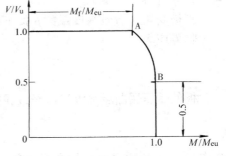

图 5-31 弯矩与剪力相关曲线

这样，梁同时承受弯矩和剪力时的承载力计算如下：

当 $M/M_f \leqslant 1.0$ 时 $\qquad\qquad V \leqslant V_u$ $\qquad\qquad (5\text{-}78a)$

当 $V/V_u \leqslant 0.5$ 时 $\qquad\qquad M \leqslant M_{eu}$ $\qquad\qquad (5\text{-}78b)$

其他情况 $\qquad\qquad \left(\frac{V}{0.5V_u} - 1\right)^2 + \frac{M - M_f}{M_{eu} - M_f} \leqslant 1.0$ $\qquad (5\text{-}78c)$

$$M_f = \left(A_{f1}\frac{h_{m1}^2}{h_{m2}} + A_{f2}h_{m2}\right)f \qquad\qquad (5\text{-}79)$$

式中：M、V——所计算截面处的弯矩和剪力设计值；当 $V \leqslant 0.5V_u$ 时取 $V = 0.5V_u$；当 $M \leqslant M_f$ 时取 $M = M_f$；

$\qquad M_f$——梁两翼缘所能承担的弯矩设计值；

$\qquad A_{f1}$、h_{m1}——较大翼缘的截面面积及其形心至梁中性轴距离；

$\qquad A_{f2}$、h_{m2}——较小翼缘的截面面积及其形心至梁中性轴的距离；

M_{eu}、V_u——梁仅受弯和仅受剪时的承载力的设计值,分别按式(5-77)和(5-73)计算。

5.6.4 考虑腹板屈曲后强度的加劲肋设计

当腹板仅在支座处配置加劲肋不能满足式(5-78)时,应在腹板两侧成对配置中间横向加劲肋。腹板高厚比大于$170\varepsilon_k$(受压翼缘扭转受到约束)或大于$150\varepsilon_k$(受压翼缘扭转未受到约束)也可只配置横向加劲肋,但腹板高厚比不应大于250。

1. 中间横向加劲肋

梁腹板受剪屈曲后以斜向张力场的形式继续承受剪力,梁的受力类似桁架,横向加劲肋相当于竖杆,张力场的水平分力在相邻区格腹板之间传递和平衡,而竖向分力则由加劲肋承受,为此,横向加劲肋截面尺寸除应满足式(5-64)、式(5-65)外,还应按轴心受压构件计算其在腹板平面外的稳定,其承受的轴心压力:

$$N_s = V_u - h_w t_w \tau_{cr} \tag{5-80}$$

若中间横向加劲肋还承受固定集中荷载 F,则:

$$N_s = V_u - h_w t_w \tau_{cr} + F \tag{5-81}$$

式中:V_u 按式(5-73)计算,τ_{cr} 按式(5-50)计算。

2. 支座加劲肋

利用腹板受剪屈曲后强度时,支座加劲肋需要特别设计。

当腹板支座旁的区格板(图5-32(a))$\lambda_{n,s} > 0.8$ 时,支座加劲肋除承受支座反力 R 外,还要承受张力场斜拉力的水平分力,水平分力使加劲肋受弯。

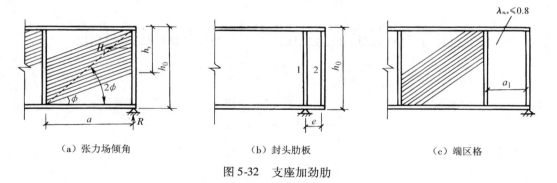

（a）张力场倾角　　　　　　（b）封头肋板　　　　　　（c）端区格

图 5-32 支座加劲肋

如图5-32(a)所示,假设张力场倾角为ϕ,其值由下式确定:

$$\tan 2\phi = h_0/a = 1/\alpha$$

由 $\tan 2\phi = \dfrac{2\tan \phi}{1 - \tan^2 \phi}$ 可得: $\quad \tan \phi = \sqrt{1 + \alpha^2} - \alpha$

拉力带的竖向分力: $\quad V_t = (\tau_u - \tau_{cr}) t_w h_t$

$$h_t = h_0 - a\tan \phi = h_0(1 - a\tan \phi)$$

拉力带水平分力:

$$H = \frac{V_t}{\tan \phi} = (\tau_u - \tau_{cr}) A_w \frac{1 - a\tan \phi}{\tan \phi}$$

代入 $\tan\phi$ 和 α 的计算式可得：

$$H_t = (\tau_u - \tau_{cr})A_w \sqrt{1 + \alpha^2} = (V_u - \tau_{cr}h_w t_w)\sqrt{1 + (a/h_0)^2} \tag{5-82}$$

式中：a——配置中间横向加劲肋的腹板，取支座端区格的加劲肋间距；不配置中间横向加劲肋的腹板，取支座至跨内剪力为零点的距离。

此力可近似地认为作用在距腹板上边缘 $h_0/4$ 处。端加劲肋应按承受 H_t 和支座反力 R 的压弯构件验算其腹板平面外稳定，压弯构件的截面应包括相邻 $15t_w\varepsilon_k$ 宽的腹板，计算高度为 h_0。

如采用图 5-32(b)所示的构造形式，即增加一块封头肋板，采用简化方法进行计算，加劲肋 1 可作为承受支座反力 R 的轴心受压构件计算，封头肋板 2 的截面积应不小于：

$$A_e = \frac{3h_0 H}{16ef} \tag{5-83}$$

式中：e——加劲肋 1 和 2 之间的距离。

梁端构造处理的另一种方法就是缩小第一格区格的宽度 a_1，使此区格板的正则化高厚比 $\lambda_{n,s} \leqslant 0.8$，即不发生屈曲。第二个区格宽度较大，利用屈曲后强度的张力场水平分力由第一区格承担，影响不大。

[**例题 5-3**]　简支梁跨度为 18 m，承受全跨均布荷载和两个三分点处的集中荷载(图 5-33)，荷载设计值 $q = 66$ kN/m，$Q = 460$ kN，钢材为 Q345，梁的截面尺寸为翼缘 -20×440，腹板 $-12 \times 1\,600$。在集中荷载作用处设置横向加劲肋。考虑腹板屈曲后强度，验算梁的承载力是否满足要求。

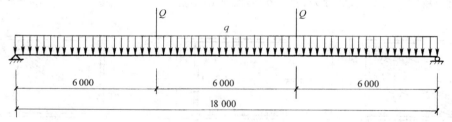

图 5-33　例题 5-3 图

[**解**]

(1)跨中截面

最大弯矩　$M_1 = M_{max} = \dfrac{1}{8}ql^2 + \dfrac{1}{3}Ql = \dfrac{1}{8} \times 66 \times 18^2 + \dfrac{1}{3} \times 460 \times 18 = 5\,433(\text{kN} \cdot \text{m})$

剪力　$\qquad\qquad\qquad\qquad V_1 = 0$

截面惯性矩　$I_x = \dfrac{1}{12} \times 12 \times 1\,600^3 + 2 \times 440 \times 20 \times 810^2 = 1.564 \times 10^{10}(\text{mm}^4)$

截面模量　$W_x = \dfrac{I_x}{h/2} = \dfrac{1.564 \times 10^{10}}{820} = 1.907 \times 10^7(\text{mm}^3)$

受压翼缘扭转未受约束　$\lambda_{n,b} = \dfrac{h_0/t_w}{138}\dfrac{1}{\varepsilon_k} = \dfrac{1\,600/12}{138}\sqrt{\dfrac{345}{235}} = 1.17$

因 $0.85 < \lambda_{n,b} < 1.25$，$\rho = 1 - 0.82(\lambda_{n,b} - 0.85) = 1 - 0.82(1.17 - 0.85) = 0.738$

$$\alpha_e = 1 - \frac{(1-\rho)h_c^3 t_w}{2I_x} = 1 - \frac{(1-0.738) \times 800^3 \times 12}{2 \times 1.564 \times 10^{10}} = 0.949$$

$$11\varepsilon_k = 9.13 < \frac{b_1}{t} = \frac{214}{20} = 10.7 < 13\varepsilon_k = 10.79$$

根据表 5-1,翼缘宽厚比满足 S3 级截面要求,$r_x = 1.05$。

$$M_{eu} = \gamma_x \alpha_e W_x f = 1.05 \times 0.949 \times 1.907 \times 10^7 \times 295$$
$$= 5\,606 \times 10^9 (\text{N} \cdot \text{mm}) = 5\,606\ \text{kN} \cdot \text{m} > 5\,433\ \text{kN} \cdot \text{m}(\text{满足要求})$$

(2)梁三分点处截面

弯矩　　$$M_2 = (Q + \frac{1}{2}ql)\frac{1}{3}l - \frac{1}{18}ql^2 = (460 + \frac{1}{2} \times 66 \times 18) \times \frac{1}{3} \times 18 - \frac{1}{18} \times 66 \times 18^2$$
$$= 5\,136(\text{kN} \cdot \text{m})$$

剪力　　$$V_2 = Q + \frac{1}{2}ql - \frac{1}{3}ql = 460 + \frac{1}{2} \times 66 \times 18 - \frac{1}{3} \times 66 \times 18 = 658(\text{kN})$$

受剪承载力

$$\lambda_{n,s} = \frac{h_0/t_w}{37} \frac{1}{\sqrt{\chi_s k_s}\,\varepsilon_k} = \frac{1\,600/12}{37\sqrt{1.23 \times [5.34 + 4(1\,600/6\,000)^2]}}\sqrt{\frac{345}{235}} = 1.65$$

因 $\lambda_{n,s} > 1.2$,$V_u = \dfrac{h_w t_w f_v}{\lambda_{n,s}^{1.2}} = \dfrac{1\,600 \times 12 \times 170 \times 10^{-3}}{1.65^{1.2}} = 1\,790(\text{kN})$

由于 $V_2 < 0.5V_u$,不影响腹板的受弯承载力,而 $M_2 < M_{eu}$,承载力满足要求。

(3)梁端截面

$$M_3 = 0$$

$$V_3 = V_{max} = \frac{1}{2}ql + Q = \frac{1}{2} \times 66 \times 18 + 460 = 1\,054(\text{kN})$$

$$V_3 < V_u$$

承载力满足要求。

5.7　型钢梁的设计

　　型钢梁中应用最广泛的是工字钢和窄翼缘 HN 型钢。型钢梁设计应满足强度、整体稳定和挠度的要求。型钢梁翼缘宽厚比和腹板高厚比都较小,梁的局部稳定可得到保证,不需进行验算。

5.7.1　单向受弯型钢梁的设计

　　单向受弯型钢梁的设计比较简单,下面以普通工字钢梁为例,简述型钢梁的设计步骤。
　　(1)计算内力。根据已知荷载设计值计算梁所承受的最大弯矩 M_x 和剪力 V。
　　(2)计算所需的截面模量。当梁的整体稳定得到保证时,按受弯强度计算所需的净截面模量:

$$W_{nx} = \frac{M_x}{\gamma_x f}$$

当需要计算梁的整体稳定时:

$$W_x^i = \frac{M_x}{\varphi_b f}$$

一般型钢梁 γ_x 可取 1.05,根据计算的截面模量查表选用合适的型钢。

(3)受弯强度验算。按式(5-3)计算,M_x 应包括所选型钢梁自重所产生的弯矩,W_{nx} 或 W_x 应为所选用型钢的截面模量。

(4)受剪强度验算。按式(5-5)计算,或采用近似方法,忽略翼缘,按下式进行验算:

$$\tau = \frac{V}{h_w t_w} \leq f_v$$

当梁的翼缘有削弱时应增大一些,可将 V 乘以系数 1.2~1.5。

(5)局部承压强度验算。按式(5-6)计算。若验算不满足,对于固定集中荷载处应设置支承加劲肋,对于移动集中荷载则需重新选择较厚腹板的截面。

对于翼缘承受均布荷载的梁,因腹板计算高度上边缘局部压应力不大,一般可忽略不计,不需进行局部承压强度验算。

(6)折算应力验算。按式(5-10)计算。

(7)整体稳定验算。需进行整体稳定计算的梁应进行此步骤。

(8)挠度验算。

[**例题 5-4**] 一平台的梁格布置如图 5-34 所示。铺板为预制钢筋混凝土板,与次梁牢固焊接,永久荷载标准值(包括铺板自重)为 15 kN/m²,静力可变荷载标准值为 20 kN/m²。钢材为 Q345,手工焊,焊条为 E50 型。确定次梁截面尺寸,并验算梁的强度和刚度。

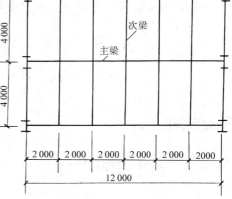

图 5-34 例题 5-4 图

[**解**]

(1)截面确定

估计次梁的自重为 0.5 kN/m。作用于次梁的均布荷载

$$q = 1.3 \times (15 \times 2 + 0.5) + 1.5 \times 20 \times 2$$
$$= 99.7 (kN/m)$$

梁跨中最大弯矩

$$M_x = \frac{1}{8} \times 99.7 \times 4^2 = 199.4 (kN \cdot m)$$

梁的最大剪力(竖向支承反力) $V = 99.7 \times 2 = 199.4 (kN)$

所需的净截面模量

$$W_{nx} = \frac{M_x}{\gamma_x f} = \frac{199.4 \times 10^6}{1.05 \times 305} = 622\,639 (mm^3) \approx 623\ cm^3$$

由附表 7-1,截面选用 I32a,$W_x = 692\ cm^3$,$I_x = 11\,080\ cm^4$,$S = \frac{11\,080}{27.7} = 400.0(cm^3)$。

自重为 $52.7 \times 9.81 = 517(N/m)$,与估计值 0.5 kN/m 相近。

（2）截面强度验算

受弯强度

$$\frac{M_x}{\gamma_x W_{nx}} = \frac{199.4 \times 10^6}{1.05 \times 692 \times 10^3} = 274.4(\text{N/mm}^2) < f = 305 \text{ N/mm}^2$$

受剪强度

$$\tau = \frac{VS}{I_x t_w} = \frac{199.4 \times 10^3 \times 400\ 000}{11\ 080 \times 10^4 \times 9.5} = 75.8(\text{N/mm}^2) < f_v = 170 \text{ N/mm}^2$$

如果次梁和主梁采用叠接，假设次梁支承于主梁的长度 $a = 100$ mm，且次梁不设置支承加劲肋。由附表 7-1，$h_y = R + t = 11.5 + 15 = 26.5(\text{mm})$，腹板厚度 $t_w = 9.5$ mm，则次梁局部承压强度

$$\sigma_c = \frac{\psi F}{t_w l_z} = \frac{1.0 \times 199\ 400}{9.5 \times (100 + 2.5 \times 26.5)} = 126.3(\text{N/mm}^2) < f = 305 \text{ N/mm}^2$$

支承处 σ_c 和 τ 同时存在，但数值均较小，故不再计算 σ_c 和 τ 的折算应力。

所选截面强度满足要求。

（3）刚度验算

根据附表 2，挠度容许值为 $\frac{l}{250}$。

荷载标准值

$$q = (15 + 20) \times 2 + 0.5 = 70.5(\text{kN/m})$$

$$\frac{v}{l} = \frac{5}{384} \times \frac{q l^3}{E I_x} = \frac{5}{384} \times \frac{70\ 500 \times 10^{-3} \times 4\ 000^3}{206 \times 10^3 \times 110\ 80 \times 10^4} = \frac{1}{389} < \frac{[v]}{l} = \frac{1}{250}$$

所选截面刚度满足要求。

5.7.2　双向受弯型钢梁的设计

双向受弯型钢梁承受两个主平面方向的荷载，设计方法与单向受弯型钢梁相同，应进行受弯强度、整体稳定和挠度的验算，受剪强度和局部稳定一般不必验算，局部承压强度只有在承受较大集中荷载或支座反力时才需要验算。

双向受弯梁的受弯强度按式（5-4）验算，即：

$$\frac{M_x}{\gamma_x W_{nx}} + \frac{M_y}{\gamma_y W_{ny}} \leqslant f$$

双向受弯梁整体稳定的理论分析较为复杂，一般按经验近似公式计算，双向受弯的工字钢或 H 型钢梁按式（5-37）验算整体稳定：

$$\frac{M_x}{\varphi_b W_x f} + \frac{M_y}{\gamma_y W_y f} \leqslant 1.0$$

设计时应尽量满足不需计算整体稳定的条件，这样可按受弯强度选择型钢截面，由式（5-4）可得：

$$W_{nx} = \left(M_x + \frac{\gamma_x}{\gamma_y} \frac{W_{nx}}{W_{ny}} M_y\right) \frac{1}{\gamma_x f} = \frac{M_x + \alpha M_y}{\gamma_x f}$$

对小型号的型钢，可近似取 $\alpha = 6$（工字钢和窄翼缘 HN 型钢）或 $\alpha = 5$（槽钢）。

双向受弯型钢梁最常用于檩条,其截面一般为工字钢(跨度较大时)、槽钢(跨度较小时)或冷弯薄壁 Z 形钢(跨度不大且为轻型屋面时)等。型钢的腹板垂直于屋面放置,因而竖向均布荷载 q 可分解为垂直于截面两个主轴 x 轴和 y 轴的分量荷载 $q_x = q\cos\varphi$ 和 $q_y = q\cos\varphi$(图 5-35),从而引起梁双向受弯。

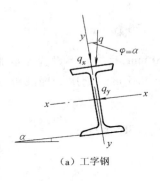
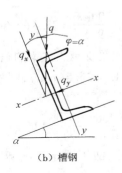
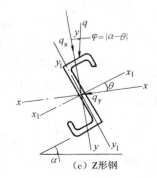

(a) 工字钢　　　　　　　(b) 槽钢　　　　　　　(c) Z形钢

图 5-35　不同截面形式檩条

[**例题 5-5**]　设计一支承波形石棉瓦屋面的檩条,屋面坡度 1/2.5,无雪荷载和积灰荷载。檩条跨度为 6 m,水平间距为 0.79 m(沿屋面坡向间距为 0.851 m),跨中设置一道拉条,采用槽钢截面,钢材为 Q235B。波形石棉瓦自重 0.20 kN/m²(坡向),假设檩条(包括拉条)自重 0.15 kN/m;可变荷载无雪荷载,屋面均布荷载为 0.50 kN/m²(水平投影面)。

[**解**]

檩条线荷载标准值

$$q_k = 0.2 \times 0.851 + 0.15 + 0.5 \times 0.79 = 0.715 (\text{kN/m}) = 0.715 \text{ N/mm}$$

线荷载设计值(只考虑可变荷载为主的组合)

$$q = 1.3(0.2 \times 0.851 + 0.15) + 1.5 \times 0.5 \times 0.79 = 1.009 (\text{kN/m})$$

$$q_x = 1.009 \times 2.5 / \sqrt{2.5^2 + 1^2} = 1.009 \times 2.5 / \sqrt{7.25} = 0.937 (\text{kN/m})$$

$$q_y = 1.009 \times 1 / \sqrt{7.25} = 0.375 (\text{kN/m})$$

弯矩设计值(图 5-36)

$$M_x = \frac{1}{8} \times 0.937 \times 6^2 = 4.217 (\text{kN} \cdot \text{m})$$

$$M_y = \frac{1}{8} \times 0.375 \times 3^2 = 0.422 (\text{kN} \cdot \text{m})$$

由受弯强度控制所需的截面模量近似值

$$W_{nx} = \frac{M_x + \alpha M_y}{\gamma_x f} = \frac{(4.217 + 5 \times 0.422) \times 10^6}{1.05 \times 215}$$

$$= 28.03 \times 10^3 (\text{mm}^3)$$

$M_x = \frac{1}{8} q_x l^2$

(a) M_x

$M_y = \frac{1}{8} q_y \left(\frac{l}{2}\right)^2$

$l/2$　　　$l/2$

l

(b) M_y

图 5-36　例题 5-5 计算简图

选用 [10,自重 0.10 kN/m(加拉条重后与假设基本相符)。截面几何特性: $W_x = 39.7 \text{ cm}^3$, $W_y = 7.8 \text{ cm}^3$, $I_x = 198 \text{ cm}^4$, $i_x = 3.94 \text{ cm}$, $i_y = 1.42 \text{ cm}$。

因有拉条,不必验算整体稳定,按式(5-4)验算截面强度

$$\frac{M_x}{\gamma_x W_{nx}} + \frac{M_y}{\gamma_y W_{ny}} = \frac{4.217 \times 10^6}{1.05 \times 39.7 \times 10^3} + \frac{0.422 \times 10^6}{1.2 \times 7.8 \times 10^3} = 146.2(\text{N}/\text{mm}^2) < f = 215 \text{ N}/\text{mm}^2(满足要求)$$

验算垂直于屋面方向的挠度

$$\frac{v}{l} = \frac{5}{384} \times \frac{q_{kx} l^3}{EI_x} = \frac{5}{384} \times \frac{0.715 \times 2.5/\sqrt{7.25} \times 6\,000^3}{206 \times 10^3 \times 198 \times 10^4} = \frac{1}{218} < \frac{[v]}{l} = \frac{1}{150}(满足要求)$$

作为屋架上弦平面支撑的横杆或刚性撑杆的檩条,应验算其长细比

$$\lambda_x = \frac{600}{3.94} = 152.3 < [\lambda] = 200$$

$$\lambda_y = \frac{300}{1.42} = 211.3 > [\lambda] = 200$$

图 5-37　檩条加强示意图

表明檩条在坡度方向的刚度不足,可焊接小角钢(图 5-37)予以加强,不作支撑或刚性系杆的一般檩条不必加强。为了施工简便也可将檩条改为〔12.6($i_y = 1.56$)。

5.8　梁的拼接和连接

5.8.1　梁的拼接

梁的拼接分为工厂拼接和工地拼接两种。由于钢材规格和现有钢材尺寸的限制,必须将钢材进行拼接,这种拼接通常在工厂完成,称为工厂拼接。由于运输或安装条件的限制,梁必须分段运输,然后在工地进行拼装连接,称为工地拼接。

型钢梁的拼接可采用对接焊缝连接(图 5-38(a)),也可采用拼接板拼接(图 5-38(b))。拼接位置宜设在弯矩较小处。

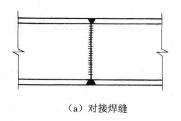
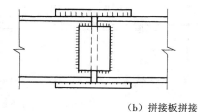
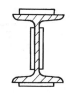

（a）对接焊缝　　　　　　　　　　　　（b）拼接板拼接

图 5-38　型钢梁拼接

焊接梁的工厂拼接,翼缘和腹板的拼接位置最好错开,间距不宜小于 200 mm,并用对接焊缝连接。

梁的工地拼接应使翼缘和腹板尽量在同一截面处断开,以便于分段运输。

由于现场施焊条件较差,焊缝质量难于保证,所以较重要或受动力荷载的大型梁,其工地拼接建议采用高强度螺栓(图 5-39)。

采用拼接板的连接,应按等强度原则进行设计。

翼缘拼接板及其连接所承受的力 N_1 为翼缘的最大承载力:

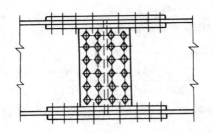

图 5-39　梁的高强度螺栓拼接

$$N_1 = A_{fn}f$$

式中：A_{fn}——被拼接翼缘的净截面积。

腹板拼接板及其连接，主要承受梁截面的全部剪力 V 以及按刚度分配的弯矩：

$$M_w = M\frac{I_w}{I}$$

式中：I_w——腹板截面惯性矩；

　　I——梁截面惯性矩。

[例题5-6]　图 5-40(a)所示为梁的工地焊接拼接。拼接所在截面的弯矩设计值 $M = 1\,250\ \mathrm{kN \cdot m}$，剪力设计值 $V = 275\ \mathrm{kN}$。梁截面如图 5-40(b)所示，钢材为 Q235 B，手工焊，焊条为 E43 型，焊缝质量为二级。验算此拼接连接的承载力。

[解]

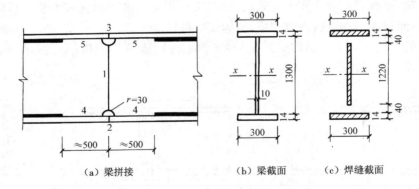

(a) 梁拼接　　　　　(b) 梁截面　　　　(c) 焊缝截面

图 5-40　例题 5-6 图

为了便于翼缘焊缝的施焊，在拼接处截面腹板的上、下端各开一半圆孔，半径 $r = 30\ \mathrm{mm}$。上、下翼缘板拼接采用 V 型坡口对接焊缝，采用引弧引出板施焊，并在焊根处设垫板。腹板采用 I 型焊缝，不采用引弧引出板。工地施焊程序：腹板拼接焊缝，下翼缘板和上翼缘板的拼接焊缝，未焊的翼缘与腹板的连接焊缝，如图 5-40(a)中的 1→2→3→4→5 的顺序。

(1)焊缝有效截面的几何特性

焊缝有效截面的面积

翼缘焊缝　$A_{w1} = 1.4 \times 30 \times 2 = 84\,(\mathrm{cm}^2)$

腹板焊缝　$A_{w2} = 1.0 \times 122 = 122\,(\mathrm{cm}^2)$

$$A_w = A_{w1} + A_{w2} = 206(cm^2)$$

焊缝有效截面的惯性矩和模量

$$I_w = 2 \times 1.4 \times 30 \times 65.7^2 + \frac{1}{12} \times 1.0 \times 122^3 = 513\,906(cm^4)$$

$$W_w = \frac{513\,906}{66.4} = 7\,740(cm^3)$$

（2）拼接焊缝的强度验算

翼缘焊缝最大正应力

$$\sigma = \frac{M}{W_w} = \frac{1\,250 \times 10^6}{7\,740 \times 10^3} = 161.5(N/mm^2) < f_t^w = 215\ N/mm^2(满足要求)$$

腹板焊缝的最大正应力

$$\sigma_1 = \frac{M}{I_w} y_1 = \frac{1\,250 \times 10^6}{513\,906 \times 10^4} \times \frac{1\,220}{2} = 148.4(N/mm^2)$$

剪力假定全部由腹板焊缝承受，焊缝平均剪应力

$$\tau = \frac{V}{A_{w2}} = \frac{275 \times 10^3}{122 \times 10^2} = 22.5(N/mm^2) < f_v^w = 125\ N/mm^2(满足要求)$$

腹板端部焊缝的折算应力

$$\sqrt{\sigma_1^2 + 3\tau^2} = \sqrt{148.4^2 + 3 \times 22.5^2} = 153.4(N/mm^2)$$

$$< 1.1 f_t^w = 1.1 \times 215 = 236.5(N/mm^2)(满足要求)$$

[**例题 5-7**]　　图 5-41（a）所示的焊接工形截面梁，在跨中断开，该截面承受的 $M = 920\ kN \cdot m$，$V = 88\ kN$，钢材为 Q235，采用高强度螺栓摩擦型连接，螺栓为 8.8 级 M20，标准孔，板件接触面喷砂处理，设计该拼接。

[**解**]

（1）翼缘拼接

螺栓孔径取 $d_0 = 21.5\ mm$，翼缘净截面面积

$$A_n = (28 - 2 \times 2.15) \times 1.4 = 33.2(cm^2)$$

翼缘所能承受的轴力设计值

$$N = A_n f = 33.2 \times 10^2 \times 215 \times 10^{-3} = 713.8(kN)$$

一个高强度螺栓的抗剪承载力设计值

$$N_v^b = 0.9 k n_f \mu P = 0.9 \times 1.0 \times 2 \times 0.45 \times 125 = 101.3(kN)$$

所需的螺栓数量

$$n = \frac{713.8}{101.3} = 7.04(个)，取\ n = 8\ 个。$$

翼缘拼接板的截面

$$1 - 8 \times 280 \times 610$$

$$2 - 8 \times 120 \times 610$$

（2）腹板拼接

梁的毛截面惯性矩

$$I = \frac{0.8 \times 100^3}{12} + 2 \times 28 \times 1.4 \times \left(\frac{100}{2} + 0.7\right)^2$$

$$= 66\ 667 + 201\ 526 = 268\ 193(\text{cm}^4)$$

腹板毛截面惯性矩

$$I_w = 66\ 667\ \text{cm}^4$$

腹板所承担的弯矩

$$M_w = \frac{I_w}{I}M = \frac{66\ 667}{268\ 193} \times 920$$

$$= 228.7(\text{kN} \cdot \text{m})$$

初步选用腹板拼接板为 $2 - 6 \times 330 \times$
980，在腹板拼接处每侧排列两列螺栓，共
采用 22 个高强度螺栓，排列如图 5-41(b)
所示。

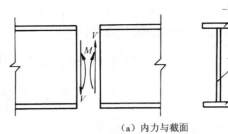

（a）内力与截面

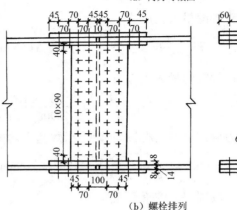

（b）螺栓排列

图 5-41　例题 5-7 图

每个高强度螺栓所承受的竖向剪力

$$V_1 = \frac{V}{n} = \frac{88}{22} = 4(\text{kN})$$

在弯矩作用下，受力最大螺栓的水平剪力

$$T_1 = \frac{M_w y_1}{\sum y_i^2} = \frac{228.7 \times 10^2 \times 45}{4 \times (45^2 + 36^2 + 27^2 + 18^2 + 9^2)} = 57.8(\text{kN})$$

$$N_1 = \sqrt{T_1^2 + V_1^2} = \sqrt{57.8^2 + 4^2} = 57.9(\text{kN}) < N_v^b = 101.3\ \text{kN}$$

计算结果表明，螺栓数量偏多，但因受到螺栓最大容许距离 $12t = 12 \times 8 = 96(\text{mm})$ 的限制，故螺栓数量不再减少。

（3）净截面强度验算

近似地同样减去受压与受拉翼缘孔洞面积，则其净截面仍为双轴对称截面，可使计算更为简便。

孔洞面积的惯性矩（计算中忽略各孔洞对自身形心轴的惯性矩）

$$I_h = 4 \times 1.4 \times 2.15 \times \frac{101.4^2}{4} + 2 \times 0.8 \times 2.15(45^2 + 36^2 + 27^2 + 18^2 + 9^2)$$

$$= 30\ 948.7 + 15\ 325.2 \approx 46\ 274(\text{cm}^4)$$

梁的净截面惯性矩

$$I_n = I - I_h = 268\ 193 - 46\ 274 = 221\ 919(\text{cm}^4)$$

$$W_{nx} = \frac{221\ 919}{51.4} = 4\ 317(\text{cm}^3)$$

$$\sigma = \frac{M}{W_{nx}} = \frac{920 \times 10^6}{4\ 317 \times 10^3} = 213.1(\text{N/mm}^2) < f = 215\ \text{N/mm}^2(\text{满足要求})$$

在以上计算中，为简化计算且稍偏于安全，均未考虑孔前传力影响。

腹板拼接板强度验算

$$I_{ws} = 2 \times \frac{0.6 \times 98^3}{12} - 4 \times 0.6 \times 2.15(45^2 + 36^2 + 27^2 + 18^2 + 9^2)$$

$$= 94\ 119.2 - 22\ 987.8 \approx 71\ 131\ (cm^4)$$

$$W_{ws} = \frac{71\ 131}{49} = 1\ 451.7\ (cm^3)$$

$$\sigma = \frac{M_w}{W_{ws}} = \frac{228.7 \times 10^6}{1\ 451.7 \times 10^3} = 157.5\ (N/mm^2) < f = 215\ N/mm^2$$

两块拼接板的净截面面积

$$A_{wsn} = 2 \times 0.6 \times 98 - 2 \times 11 \times 0.6 \times 2.15 = 89.2\ (cm^2)$$

净截面平均剪应力

$$\tau = \frac{V}{A_{wsn}} = \frac{88 \times 10^3}{89.2 \times 10^2} = 9.9\ (N/mm^2) < f_v = 125\ N/mm^2$$

拼接设计满足要求。

5.8.2　次梁与主梁的连接

次梁与主梁的连接形式有叠接和平接两种。

叠接(图 5-42)是将次梁置于主梁上,采用螺栓或焊缝连接,构造简单,但所需要结构高度大,其应用常受到限制。图 5-42(a)是次梁为简支梁时与主梁连接的构造示意,图 5-42(b)是次梁为连续梁时与主梁连接的构造示意。如次梁截面较高时,应采取构造措施防止支承处梁截面的扭转。

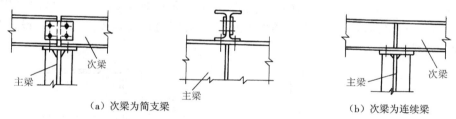

（a）次梁为简支梁　　　　　　　　　　　　　　　　　（b）次梁为连续梁

图 5-42　次梁与主梁叠接

平接(图 5-43)是使次梁顶面与主梁顶面同高或接近,次梁从侧面与主梁加劲肋或腹板上设置的短角钢或承托连接。图 5-43(a)、(b)、(c)是次梁为简支梁时与主梁连接的构造示意,图 5-43(d)是次梁为连续梁时与主梁连接的构造示意。平接虽构造复杂,但可降低结构高度,在实际工程中应用广泛。

每一种连接构造都要将次梁支座反力传给主梁,这些支座反力就是主梁的剪力。梁腹板的主要作用是抗剪,所以应将次梁腹板连于主梁腹板,或连于与主梁腹板相连的刚度较大的加劲肋或承托的竖板上。在次梁支座反力作用下,按所承担的力验算连接焊缝的强度或螺栓的承载力。由于主、次梁翼缘及承托水平板外伸部分的刚度较小,分析受力时不考虑其传递次梁的支座反力。在图 5-43(c)、(d)中,次梁支座反力 V 先由焊缝①传给支托竖板,然后由焊缝②传给主梁腹板。在其他连接构造中,支座反力的传递途径与此相似。计算时可不考虑偏心作用,将次梁支座反力增大 20% ~ 30%,以考虑偏心的影响。

对于刚接的构造,次梁与次梁之间还要传递支座弯矩。图 5-42(b)的次梁本身连续,支座弯矩可以直接传递,不必计算。图 5-43(d)主梁两侧的次梁断开,支座弯矩由焊接连接的次梁上翼缘连接板、下翼缘承托水平顶板传递。由于梁的翼缘承受大部分的弯矩，所以连接板的截面及其焊缝可按承受水平力 $H = M/h$ 计算，其中 M 为次梁支座弯矩，h 为次梁高度。承托顶板与主梁腹板的连接焊缝也按承受力 H 验算其强度。

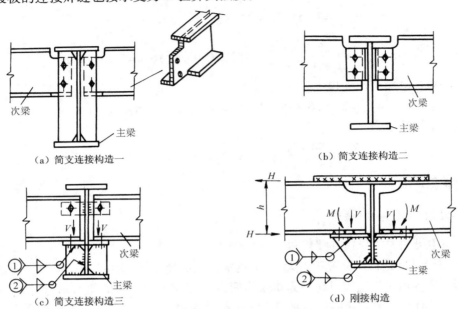

（a）简支连接构造一　　　　　　　　　　　　（b）简支连接构造二

（c）简支连接构造三　　　　　　　　　　　　（d）刚接构造

图 5-43　次梁与主梁平接

[**例题 5-8**]　一工作平台的主次梁截面如图 5-44 所示，次梁的支座反力为 $R = 90.95$ kN，钢材为 Q235，将次梁连接于主梁侧面的加劲肋上，采用高强度螺栓摩擦型连接，设计此工作平台的主次梁连接。

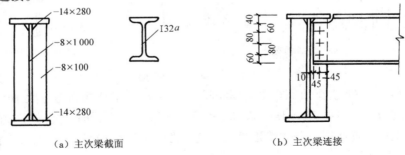

（a）主次梁截面　　　　　　　　　　　　（b）主次梁连接

图 5-44　例题 5-8 图

[**解**]

高强度螺栓采用 M20，10.9 级，标准孔，孔径为 21.5 mm，安装时用钢丝刷清除浮锈。

一个高强度螺栓的抗剪承载力设计值

$$N_v^b = 0.9kn_f\mu P = 0.9 \times 1.0 \times 1 \times 0.3 \times 155 = 41.9(\text{kN})$$

所需的螺栓数量

$$n = \frac{1.3 \times 90\,950}{41.9 \times 10^3} = 2.8(\text{个}), \text{取 } n = 3 \text{ 个。}$$

式中的 1.3 为考虑连接处约束作用次梁反力 R 的增大系数。

螺栓排列如图 5-44（b）所示。螺栓间距、端距及边距均满足容许距离的要求。

次梁端部受剪强度验算,稍偏于安全,近似按下式验算

$$\tau = \frac{3}{2}\frac{90\,950}{(280 - 3\times 21.5)\times 9.5} = 66.6\,(\text{N/mm}^2) < f_v = 125\ \text{N/mm}^2\,(\text{满足要求})$$

5.9　焊接梁的截面设计

5.9.1　截面设计及验算

焊接梁一般常用两块翼缘板和一块腹板焊接成双轴对称的工字形截面(图5-45)。

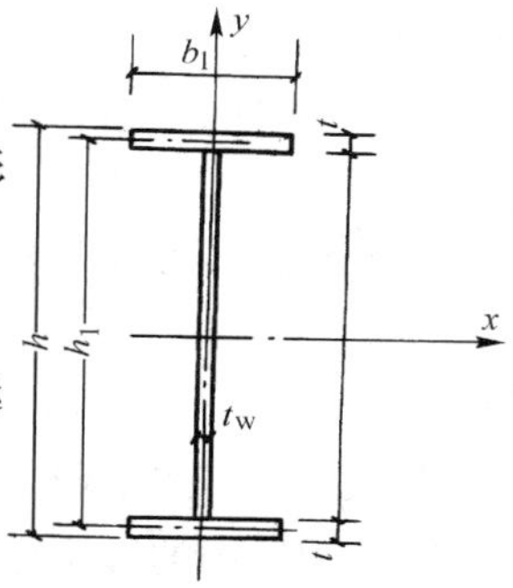

1. 截面高度

截面高度是焊接梁截面的最重要的尺寸,可根据下面三个条件选择决定。

1)容许最大高度 h_{max}

梁的截面高度必须满足净空要求,即梁高度不能超过建筑设计或工艺设备需要的净空所允许的限值。依此条件所决定的截面高度通常称为容许最大高度 h_{max}。

图 5-45　焊接工字梁截面

2)容许最小高度 h_{min}

一般根据梁的挠度确定,应使梁由全部荷载标准值计算得到的挠度 v 不大于挠度容许值 $[v]$。以 $\sigma_k = M_k(h/2)/I_x$ 代入式(5-12),得:

$$\frac{v}{l} \approx \frac{M_k l}{10EI_x} = \frac{\sigma_k l}{5Eh} \leqslant \frac{[v]}{l}$$

式中:σ_k——由全部荷载标准值计算的弯曲应力。

若梁的弯曲应力 σ 接近强度设计值 f,可令 $\sigma_k = f/1.4$,其中1.4为荷载分项系数近似平均值。由此得到梁最小高跨比的计算式:

$$\frac{h_{min}}{l} = \frac{\sigma_k l}{5E[v]} = \frac{f}{1.44\times 10^6}\frac{l}{[v]} \tag{5-84}$$

由式(5-84)可见,梁的容许挠度要求越严格,则梁所需截面高度越大;钢材的设计强度值越高,梁所需截面高度越大。

3)经济高度 h_e

一般情况下,梁的高度大,腹板用钢量增多,翼缘用钢量相对减少;梁的高度小,则情况相反。最经济的截面高度应使梁的总用钢量最少。设计时可参照下列经济高度的经验公式初选截面高度:

$$h_e = 7\sqrt[3]{W_x} - 300\,(\text{mm}) \tag{5-85}$$

式中:W_x——所需的截面模量,$W_x = M_x/\gamma_x f$。

根据上述三个条件,实际选择的梁高 h 一般应满足:

$$h_{min} \leqslant h \leqslant h_{max}$$

$$h \approx h_e$$

2. 腹板高度 h_w

梁的翼缘厚度 t 相对较小,腹板高度 h_w 与梁高 h 接近。因此,当梁的截面高度 h 初步确定后,梁的腹板高度 h_w 可取稍小于梁高 h 的数值,并尽可能考虑钢板的规格尺寸,宜将腹板高度 h_w 取为 50 mm 的整数倍。

3. 腹板厚度 t_w

梁的腹板主要承受剪力,可根据梁端最大剪力确定所需的腹板厚度。在梁端翼缘有削弱时可取:

$$t_w = \frac{1.2V}{h_w f_v}$$

根据最大剪力所计算的 t_w 一般较小。设计时,腹板厚度亦可采用下面经验公式近似计算:

$$t_w = \frac{\sqrt{h_w}}{3.5} \tag{5-86}$$

式中,t_w 和 h_w 的单位均以 mm 计。

实际采用的腹板厚度应考虑钢板的规格,一般为 2 mm 的整数倍。对于承受静力荷载的腹板厚度取值宜比上两式的计算值略小;对考虑腹板屈曲后强度的梁,腹板厚度可更小,但腹板高厚比不应大于250。

4. 翼缘尺寸

翼缘尺寸可以根据需要的截面模量和腹板截面尺寸计算。根据图 5-45 可以得出梁的截面惯性矩:

$$I_x = \frac{1}{12} t_w h_w^{\ 3} + 2bt \left(\frac{h_1}{2} \right)^2$$

$$W_x = \frac{2I_x}{h} = \frac{1}{6} t_w \frac{h_w^{\ 3}}{h} + bt \frac{h_1^{\ 2}}{h}$$

初选截面时可取 $h \approx h_1 \approx h_w$,则上式为:

$$W_x = \frac{t_w h_w^{\ 2}}{6} + bt h_w$$

因此可得:

$$bt = \frac{W_x}{h_w} - \frac{t_w h_w}{6} \tag{5-87}$$

根据式(5-87)可以计算一个翼缘需要的面积 bt,选定翼缘宽度 b 和厚度 t 中的任一数值,即可求得另一数值。一般翼缘宽度 b 的范围:

$$\frac{h}{2.5} > b > \frac{h}{6} \tag{5-88}$$

这样,可以根据使用要求初选宽度 b,再求出厚度 t。因为式(5-87)中均用腹板高度 h_w 代替 h 和 h_1,使所求得的 bt 并不准确,因此按上述步骤求得的厚度 t 可根据钢材规格选用与之相近的厚度,再根据式(5-87)对宽度进行调整,然后对截面进行验算。

5. 截面验算

首先根据初选的截面尺寸进行截面几何特性计算,如截面惯性矩、截面模量和截面面积矩等,然后按照与型钢梁截面验算基本相同的方法进行下列各项验算。验算中应注意,如初选截面时未包括自重,此时应加入梁自重所产生的内力。

(1)受弯强度验算;

(2)受剪强度验算;

(3)局部承压强度验算;

(4)折算应力验算;

(5)整体稳定验算;

(6)局部稳定验算;

(7)挠度验算;

(8)对于承受动力荷载作用的梁,需要时还应按《钢结构设计标准》GB 50017 规定进行疲劳验算。

5.9.2　梁截面沿长度的改变

梁的弯矩一般沿梁长度变化,因此梁的截面若能随弯矩的变化而变化,则可节约钢材。对跨度较小的梁,加工量增加,不宜改变截面。

单层翼缘的焊接梁改变截面时,宜改变翼缘的宽度(图 5-46)而不改变其厚度。

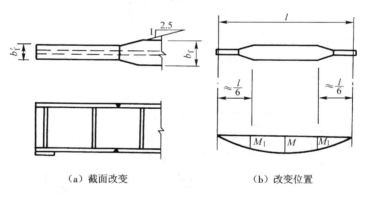

(a)截面改变　　　　　　　(b)改变位置

图 5-46　翼缘宽度改变

对承受均布荷载的梁,截面改变位置在距支座 $l/6$ 处(图 5-46(b))最有利。较窄翼缘宽度 b'_f 应由截面开始改变处的弯矩 M_1 确定。为了减少应力集中,宽板应从截面开始改变处向一侧以不大于 1∶2.5 的斜度放坡,然后与窄板对接。多层翼缘的梁,可采用切断外层翼缘的方法来改变梁的截面(图 5-47),理论切断点的位置可由计算确定。为了保证被切断的翼缘在理论切断处能正常参与受力,其外伸长度 l_1 应满足下列要求:

端部有正面角焊缝:当 $h_f \geqslant 0.75t$ 时,$l_1 \geqslant b$;当 $h_f < 0.75t$ 时,$l_1 \geqslant 1.5b$;

端部无正面角焊缝:$l_1 \geqslant 2b$。

式中,b 和 t 分别为被切断翼缘的宽度和厚度;h_f 为侧面角焊缝和正面角焊缝的焊脚尺寸。

为了降低建筑高度,简支梁可以在靠近支座处减小其高度,而使翼缘截面保持不变(图 5-48),其中图 5-48(a)的构造简单,制作方便。梁端部高度应根据受剪强度要求确定,但不宜小于跨中高度的 1/2。

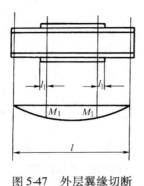

图 5-47　外层翼缘切断

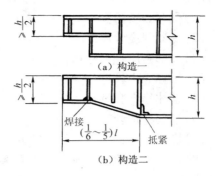

图 5-48　梁高度改变

5.9.3　翼缘与腹板连接角焊缝的强度验算

　　梁承受弯矩时,由于相邻截面翼缘的正应力有差值,翼缘与腹板间将产生水平剪力(图 5-49)。沿梁单位长度的水平剪力:

$$v_1 = \tau_1 t_w = \frac{VS_1}{I_x t_w} t_w = \frac{VS_1}{I_x}$$

式中:τ_1——翼缘与腹板连接处的水平剪应力;

　　　　S_1——翼缘截面对中性轴的面积矩;

　　　　I_x——梁毛截面惯性矩。

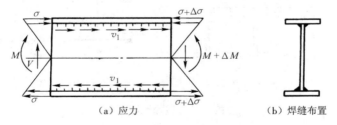

图 5-49　翼缘与腹板连接焊缝的水平剪力

　　当翼缘与腹板采用角焊缝连接时,角焊缝有效截面承受的剪应力 τ_f 不应超过角焊缝强度设计值 f_f^w,即:

$$\tau_f = \frac{v_1}{2 \times 0.7 h_f} = \frac{VS_1}{1.4 h_f I_x} \leqslant f_f^w$$

所需的焊脚尺寸:

$$h_f \geqslant \frac{VS_1}{1.4 I_x f_f^w} \tag{5-89}$$

　　当梁翼缘承受固定集中荷载而该荷载处未设置支承加劲肋时,或受有移动集中荷载时,翼缘与腹板的连接焊缝,除承受沿焊缝长度方向的剪力,还承受垂直于焊缝长度方向的压力:

$$\sigma_f = \frac{\psi F}{2 h_e l_z} = \frac{\psi F}{1.4 h_f l_z}$$

　　因此,翼缘与腹板连接焊缝应按下式验算强度:

$$\frac{1}{1.4h_{\mathrm{f}}}\sqrt{\left(\frac{\psi F}{\beta_{\mathrm{f}}l_{\mathrm{z}}}\right)^2+\left(\frac{VS_1}{I_x}\right)^2}\leqslant f_{\mathrm{f}}^{\mathrm{w}}$$

则
$$h_{\mathrm{f}}\geqslant\frac{1}{1.4f_{\mathrm{f}}^{\mathrm{w}}}\sqrt{\left(\frac{\psi F}{\beta_{\mathrm{f}}l_{\mathrm{z}}}\right)^2+\left(\frac{VS_1}{I_x}\right)^2}\qquad(5\text{-}90)$$

式中　F、ψ、l_{z}——按式(5-6)的符号解释取值。

当翼缘作用的固定集中荷载处设置顶紧翼缘的支承加劲肋时,式(5-90)中 $F=0$。

当翼缘与腹板连接焊缝采用熔透对接与角接组合焊缝(图3-39)时,焊缝强度不需验算。

[**例题5-9**]　条件同例题5-4,试设计主梁截面。

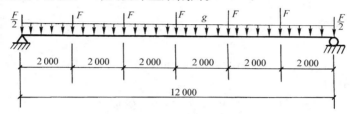

图 5-50　主梁荷载计算简图

[**解**]

1)截面选择

次梁传来的集中荷载
$$F=199.4\times2=398.8(\mathrm{kN})$$

主梁跨中最大弯矩(不包括自重)
$$M=\frac{5}{2}\times398.8\times6-398.8\times(4+2)=3\,589.2(\mathrm{kN}\cdot\mathrm{m})$$

最大剪力　$V_{\max}=\dfrac{5}{2}\times398.8=997(\mathrm{kN})$

所需的截面模量

假定受压翼缘宽厚比满足 S3 级截面要求,$\gamma_x=1.05$。
$$W_x=\frac{M}{\gamma_x f}=\frac{3\,589.2\times10^6}{1.05\times295}=11\,587\times10^3(\mathrm{mm}^3)=11\,587\ \mathrm{cm}^3$$

(1)腹板高度 h_{w}

①梁的最小高度,主梁挠度容许值$[v]=l/400$,根据式(5-84),得
$$h_{\min}=1\,057\ \mathrm{mm}$$

②梁的经济高度
$$h_{\mathrm{e}}=7\sqrt[3]{W_x}-30=7\sqrt[3]{11\,587}-30=128.4(\mathrm{cm})$$

取梁的腹板高度 $h_{\mathrm{w}}=120\ \mathrm{cm}$。

(2)腹板厚度
$$t_{\mathrm{w}}=1.2\times\frac{V_{\max}}{h_{\mathrm{w}}f_{\mathrm{v}}}=1.2\times\frac{997\,000}{1\,200\times170}=5.9(\mathrm{mm})$$

$$t_{\mathrm{w}}=\frac{\sqrt{h_{\mathrm{w}}}}{3.5}=\frac{\sqrt{1\,200}}{3.5}=9.9(\mathrm{mm})$$

取腹板厚度 $t_w = 10$ mm。

（3）翼缘尺寸

所需的翼缘截面面积

$$bt = \frac{W_x}{h_w} - \frac{1}{6}t_w h_w = \frac{11\,587}{120} - \frac{1}{6} \times 1.0 \times 120 = 76.6 (\text{cm}^2)$$

取翼缘宽度 $b = 400$ mm，厚度 $t = 20$ mm。

翼缘外伸宽度与厚度之比 $\frac{b_1}{t} = \frac{195}{20} = 9.8 < 13\varepsilon_k = 10.7$，满足 S3 级截

面要求。主梁截面尺寸如图 5-51 所示。

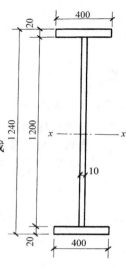

图 5-51　主梁
截面尺寸

2）强度和挠度验算

截面面积

$$A = 120 \times 1.0 + 2 \times 40 \times 2.0 = 280 (\text{cm}^2)$$

梁单位长度的质量

$$q_G = 280 \times 10^{-4} \times 7\,850 \times 9.81 \times 10^{-3} = 2.16 (\text{kN/m})$$

跨中最大弯矩（自重考虑加劲肋构造系数 1.2）

$$M_{max} = 3\,589.2 + \frac{1}{8} \times 1.3 \times 2.16 \times 1.2 \times 12^2 = 3\,594.3 (\text{kN}\cdot\text{m})$$

最大剪力

$$V_{max} = 997 + \frac{1}{2} \times 1.3 \times 2.16 \times 1.2 \times 12 = 1\,017.2 (\text{kN})$$

截面几何特性（假设无截面削弱）

$$I_{nx} = \frac{1}{12} \times 1.0 \times 120^3 + 2 \times 40 \times 2 \times 61^2 = 739\,360 (\text{cm}^4)$$

$$W_{nx} = \frac{739\,360}{62} = 11\,925 (\text{cm}^3)$$

$$S_1 = 2 \times 40 \times 61 = 4\,880 (\text{cm}^3)$$

$$S_{max} = 2 \times 40 \times 61 + 60 \times 1.0 \times \frac{1}{2} \times 60 = 6\,680 (\text{cm}^3)$$

（1）梁的截面强度验算

受弯强度

$$\frac{M_{max}}{\gamma_x W_{nx}} = \frac{3\,594.3 \times 10^6}{1.05 \times 11\,925 \times 10^3} = 287.1 (\text{N/mm}^2) < f = 295 \text{ N/mm}^2$$

受剪强度

$$\tau_{max} = \frac{V_{max} S_{max}}{I_x t_w} = \frac{1\,017.2 \times 10^3 \times 6\,680 \times 10^3}{739\,360 \times 10^4 \times 10} = 91.9 (\text{N/mm}^2) < f_v = 170 \text{ N/mm}^2$$

折算应力

跨中

$$\sigma = \frac{M_{max} y}{I_x} = \frac{3\,594.3 \times 10^6 \times 600}{739\,360 \times 10^4} = 291.7 (\text{N/mm}^2)$$

$$\tau = \frac{V S_1}{I_x t_w} = \frac{\frac{1}{2} \times 398.8 \times 10^3 \times 4\,880 \times 10^3}{739\,360 \times 10^4 \times 10} = 13.2 (\text{N/mm}^2)$$

$$\sqrt{\sigma^2 + 3\tau^2} = \sqrt{(291.7)^2 + 3 \times (13.2)^2} = 292.6(\text{N/mm}^2) < 1.1f = 324.5 \text{ N/mm}^2$$

离支座 4 m 处

$$M = \frac{5}{2} \times 398.8 \times 4 - 398.8 \times 2 + \frac{1}{2} \times 1.3 \times 2.16 \times 1.2 \times (12 \times 4 - 4^2) = 3\,244.3(\text{kN} \cdot \text{m})$$

$$V = \frac{3}{2} \times 398.8 + \frac{1}{2} \times 1.3 \times 2.16 \times 1.2 \times (12 - 2 \times 4) = 604.9(\text{kN})$$

$$\sigma = \frac{3\,244.3 \times 10^6 \times 600}{739\,360 \times 10^4} = 263.3(\text{N/mm}^2)$$

$$\tau = \frac{604.9 \times 10^3 \times 4\,880 \times 10^3}{739\,360 \times 10^4 \times 10} = 39.9(\text{N/mm}^2)$$

$$\sqrt{\sigma^2 + 3\tau^2} = \sqrt{(263.3)^2 + 3 \times (39.9)^2} = 272.2(\text{N/mm}^2) < 1.1f = 324.5 \text{ N/mm}^2$$

梁的截面强度满足要求。

（2）梁的整体稳定验算

次梁与铺板焊牢,可以作为主梁的侧向支承点,主梁侧向支承点之间距离 $l_1 = 2$ m。

$$I_y = 2 \times \frac{1}{12} \times 2 \times 40^3 = 21\,333 \times 10^4(\text{cm}^4)$$

$$i_y = \sqrt{\frac{I_y}{A}} = \sqrt{\frac{21\,333 \times 10^4}{280}} = 872.9(\text{mm})$$

$$\lambda_y = \frac{l_1}{i_y} = \frac{2\,000}{872.9} = 2.3$$

λ_y 值非常小,因此梁的整体稳定可以保证,不必验算。从 $l_1 = 2$ m、受压翼缘宽度 $b = 40$ cm,也可以判定梁不会发生整体失稳,不需进行整体稳定验算。

（3）梁的挠度验算

集中荷载标准值

$$F = (15 \times 2 + 0.5 + 20 \times 2) \times 4 = 282(\text{kN})$$

等效均布荷载标准值（构造系数 1.2）

$$q = 1.2 \times 2.16 + 282/2 = 143.6(\text{kN/m})$$

计算挠度时,不考虑因翼缘宽度改变的影响,近似地按式（5-12）计算

$$\frac{v}{l} = \frac{5}{384} \times \frac{ql^3}{EI_x} = \frac{1}{454} < \frac{[v]}{l} = \frac{1}{400}$$

挠度满足要求。

3）梁的截面改变

本例题采用改变翼缘宽度的方法。取截面改变处离支座的距离

$$x = \frac{l}{6} = \frac{12}{6} = 2(\text{m})$$

截面改变处的弯矩

$$M_1 = 1\,017.2 \times 2 - \frac{1}{2} \times 1.3 \times 2.16 \times 1.2 \times 2^2 = 2\,027.7(\text{kN} \cdot \text{m})$$

截面改变处的剪力

$$V_1 = 1\,017.2 - 1.3 \times 2.16 \times 1.2 \times 2 = 1\,010.5(\text{kN})$$

所需的截面模量

$$W_1 = \frac{M_1}{r_x f} = \frac{2\,027.7 \times 10^6}{1.05 \times 295} = 6\,546 \times 10^3 \, (mm^3)$$

$$A_1 = \frac{W_1}{h_w} - \frac{1}{6} t_w h_w = \frac{6\,546}{120} - \frac{1}{6} \times 1.0 \times 120 = 34.6 \, (cm^2)$$

取翼缘宽度为 200 mm，厚度为 20 mm，翼缘面积 $A_1 = 20 \times 2 = 40 \, (cm^2) > 34.6 \, cm^2$。

截面改变处强度验算：

受弯强度

$$I_1 = \frac{1}{12} \times 1.0 \times 120^3 + 2 \times 20 \times 2 \times 61^2 = 441\,680 \, (cm^4)$$

$$W_1 = \frac{441\,680}{62} = 7\,123.9 \, (cm^3)$$

$$\frac{2\,027.7 \times 10^6}{1.05 \times 7\,123.9 \times 10^3} = 271.1 \, (N/mm^2) < f = 295 \, N/mm^2$$

折算应力

$$S_1 = 2 \times 20 \times 61 = 2\,440 \, (cm^3)$$

$$S_{max} = 2\,440 + 60 \times 1.0 \times 30 = 4\,240 \, (cm^3)$$

$$\sigma_1 = \frac{2\,027.7 \times 10^6 \times 600}{441\,680 \times 10^4} = 275.5 \, (N/mm^2)$$

$$\tau_1 = \frac{1\,010.5 \times 10^3 \times 2\,440 \times 10^3}{441\,680 \times 10^4 \times 10} = 55.9 \, (N/mm^2)$$

$$\sqrt{\sigma_1^2 + 3\tau_1^2} = \sqrt{(275.5)^2 + 3 \times (55.9)^2} = 292.0 \, (N/mm^2) < 1.1 f = 324.5 \, N/mm^2$$

支座处截面改变后受剪强度

$$\tau_{max} = \frac{1\,017.2 \times 10^3 \times 4\,240 \times 10^3}{441\,680 \times 10^4 \times 10} = 97.6 \, (N/mm^2) < f_v = 170 \, N/mm^2$$

截面改变处强度满足要求。

4）翼缘与腹板的连接角焊缝设计

$$h_f = \frac{V_{max} S_1}{I_x} \frac{1}{1.4 f_f^w} = \frac{1\,017.2 \times 10^3 \times 2\,440 \times 10^3}{441\,680 \times 10^4} \times \frac{1}{1.4 \times 200} = 2.0 \, (mm)$$

根据表 3-1 最小 $h_f = 5 \, mm$

$$h_f = 1.5 \sqrt{t_2} = 1.5 \sqrt{20} = 6.7 \, (mm)$$

最大 $h_f = 1.2 t_1 = 1.2 \times 10 = 10 \, (mm)$

取焊脚尺寸 $h_f = 7 \, mm$。

5）考虑腹板屈曲后强度的承载力计算

（1）各区格的承载力验算

考虑腹板屈曲后强度，在支座处和每个次梁处（即固定集中荷载处）配置支承加劲肋。另外端部采用如图 5-52(a) 所示的构造，另增加配置横向加劲肋，使 $a_1 = 500 \, mm$。

区格 I（图 5-52(a)）

因 $a_1 / h_0 < 1$

$$\lambda_{n,s} = \frac{h_0/t_w}{31\sqrt{\chi_s k_s}}\frac{1}{\varepsilon_k} = \frac{1\,200/10}{37\sqrt{1.23\times[4+5.34(1\,200/500)^2]}}\sqrt{\frac{345}{235}} = 0.60 < 0.8$$

故 $\tau_{cr} = f_v$，区格 I 腹板不发生屈曲，支座加劲肋不会受到水平力 H_t 的作用。

区格 II（图 5-52(a)）

左侧截面剪力　$V_1 = 1\,017.2 - 1.3\times2.16\times1.2\times0.5 = 1\,015.5(kN)$

相应弯矩　$M_1 = 1\,017.2\times0.5 - 1.3\times2.16\times1.2\times0.5^2/2 = 508.2(kN\cdot m)$

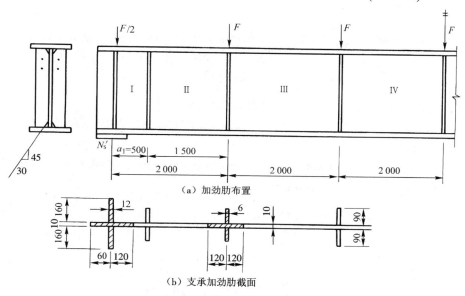

（a）加劲肋布置

（b）支承加劲肋截面

图 5-52　主梁加劲肋

因 $M_1 = 508.2\,kN\cdot m < M_f = 400\times20\times295\times1\,220 = 2\,879.2(kN\cdot m)$，所以应满足 $V_1 \le V_u$。

因 $a/h_0 > 1$

$$\lambda_{n,s} = \frac{h_0/t_w}{37\sqrt{\chi_s k_s}}\frac{1}{\varepsilon_k} = \frac{1\,200/10}{37\sqrt{1.23\times[5.34+4(1\,200/1\,500)^2]}}\sqrt{\frac{345}{235}} = 1.262 > 1.2$$

故　$V_u = h_w t_w f_v/\lambda_{n,s}^{1.2} = 1\,200\times10\times170/1.262^{1.2} = 1\,543.0(kN) > V_1 = 941.6\,kN(满足要求)$

区格 IV（图 5-52(a)）

验算右侧截面

$$\lambda_{n,s} = \frac{h_0/t_w}{37\sqrt{\chi_s k_s}}\frac{1}{\varepsilon_k} = \frac{1\,200/10}{37\sqrt{1.23\times[5.34+4(1\,200/2\,000)^2]}}\sqrt{\frac{345}{235}} = 1.362 > 1.2$$

故　$V_u = h_w t_w f_v/\lambda_{n,s}^{1.2} = 1\,200\times10\times170/1.362^{1.2} = 1\,408.0(kN)$

因 $V_3 = 1\,017.2 - 2\times398.8 - 1.3\times2.16\times1.2\times6 = 199.4(kN) < 0.5V_u = 704.0\,kN$，所以需满足 $M_3 \le M_{eu}$。

梁的整体稳定可以得到保证。

$$\lambda_{n,b} = \frac{h_0/t_w}{177}\frac{1}{\varepsilon_k} = \frac{120}{177}\sqrt{\frac{345}{235}} = 0.82$$

因 $\lambda_{n,b} < 0.85$，所以 $\rho = 1.0$

$$\alpha_e = 1 - \frac{(1-\rho)h_c^3 t_w}{2I_x} = 1.0$$

$$M_{eu} = \gamma_x \alpha_e W_x f = 1.05 \times 1.0 \times 11\,925 \times 10^3 \times 295 = 3\,693.8(\text{kN} \cdot \text{m})$$

$$M_3 = 3\,594.3\ \text{kN} \cdot \text{m} < M_{eu} = 3\,693.8\ \text{kN} \cdot \text{m}(满足要求)$$

(2)加劲肋设计

①中间加劲肋

横向加劲肋截面

宽度 $b_s = \frac{h_0}{30} + 40 = \frac{1\,200}{30} + 40 = 80(\text{mm})$,取 $b_s = 90$ mm,如图 5-52(b)所示。

厚度 $t_s \geq \frac{b_s}{15} = \frac{90}{15} = 6(\text{mm})$,如图 5-52(b)所示。

中部承受次梁支座反力的支承加劲肋截面验算:

由上可知 $\lambda_{n,s} = 1.362, \tau_{cr} = 1.1 f_v / \lambda_{n,s}^2 = 1.1 \times 170 / 1.362^2 = 100.8(\text{N/mm}^2)$

故该加劲肋所承受轴心力

$$N_s = V_u - \tau_{cr} h_w t_w + F = 1\,408.0 - 100.8 \times 1\,200 \times 10 \times 10^{-3} + 398.8 = 597.2(\text{kN})$$

截面面积 $A_s = 2 \times 90 \times 6 + 240 \times 10 = 3\,480(\text{mm}^2)$

$$I_z = \frac{1}{12} \times 6 \times 190^3 = 343.0 \times 10^4(\text{mm}^4)$$

$$i_z = \sqrt{\frac{I_z}{A}} = \sqrt{\frac{343.0 \times 10^4}{3\,480}} = 31.4(\text{mm})$$

$$\lambda_z = \frac{1\,200}{31.4} = 38.2, \varphi_z = 0.874$$

验算加劲肋在腹板平面外的稳定

$$\frac{N_s}{\varphi_z A_s f} = \frac{597.2 \times 10^3}{0.874 \times 3\,480 \times 305} = 0.64 < 1.0(满足要求)$$

加劲肋的构造如图 5-52(a)所示,故不必验算加劲肋端部的承压强度。

靠近支座加劲肋的中间横向加劲肋截面采用 -90×6,不必验算。

②支座加劲肋

支座反力 $R = 1\,017.2$ kN,还应加上边次梁直接传给主梁的支反力 398.8/2 = 199.4(kN)

支座加劲肋截面采用 $2 - 160 \times 12$,如图 5-52(b)所示。

$$A_s = 2 \times 160 \times 12 + (120 + 60) \times 10 = 5\,640(\text{mm}^2)$$

$$I_z = \frac{1}{12} \times 12 \times 330^3 = 3\,593.7 \times 10^4(\text{mm}^4)$$

$$i_z = \sqrt{\frac{I_z}{A}} = 79.8(\text{mm})$$

$$\lambda_z = \frac{1\,200}{79.8} = 15.0, \varphi_z = 0.976$$

验算加劲肋在腹板平面外的稳定

$$\frac{N_s'}{\varphi_z A_s f} = \frac{(1\,017.2 + 199.4) \times 10^3}{0.976 \times 5\,640 \times 305} = 0.72 < 1.0(满足要求)$$

验算端部承压强度

$$\sigma_{ce} = \frac{N'_s}{A_{ce}} = \frac{(1\ 017.2 + 199.4) \times 10^3}{2 \times (160 - 30) \times 12} = 390.0\,(N/mm^2) < f_{ce} = 400\ N/mm^2\,(满足要求)$$

计算支座加劲肋与腹板连接焊缝的强度：

根据表 3-1 最小 $h_f = 5.0\ mm$

$$h_f = 1.5\sqrt{t_2} = 1.5\sqrt{16} = 6.0\,(mm)$$

最大 $h_f = 1.2t_1 = 12 \times 10 = 12\,(mm)$

取 $h_f = 8\ mm$

$$1\ 200 - 2 \times (45 + 8) = 1\ 094\,(mm) > 60h_f = 480\,(mm)$$

因此 $\quad a_f = 1.5 - \dfrac{l_w}{120h_f} = 1.5 - \dfrac{1\ 094}{120 \times 8} = 0.36 < 0.5, 取\ a_f = 0.5$

$$\tau_f = \frac{(1\ 017.2 + 199.4) \times 10^3}{4 \times 0.7 \times 8 \times 1\ 094} = 49.6\,(N/mm^2) < a_f f_f^w = 0.5 \times 200 = 100\,(N/mm^2)\,(满足要求)$$

习　题

5-1　选择题

1. 当梁的受弯强度不满足要求时，_____最有效。

（A）增大梁截面积 （B）增大腹板面积

（C）增大梁高度 （D）增大腹板厚度

2. 当梁的受剪强度不满足要求时，_____最有效。

（A）增大梁截面积 （B）增大腹板面积

（C）增大梁高度 （D）增大腹板厚度

3. 验算工字形截面梁的折算应力 $\sqrt{\sigma^2 + 3\tau^2} \leqslant \beta_1 f$，式中 σ、τ 应为_____。

（A）验算截面的最大弯曲应力和最大剪应力

（B）验算截面的最大弯曲应力和计算位置的剪应力

（C）验算截面的最大剪应力和计算位置的弯曲应力

（D）验算截面计算位置的弯曲应力和剪应力

4. 验算工字形截面梁的受弯强度 $\dfrac{M_x}{\gamma_x W_{nx}} \leqslant f$，取 $\gamma_x = 1.05$，梁的受压翼缘自由外伸部分宽厚比不应大于_____。

（A）$15\varepsilon_k$ 　（B）$13\varepsilon_k$ 　（C）$9\varepsilon_k$ 　（D）$(10 + 0.1\lambda)\varepsilon_k$

5. 梁的支承加劲肋应设置在_____。

（A）弯曲应力最大处

（B）剪应力最大处

（C）上翼缘或下翼缘固定集中荷载作用处

（D）有吊车轮压的部位

6. 单向受弯梁由于发生_____而丧失整体稳定。

（A）弯曲 （B）扭转

（C）弯扭 （D）剪切变形

7. 梁整体稳定临界弯矩与梁的_____无关。

　　(A)侧向抗弯刚度　　　　　　　(B)面内抗弯刚度
　　(C)自由扭转刚度　　　　　　　(D)翘曲刚度

8. 最大弯矩和其他条件均相同的简支梁,当_____时整体稳定性最差。
　　(A)均匀弯矩作用
　　(B)满跨均布荷载作用
　　(C)跨中集中荷载作用
　　(D)满跨均布荷载与跨中集中荷载共同作用

9. 如图 5-53 所示的简支梁,除截面放置和荷载作用位置不同外,其他条件均相同,则整体稳定性_____。
　　(A) (a)最差、(d)最好　　　　(B) (a)最好、(d)最差
　　(C) (b)最差、(c)最好　　　　(D) (b)最好、(c)最差

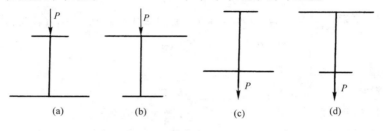

(a)　　　　(b)　　　　(c)　　　　(d)

图 5-53　选择题 9 图

10. 跨中无侧向支撑的焊接工形截面梁,当整体稳定不满足要求时,_____最有效。
　　(A)增大梁截面积　　　　　　　(B)增大梁高度
　　(C)增大受压翼缘宽度　　　　　(D)设置侧向支撑

11. 如图 5-54 所示的钢梁,因整体稳定要求,需在跨中设置侧向支撑,其位置以图中_____为最佳。

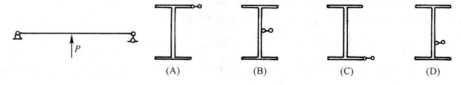

(A)　　　　(B)　　　　(C)　　　　(D)

图 5-54　选择题 11 图

12. 验算钢梁的整体稳定,当计算的 $\varphi_b > 0.6$ 时应将 φ_b 采用相应的 φ_b' 代替,这是因为_____。
　　(A)梁的临界应力大于钢材的抗拉强度
　　(B)梁的临界应力大于钢材的屈服强度
　　(C)梁的临界应力大于钢材的比例极限
　　(D)梁的临界应力小于钢材的比例极限

13. 为防止梁腹板发生屈曲,通常配置加劲肋,这是为了_____。
　　(A)增加腹板截面惯性矩　　　　(B)增加腹板截面面积
　　(C)改变腹板应力分布状态　　　(D)改变边界约束板件的屈曲临界应力

14. 梁的受压翼缘或腹板发生屈曲,这是由于_____。

　　(A)腹板剪应力超过钢材的抗剪设计强度

　　(B)屈曲板件的应力超过相应的屈曲临界应力

　　(C)屈曲板件的应力超过钢材的抗压设计强度

　　(D)翼缘弯曲应力超过钢材的抗弯设计强度

15. 最大应力 σ_1 相等、其他条件均相同时,图 5-55 中梁腹板屈曲临界应力最小的是_____。

图 5-55　选择题 15 图

16. 不考虑腹板屈曲后强度,工字形截面梁腹板高厚比 $\dfrac{h_0}{t_w}=100$ 时,梁腹板可能_____。

　　(A)受弯屈曲,需配置纵向加劲肋

　　(B)受弯屈曲,需配置横向加劲肋

　　(C)受剪屈曲,需配置纵向加劲肋

　　(D)受剪屈曲,需配置横向加劲肋

17. 不考虑腹板屈曲后强度,当 $\dfrac{h_0}{t_w}>170$ 时,梁腹板_____。

　　(A)可能受剪屈曲,应配置横向加劲肋

　　(B)可能受弯屈曲,应配置纵向加劲肋

　　(C)受剪屈曲和弯屈曲均可能发生,应同时配置横向加劲肋与纵向加劲肋

　　(D)不会发生屈曲,不必配置加劲肋

18. 上翼缘承受横向荷载的梁,为了提高弯曲应力作用下腹板的稳定性,可在_____处配置纵向加劲肋。

　　(A)腹板高度的 $\dfrac{1}{2}$　　　　　　(B)靠近下翼缘腹板的 $\left(\dfrac{1}{5}\sim\dfrac{1}{4}\right)h_0$

　　(C)靠近上翼缘腹板的 $\left(\dfrac{1}{5}\sim\dfrac{1}{4}\right)h_0$　　(D)上翼缘

19. 焊接梁腹板的计算高度 $h_0=2\ 400$ mm,根据局部稳定和构造要求,需在腹板一侧配置钢板横向加劲肋,其经济合理的截面尺寸是_____。

　　(A) -120×8　　　　　　(B) -140×8

　　(C) -150×10　　　　　　(D) -180×12

20. 考虑梁腹板的屈曲后强度,下列叙述正确的是_____。

　　(A)梁受剪承载力提高

　　(B)梁受弯承载力提高

　　(C)梁受弯、受剪承载力均提高

　　(D)梁受弯承载力提高,受剪承载力降低

21. 设计焊接梁截面,通常梁的最大高度是由建筑高度或工艺条件决定,梁的最小高度由_____决定。

  (A)整体稳定   (B)挠度

  (C)局部稳定   (D)强度

22. 设计承受均布荷载的热轧 H 型钢简支梁,应计算其_____。

  (A)受弯强度、折算应力、整体稳定、局部稳定

  (B)受弯强度、受剪强度、整体稳定、局部稳定

  (C)受弯强度、腹板上边缘计算高度处局部承压强度、整体稳定

  (D)受弯强度、受剪强度、整体稳定、挠度

5-2 一焊接工字形截面简支梁的截面尺寸和所承受的静力荷载设计值(包括梁自重)如图5-56所示,钢材为 Q235B,已知梁的整体稳定已得到保证,梁的挠度容许值为 $l/400$,验算梁的强度和挠度是否满足要求。集中荷载处是否需要配置支承加劲肋。(假设 $a=50\ mm$)

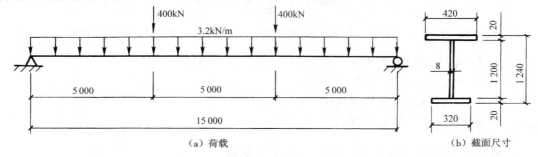

图 5-56 习题 5-2 图

5-3 确定一悬挂电动葫芦简支轨道梁的截面尺寸,跨度为 6 m,电动葫芦自重为6 kN,起重能力为 30 kN,均为标准值,钢材为 Q235B。(注:悬吊重量和葫芦自重可视为集中荷载。另外考虑葫芦轮子对轨道梁下翼缘的磨损,梁截面模量和惯性矩应乘以折减系数0.9。)

5-4 一简支梁跨度为 5.5 m,梁上翼缘承受均布静荷载,永久荷载标准值为10.2 kN/m(不包括梁自重),可变载标准值为 25 kN/m,钢材为 Q235B。

(1)假设梁的受压翼缘设置侧向支撑,可以保证梁的整体稳定,选择其最经济型钢截面,梁的挠度容许值为 $l/250$。

(2)假设梁的受压翼缘无侧向支撑,按整体稳定条件确定梁的截面尺寸。

(3)假设梁的跨中处受压翼缘设置一侧向支撑,按整体稳定条件确定梁的截面尺寸。

5-5 Q235 钢简支梁如图 5-57 所示,自重标准值为 0.9 kN/m,承受悬挂集中荷载标准值为110 kN,验算在下列情况下梁截面是否满足整体稳定要求:(1)跨中无侧向支撑,集中荷载作用于上翼缘;(2)钢材改用 Q345 钢;(3)集中荷载悬挂于下翼缘;(4)跨中增设上翼缘侧向支撑。

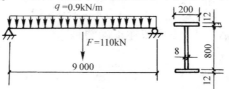

图 5-57 习题 5-5 图

5-6　简支槽钢檩条跨度 6 m,水平檩距 0.75 m,屋面坡度 1/2.5,跨中设拉条一道。屋面木望板、油毡一层及黏土瓦共重 0.75 kN/m²(屋面面积);雪荷载为 0.5 kN/m²(水平投影面积);均为标准值。钢材为 Q235,屋面体系能保证檩条的整体稳定,挠度容许值为 $l/200$。檩条采用[10,验算强度和挠度是否满足要求。

5-7　一平台的梁格布置如图 5-58 所示,铺板为预制钢筋混凝土板,焊于次梁并与次梁牢固连接,设平台永久荷载的标准值(不包括梁自重)为 2.0 kN/m²,静力可变荷载的标准值为 20 kN/m²。钢材为 Q345,手工焊,焊条为 E50 型。

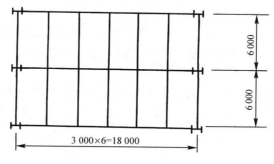

图 5-58　习题 5-7 图

(1)确定次梁截面尺寸;

(2)分别考虑和不考虑腹板屈曲后强度,设计中间主梁截面;

(3)设计主梁翼缘与腹板的连接角焊缝;

(4)考虑腹板屈曲后强度,设计主梁加劲肋;

(5)设计主次梁连接,次梁连接于主梁侧面;

(6)按 1:10 比例尺绘制连接构造图。

答案

5-1

1.(C)	2.(D)	3.(D)	4.(B)	5.(C)	6.(C)
7.(B)	8.(A)	9.(A)	10.(D)	11.(C)	12.(C)
13.(D)	14.(B)	15.(D)	16.(D)	17.(C)	18.(C)
19.(C)	20.(A)	21.(B)	22.(D)		

第 6 章　拉弯和压弯构件

6.1　拉弯和压弯构件的特点

　　同时承受轴向拉力和弯矩的构件称为拉弯构件,同时承受轴向压力和弯矩的构件称为压弯构件。如图 6-1 所示,弯矩可能由偏心轴力(图(a))、端弯矩(图(b))或横向荷载(图(c))等产生。

　　钢结构中压弯构件的应用十分广泛,例如图 6-2 所示的有节间横向荷载作用的桁架上弦杆、天窗架的侧立柱,还有图 6-3、图 6-4 所示的框架柱,不仅承受上部结构传来的轴向压力,同时还要承受弯矩和剪力。

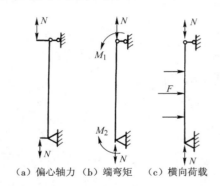

(a)偏心轴力　(b)端弯矩　(c)横向荷载

图 6-1　不同荷载产生的弯矩

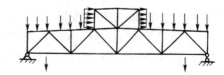

图 6-2　屋架中拉弯和压弯构件

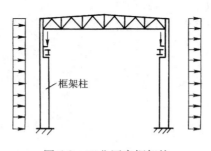

图 6-3　工业厂房框架柱

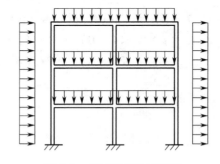

图 6-4　多层框架的框架柱

　　拉弯构件也有一些应用,例如有节间横向荷载作用的桁架下弦杆(图 6-2)。

　　拉弯和压弯构件的设计应满足承载能力极限状态和正常使用极限状态的要求。拉弯构件需验算截面强度和刚度(长细比);压弯构件需要验算截面强度、整体稳定(弯矩作用平面内和平面外整体稳定)、局部稳定和刚度(长细比);构件的长细比应满足轴心受力构件长细比容许值的要求。

6.2　压弯构件截面等级及其板件宽(高)厚比限值

压弯构件的截面等级与受弯构件相同,也分为 S1 ~ S5 五个等级。

1. H 形截面

H 形截面压弯构件受压翼缘与工字形截面梁受压翼缘的受力情况基本相同,其相同截面等级的受压翼缘宽厚比限值同工字形截面梁受压翼缘,如表 6-1 所示。

H 形截面压弯构件的腹板为四边简支板,承受轴向应力和弯曲应力,其屈曲系数:

$$k_\sigma = \frac{16}{2 - \alpha_0 + \sqrt{(2 - \alpha_0)^2 + 0.112\alpha_0^2}} \tag{6-1}$$

$$\alpha_0 = \frac{\sigma_{max} - \sigma_{min}}{\sigma_{max}} \tag{6-2}$$

式中:σ_{max}——腹板计算高度边缘的最大压应力;

σ_{min}——腹板计算高度另一边缘相应的应力,压应力取正值,拉应力取负值。

考虑不同高厚比等级腹板的应用不同,例如重型工业厂房跨度大,高度高,柱截面通常设计的高一些,腹板较薄,翼缘对其约束大,所以 S4 级截面的腹板高厚比限值应适当放大;S1 或 S2 级的腹板,往往应用于需进行抗震设计的民用建筑结构,作为框架梁($a_0 = 2$)设计为塑性耗能区时,要求在设防烈度地震作用下形成塑性铰,所以其腹板高厚比限值比 0.5、0.6 倍的弹性高厚比数值要求更严格。H 形 S1 ~ S4 级截面压弯构件的腹板高厚比限值如表 6-1 所示,没有严格地取弹性高厚比的 0.5、0.6、0.7 和 0.8 倍。

2. 箱形截面

箱形截面压弯构件因为双腹板的存在,受压腹板翼缘的屈曲系数提高,因此比相同截面等级工字形截面梁受压翼缘的宽厚比限值适当增大,如表 6-1 所示。

单向受弯箱形截面压弯构件腹板的受力情况与 H 形截面压弯构件腹板受力情况相似,所以相同截面等级的腹板高厚比限值同 H 形截面腹板限值。

3. 圆钢管截面

根据非线性弹性稳定理论,理想轴压圆柱壳的屈曲临界应力:

$$\sigma_{cr} \approx 0.3 \frac{Et}{D} \tag{6-3}$$

式中:t——圆钢管厚度;

D——圆钢管外直径。

考虑初始缺陷和非轴压等的影响,一般钢结构的钢管构件屈曲临界应力取理想屈曲临界应力的 0.5 倍,即:

$$\sigma_{cr} \approx 0.15 \frac{Et}{D} \tag{6-4}$$

当临界应力达到屈服强度 $f_y = 235 \text{ N/mm}^2$ 时,钢管的弹性径厚比:

$$\left[\frac{D}{t}\right]_y = \frac{0.15E}{f_y} = 131.5\varepsilon_k^2$$

S3 级截面径厚比限值取弹性径厚比的 0.7 倍,S1 级、S2 级和 S4 级截面的限值采用了

EN1993 Eurocode3 规定的数值,如表6-1 所示。

表6-1 压弯构件截面等级及其板件宽厚比限值

截面板件宽厚比等级		S1 级	S2 级	S3 级	S4 级	S5 级
H 形截面	翼缘 b_1/t	$9\varepsilon_k$	$11\varepsilon_k$	$13\varepsilon_k$	$15\varepsilon_k$	20
	腹板 h_0/t_w	$(33+13a_0^{1.3})\varepsilon_k$	$(38+13a_0^{1.39})\varepsilon_k$	$(40+18a_0^{1.5})\varepsilon_k$	$(45+25a_0^{1.66})\varepsilon_k$	250
箱形截面	腹板间翼缘 b_0/t	$30\varepsilon_k$	$35\varepsilon_k$	$40\varepsilon_k$	$45\varepsilon_k$	—
	腹板 h_0/t_w（单向受弯时）	$(33+13a_0^{1.3})\varepsilon_k$	$(38+13a_0^{1.39})\varepsilon_k$	$(40+18a_0^{1.5})\varepsilon_k$	$(45+25a_0^{1.66})\varepsilon_k$	250
圆钢管截面	径厚比 D/t	$50\varepsilon_k^2$	$70\varepsilon_k^2$	$90\varepsilon_k^2$	$100\varepsilon_k^2$	—

6.3 拉弯和压弯构件的截面强度

考虑钢材的塑性性能,拉弯和压弯构件以截面出现塑性铰推导其截面强度计算公式。

当弯矩作用在构件截面的一个主平面时称为单向受弯拉弯和压弯构件。

压弯构件承受轴心压力和弯矩,假设轴心压力不变而弯矩不断增加,H 形截面应力发展的四个阶段如图 6-5 所示:边缘纤维最大应力达到钢材的屈服强度(图(a));最大应力一侧部分截面进入塑性(图(b));两侧部分截面均进入塑性(图(c));全截面进入塑性(图(d)),此时达到承载能力极限状态。

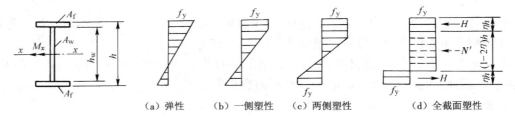

（a）弹性　　（b）一侧塑性　　（c）两侧塑性　　（d）全截面塑性

图6-5　截面应力发展过程

由图 6-5(d),根据力的平衡条件,一对水平力 H 所形成的力偶与作用弯矩 M_x 平衡,合力 N' 与作用轴心压力 N 平衡,可以建立轴心压力 N 和弯矩 M_x 的关系式。为了简化,取 $h \approx h_w$,令 $A_f = \alpha A_w$,则全截面面积 $A = (2\alpha + 1)A_w$。

计算分为两种情况。

1)中性轴位于腹板范围内($N \leqslant A_w f_y$)

$$N = (1 - 2\eta)h t_w f_y = (1 - 2\eta)A_w f_y$$

$$M_x = A_f f_y h + \eta A_w f_y (1 - \eta)h = A_w h f_y(\alpha + \eta - \eta^2)$$

消去以上二式中的 η,并令无弯矩作用全截面屈服时:

$$N_p = A f_y = (2\alpha + 1)A_w f_y$$

无轴力作用时截面形成塑性铰的弯矩:

$$M_{px} = W_{px} f_y = (\alpha A_w h + 0.25 A_w h)f_y = (\alpha + 0.25)A_w h f_y$$

得到 N 和 M_x 的关系式:

$$\frac{(2\alpha+1)^2}{4\alpha+1}\frac{N^2}{N_p^2} + \frac{M_x}{M_{px}} = 1 \tag{6-5}$$

2)中性轴位于翼缘范围内($N > A_w f_y$)

按照上述方法可以得到:

$$\frac{N}{N_p} + \frac{4\alpha+1}{2(2\alpha+1)}\frac{M_x}{M_{px}} = 1 \tag{6-6}$$

式(6-5)和式(6-6)的图形均为曲线,图 6-6 中的实线即为 H 形截面压弯构件当弯矩绕强轴作用时 $\frac{N}{N_p}$ 与 $\frac{M_x}{M_{px}}$ 的相关曲线。此曲线外凸,但腹板面积 A_w 较小($\alpha = A_f/A_w$ 较大)时,外凸不多。为了便于计算,同时考虑公式推导中未考虑附加变形的不利影响,《钢结构设计标准》GB 50017 采用了图 6-6 中虚线的直线相关公式:

$$\frac{N}{N_p} + \frac{M_x}{M_{px}} = 1$$

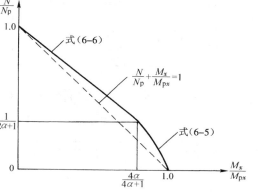

图 6-6   压弯构件 $\frac{M_x}{M_{px}} - \frac{N}{N_p}$ 相关曲线

考虑部分截面进入塑性,令 $N_p = A_n f_y$、$M_{px} = \gamma_x W_{nx} f_y$,并引入抗力分项系数,得到单向受弯拉弯和压弯构件的截面强度验算式:

$$\frac{N}{A_n} \pm \frac{M_x}{\gamma_x W_{nx}} \leqslant f \tag{6-7}$$

当弯矩作用在构件两个主平面时称为双向受弯拉弯和压弯构件。双向受弯拉弯和压弯构件(圆形截面构件除外)的截面强度验算,《钢结构设计标准》GB 50017 采用了与式(6-7)相衔接的线性公式:

$$\frac{N}{A_n} \pm \frac{M_x}{\gamma_x W_{nx}} \pm \frac{M_y}{\gamma_y W_{ny}} \leqslant f \tag{6-8}$$

双向受弯圆形截面拉弯和压弯构件,其截面强度按下式计算:

$$\frac{N}{A_n} + \frac{\sqrt{M_x^2 + M_y^2}}{\gamma_m W_n} \leqslant f \tag{6-9}$$

式中:N——计算截面处的轴心压力设计值;

M_x、M_y——计算截面处绕 x 轴、y 轴的弯矩设计值;

γ_x、γ_y——非圆形截面的塑性发展系数;根据受压板件的应力分布确定板件宽厚比,当板件宽厚比满足 S4 或 S5 级截面要求时,取 1.0;满足 S1、S2 或 S3 级截面要求时,可按表 6-2 采用;需要验算疲劳强度的构件,取 1.0;

γ_m——圆形截面的塑性发展系数;实腹圆形截面取 1.2;当圆管径厚比满足 S4 或 S5 级截面要求时,取 1.0;满足 S1、S2 或 S3 级截面要求时,取 1.15;需要验算疲劳强度的构件,取 1.0;

A_n——构件净截面面积;

W_n——构件净截面模量。

表 6-2　截面塑性发展系数 γ_x、γ_y 值

截面形式	γ_x	γ_y	截面形式	γ_x	γ_y
		1.2	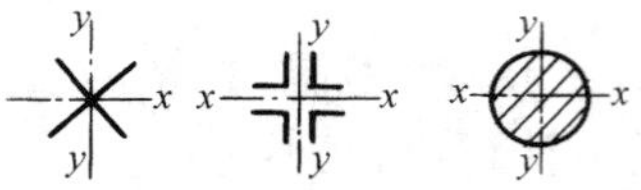	1.2	1.2
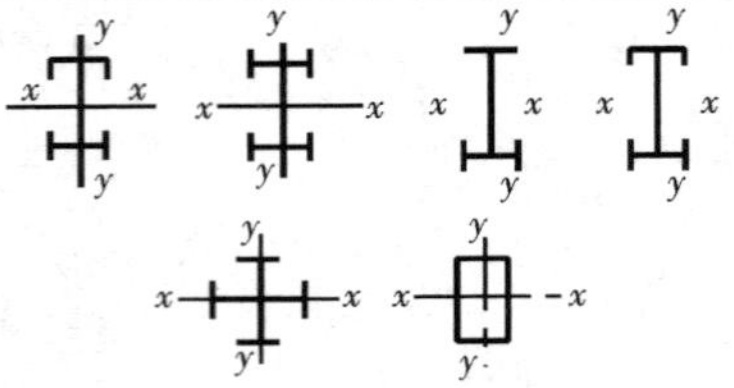	1.05	1.05	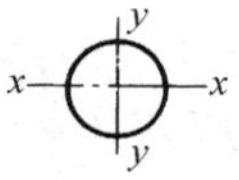	1.15	1.15
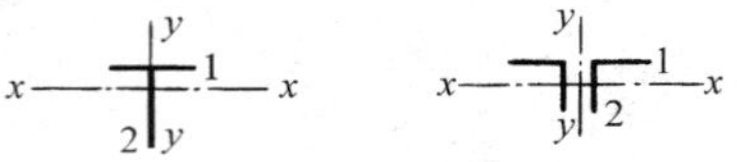	$\gamma_{x1} = $ 1.05	1.2	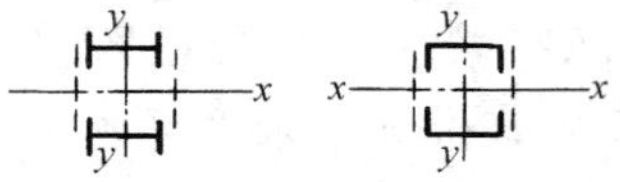		1.05
	$\gamma_{x2} = $ 1.05	1.2		1.0	1.0

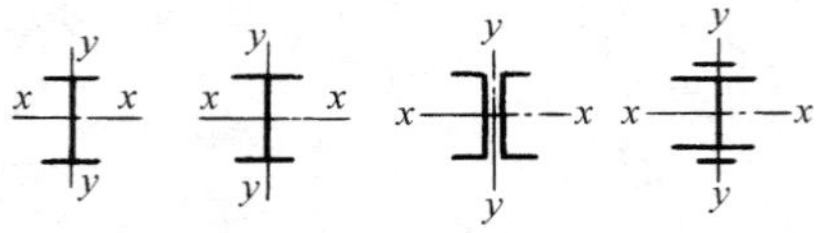

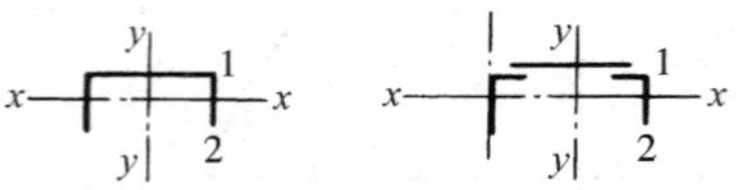

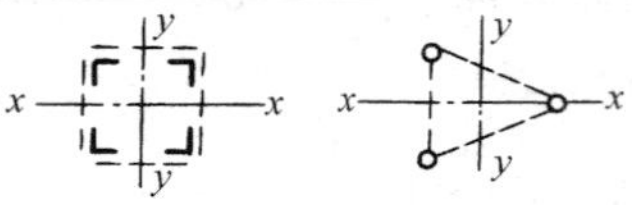

塑性发展系数值与截面形式、塑性发展深度、翼缘与腹板截面积比值以及应力状态有关。表 6-2 给出的塑性发展系数相当于构件单向受弯时塑性发展深度不超过截面高度的 1/8。对弯矩绕虚轴的格构式构件，不能考虑塑性深入截面，塑性发展系数取 1.0；受压翼缘自由外伸宽度与厚度之比不满足 S3 级截面要求时，受压翼缘进入塑性时可能已发生屈曲，因此不应考虑截面发展塑性，塑性发展系数取 1.0。

[例题 6-1]　如图 6-7 所示的拉弯构件，间接承受动力荷载，轴心拉力设计值为 720 kN，横向均布荷载设计值为 6 kN/m。确定其截面尺寸，设截面无削弱，钢材为 Q345。

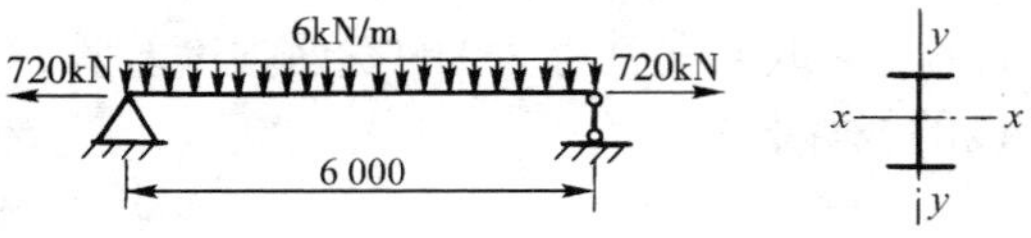

图 6-7　例题 6-1 图

[解]

假设采用普通工字钢 I22a，截面积 $A = 42.1$ cm^2，重量 0.32 kN/m，$W_x = 310$ cm^3，$i_x = 8.99$ cm，$i_y = 2.32$ cm。

轧制普通工字钢的翼缘宽厚比一般均能满足 S3 级截面要求，所以取 $\gamma_x = 1.05$。

$$M_x = \frac{1}{8}ql^2 = \frac{1}{8} \times (6 + 0.32 \times 1.2) \times 6^2 = 28.7 \ (\text{kN} \cdot \text{m})$$

$$\frac{N}{A_n} + \frac{M_x}{\gamma_x W_{nx}} = \frac{720 \times 10^3}{42.1 \times 10^2} + \frac{28.7 \times 10^6}{1.05 \times 310 \times 10^3} = 259.2 \ (\text{N/mm}^2) < f = 305 \ \text{N/mm}^2$$

所选截面满足要求。

6.4　实腹式压弯构件的整体稳定

压弯构件的截面尺寸通常由整体稳定控制。双轴对称截面一般将弯矩绕强轴作用，单轴

对称截面将弯矩作用在对称轴平面内,使压力作用在面积分布较多的一侧。单向受弯压弯构件可能在弯矩作用平面内失稳(弯曲失稳),也可能在弯矩作用平面外失稳(弯扭失稳),所以压弯构件应分别验算弯矩作用平面内和弯矩作用平面外的整体稳定。

6.4.1　弯矩作用平面内的构件整体稳定验算

目前计算压弯构件弯矩作用平面内极限承载力的方法很多,可分为两大类,一类是基于边缘屈服准则的计算方法,一类是精度较高的数值计算方法。

1. 基于边缘屈服准则的计算方法

图 6-8 所示为一两端铰接压弯构件,横向荷载产生的长度中点变形为 v_{m}。当荷载对称作用时,假定变形曲线为正弦曲线。轴心压力作用后,根据式(4-27),在弹性状态构件长度中点变形增加为:

$$v_{\max} = \frac{v_{\mathrm{m}}}{1 - \alpha}$$

式中 $\alpha = N/N_{\mathrm{E}}$。

横向荷载产生的构件长度中点弯矩为 M,轴力产生的弯矩为 $Nv_{\max}$,因此长度中点总弯矩:

图 6-8　两端铰接压弯构件

$$M_{\max} = M + N\frac{v_{\mathrm{m}}}{1 - \alpha} = \frac{M}{1 - \alpha}\left(1 - \alpha + \frac{Nv_{\mathrm{m}}}{M}\right) = \frac{M}{1 - \alpha}\left[1 + \left(\frac{N_{\mathrm{E}}v_{\mathrm{m}}}{M} - 1\right)\alpha\right]$$

$$= \frac{\beta_{\mathrm{m}}M}{1 - \alpha}$$

式中:β_{m}——等效弯矩系数。

根据不同荷载和支承条件产生的长度中点弯矩 M 和变形 v_{m},可以计算得到等效弯矩系数 β_{m}。

对于压弯构件的弹性设计,可将边缘屈服作为构件整体稳定计算的准则。为了考虑初始缺陷的影响,假定各种缺陷的等效初弯曲呈长度中点变形为 v_0 的正弦曲线(图 6-9)。在任意横向荷载或端弯矩作用下的弯矩为 M,则长度中点总弯矩为:

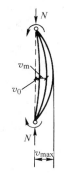

$$M_{\max} = \frac{\beta_{\mathrm{m}}M + Nv_0}{1 - \dfrac{N}{N_{\mathrm{E}}}}$$

当构件长度中点截面边缘纤维达到屈服时,则:

$$\frac{N}{A} + \frac{\beta_{\mathrm{m}}M + Nv_0}{\left(1 - \dfrac{N}{N_{\mathrm{E}}}\right)W} = f_{\mathrm{y}} \qquad (6\text{-}10)$$

图 6-9　具有初弯曲的压弯构件

令式(6-10)中的 $M = 0$,即为有初始缺陷轴心压杆边缘屈服时的表达式:

$$\frac{N_0}{A} + \frac{N_0 v_0}{\left(1 - \dfrac{N_0}{N_{\mathrm{E}}}\right)W} = f_{\mathrm{y}} \qquad (6\text{-}11)$$

截面边缘屈服时,构件仅承受轴心压力的临界力 N_0 和同时承受轴心压力与弯矩的临界力

N 不同，$N_0 > N$。

在式(6-11)中，因 $N_0 = \varphi A f_y$，则：

$$v_0 = \left(\frac{1}{\varphi} - 1\right)\left(1 - \varphi \frac{A f_y}{N_E}\right)\frac{W}{A}$$

将 v_0 值代入式(6-10)中，则：

$$\frac{N}{\varphi A}\left(1 - \varphi \frac{N}{N_E}\right) + \frac{\beta_m M}{W} = f_y\left(1 - \varphi \frac{N}{N_E}\right)$$

即

$$\frac{N}{\varphi A} + \frac{\beta_m M}{W\left(1 - \varphi \dfrac{N}{N_E}\right)} = f_y \tag{6-12}$$

上式是由边缘屈服准则推导的相关公式。

由于式(6-12)利用了与轴心压杆相同的等效初弯曲 v_0，轴心压杆稳定计算已考虑弹塑性和残余应力等因素的影响，因而不能认为式(6-12)完全忽略了残余应力和非弹性的影响。不过这种间接考虑的方式，必然使计算结果与压弯构件(特别是实腹式)的理论计算承载力之间产生误差。

《钢结构设计标准》GB 50017 将式(6-12)作为格构式压弯构件绕虚轴弯矩作用平面内整体稳定验算的公式，引入抗力分项系数，则：

$$\frac{N}{\varphi_x A} + \frac{\beta_{mx} M_x}{W_{1x}\left(1 - \varphi_x \dfrac{N}{N'_{Ex}}\right)} \leqslant f \tag{6-13}$$

式中：φ_x——弯矩作用平面内轴心受压构件的稳定系数；

W_{1x}——弯矩作用平面内对受压最大纤维的毛截面模量；

N'_{Ex}——参数，$N'_{Ex} = \dfrac{N_{Ex}}{1.1} = \dfrac{\pi^2 EA}{1.1\lambda_x^2}$。

式(6-13)为根据边缘屈服准则推导的相关公式。

2. 基于最大强度准则的计算方法

边缘屈服准则认为当构件截面受压最大纤维达到屈服，构件即失去承载能力而发生破坏，适用于格构式构件。实腹式压弯构件当受压最大纤维达屈服时，因截面可发展塑性尚有较大的承载力。因此若要符合构件的实际受力情况，宜采用最大强度准则，即以具有初始缺陷的构件为计算模型，求解其极限承载力。

第四章已介绍了具有初始缺陷(初弯曲、初偏心和残余应力)轴心受压构件的稳定计算方法。实际上考虑初弯曲和初偏心的轴心受压构件就是压弯构件。

《钢结构设计标准》GB 50017 采用数值计算方法，考虑构件 $l/1\,000$ 的初弯曲和实测的残余应力分布，建立近 200 个压弯构件计算模型，求解其极限承载力，得到了近 200 条压弯构件的承载力 – 变形曲线。

对于不同截面形式、截面形式相同但尺寸不同、残余应力分布不同以及失稳方向不同的构件，其曲线差异很大。近 200 条曲线很难采用一个统一公式表达，分析发现采用相关公式的形式可以较好地解决上述问题。由于影响稳定极限承载力的因素很多，且构件失稳时已进入弹塑性状态，要得到精确的、符合不同情况的理论相关公式不可能。因此，只能根据理论分析和数值计算的结果,得出比较符合实际又能满足工程精度要求的实用相关公式。

3.《钢结构设计标准》GB 50017 的计算方法

将采用数值方法得到的压弯构件极限承载力 N_u 与基于边缘屈服准则推导相关公式 (6-13)计算的轴心压力 N 进行比较,对于短粗实腹式构件,式(6-13)计算结果偏于安全;对于细长实腹式构件,则偏于不安全。因此,《钢结构设计标准》GB 50017 采用了弹性压弯构件基于边缘屈服准则推导相关公式的形式,计算弯曲应力时考虑了截面塑性发展和二阶弯矩,采用等效偏心距 v_0 综合考虑初弯曲和残余应力的影响,给出了一近似相关公式:

$$\frac{N}{\varphi_x A} + \frac{M_x}{W_{px}\left(1 - 0.8\dfrac{N}{N_{Ex}}\right)} = f_y \tag{6-14}$$

式中:W_{px}——构件毛截面塑性模量。

式(6-14)中系数 0.8 是经数值计算比较得到,可使式(6-14)的计算结果与各种截面构件的理论计算结果的误差最小。H 形截面构件的结果比较如图 6-10 所示。

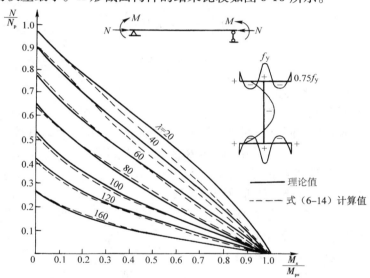

图 6-10　焊接 H 形截面压弯构件承载力比较

式(6-14)仅适用于弯矩沿构件长度均匀分布的两端铰接压弯构件,当弯矩为非均匀分布时,构件的实际承载力比式(6-14)计算值高。为了将式(6-14)推广应用于其他荷载形式的压弯构件,可用等效弯矩 $\beta_{mx} M_x$ 代替式中的 M_x 来考虑这种有利影响。另外,考虑部分截面发展塑性,采用 $W_{px} = \gamma_x W_{1x}$,并引入抗力分项系数,即得到《钢结构设计标准》GB 50017 采用的实腹式压弯构件弯矩作用平面内整体稳定验算式:

$$\frac{N}{\varphi_x A f} + \frac{\beta_{mx} M_x}{\gamma_x W_{1x}\left(1 - 0.8\dfrac{N}{N'_{Ex}}\right)f} \leqslant 1.0 \tag{6-15}$$

式中:N——所计算构件段范围内的轴心压力设计值;

　　　M_x——所计算构件段范围内的最大弯矩设计值;

　　　φ_x——弯矩作用平面内的轴心受压构件稳定系数;

W_{1x}——弯矩作用平面内对受压最大纤维的毛截面模量;

β_{mx}——等效弯矩系数。

等效弯矩系数 β_{mx} 应按下列规定采用:

1)无侧移框架柱和两端支承的构件

①无横向荷载作用时

$$\beta_{mx} = 0.6 + 0.4 \frac{M_2}{M_1} \qquad (6\text{-}16)$$

式中:M_1、M_2——端弯矩,构件无反弯点时取同号,有反弯点时取异号,$|M_1| \geqslant |M_2|$。

②无端弯矩但有横向荷载作用时

跨中单个集中荷载:

$$\beta_{mx} = 1 - 0.36 \frac{N}{N_{cr}} \qquad (6\text{-}17)$$

全跨均布荷载:

$$\beta_{mx} = 1 - 0.18 \frac{N}{N_{cr}} \qquad (6\text{-}18)$$

$$N_{cr} = \frac{\pi^2 EI}{(\mu l)^2} \qquad (6\text{-}19)$$

式中:N_{cr}——弹性屈曲临界力;

μ——构件计算长度系数。

③端弯矩和横向荷载同时作用时,式(6-15)中的 $\beta_{mx} M_x$ 应按下式计算:

$$\beta_{mx} M_x = \beta_{mqx} M_{qx} + \beta_{m1x} M_1 \qquad (6\text{-}20)$$

式中:M_{qx}——横向荷载产生的最大弯矩设计值;

β_{m1x}——按式(6-16)计算的等效弯矩系数;

β_{mqx}——按式(6-17)或式(6-18)计算的等效弯矩系数。

2)有侧移框架柱和悬臂构件

①除下面②规定之外的框架柱:

$$\beta_{mx} = 1 - 0.36 \frac{N}{N_{cr}} \qquad (6\text{-}21)$$

②有横向荷载的柱脚铰接单层框架柱和多层框架底层柱,$\beta_{mx} = 1.0$;

③自由端作用弯矩的悬臂构件

$$\beta_{mx} = 1 - 0.36(1 - m) \frac{N}{N_{cr}} \qquad (6\text{-}22)$$

式中:m——自由端弯矩与固定端弯矩之比,构件无反弯点时取正号,有反弯点时取负号。

对于 T 形等单轴对称截面压弯构件,当弯矩作用于对称轴平面且使较大翼缘受压时,构件失稳时除存在受压区屈服和受压、受拉区同时屈服两种情况外,还可能受拉区首先出现屈服,使截面进入塑性,构件刚度减小,导致构件承载力下降,故除按式(6-15)计算外,还应按下式补充验算:

$$\left| \frac{N}{Af} - \frac{\beta_{mx} M_x}{\gamma_x W_{2x} \left(1 - 1.25 \frac{N}{N'_{Ex}}\right) f} \right| \leqslant 1.0 \qquad (6\text{-}23)$$

式中：W_{2x}——对较小翼缘侧最外纤维的毛截面模量；

  γ_x——与 W_{2x} 对应的截面塑性发展系数。

式中系数 1.25 是与理论计算结果比较后引入的修正系数。

6.4.2 弯矩作用平面外的构件整体稳定验算

开口薄壁截面压弯构件在弯矩作用平面外的抗弯刚度和抗扭刚度通常较小，当构件在弯矩作用平面外未设置支撑阻止其产生侧向位移和扭转时，构件可能发生弯扭失稳破坏。

如图 6-11 所示的双轴对称 H 形截面构件，两端铰接夹支，端截面可以自由翘曲，压力作用于 y 轴的 D 点，偏心距为 e，构件变形后，对 x 轴建立弯矩平衡方程：

$$- EI_x v'' = N(v - e) \tag{6-24}$$

式（6-24）表示构件绕强轴发生平面弯曲变形（图 6-11(a)）。

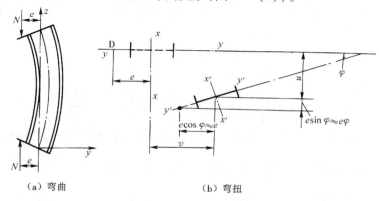

（a）弯曲   （b）弯扭

图 6-11 H 形截面构件弯扭变形

弯矩作用平面外构件弯扭变形（图 6-11(b)）的平衡方程包括两个。

1）对 y 轴的弯矩平衡方程

截面剪心（即形心）的侧向位移为 u，由于扭角 φ 使压力作用点增加的位移为 $e\varphi$，故平衡方程为：

$$- EI_y u'' = N(u + e\varphi) \tag{6-25}$$

2）对 z 轴（纵轴）的扭矩平衡方程

由于侧向位移，横向剪力对剪心产生扭矩 Neu'，所以对纵轴扭矩的平衡方程应是在轴心压杆扭转平衡方程（4-20）的基础上增加外扭矩，即：

$$- EI_\omega \varphi''' + GI_t \varphi' = Ni_0^2 \varphi' + Neu' \tag{6-26}$$

方程（6-25）和方程（6-26）与单轴对称截面轴心压杆的平衡方程（4-23）和方程（4-24）相似，只是将前者的剪心与形心距离 y_s 改为偏心距 e。所以不再重复推导，直接列出双轴对称截面压弯构件的临界力方程：

$$(N_{Ey} - N)(N_z - N) - \left(\frac{Ne}{i_0}\right)^2 = 0 \tag{6-27}$$

上式的解即为偏心距为 e 的双轴对称截面压弯构件的临界力：

$$N_{yz} = \frac{1}{2}\left[(N_{Ey} + N_z) - \sqrt{(N_{Ey} - N_z)^2 + \left(\frac{2Ne}{i_0}\right)^2}\right] \tag{6-28}$$

如果偏心距 $e=0$，即构件的端弯矩 $M=0$，由式(6-28)可以得到轴心压杆的临界力 $N_{yz}=N_{Ey}$ 或 $N_{yz}=N_z$，其中绕截面弱轴弯曲的临界力：

$$N_{Ey} = \frac{\pi^2 EI_y}{l_y^2}$$

绕截面纵轴扭转的临界力：

$$N_z = \frac{\left(GI_t + \dfrac{\pi^2 EI_\omega}{l_\omega^2} \right)}{i_0^2}$$

式中：I_t——自由扭转常数；

$\quad I_\omega$——毛截面扇性惯性矩；

$\quad i_0$——截面极回转半径；

$\quad l_y$、l_ω——构件的侧向弯曲计算长度和扭转计算长度，对于两端铰接的构件 $l_y=l_\omega=l$。

如果设端弯矩 $Ne=M_x$ 为定值，在 e 无限增加的同时 N 趋近于零，则由式(6-27)得到双轴对称纯弯曲梁的临界弯矩：

$$M_{crx} = \sqrt{i_0^2 N_{Ey} N_z}$$

由此，式(6-27)可以改写为：

$$\left(1 - \frac{N}{N_{Ey}} \right) \left(1 - \frac{N}{N_{Ey}} \frac{N_{Ey}}{N_z} \right) - \left(\frac{M_x}{M_{crx}} \right)^2 = 0 \tag{6-29}$$

式(6-29)就是双轴对称截面压弯构件均匀弯矩作用时弯矩作用平面外稳定计算的相关关系式。把式(6-29)绘制成 $\dfrac{N}{N_{Ey}}$ 和 $\dfrac{M_x}{M_{crx}}$ 的相关曲线，如图6-12所示。

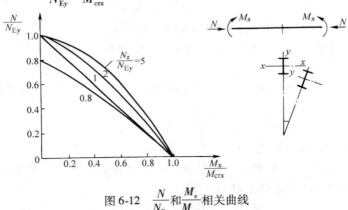

图6-12 $\dfrac{N}{N_{Ey}}$ 和 $\dfrac{M_x}{M_{crx}}$ 相关曲线

曲线形状与 $\dfrac{N_z}{N_{Ey}}$ 的比值有关，$\dfrac{N_z}{N_{Ey}}$ 值越大，曲线越外凸，压弯构件弯扭失稳的承载力越高。

对于钢结构中常用的双轴对称 H 形截面，其 $\dfrac{N_z}{N_{Ey}}$ 总是大于 1.0，如偏安全地取 $\dfrac{N_z}{N_{Ey}}=1.0$，则式 (6-29)成为：

$$\left(\frac{M_x}{M_{crx}} \right)^2 = \left(1 - \frac{N}{N_{Ey}} \right)^2$$

即
$$\frac{N}{N_{Ey}} + \frac{M_x}{M_{crx}} = 1 \tag{6-30}$$

式(6-30)是根据弹性双轴对称截面构件推导的理论简化式,是一个直线式。理论分析和试验研究表明,此式同样适用于弹塑性压弯构件的弯扭失稳计算,而且对于单轴对称截面的压弯构件,只要采用单轴对称截面轴心压杆的弯扭失稳临界力 N_{yz} 代替式中的 N_{Ey},相关公式仍然适用。

在式(6-30)中,代入 $N_{Ey} = \varphi_y f_y A$,$M_{crx} = \varphi_b f_y W_{1x}$,并引入非均匀弯矩作用时的等效弯矩系数 β_{tx}、闭口截面的影响系数 η 以及抗力分项系数后,即得到压弯构件在弯矩作用平面外整体稳定验算的相关公式:

$$\frac{N}{\varphi_y A f} + \eta \frac{\beta_{tx} M_x}{\varphi_b W_{1x} f} \leqslant 1.0 \tag{6-31}$$

式中:M_x——所计算构件段范围内(构件侧向支承点间)的最大弯矩;

　　　η——截面影响系数,闭口截面 $\eta = 0.7$,其他截面 $\eta = 1.0$;

　　　φ_y——弯矩作用平面外的轴心受压构件稳定系数;

　　　φ_b——均匀弯曲受弯构件的整体稳定系数,按第 5 章计算,其中 H 形和 T 形截面的非悬臂构件,可采用近似计算公式计算;对闭口截面 $\varphi_b = 1.0$;

　　　β_{tx}——等效弯矩系数。

等效弯矩系数 β_{tx} 应按下列规定采用:

(1)在弯矩作用平面外有支承的构件

①无横向荷载作用时,$\beta_{tx} = 0.65 + 0.35 \dfrac{M_2}{M_1}$;

②端弯矩和横向荷载同时作用,使构件产生同向曲率时 $\beta_{tx} = 1.0$,使构件产生反向曲率时 $\beta_{tx} = 0.85$;

③无端弯矩有横向荷载作用时,$\beta_{tx} = 1.0$。

(2)弯矩作用平面外为悬臂的构件,$\beta_{tx} = 1.0$。

6.4.3　双向受弯实腹式构件的整体稳定验算

双向受弯时,压弯构件不仅绕截面的两个主轴发生弯曲,同时还发生扭转,即发生弯扭失稳,属于极限承载力问题,计算非常复杂,需要考虑几何非线性和材料非线性的影响。下面给出的双向受弯双轴对称实腹式 H 形和箱形截面构件以及圆钢管构件的整体稳定验算公式,是在单向受弯压弯构件整体稳定验算公式基础上经适当修正提出的,偏于安全。

双轴对称实腹式 H 形和箱形截面双向受弯压弯构件,可用下列与式(6-15)、式(6-31)相衔接的线性公式验算其整体稳定:

$$\frac{N}{\varphi_x A f} + \frac{\beta_{mx} M_x}{\gamma_x W_x \left(1 - 0.8 \dfrac{N}{N'_{Ex}}\right) f} + \eta \frac{\beta_{ty} M_y}{\varphi_{by} W_y f} \leqslant 1.0 \tag{6-32}$$

$$\frac{N}{\varphi_y A f} + \eta \frac{\beta_{tx} M_x}{\varphi_{bx} W_x f} + \frac{\beta_{my} M_y}{\gamma_y W_y \left(1 - 0.8 \dfrac{N}{N'_{Ey}}\right) f} \leqslant 1.0 \tag{6-33}$$

式中:φ_x、φ_y——对 x 轴、y 轴的轴心受压构件稳定系数;

φ_{bx}、φ_{by}——均匀弯曲受弯构件的整体稳定系数,按第 5 章计算,其中 H 形截面的非悬臂构件 φ_{bx} 可按近似公式计算,φ_{by} 取 1.0;对闭口截面,取 $\varphi_{bx} = \varphi_{by} = 1.0$;

M_x、M_y——所计算构件段范围内绕 x 轴、y 轴的最大弯矩设计值;

W_x、W_y——对 x 轴、y 轴的毛截面模量;

β_{mx}、β_{my}——等效弯矩系数,按弯矩作用平面内整体稳定计算的有关规定采用;

β_{tx}、β_{ty}——等效弯矩系数,按弯矩作用平面外整体稳定计算的有关规定采用。

对于双向受弯压弯圆钢管构件,在单向受弯压弯构件验算公式的基础上,考虑两个弯曲方向的弯矩分布(等效弯矩系数),并通过大量计算分析,适用于所验算构件段内没有很大横向荷载或集中弯矩作用的双向压弯圆钢管构件整体稳定验算公式如下:

$$\frac{N}{\varphi A f} + \frac{\beta M}{\gamma_m W\left(1 - 0.8\dfrac{N}{N'_{Ex}}\right)f} \leq 1.0 \qquad (6\text{-}34)$$

$$M = \max\left(\sqrt{M_{xA}^2 + M_{yA}^2},\ \sqrt{M_{xB}^2 + M_{yB}^2}\right) \qquad (6\text{-}35)$$

$$\beta = \beta_x \beta_y \qquad (6\text{-}36)$$

$$\beta_x = 1 - 0.35\sqrt{N/N_E} + 0.35\sqrt{N/N_E}\,(M_{2x}/M_{1x}) \qquad (6\text{-}37)$$

$$\beta_y = 1 - 0.35\sqrt{N/N_E} + 0.35\sqrt{N/N_E}\,(M_{2y}/M_{1y}) \qquad (6\text{-}38)$$

$$N_E = \frac{\pi^2 E A}{\lambda^2}$$

式中:φ ——轴心受压构件的稳定系数,按构件最大长细比确定;

M ——双向压弯圆管构件的计算弯矩值;

M_{xA}、M_{yA}、M_{xB}、M_{yB} ——构件 A 端、B 端绕 x 轴、y 轴的弯矩;

β ——双向压弯圆管构件的等效弯矩系数;

M_{1x}、M_{2x}、M_{1y}、M_{2y} ——构件两端绕 x 轴的最大、最小弯矩和绕 y 轴的最大、最小弯矩;构件无反弯点时取同号,有反弯点时取异号;$|M_{1x}| \geq |M_{2x}|$,$|M_{1y}| \geq |M_{2y}|$;

N_E ——按构件最大长细比计算的欧拉临界力。

6.5 压弯构件的局部稳定

1. H 形截面

H 形截面压弯构件受压翼缘自由外伸宽厚比满足 S4 级截面要求时不发生屈曲,即:

$$\frac{b_1}{t} \leq 15\varepsilon_k \qquad (6\text{-}39)$$

式中:b_1、t——翼缘自由外伸的宽度和厚度。

H 形截面压弯构件腹板高厚比满足 S4 级截面要求时不发生屈曲,即:

$$\frac{h_0}{t_w} \leq (45 + 25\alpha_0^{1.66})\varepsilon_k \qquad (6\text{-}40)$$

式中:h_0、t_w——腹板计算高度和厚度。

2. 箱形截面

箱形截面压弯构件受压翼缘宽厚比满足 S4 级截面要求时不发生屈曲,即:

$$\frac{b_0}{t} \leqslant 45\varepsilon_k \qquad (6\text{-}41)$$

式中:b_0、t——腹板间翼缘的宽度和厚度。

单向受弯箱形截面压弯构件的腹板,其受力情况与 H 形截面压弯构件腹板相同,不发生局部失稳的腹板高厚比亦应满足式(6-40)。

3. 圆钢管截面

不发生局部失稳的圆钢管截面压弯构件,其径厚比应满足 S4 级截面要求,即:

$$\frac{D}{t} \leqslant 100\varepsilon_k^2 \qquad (6\text{-}42)$$

式中:D、t——圆钢管外直径和厚度。

当压弯构件腹板高厚比不满足 S4 级截面要求时,可设置纵向加劲肋,使腹板在受压较大翼缘与纵向加劲肋之间的高厚比满足要求。H 形截面腹板的加劲肋宜在两侧成对配置,其一侧外伸宽度不应小于 $10t_w$,厚度不应小于 $0.75t_w$。

6.6　考虑板件屈曲压弯构件的强度和整体稳定

H 形和箱形截面压弯构件的腹板高厚比和箱形截面压弯构件受压翼缘宽厚比不满足局部稳定要求时,可考虑腹板和受压翼缘的屈曲,按有效截面验算构件的强度和整体稳定:

截面强度:

$$\frac{N}{A_{ne}} \pm \frac{M_x + Ne}{W_{nex}} \leqslant f \qquad (6\text{-}43)$$

平面内整体稳定:

$$\frac{N}{\varphi_x A_e f} + \frac{\beta_{mx} M_x + Ne}{W_{elx}\left(1 - 0.8\dfrac{N}{N'_{Ex}}\right)f} \leqslant 1.0 \qquad (6\text{-}44)$$

平面外整体稳定:

$$\frac{N}{\varphi_y A_e f} + \eta\frac{\beta_{tx} M_x + Ne}{\varphi_b W_{elx} f} \leqslant 1.0 \qquad (6\text{-}45)$$

式中:A_{ne}、A_e ——构件有效净截面面积和有效毛截面面积;

$\quad\quad W_{nex}$ ——有效截面的净截面模量;

$\quad\quad W_{elx}$ ——有效截面对受压最大纤维的毛截面模量;

$\quad\quad e$ ——有效截面形心至原截面形心的距离。

有效截面按下列规定计算:

H 形和箱形截面腹板受压区的有效高度:

$$h_e = \rho h_c \qquad (6\text{-}46)$$

$$\lambda_{n,p} = \frac{h_w/t_w}{28.1\sqrt{k_\sigma}}\frac{1}{\varepsilon_k} \qquad (6\text{-}47)$$

当 $\lambda_{n,p} \leqslant 0.75$ 时

$$\rho = 1.0 \qquad (6\text{-}48a)$$

当 $\lambda_{n,p} > 0.75$ 时
$$\rho = \frac{1}{\lambda_{n,p}}\left(1 - \frac{0.19}{\lambda_{n,p}}\right) \tag{6-48b}$$

式中:h_c、h_e ——腹板受压区的高度和有效高度,当腹板全部受压时,$h_c = h_w$;

　　 ρ ——有效高度系数。

H 形和箱形腹板有效高度 h_e 的分布按下列公式计算:

当截面全部受压,即 $\alpha_0 \leqslant 1$ 时(图6-14(a)):

$$h_{e1} = \frac{2h_e}{(4 + \alpha_0)} \tag{6-49a}$$

$$h_{e2} = h_e - h_{e1} \tag{6-49b}$$

当截面部分受拉,即 $\alpha_0 > 1$ 时(图6-14(b)):

$$h_{e1} = 0.4h_e \tag{6-50a}$$

$$h_{e2} = 0.6h_e \tag{6-50b}$$

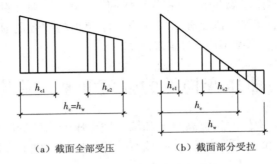

(a) 截面全部受压　　　　　(b) 截面部分受拉

图 6-14　腹板有效高度的分布

　　箱形截面压弯构件受压翼缘不满足局部稳定要求时,也应按式(6-46)计算其有效宽度,计算时取 $k_\sigma = 4.0$。有效宽度均匀分布在两侧,$h_{e1} = h_{e2} = 0.5h_e$。

　　当压弯构件以弯曲应力为主,且最大弯矩出现在构件端部截面时,应验算该截面的强度,即净截面面积和净截面模量都取自该截面。但构件整体稳定验算也取此截面的净截面面积和净截面模量则将低估构件的承载力,因为不同截面的有效截面并不相同。此时,弯矩作用平面内的整体稳定验算可偏于安全地取弯矩最大处的有效截面特性,弯矩作用平面外的整体稳定验算宜取计算构件段中间1/3范围内弯矩最大截面的有效截面特性。

6.7　框架柱的计算长度系数

　　对于端部约束条件比较简单的单根压弯构件,利用表4-4的计算长度系数 μ 可直接计算构件的计算长度。但对于框架柱,框架平面内的计算长度需通过对框架结构内力分析得到,框架平面外的计算长度需根据支撑的布置情况确定。

6.7.1　框架的分类及失稳形式

　　当框架内力分析采用线弹性方法,框架柱整体稳定验算采用计算长度时,框架作如下分类。

　　框架分为无支撑框架和有支撑框架,无支撑框架是未设置任何支撑体系的框架,有支撑框

架根据抗侧移刚度的大小分为强支撑框架和弱支撑框架。

当支撑结构(支撑桁架、剪力墙等)的抗侧移刚度(产生单位层间位移角的水平力)S_b 满足式(6-51)时,为强支撑框架。

$$S_b \geqslant 4.4\left[\left(1 + \frac{100}{f_y}\right)\sum N_{bi} - \sum N_{0i}\right] \tag{6-51}$$

式中:$\sum N_{bi}$、$\sum N_{0i}$——第 i 楼层所有框架柱分别按无侧移框架和有侧移框架柱计算长度系数计算的轴心受压稳定承载力之和。

当支撑结构的抗侧移刚度 S_b 不满足式(6-51)时,为弱支撑框架。

框架的失稳分为无侧移失稳和有侧移失稳。无支撑框架的失稳形式为有侧移;强支撑框架的失稳形式一般为无侧移;弱支撑框架的失稳形式为有侧移,一般不建议采用。

6.7.2　等截面框架柱在框架平面内的计算长度系数

框架柱的计算长度应根据框架结构达到其临界状态时的承载力来确定。确定框架柱的计算长度时,基本假定如下:

(1)钢材为线弹性;

(2)框架只承受作用于节点的竖向荷载,忽略梁荷载和水平荷载产生梁端弯矩的影响,分析表明,在弹性状态此种假定造成的误差不大,可以满足设计精度的要求;

(3)所有框架柱同时失稳,即所有框架柱同时达到其临界承载力;

(4)当柱失稳时,相交于同一节点的梁对柱的约束弯矩按其与柱的线刚度之比分配给柱,且仅考虑直接与该柱相连梁的约束作用,略去不直接相连梁的约束影响;

(5)框架发生无侧移失稳时,梁两端的转角大小相等方向相反;发生有侧移失稳时,梁两端的转角大小相等方向相同。

等截面框架柱在框架平面内的计算长度 H_0 采用下式计算:

$$H_0 = \mu H \tag{6-52}$$

式中:H——柱几何长度;

μ——柱计算长度系数。

柱计算长度系数 μ 确定如下。

1.无支撑框架

单层单跨框架,框架柱的上端与梁刚接,梁对柱的约束作用取决于梁线刚度 I_1/l 与柱线刚度 I/H 的比值 K_1,即:

$$K_1 = \frac{I_1/l}{I/H} \tag{6-53}$$

单层多跨框架,K_1 值为与柱连接两根梁的线刚度之和 $I_1/l_1 + I_2/l_2$ 与柱线刚度 I/H 之比,即:

$$K_1 = \frac{I_1/l_1 + I_2/l_2}{I/H} \tag{6-54}$$

计算长度系数 μ 值与柱脚和基础的连接形式及 K_1 值有关。表 6-3 为采用线弹性分析方法计算内力时单层等截面框架柱的计算长度系数 μ 值。

表6-3　无支撑框架单层等截面柱计算长度系数 μ

柱与基础连接形式	K_1										
	0	0.05	0.1	0.2	0.3	0.4	0.5	1.0	2.0	5.0	≥10
铰接	—	6.02	4.46	3.42	3.01	2.78	2.64	2.33	2.17	2.07	2.03
刚接	2.03	1.83	1.70	1.52	1.42	1.35	1.30	1.17	1.10	1.05	1.03

注:1. 与柱铰接的梁其线刚度为零。

2. 计算等截面格构式柱和桁架式梁的线刚度时,应考虑缀件(或腹杆)变形的影响,将其惯性矩乘以0.9。当桁架式梁高度有变化时,其惯性矩宜按平均高度计算。

从表6-3可以看出,无支撑框架框架柱的计算长度系数都大于1.0;柱脚刚接的柱(图6-15(a)),μ 值在1.0~2.0之间。柱脚铰接的柱,μ 值总是大于2.0,其实际意义可通过图6-15(b)所示的变形情况来理解。

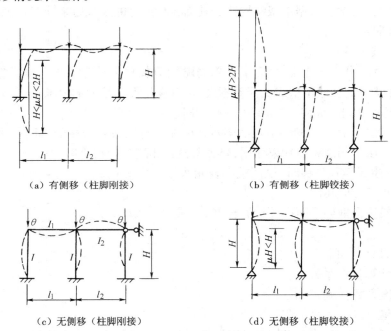

（a）有侧移（柱脚刚接）　　　　（b）有侧移（柱脚铰接）

（c）无侧移（柱脚刚接）　　　　（d）无侧移（柱脚铰接）

图6-15　单层框架失稳形式

无支撑多层多跨框架的失稳形式为有侧移(图6-16(a))。

多层框架失稳时每一根柱都要受到柱端构件以及远端构件的影响。因多层多跨框架的未知节点位移数较多,需要展开高阶行列式和求解复杂的超越方程,其计算工作量大且困难。故在实际工程设计中,引入了简化杆端约束条件的假定,即将框架简化为图6-16(c)所示的单元,只考虑与柱直接相连构件的约束作用。在确定柱的计算长度时,假定柱失稳时相交于柱两端节点的梁对柱的约束弯矩按线刚度比值 K_1 和 K_2 分配给柱,其中 K_1 为相交于柱上端节点梁线刚度之和与柱线刚度之和的比值;K_2 为相交于柱下端节点梁线刚度之和与柱线刚度之和的比值。

以图6-16(a)中的12柱为例,则:

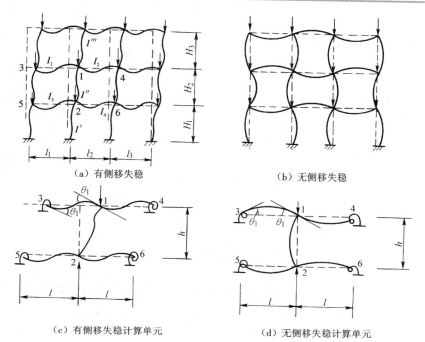

（a）有侧移失稳　　　　　　　（b）无侧移失稳

（c）有侧移失稳计算单元　　　　（d）无侧移失稳计算单元

图 6-16　多层多跨框架失稳形式

$$K_1 = \frac{I_1/l_1 + I_2/l_2}{I'''/H_3 + I''/H_2} \tag{6-55}$$

$$K_2 = \frac{I_3/l_1 + I_4/l_2}{I''/H_2 + I'/H_1} \tag{6-56}$$

有侧移框架柱的计算长度系数 μ 由附表 5-2 查得,应根据表注对 K_1、K_2 进行修正。μ 值亦可采用下面简化公式计算:

$$\mu = \sqrt{\frac{7.5K_1K_2 + 4(K_1 + K_2) + 1.52}{7.5K_1K_2 + K_1 + K_2}} \tag{6-57}$$

对无支撑单层框架或多层框架底层的框架柱,K_2 值宜按柱脚的实际约束情况计算,也可按理想情况柱脚刚接 $K_2 = 10$ 或柱脚铰接 $K_2 = 0$ 确定 K_2 值,并对计算的 μ 值进行修正。

2. 有支撑框架

强支撑框架(图 6-15(c)、(d))和图(6-16(b))的框架柱,其计算长度系数 μ 小于 1.0,可由附表 5-1 查得,也可按下面简化公式计算:

$$u = \sqrt{\frac{(1 + 0.41K_1)(1 + 0.41K_2)}{(1 + 0.82K_1)(1 + 0.82K_2)}} \tag{6-58}$$

6.7.3　框架柱在框架平面外的计算长度

框架柱在框架平面外的计算长度一般根据支撑体系的布置情况确定。支撑体系提供柱在平面外的支承点,支承点应能阻止柱框架平面外发生侧移,因此柱在框架平面外的计算长度即取支承点间的距离。

[例题 6-2]　图 6-17 所示为一柱脚铰接的双跨等截面柱框架,确定边柱和中柱在框架平面内的计算长度。

[解]

框架中各构件的截面惯性矩

梁 $\quad I_0 = \dfrac{1 \times 80^3}{12} + 2 \times 35 \times 1.6 \times 40.8^2$

$\qquad = 229\ 106 (\text{cm}^4)$

边柱 $\quad I_1 = \dfrac{1 \times 36^3}{12} + 2 \times 30 \times 1.2 \times 18.6^2$

$\qquad = 28\ 797 (\text{cm}^4)$

中柱 $\quad I_2 = \dfrac{1 \times 46^3}{12} + 2 \times 30 \times 1.6 \times 23.8^2 = 62\ 490$

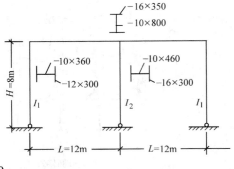

图 6-17 例题 6-2 图

(cm^4)

梁的线刚度与边柱的线刚度比值

$$K = \frac{I_0/L}{I_1/H} = \frac{229\ 106/12}{28\ 797/8} = 5.3$$

图 6-17 所示框架为有侧移框架,柱脚与基础铰接,上端与梁刚接,查附表 5-2 得

$$\mu = 2.07 - \frac{(5.3 - 5)}{(10 - 5)} \times (2.07 - 2.03) = 2.07$$

采用式(6-57)计算,$\mu = \sqrt{\dfrac{4 + 1.52}{5.3}} = 2.07$。

2 根梁线刚度之和与中柱线刚度的比值

$$K_1 = \frac{2I_0/L}{I_2/H} = \frac{2 \times 229\ 106/12}{62\ 490/8} = 4.9$$

查附表 5-2 得

$$\mu = 2.07 + \frac{(5 - 4.9)}{(5 - 1)} \times (2.33 - 2.07) = 2.08$$

采用式(6-57)计算,$\mu = \sqrt{\dfrac{4 + 1.52}{4.9}} = 2.08$。

比较理论公式和简化公式的计算结果,两者相同。

边柱的计算长度

$$H_1 = \mu H = 2.07 \times 8 = 16.56 (\text{m})$$

中柱的计算长度

$$H_2 = \mu H = 2.08 \times 8 = 16.64 (\text{m})$$

6.8 实腹式压弯构件的截面设计

1. 截面形式

当压弯构件承受的弯矩较小时,其截面形式一般和轴心受压构件截面形式(图 4-1)相同。当承受弯矩较大时,宜采用弯矩作用平面内截面高度较大的双轴或单轴对称截面(图 6-18)。

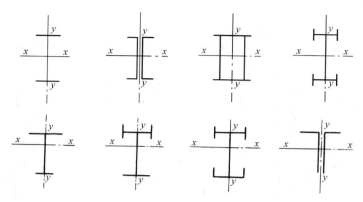

图 6-18　承受较大弯矩时实腹式压弯构件的截面形式

2. 截面选择及验算

压弯构件的截面设计,一般首先假设适当的截面,然后进行验算。假设截面时可参考已有的类似设计并进行必要的估算。

设计的截面应满足构造简单、便于施工、易于与其他构件连接以及所采用的钢材种类和规格易于采购的原则。

截面设计的具体步骤如下:

(1)计算构件承受荷载的设计值,即弯矩设计值 M_x、轴心压力设计值 N 和剪力设计值 V;

(2)选择截面形式;

(3)确定钢材种类及强度设计值;

(4)确定弯矩作用平面内和平面外的计算长度;

(5)根据经验或已有资料初选截面尺寸,确定截面板件宽(高)厚比等级,进行局部稳定验算,确定承载力计算方法;

(6)对初选截面进行强度验算、构件弯矩作用平面内和平面外整体稳定验算,如验算结果不满足要求,对初选截面进行调整,重新验算,直至满足要求。

大型实腹式压弯构件在承受较大水平荷载处和运送单元的端部应设置横隔,横隔的设置方法同实腹式轴心受力构件。

[**例题 6-3**] 如图 6-19 所示,Q235 焰切边 H 形截面柱(图(a))两端铰接,柱中点处设置侧向支撑(图(b)),截面无削弱,承受轴心压力设计值为 750 kN,跨中集中荷载设计值为 100 kN。验算此柱的承载力是否满足要求。若承载力不满足要求,在不改变柱截面的条件下,可采取什么措施提高柱的承载力?

[**解**] 轴力 $N = 750$ kN

$$弯矩\ M_x = \frac{1}{4} \times 100 \times 15 = 375(\text{kN} \cdot \text{m})$$

(1)截面板件宽(高)厚比等级确定

截面面积　　　　$A_n = A = 2 \times 32 \times 1.2 + 64 \times 1.0 = 140.8(\text{cm}^2)$

截面惯性矩　　　$I_x = \frac{1}{12} \times (32 \times 66.4^3 - 31 \times 64^3) = 103\ 475(\text{cm}^4)$

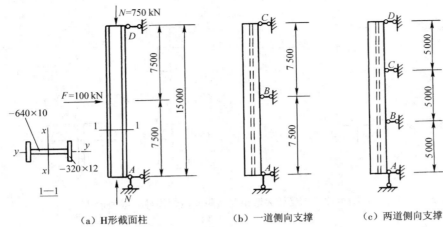

（a）H形截面柱　　　　（b）一道侧向支撑　　　　（c）两道侧向支撑

图6-19　例题6-3图

$$\varepsilon_k = \sqrt{\frac{235}{f_y}} = \sqrt{\frac{235}{235}} = 1.0$$

受压翼缘

$$\frac{b_1}{t} = \frac{160 - 5}{12} = 12.9$$

$$11\varepsilon_k < 12.9 < 13\varepsilon_k$$

根据表6-1,受压翼缘宽厚比满足 S3 级截面要求。

腹板

$$\sigma_{max} = \frac{N}{A} + \frac{M_x}{I_x}\frac{h_0}{2} = \frac{750 \times 10^3}{140.8 \times 10^2} + \frac{375 \times 10^6}{103\ 475 \times 10^4} \times 320 = 169.2\ (\text{N/mm}^2)$$

$$\sigma_{min} = \frac{N}{A} - \frac{M_x}{I_x}\frac{h_0}{2} = \frac{750 \times 10^3}{140.8 \times 10^2} - \frac{375 \times 10^6}{103\ 475 \times 10^4} \times 320 = -62.7\ (\text{N/mm}^2)(\text{拉应力})$$

$$\alpha_0 = \frac{\sigma_{max} - \sigma_{min}}{\sigma_{max}} = \frac{169.2 + 62.7}{169.2} = 1.37$$

$$\frac{h_0}{t_w} = \frac{640}{10} = 64$$

$$(38 + 13\alpha_0^{1.39})\varepsilon_k = 58.1 < 64 < (40 + 18\alpha_0^{1.5})\varepsilon_k = 68.9$$

根据表6-1,腹板高厚比满足 S3 级截面要求。

（2）局部稳定验算

受压翼缘宽厚比和腹板高厚比均满足 S3 级截面要求,柱局部稳定可保证,按全截面模量验算柱截面的强度和整体稳定。

（3）截面强度验算

截面模量

$$W_{nx} = \frac{103\ 475}{33.2} = 3\ 117\ (\text{cm}^3)$$

翼缘宽厚比满足 S3 级截面要求,$\gamma_x = 1.05$。

$$\frac{N}{A_n} + \frac{M_x}{\gamma_x W_{nx}} = \frac{750 \times 10^3}{140.8 \times 10^2} + \frac{375 \times 10^6}{1.05 \times 3\ 117 \times 10^3} = 167.8\ (\text{N/mm}^2) < f = 215\ \text{N/mm}^2\ (\text{满足要求})$$

（4）弯矩作用平面内整体稳定验算

回转半径 $i_x = \sqrt{\dfrac{I_x}{A}} = \sqrt{\dfrac{103\ 475}{140.\ 8}} = 27.\ 1\ (\text{cm})$

长细比 $\lambda_x = \dfrac{l_{0x}}{i_x} = \dfrac{1\ 500}{27.\ 1} = 55.\ 4$

查附表 4-2（b 类截面），$\varphi_x = 0.\ 831$。

$$N'_{Ex} = \frac{\pi^2 EA}{1.\ 1\lambda_x^2} = \frac{3.\ 14^2 \times 206\ 000 \times 140.\ 8 \times 10^2}{1.\ 1 \times 55.\ 4^2} = 8\ 471 \times 10^3\ (\text{N}) = 8\ 471\ \text{kN}$$

$$N_{cr} = \frac{\pi^2 EA}{\lambda_x^2} = 9\ 318\ \text{kN}$$

$$\beta_{mx} = 1.\ 0 - 0.\ 36\frac{N}{N_{cr}} = 1.\ 0 - 0.\ 36\frac{750}{9\ 318} = 0.\ 97$$

$$W_{1x} = W_{nx}$$

$$\frac{N}{\varphi_x A f} + \frac{\beta_{mx} M_x}{\gamma_x W_{1x}\left(1 - 0.\ 8\dfrac{N}{N'_{Ex}}\right)f}$$

$$= \frac{750 \times 10^3}{0.\ 831 \times 140.\ 8 \times 10^2 \times 215} + \frac{0.\ 97 \times 375 \times 10^6}{1.\ 05 \times 3\ 117 \times 10^3 \times \left(1 - 0.\ 8 \times \dfrac{750}{8\ 471}\right) \times 215}$$

$$= 0.\ 30 + 0.\ 56 = 0.\ 86 < 1.\ 0\ （满足要求）$$

（5）弯矩作用平面外整体稳定验算

$$I_y = 2 \times \frac{1}{12} \times 1.\ 2 \times 32^3 = 6\ 554\ (\text{cm}^4)$$

$$i_y = \sqrt{\frac{I_y}{A}} = \sqrt{\frac{6\ 554}{140.\ 8}} = 6.\ 8\ (\text{cm})$$

$$\lambda_y = \frac{l_{0y}}{i_y} = \frac{750}{6.\ 8} = 110.\ 3$$

查附表 4-2（b 类截面），$\varphi_y = 0.\ 491$。

$$\varphi_b = 1.\ 07 - \frac{\lambda_y^2}{44\ 000} = 1.\ 07 - \frac{110.\ 3^2}{44\ 000} = 0.\ 793$$

所计算柱无端弯矩有横向荷载作用，$\beta_{tx} = 1.\ 0$；H 形截面 $\eta = 1.\ 0$。

$$\frac{N}{\varphi_y A f} + \eta\frac{\beta_{tx} M_x}{\varphi_b W_{1x} f} = \frac{750 \times 10^3}{0.\ 491 \times 140.\ 8 \times 10^2 \times 215} + 1.\ 0 \times \frac{1.\ 0 \times 375 \times 10^6}{0.\ 793 \times 3\ 117 \times 10^3 \times 215}$$

$$= 0.\ 50 + 0.\ 71 = 1.\ 21 > 1.\ 0\ （不满足要求）$$

平面外整体稳定不满足要求，增设一道侧向支撑，即在柱三分之一高度处设置二道侧向支撑（图（c）），则

$$\lambda_y = \frac{l_{0y}}{i_y} = \frac{500}{6.\ 8} = 73.\ 5$$

查附表 4-2（b 类截面），$\varphi_y = 0.\ 729$。

$$\varphi_b = 1.\ 07 - \frac{\lambda_y^2}{44\ 000} = 1.\ 07 - \frac{73.\ 5^2}{44\ 000} = 0.\ 947$$

$$\frac{N}{\varphi_y Af} + \eta \frac{\beta_{tx} M_x}{\varphi_b W_{1x} f} = \frac{750 \times 10^3}{0.729 \times 140.8 \times 10^2 \times 215} + 1.0 \times \frac{1.0 \times 375 \times 10^6}{0.947 \times 3\ 117 \times 10^3 \times 215}$$
$$= 0.34 + 0.59 = 0.93 < 1.0（满足要求）$$

由以上计算可知，柱设计由弯矩作用平面外的整体稳定控制。

[**例题 6-4**]　一箱形截面偏心受压柱，荷载设计值和截面尺寸如图 6-20 所示，钢材为 Q235，验算此柱的承载力是否满足要求。

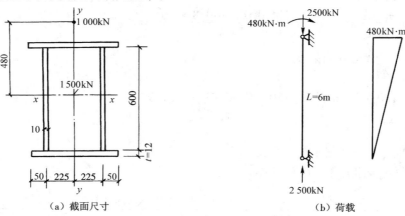

图 6-20　例题 6-4 图

[**解**]　$N = 2\ 500 \text{ kN}, M_1 = 4\ 800 \text{ kN} \cdot \text{m}, M_2 = 0$。

（1）截面板件宽（高）厚比等级确定

截面积　$A_n = A = 2 \times 55 \times 1.2 + 2 \times 60 \times 1 = 252（\text{cm}^2）$

截面惯性矩　$I_x = 2 \times \dfrac{1}{12} \times 1 \times 60^3 + 2 \times 1.2 \times 55 \times 30.6^2 = 159\ 600（\text{cm}^4）$

$$\varepsilon_k = \sqrt{\frac{235}{f_y}} = 1.0$$

受压翼缘　$\dfrac{b_0}{t} = \dfrac{440}{12} = 36.7$

$$35\varepsilon_k < 36.7 < 40\varepsilon_k$$

根据表 6-1，受压翼缘宽厚比满足 S3 级截面要求。

腹板　$W_1 = \dfrac{I_x}{30} = \dfrac{159\ 600}{30} = 5\ 320（\text{cm}^3）$

$$\sigma_{max} = \frac{N}{A} + \frac{M_x}{W_1} = \frac{2\ 500 \times 10^3}{252\ 000} + \frac{480 \times 10^6}{5\ 320 \times 10^3} = 99.2 + 90.2 = 189.4（\text{N/mm}^2）$$

$$\sigma_{min} = 99.2 - 90.2 = 9.0（\text{N/mm}^2）$$

$$\alpha_0 = \frac{\sigma_{max} - \sigma_{min}}{\sigma_{max}} = \frac{189.4 - 9.0}{189.4} = 0.95$$

$$\frac{h_0}{t_w} = \frac{600}{10} = 60$$

$$(40 + 18\alpha_0^{1.5})\varepsilon_k = 56.7 < 60 < (45 + 25\alpha_0^{1.66})\varepsilon_k = 68.0。$$

根据表 6-1,腹板高厚比满足 S4 级截面要求。

（2）局部稳定验算

受压翼缘宽厚比满足 S3 级、腹板高厚比满足 S4 级的截面要求,柱局部稳定可保证,按全截面模量验算柱截面强度和整体稳定。

（3）截面强度验算

受压翼缘宽厚比等级为 S3 级,$\gamma_x = 1.05$。

截面模量　$W_{nx} = \dfrac{I_x}{y_1} = \dfrac{159\,600}{31.2} = 5\,115(\text{cm}^3)$

$$\dfrac{N}{A_n} + \dfrac{M_x}{\gamma_x W_{nx}} = \dfrac{2\,500 \times 10^3}{252 \times 10^2} + \dfrac{480 \times 10^6}{1.05 \times 5\,115 \times 10^3}$$

$$= 99.2 + 89.4 = 188.6(\text{N/mm}^2) < f = 215\ \text{N/mm}^2(\text{满足要求})$$

（4）弯矩作用平面内整体稳定验算

回转半径　$i_x = \sqrt{\dfrac{I_x}{A}} = \sqrt{\dfrac{159\,600}{252}} = 25.2(\text{cm})$

长细比　$\lambda_x = \dfrac{l_{0x}}{i_x} = \dfrac{600}{25.2} = 23.8$

查附表 4-2（b 类截面）,$\varphi_x = 0.958$。

$$N'_{Ex} = \dfrac{\pi^2 EA}{1.1\lambda_x^2} = \dfrac{3.14^2 \times 206 \times 10^3 \times 25\,200}{1.1 \times 23.8^2} = 82\,145 \times 10^3(\text{N}) = 82\,145\ \text{kN}$$

$$\beta_{mx} = 0.6 + 0.4\dfrac{M_2}{M_1} = 0.6$$

$$\dfrac{N}{\varphi_x Af} + \dfrac{\beta_{mx} M_x}{\gamma_x W_{1x}\left(1 - 0.8\dfrac{N}{N'_{Ex}}\right)f} = \dfrac{2\,500 \times 10^3}{0.958 \times 25\,200 \times 215}$$

$$+ \dfrac{0.6 \times 480 \times 10^6}{1.05 \times 5\,115 \times 10^3\left(1 - 0.8 \times \dfrac{2\,500}{82\,145}\right) \times 215}$$

$$= 0.48 + 0.26 = 0.74 < 1.0(\text{满足要求})$$

（5）弯矩作用平面外整体稳定验算

$$I_y = 2 \times \dfrac{1}{12} \times 1.2 \times 55^3 + 2 \times 1 \times 60 \times 22.5^2 = 94\,025(\text{cm}^4)$$

$$i_y = \sqrt{\dfrac{I_y}{A}} = \sqrt{\dfrac{94\,025}{252}} = 19.3(\text{cm})$$

$$\lambda_y = \dfrac{l_{0y}}{i_y} = \dfrac{600}{19.3} = 31.1$$

查附表 4-2（b 类截面）,$\varphi_y = 0.932$。

$$\beta_{tx} = 0.65 + 0.35\dfrac{M_2}{M_1} = 0.65$$

箱形截面 $\eta = 0.7$,$\varphi_b = 1.0$。

$$\dfrac{N}{\varphi_y Af} + \eta\dfrac{\beta_{tx} M_x}{\varphi_b W_{1x} f} = \dfrac{2\,500 \times 10^3}{0.932 \times 25\,200 \times 215} + 0.7 \times \dfrac{0.65 \times 480 \times 10^6}{1.0 \times 5\,115 \times 10^3 \times 215}$$

$$= 0.50 + 0.20 = 0.70 < 1.0\ (\text{满足要求})$$

[**例题6-5**] 图6-21所示为偏心受压悬臂柱，柱脚与基础刚接，柱高 $H = 6.5$ m，每柱承受静压力设计值 $N = 1100$ kN（标准值 $N_k = 800$ kN，包括自重），偏心距为 0.5 m。在弯矩作用平面外设支撑体系作为侧向支承点，支承点处按铰接考虑。柱悬臂端水平容许位移 $[v] = 2H/300$。钢材为 Q235。按翼缘焰切边焊接 H 形截面设计此柱截面尺寸。

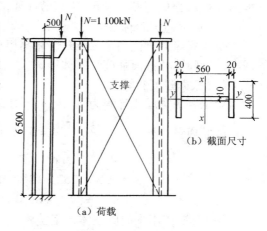

图6-21 例题6-5图

[**解**]

（1）荷载计算

荷载设计值 $\quad N = 1100$ kN

$\qquad M_x = 1100 \times 0.5 = 550(\text{kN} \cdot \text{m})$

荷载标准值 $\quad N_k = 800$ kN

$\qquad M_{kx} = 800 \times 0.5 = 400(\text{kN} \cdot \text{m})$

钢材为 Q235，$f = 205$ N/mm²（假设翼缘厚度 $t > 16$ mm）。

（2）计算长度确定

弯矩作用平面内为悬臂构件，$H_{0x} = \mu H = 2 \times 6.5 = 13(\text{m})$。

弯矩作用平面外取支承点间距离，$H_{0y} = H = 6.5(\text{m})$。

（3）截面选择

$H_{0x} = 2H_{0y}$，柱截面宜选用较大的高度 h。初选截面 $h = 600$ mm，$b = 400$ mm。首先按弯矩作用平面内和平面外的整体稳定估算所需截面面积，截面回转半径近似值按表4-8采用。

$$i_x \approx 0.43h = 25.8(\text{cm}), \lambda_x = \frac{1300}{25.8} = 50.4, \varphi_x = 0.854(\text{b 类截面})$$

$$\frac{W_{1x}}{A} = \frac{i_x^2}{h/2} = \frac{258^2}{300} = 222(\text{mm}) = 22.2 \text{ cm}, \left(1 - 0.8\frac{N}{N'_{Ex}}\right) \approx 0.9(\text{假设})$$

$$i_y \approx 0.24b = 9.6 \text{ cm}, \lambda_y = \frac{650}{9.6} = 67.7, \varphi_y = 0.765(\text{b 类截面})$$

$$\lambda_y < 120, \varphi_b = 1.07 - \frac{\lambda_y^2}{44000} = 1.07 - \frac{67.7^2}{44000} = 0.966$$

柱承受均匀弯矩，$\beta_{mx} = \beta_{tx} = 1.0$，假设 $\gamma_x = 1.05$。

$$\frac{N}{\varphi_x A f} + \frac{\beta_{mx} M_x}{\gamma_x W_{1x}\left(1 - 0.8\frac{N}{N'_{Ex}}\right)f} = \frac{1100 \times 10^3}{0.854A \times 205} + \frac{1 \times 550 \times 10^6}{1.05 \times (222A) \times 0.9 \times 205}$$

$$= \frac{3.91 \times 10^6}{205A} \leqslant 1.0$$

则 $\quad A \geqslant 19073(\text{mm}^2)$

$$\frac{N}{\varphi_y A f} + \eta \frac{\beta_{tx} M_x}{\varphi_b W_{1x} f} = \frac{1100 \times 10^3}{0.765A \times 205} + 1.0 \times \frac{1.0 \times 550 \times 10^6}{0.966 \times (222A) \times 205}$$

$$= \frac{4.00 \times 10^6}{205A} \leqslant 1.0$$

则 $\quad A \geqslant 19512(\text{mm}^2)$

初选截面如图6-21(b)所示。由于两个方向的整体稳定计算结果相当，故认为此初选截面合理。

（4）截面等级确定

截面面积　$A_n = A = 2 \times 40 \times 2 + 56 \times 1 = 216 (\text{cm}^2)$

截面惯性矩　$I_x = \dfrac{40 \times 60^3 - 39 \times 56^3}{12} = 1.492 \times 10^5 (\text{cm}^4)$

$$\varepsilon_k = \sqrt{\dfrac{235}{f_y}} = 1.0$$

受压翼缘　$\dfrac{b_1}{t} = \dfrac{195}{20} = 9.75$

$$9\varepsilon_k < 9.75 < 11\varepsilon_k$$

根据表 6-1，翼缘宽厚比满足 S2 级截面要求。

腹板　$\sigma_{max} = \dfrac{N}{A} + \dfrac{M_x}{I_x}\dfrac{h_0}{2} = \dfrac{1\,100 \times 10^3}{21\,600} + \dfrac{550 \times 10^6}{1.492 \times 10^9} \times 280$

$$= 50.9 + 103.2 = 154.1 (\text{N/mm}^2)$$

$$\sigma_{min} = 50.9 - 103.2 = -52.3 (\text{N/mm}^2)$$

$$\alpha_0 = \dfrac{\sigma_{max} - \sigma_{min}}{\sigma_{max}} = \dfrac{154.1 + 52.3}{154.1} = 1.34$$

$$\dfrac{h_0}{t_w} = \dfrac{560}{10} = 56$$

$$(33 + 13\alpha_0^{1.3})\varepsilon_k = 52.1 < 56 < (38 + 13\alpha_0^{1.39})\varepsilon_k = 57.5$$

根据表 6-1，腹板高厚比满足 S2 级截面要求。

（5）局部稳定验算

受压翼缘宽厚比和腹板高厚比均满足 S2 级截面要求，柱局部稳定可保证，按全截面模量验算柱截面强度和整体稳定。

（6）截面强度验算

截面模量　$W_{nx} = \dfrac{1.492 \times 10^5}{30} = 4.973 \times 10^3 (\text{cm}^3)$

受压翼缘宽厚比等级为 S2 级，$\gamma_x = 1.05$。

$$\dfrac{N}{A_n} + \dfrac{M_x}{\gamma_x W_{nx}} = \dfrac{1\,100 \times 10^3}{21\,600} + \dfrac{550 \times 10^6}{1.05 \times 4.973 \times 10^6} = 50.9 + 105.3 = 156.2 (\text{N/mm}^2)$$

$$< f = 205 \text{ N/mm}^2 (\text{满足要求})$$

（7）弯矩作用平面内整体稳定验算

回转半径　$i_x = \sqrt{\dfrac{I_x}{A}} = \sqrt{\dfrac{1.492 \times 10^5}{216}} = 26.3 (\text{cm})$

长细比　$\lambda_x = \dfrac{H_{0x}}{i_x} = \dfrac{1\,300}{26.3} = 49.4$

查附表 4-2（b 类截面），$\varphi_x = 0.859$。

$\beta_{mx} = 1.0$，$W_{1x} = W_{nx}$。

$$N'_{Ex} = \dfrac{\pi^2 EA}{1.1\lambda_x^2} = \dfrac{3.14^2 \times 206 \times 10^3 \times 21\,600}{1.1 \times 49.4^2} = 1.634 \times 10^7 (\text{N})$$

$$\dfrac{N}{\varphi_x Af} + \dfrac{\beta_{mx} M_x}{\gamma_x W_{1x}\left(1 - 0.8\dfrac{N}{N'_{Ex}}\right)f}$$

$$= \frac{1\ 100 \times 10^3}{0.859 \times 21\ 600 \times 205} + \frac{1.0 \times 550 \times 10^6}{1.05 \times 4.973 \times 10^6 \left(1 - 0.8 \times \frac{1\ 100 \times 10^3}{1.634 \times 10^7}\right) \times 205}$$

$$= 0.29 + 0.54 = 0.83 < 1.0(满足要求)$$

(8)弯矩作用平面外整体稳定验算

$$I_y = \frac{1}{12} \times 2 \times 2 \times 40^3 = 2.133 \times 10^4 (\text{cm}^4)$$

$$i_y = \sqrt{\frac{I_y}{A}} = \sqrt{\frac{2.133 \times 10^4}{216}} = 9.9(\text{cm})$$

$$\lambda_y = \frac{H_{0y}}{i_y} = \frac{650}{9.9} = 65.7$$

查附表 4-2(b 类截面),$\varphi_y = 0.776$。

$\beta_{tx} = 1.0$,H 形截面 $\eta = 1.0$。

$\lambda_y < 120$ 时,$\varphi_b = 1.07 - \frac{\lambda_y^2}{44\ 000} = 1.07 - \frac{65.7^2}{44\ 000} = 0.972$

$$\frac{N}{\varphi_y Af} + \eta \frac{\beta_{tx} M_x}{\varphi_b W_{1x} f} = \frac{1\ 100 \times 10^3}{0.776 \times 21\ 600 \times 205} + 1.0 \times \frac{1.0 \times 550 \times 10^6}{0.972 \times 4.973 \times 10^6 \times 205}$$

$$= 0.32 + 0.56 = 0.88 < 1.0(满足要求)$$

(9)水平位移验算

$$v = \frac{M_{kx} H^2}{2EI_x} \frac{1}{1 - \frac{N_k}{N_{Ex}}} = \frac{400 \times 10^6 \times 6\ 500^2}{2 \times 206 \times 10^3 \times 1.492 \times 10^9} \frac{1}{1 - \frac{800 \times 10^3}{1.797 \times 10^7}}$$

$$= 28.8(\text{mm}) < [v] = \frac{2H}{300} = \frac{2 \times 6\ 500}{300} = 43.3(\text{mm})(满足要求)$$

6.9　格构式压弯构件的截面设计

　　截面高度较大的压弯构件,采用格构式可以节约材料。由于构件截面的高度较大且受有较大的剪力,故通常采用缀条式。

　　常用的格构式压弯构件截面如图 6-22 所示。当构件承受弯矩不大或正负弯矩的绝对值相差不大时,可采用对称的截面形式(图 6-22(a)、(b)、(d));如果正负弯矩的绝对值相差较大时,常采用不对称截面(图 6-22(c)),并将截面较大肢放在受压较大的一侧。

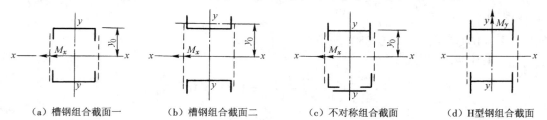

　　(a)槽钢组合截面一　　　　(b)槽钢组合截面二　　　　(c)不对称组合截面　　　　(d)H型钢组合截面

图 6-22　格构式压弯构件截面形式

6.9.1 弯矩绕虚轴作用的构件整体稳定验算

格构式压弯构件通常将弯矩绕虚轴作用。

1. 弯矩作用平面内的整体稳定计算

弯矩绕虚轴作用的格构式压弯构件,由于截面中部空心,不能考虑截面塑性发展,故弯矩作用平面内的整体稳定验算采用边缘屈服准则,根据此准则推导的相关式(6-13),则:

$$\frac{N}{\varphi_x A f} + \frac{\beta_{mx} M_x}{W_{1x}\left(1 - \varphi_x \dfrac{N}{N'_{Ex}}\right)f} \leqslant 1.0 \tag{6-59}$$

$$W_{1x} = \frac{I_x}{y_0} \tag{6-60}$$

式中:I_x——对虚轴 x 轴的毛截面惯性矩;

$\quad y_0$——由虚轴 x 轴到压力较大分肢轴线的距离或者到压力较大分肢腹板外边缘的距离,二者取较大值。

$\quad \varphi_x$ 和 N'_{Ex} 均按对虚轴 x 轴的换算长细比 λ_{0x} 确定。

2. 分肢的整体稳定验算

弯矩绕虚轴作用的压弯构件,在弯矩作用平面外的整体稳定一般由分肢的整体稳定予以保证,故不必再验算整个构件在平面外的整体稳定。

将整个构件视为一平行弦桁架,将 2 个分肢看作桁架的弦杆,两分肢(图 6-23)的轴力应按下列公式验算:

分肢 1

$$N_1 = N\frac{y_2}{a} + \frac{M}{a} \tag{6-61}$$

分肢 2

$$N_2 = N - N_1 \tag{6-62}$$

缀条式压弯构件的分肢按轴心受压构件计算。分肢的计算长度,在缀件平面内(图 6-23 中的 1-1 轴)取缀条体系的节间长度;在缀条平面外,取整个构件两侧向支承点间的距离。

缀板式压弯构件的分肢,除承受轴心力 N_1(或 N_2)外,还应考虑由剪力作用引起的局部弯矩,按实腹式压弯构件验算单肢的整体稳定。

3. 缀件的验算

验算缀件时,应取作用于压弯构件的实际剪力和按式(4-80)计算所得剪力两者中的较大值,其验算方法同格构式轴心受压构件缀件。

6.9.2 弯矩绕实轴作用的构件整体稳定验算

当弯矩作用在与缀件面垂直的主平面内(图 6-22(d))时,构件绕实轴弯曲变形,其受力性能与实腹式压弯构件相同。因此,弯矩绕实轴作用的格构式压弯构件,弯矩作用平面内和平面外的整体稳定验算均与实腹式构件相同,在验算弯矩作用平面外的整体稳定时,长细比

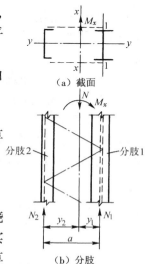

(a) 截面

分肢 2   分肢 1

(b) 分肢

图 6-23 分肢受力

应取换算长细比,稳定系数 $\varphi_b = 1.0$。

缀件(缀板或缀条)所受剪力按式(4-80)计算。

6.9.3 双向受弯格构式构件的整体稳定验算

双向受弯的双肢格构式压弯构件(图 6-24),其稳定验算如下。

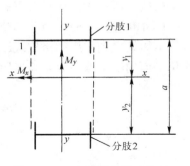

图 6-24 双向压弯格构式构件

1. 格构式构件的整体稳定验算

《钢结构设计标准》GB 50017 采用与边缘屈服准则推导的弯矩绕虚轴作用的格构式压弯构件平面内整体稳定验算式(6-59)相衔接的公式进行验算:

$$\frac{N}{\varphi_x A f} + \frac{\beta_{mx} M_x}{W_{1x} \left(1 - \varphi_x \dfrac{N}{N'_{Ex}}\right) f} + \frac{\beta_{ty} M_y}{W_{1y} f} \leq 1.0 \quad (6\text{-}63)$$

式中,φ_x 和 N'_{Ex} 均由换算长细比确定。

2. 分肢的整体稳定计算

分肢按实腹式压弯构件计算,计算分肢(图 6-24)作为桁架弦杆在轴力和弯矩共同作用下的内力:

分肢 1
$$N_1 = N \frac{y_2}{a} + \frac{M_x}{a} \qquad\qquad (6\text{-}64)$$

$$M_{y1} = \frac{I_1/y_1}{I_1/y_1 + I_2/y_2} M_y \qquad\qquad (6\text{-}65)$$

分肢 2
$$N_2 = N - N_1 \qquad\qquad (6\text{-}66)$$

$$M_{y2} = M_y - M_{y1} \qquad\qquad (6\text{-}67)$$

式中:I_1、I_2——分肢 1、分肢 2 对 y 轴的惯性矩;

y_1、y_2——M_y 作用的主轴平面至分肢 1、分肢 2 轴线的距离。

上列公式适用于 M_y 作用在构件的主平面时。当 M_y 不是作用在构件的主平面而是作用在一个分肢的轴线平面(如图 6-24 中分肢 1 的 1-1 轴线平面)时,则 M_y 视为全部由该分肢承受。

格构式压弯构件分肢的局部稳定验算同实腹式压弯构件。

格构式压弯构件不论截面大小,均应设置横隔,横隔的设置方法同轴心受压格构式构件。

[**例题 6-6**] 图 6-25 所示为一单层厂房框架柱的下柱,在框架平面内(有侧移框架柱)的计算长度为 $l_{0x} = 21.7$ m,在框架平面外的计算长度(两端铰接)$l_{0y} = 12.21$ m,钢材为 Q235。验算此柱在下列组合内力(设计值)作用下整体稳定是否满足要求。

第一组(使分肢 1 受压力最大) $\begin{cases} M_x = 3\,340 \text{ kN} \cdot \text{m} \\ N = 3\,600 \text{ kN} \\ V = 210 \text{ kN} \end{cases}$

第二组(使分肢 2 受压力最大) $\begin{cases} M_x = 2\,700 \text{ kN} \cdot \text{m} \\ N = 3\,500 \text{ kN} \\ V = 210 \text{ kN} \end{cases}$

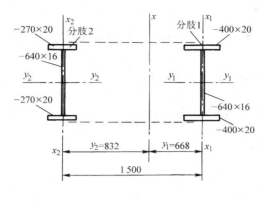

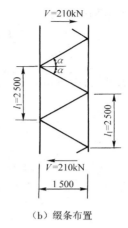

（a）截面尺寸　　　　　　（b）缀条布置

图 6-25　例题 6-6 图

[**解**]

（1）截面几何特性

分肢 1　$A_1 = 2 \times 40 \times 2 + 64 \times 1.6 = 262.4 (\text{cm}^2)$

$$I_{y1} = \frac{1}{12}(40 \times 68^3 - 38.4 \times 64^3) = 209\ 246 (\text{cm}^4)$$

$$i_{y1} = \sqrt{\frac{I_{y1}}{A_1}} = 28.2\ \text{cm}$$

$$I_{x1} = 2 \times \frac{1}{12} \times 2 \times 40^3 = 21\ 333\ (\text{cm}^4)$$

$$i_{x1} = \sqrt{\frac{I_{x1}}{A_1}} = 9.0\ \text{cm}$$

分肢 2　$A_2 = 2 \times 27 \times 2 + 64 \times 1.6 = 210.4 (\text{cm}^2)$

$$I_{y2} = \frac{1}{12}(27 \times 68^3 - 25.4 \times 64^3) = 152\ 601 (\text{cm}^4)$$

$$i_{y2} = \sqrt{\frac{I_{y2}}{A_2}} = 26.9\ \text{cm}$$

$$I_{x2} = 2 \times \frac{1}{12} \times 2 \times 27^3 = 6\ 561 (\text{cm}^4)$$

$$i_{x2} = \sqrt{\frac{I_{x2}}{A_2}} = 5.6\ \text{cm}$$

构件截面　$A = 262.4 + 210.4 = 472.8 (\text{cm}^2)$

$$y_1 = \frac{210.4 \times 150}{472.8} = 66.8 (\text{cm})$$

$$y_2 = 150 - 66.8 = 83.2 (\text{cm})$$

$$I_x = 21\ 333 + 262.4 \times 66.8^2 + 6\ 561 + 210.4 \times 83.2^2 = 2\ 655\ 225 (\text{cm}^4)$$

$$i_x = \sqrt{\frac{I_x}{A}} = \sqrt{\frac{2\ 655\ 225}{472.8}} = 74.9 (\text{cm})$$

(2)斜缀条截面确定(图 6-25(b))

计算剪力 $\quad V = \dfrac{Af}{85}\dfrac{1}{\varepsilon_k} = \dfrac{472.8 \times 10^2 \times 205}{85} \times 1.0 = 114(\mathrm{kN}) < 210\ \mathrm{kN}$,取 $V = 210\ \mathrm{kN}$

缀条内力及长度 $\quad \tan \alpha = \dfrac{125}{150} = 0.833, \alpha = 39.8°$

$$N_c = \frac{210}{2\cos 39.8°} = 136.7(\mathrm{kN})$$

$$l = \frac{150}{\cos 39.8°} = 195(\mathrm{cm})$$

选用单角钢∟$100 \times 8, A' = 15.64\ \mathrm{cm}^2, i_{\min} = 1.98\ \mathrm{cm}$。

$$\lambda = \frac{195 \times 0.9}{1.98} = 88.6 < [\lambda] = 150$$

查附表 4-2(b 类截面),$\varphi = 0.631$。

单角钢单面连接的设计强度折减系数

$$\eta = 0.6 + 0.0015\lambda = 0.733$$

缀条稳定验算

$$\frac{N_c}{\varphi A'(\eta f)} = \frac{136.7 \times 10^3}{0.631 \times 15.64 \times 10^2 \times (0.733 \times 215)} = 0.88 < 1.0\ (\text{满足要求})$$

(3)弯矩作用平面内柱整体稳定验算

$$\lambda_x = \frac{l_{0x}}{i_x} = \frac{2\,170}{74.9} = 29.0$$

换算长细比 $\quad \lambda_{0x} = \sqrt{\lambda_x^2 + 27\dfrac{A}{A_1}} = \sqrt{29^2 + 27 \times \dfrac{472.8}{2 \times 15.64}} = 35.3 < [\lambda] = 150$

查附表 4-2(b 类截面),$\varphi_x = 0.917$。

$$N'_{Ex} = \frac{\pi^2 EA}{1.1\lambda_{0x}^2} = \frac{3.14^2 \times 206 \times 10^3 \times 472.8 \times 10^2}{1.1 \times 35.3^2} = 70\,059 \times 10^3(\mathrm{N})$$

$$\beta_{mx} = 1.0$$

1)第一组内力,使分肢 1 受压力最大

$$W_{1x} = \frac{I_x}{y_1} = \frac{2\,655\,225}{67.6} = 39\,278(\mathrm{cm}^3)$$

$$\frac{N}{\varphi_x Af} + \frac{\beta_{mx}M_x}{W_{1x}\left(1 - \varphi_x\dfrac{N}{N'_{Ex}}\right)f}$$

$$= \frac{3\,600 \times 10^3}{0.917 \times 472.8 \times 10^2 \times 205} + \frac{1.0 \times 3\,340 \times 10^6}{39\,278 \times 10^3 \times \left(1 - 0.917 \times \dfrac{3\,600}{70\,059}\right) \times 205}$$

$$= 0.41 + 0.42 = 0.83 < 1.0(\text{满足要求})$$

2)第二组内力,使分肢 2 受压力最大

$$W_{2x} = \frac{I_x}{y_2} = \frac{2\,655\,225}{84.0} = 31\,610(\mathrm{cm}^3)$$

$$\frac{N}{\varphi_x Af} + \frac{\beta_{mx} M_x}{W_{2x}\left(1 - \varphi_x \dfrac{N}{N'_{Ex}}\right)f}$$

$$= \frac{3\ 500 \times 10^3}{0.917 \times 472.8 \times 10^2 \times 205} + \frac{1.0 \times 2\ 700 \times 10^6}{31\ 610 \times 10^3 \times \left(1 - 0.917 \times \dfrac{3\ 500}{70\ 059}\right) \times 205}$$

$$= 0.39 + 0.43 = 0.82 < 1.0\,(满足要求)$$

（4）分肢的整体稳定验算

分肢 1 整体稳定验算（采用第一组内力）

最大压力　$N_1 = \dfrac{0.832}{1.5} \times 3\ 600 + \dfrac{3\ 340}{1.5} = 4\ 223.5\,(\text{kN})$

$$\lambda_{x1} = \frac{l_1}{i_{x1}} = \frac{250}{9.0} = 27.8 < [\lambda] = 150$$

$$\lambda_{y1} = \frac{l_{0y}}{i_{y1}} = \frac{1\ 221}{28.2} = 43.3 < [\lambda] = 150$$

查附表 4-2（b 类截面），$\varphi_{min} = 0.886$。

$$\frac{N_1}{\varphi_{min} A_1 f} = \frac{4\ 223.5 \times 10^3}{0.886 \times 262.4 \times 10^2 \times 205} = 0.89 < 1.0\,(满足要求)$$

分肢 2 整体稳定验算（采用第二组内力）

最大压力　$N_2 = \dfrac{0.668}{1.5} \times 3\ 500 + \dfrac{2\ 700}{1.5} = 3\ 358.7\,(\text{kN})$

$$\lambda_{x2} = \frac{l_1}{i_{x2}} = \frac{250}{5.6} = 44.6 < [\lambda] = 150$$

$$\lambda_{y2} = \frac{l_{0y}}{i_{y2}} = \frac{1\ 221}{26.9} = 45.4 < [\lambda] = 150$$

查附表 4-2（b 类截面），$\varphi_{min} = 0.876$。

$$\frac{N_2}{\varphi_{min} A_2 f} = \frac{3\ 358.7 \times 10^3}{0.876 \times 210.4 \times 10^2 \times 205} = 0.89 < 1.0\,(满足要求)$$

（5）分肢局部稳定验算

只需验算分肢 1 的局部稳定，分肢为轴心受压构件。

因 $\lambda_{x1} = 27.8$，$\lambda_{y1} = 43.3$，$\lambda_{max} = 43.3$

$$\varepsilon_k = \sqrt{\frac{235}{f_y}} = 1.0$$

翼缘　$\dfrac{b_1}{t} = \dfrac{192}{20} = 9.6 < (10 + 0.1\lambda_{max})\varepsilon_k = (10 + 0.1 \times 43.3) \times 1.0 = 14.3\,(满足要求)$

腹板　$\dfrac{h_0}{t_w} = \dfrac{640}{16} = 40 < (25 + 0.5\lambda_{max})\varepsilon_k = (25 + 0.5 \times 43.3) \times 1.0 = 46.7\,(满足要求)$

以上验算结果表明，柱截面满足要求。

6.10 框架的梁柱连接与外露式刚接柱脚设计

6.10.1 框架的梁柱连接

框架结构中梁与柱的连接一般采用刚接,少数情况下采用铰接,铰接时柱的弯矩由横向荷载或偏心压力产生。梁端采用刚接可以减小梁跨中的弯矩,但制作施工较复杂。

梁柱刚接要求节点不仅能可靠地传递剪力而且能有效地传递弯矩。图6-26是梁柱刚接的示意图,图(a)的构造是通过上下两块水平板将弯矩传递给柱,梁端剪力由承托传递;图(b)是通过翼缘对接焊缝将弯矩传递给柱,剪力由腹板焊缝传递;为使翼缘连接焊缝能在平焊位置施焊,应在柱侧焊接垫板,同时在梁腹板端部预先留出槽口,上槽口预留垫板的位置,下槽口满足施焊的要求;图(c)为梁采用高强度螺栓与预先焊于柱的牛腿的刚接,梁端的弯矩和剪力由牛腿焊缝传递给柱,高强度螺栓传递梁与牛腿连接处的弯矩和剪力。

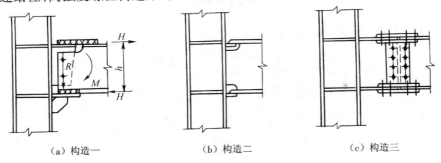

（a）构造一　　　　　　（b）构造二　　　　　　（c）构造三

图6-26　梁柱刚接节点

在梁上翼缘连接处,柱翼缘可能在水平拉力作用下向外弯曲,导致连接焊缝受力不均;在梁下翼缘处,柱腹板可能因水平压力作用局部屈曲。因此,一般需在梁上、下翼缘对应位置处设置柱水平加劲肋。

6.10.2 框架柱外露式刚接柱脚设计

框架柱的柱脚一般设计成刚接,刚接柱脚除传递轴力和剪力外,还要传递弯矩。

图6-27、图6-28和图6-29是常用的几种外露式刚接柱脚。图6-27和图6-28为整体式刚接柱脚,用于实腹柱和分肢距离较小的格构式柱。一般格构式柱由于两分肢的距离较大,采用整体式柱脚所用钢材较多,故多采用分离式柱脚,如图6-29所示,每个分肢的柱脚相当于一个轴心受力构件的铰接柱脚。为了加强分离式柱脚在运输和安装时的刚度,应设置连接件连接2个柱脚,连系角钢一般不小于∟80×8。

刚接柱脚在弯矩作用下产生的拉力由锚栓来承受,锚栓需经计算确定。当柱脚承受的轴心压力和弯矩较小时,锚栓可直接固定于底板上;当轴心压力和弯矩较大时,为了保证柱脚与基础能形成刚接,锚栓不宜固定在底板上,应采用如图6-28所示的构造,在靴梁侧面设计锚栓支承托座,锚栓固定在支承托座上。

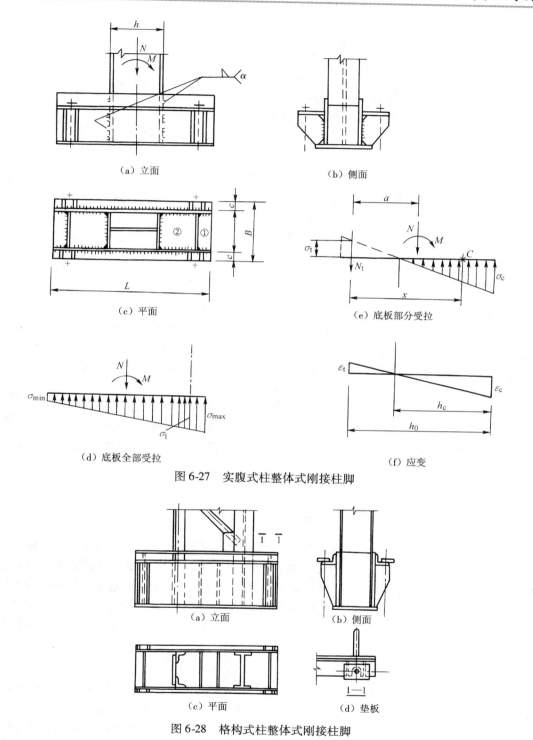

（a）立面　　　（b）侧面

（c）平面　　　（e）底板部分受拉

（d）底板全部受拉　　　（f）应变

图 6-27　实腹式柱整体式刚接柱脚

（a）立面　　　（b）侧面

（c）平面　　　（d）垫板

图 6-28　格构式柱整体式刚接柱脚

1. 外露式整体刚接柱脚的设计

刚接柱脚同时承受轴力、剪力和弯矩,剪力由底板与基础间的摩擦力或设置抗剪键传递,柱脚按承受轴力和弯矩设计。

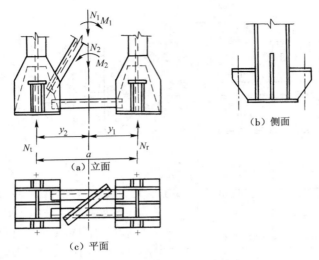

(b) 侧面

(a) 立面

(c) 平面

图 6-29　格构式柱分离式柱脚

1) 底板的尺寸

图 6-27 所示为一外露式整体刚接柱脚,底板的宽度 B 可根据构造要求按式(4-88)确定。在最不利组合轴力和弯矩作用下,底板下压应力呈非均匀分布(图 6-27(d))。

底板在弯矩作用平面内的长度 L,应由基础混凝土的轴心抗压强度确定,即:

$$\sigma_{max} = \frac{N}{BL} + \frac{6M}{BL^2} \leqslant f_c \tag{6-68}$$

式中:N、M——柱脚承受的使基础一侧产生最大压应力的轴力和弯矩组合;

f_c——基础混凝土的轴心抗压强度设计值,考虑混凝土局部承压的提高系数时以 $\beta_l f_c$ 代替。

此时,另一侧的应力

$$\sigma_{min} = \frac{N}{BL} - \frac{6M}{BL^2} \tag{6-69}$$

由此,底板的压应力分布图(图 6-27(d))便可确定,底板的厚度由底板压应力或锚栓拉力(锚栓直接锚固于底板上时)产生的最大弯矩计算,计算方法与轴心受压柱柱脚相同。对于框架柱柱脚,由于底板压应力分布不均匀,底板各区格压应力 q 可偏安全地取该区格的最大压应力,如图 6-27(c)中区格①取 $q = \sigma_{max}$,区格②取 $q = \sigma_1$。此种方法只适用于 σ_{min} 为正(底板全部受压)的情况,若所计算的 σ_{min} 为拉应力,则应采用下面锚栓设计中的基础压应力进行底板厚度计算。

2) 锚栓的拉力计算

锚栓的作用是使柱脚固定于基础并承受拉力。若弯矩较大,由式(6-69)计算所得的 σ_{min} 将为负值,即为拉应力(图 6-27(e)),假设此拉应力的合力由柱脚锚栓承受。

计算所需锚栓时,应采用使其产生最大拉力的组合内力 N 和 M(通常是 N 较小、M 较大的一组)。一般情况下,可不考虑锚栓和混凝土基础的弹性,近似地按式(6-68)式(6-69)求得底板两侧的应力(图 6-27(e))。这时基础压应力的分布长度及最大压应力 σ_c 为已知,根据 $\sum M_C = 0$ 便可求得锚栓拉力:

$$N_t = \frac{M - N(x - a)}{x} \tag{6-70}$$

式中：a、x——分别为锚栓至轴力 N 和至基础受压区合力作用点的距离。

按此锚栓拉力即可计算得到（或按附表 8-2 查出）一侧锚栓的数量和直径。

按式(6-70)计算锚栓拉力比较方便，缺点是轴线方向的力不平衡，并且计算的 N_t 往往偏大。因此，当按式(6-70)计算的拉力所确定的锚栓直径大于 60 mm 时，则宜考虑锚栓和混凝土基础的弹性，按下述方法计算锚栓的拉力。

假定变形符合平截面假定，在 N 和 M 共同作用下，其应力应变图形如图 6-27(e)、(f)所示，由图可得：

$$\frac{\sigma_t}{\sigma_c} = \frac{E \varepsilon_t}{E_c \varepsilon_c} = n_0 \frac{h_0 - h_c}{h_c}$$

式中：σ_t——锚栓的拉应力；

$\quad\sigma_c$——基础混凝土最大受压边缘的应力；

$\quad n_0$——钢和混凝土的弹性模量之比；

$\quad h_0$——锚栓至混凝土受压边缘的距离；

$\quad h_c$——底板受压区的长度。

根据竖向力的平衡条件：

$$N + N_t = \frac{1}{2} \sigma_c B h_c \tag{6-71}$$

式中：B——底板宽度；

$\quad N_t$——锚栓承受的拉力。

根据对锚栓轴线的力矩平衡条件：

$$M + Na = \frac{1}{2} \sigma_c B h_c \left(h_0 - \frac{h_c}{3} \right) \tag{6-72}$$

式(6-71)、式(6-72)中消去 σ_c，并令 $h_c = \alpha h_0$，则：

$$\alpha^2 \left(\frac{3 - \alpha}{1 - \alpha} \right) = \frac{6(M + Na)}{B h_0^2} \frac{n_0}{\sigma_t}$$

令上式右端

$$\frac{6(M + Na)}{B h_0^2} \frac{n_0}{\sigma_t} = \beta \tag{6-73}$$

则：

$$\alpha^2 \left(\frac{3 - \alpha}{1 - \alpha} \right) = \beta \tag{6-74}$$

再由式(6-71)和式(6-72)消去 σ_c：

$$N_t = k \frac{M + Na}{h_0} - N \tag{6-75}$$

式中系数 k 与 α 值有关，即：

$$k = \frac{3}{3 - \alpha} \tag{6-76}$$

为方便计算，将系数 β、k 对应的值列于表 6-4。

计算步骤:(1)根据式(6-73)假定 σ_t 等于锚栓的抗拉强度设计值 f_t^a,计算 β;(2)由表6-4查出最为接近的 k 值(不必用插值法);(3)按式(6-75)求出锚栓拉力 N_t;(4)由附表8-2确定一侧锚栓的直径和数量。

表6-4 系数 β、k 值

β	0.068	0.098	0.134	0.176	0.225	0.279	0.340	0.407	0.482
k	1.5	1.06	1.07	1.08	1.09	1.10	1.11	1.12	1.13
β	0.565	0.656	0.755	0.864	0.981	1.110	1.250	1.403	1.567
k	1.14	1.15	1.16	1.17	1.18	1.19	1.20	1.21	1.22
β	1.748	1.944	2.160	2.394	2.653	2.935	3.248	3.592	3.977
k	1.23	1.24	1.25	1.26	1.27	1.29	1.28	1.30	1.31
β	4.407	4.888	5.431	6.047	6.756	7.576	8.532	9.663	10.02
k	1.32	1.33	1.34	1.35	1.36	1.37	1.38	1.39	1.40

锚栓的拉应力:

$$\sigma_t' = \frac{N_t}{nA_e} \leqslant f_t^a \tag{6-77}$$

由式(6-77)算得的 σ_t' 与假定的 $\sigma_t(\sigma_t = f_t^a)$ 一般不会相等,锚栓的实际应力在 σ_t' 与 f_t^a 之间。如果必须求出其实际应力,则可重新假定 σ_t 值,再计算一次,一般无此必要。

锚栓的直径一般较大,对粗大的锚栓,受拉时不能忽略螺纹处应力集中的不利影响;此外,锚栓是保证柱脚刚接的最主要部件,应使其弹性伸长不致过大,所以《钢结构设计标准》GB 50017 取较低的抗拉强度设计值。如对 Q235 锚栓,取 $f_t^a = 140$ N/mm²;对 Q345 锚栓,取 $f_t^a = 180$ N/mm²,分别相当于受拉构件强度设计值(厚度 >16 mm)的 0.7 倍和 0.6 倍。

肋板顶部的水平焊缝以及肋板与靴梁的连接焊缝(焊缝为偏心受力)应根据每个锚栓的拉力来计算。锚栓支承垫板的厚度根据其受弯强度计算。

3)靴梁、隔板及焊缝强度计算

靴梁与柱身的连接焊缝"a"(图6-27),应按可能产生的最大内力 N_1 计算,并以此焊缝所需要的长度来确定靴梁的高度。N_1 按下式计算:

$$N_1 = \frac{N}{2} + \frac{M}{h} \tag{6-78}$$

靴梁按支承于柱边缘的悬臂梁来验算其截面强度。靴梁的悬伸部分与底板间的连接焊缝共有 4 条,应按整个底板宽度下的最大基础反力来计算。在柱身范围内,靴梁内侧不便施焊,只考虑外侧 2 条焊缝受力,可按该范围内最大基础反力计算。

隔板的强度验算与轴心受力柱脚的隔板验算相同,其所承受的基础反力均偏安全地取所计算范围内的最大应力。

2. 分离式柱脚的设计

每个分离式柱脚按分肢可能产生的最大压力作为轴心受力柱脚设计,但锚栓应由计算确定。分离式柱脚 2 个独立柱脚所承受的最大压力:

右肢
$$N_r = \frac{N_1 y_2}{a} + \frac{M_1}{a} \tag{6-79}$$

左肢
$$N_1 = \frac{N_2 y_1}{a} + \frac{M_2}{a} \tag{6-80}$$

式中: $N_1 \, 、 M_1$ —— 使右肢受力最不利的柱组合内力;

$N_2 \, 、 M_2$ —— 使左肢受力最不利的柱组合内力;

$y_1 \, 、 y_2$ —— 右肢、左肢轴线至柱轴线的距离;

a —— 柱截面宽度(两分肢轴线距离)。

每个柱脚的锚栓应由各自最不利组合内力计算的最大拉力确定。

[例题 6-7]　设计由 2 个 I25a 组成的缀条式格构柱的外露式整体刚接柱脚。分肢中心距离为 220 mm,作用于基础的压力设计值为 500 kN,弯矩为 130 kN·m,混凝土的强度等级为 C20,锚栓钢材为 Q235,焊条为 E43 型。

[解]

柱脚的构造如图 6-30 所示。考虑局部承压强度提高的混凝土轴心抗压强度设计值 $B_l f_c = 11 \text{ N/mm}^2$。为了提高柱端的连接刚度,在两分肢的外侧用 2 根[20a 短槽钢与分肢和底板采用角焊缝连接。底板上锚栓孔径 $d_0 = 60 \text{ mm}$。

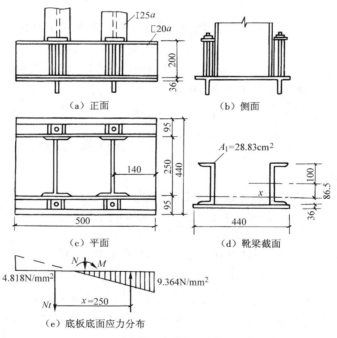

图 6-30　例题 6-7 图

(1)底板尺寸确定

确定底板宽度 B

由附表 7-3 查得每个槽钢宽度为 73 mm,每侧底板悬出 22 mm,则
$$B = 2 \times 9.5 + 25 = 44(\text{cm})$$

根据基础的最大受压应力确定底板长度 L

由 $\sigma_{max} = \dfrac{N}{A} + \dfrac{6M}{BL^2} = \dfrac{500 \times 10^3}{44 \times L \times 10^2} + \dfrac{6 \times 130 \times 10^6}{44 L^2 \times 10^3} = 11(\text{N/mm}^2)$

可得 $L = 456$ mm,取 $L = 500$ mm。

计算底板应力

$$\sigma_{max} = \dfrac{500 \times 10^3}{44 \times 50 \times 10^2} + \dfrac{6 \times 130 \times 10^6}{44 \times 50^2 \times 10^3} = 2.3 + 7.1 = 9.4(\text{N/mm}^2)$$

$$\sigma_{min} = 2.3 - 7.1 = -4.8(\text{N/mm}^2)$$

σ_{min} 为负值,说明柱脚需要锚栓承担拉力。

(2)锚栓直径确定

按式(6-70)计算锚栓的拉力

$$N_t = \dfrac{M - N(x - a)}{x} = \dfrac{130 \times 10^3 - 500 \times (250 - 110)}{250} = 240(\text{kN})$$

所需锚栓的净面积 $A_c = \dfrac{N_t}{f_t^a} = \dfrac{240 \times 10^3}{140} = 1\ 714(\text{mm}^2) = 17.14\ \text{cm}^2$

查附表 8-2,采用 2 个直径 $d = 42$ mm 的锚栓,其有效截面积为 $2 \times 11.21 = 22.42(\text{cm}^2)$,满足要求。

(3)底板厚度确定

底板的三边支承部分因为基础所受压应力最大,边界支承条件较不利,因此此部分底板所承受的弯矩最大。

取 $q = 9.4\ \text{N/mm}^2$。由 $b_1 = 140$ mm,$a_1 = 250$ mm,根据 b_1/a_1 查表 4-10,$\beta = 0.066$,则

$$M = \beta q a_1^2 = 0.066 \times 9.4 \times 250^2 = 38\ 775(\text{N} \cdot \text{mm})$$

钢材的抗弯强度设计值取 $f = 205\ \text{N/mm}^2$,底板厚度

$$t = \sqrt{\dfrac{6M}{f}} = \sqrt{\dfrac{6 \times 38\ 775}{205}} = 33.7(\text{mm}),采用 36\ \text{mm}。$$

(4)靴梁强度验算

靴梁截面由 2 个槽钢和底板组成,先确定截面形心轴 x 的位置

$$a = \dfrac{440 \times 36 \times 118}{2 \times 2\ 883 + 440 \times 36} = \dfrac{1\ 869\ 120}{21\ 606} = 86.5(\text{mm})$$

截面的惯性矩 $I_x = 2 \times 1\ 780 \times 10^4 + 2 \times 2\ 883 \times 86.5^2 + 440 \times 36(13.5 + 18)^2$

$$= 3\ 560 \times 10^4 + 4\ 314 \times 10^4 + 1\ 572 \times 10^4 = 9\ 446 \times 10^4(\text{mm}^4)$$

靴梁承受的剪力偏于安全地取 $V = 9.364 \times 440 \times 140 = 576\ 822(\text{N})$

靴梁承受的弯矩偏于安全地取 $M = 576\ 822 \times 70 = 40\ 377\ 540(\text{N} \cdot \text{mm})$

靴梁截面上边缘最大弯曲应力

$$\sigma = \dfrac{40\ 377\ 540 \times 186.5}{9\ 446 \times 10^4} = 79.7(\text{N/mm}^2) < f = 215\ \text{N/mm}^2(满足要求)$$

(5)焊缝强度计算

计算分肢与靴梁的连接焊缝强度,分肢承受的最大压力(右肢)

$$N_1 = \dfrac{N}{2} + \dfrac{M}{22} = \dfrac{500}{2} + \dfrac{13\ 000}{22} = 840.9(\text{kN})$$

假设焊脚尺寸 $h_f = 11$ mm,竖向焊缝的总长度为 $\sum l_w = 4(200 - 22) = 712$(mm),则焊缝强度

$$\tau_f = \frac{N_1}{0.7 h_f \sum l_w} = \frac{840.9 \times 10^3}{0.7 \times 11 \times 712}$$

$$= 153.4(\text{N/mm}^2) < f_f^w = 160 \text{ N/mm}^2(\text{满足要求})$$

槽钢与底板之间的连接焊缝承受剪力,但因剪力不大,焊脚尺寸可采用 8 mm。

<h1 style="text-align:center">习　题</h1>

6-1 选择题

1. 按承载能力极限状态设计轧制 H 型钢压弯构件时,不需进行计算的是_____。

(A)截面强度

(B)弯矩作用平面内整体稳定

(C)弯矩作用平面外整体稳定

(D)局部稳定

2. 焊接 H 形截面压弯构件,_____时的受弯强度计算应考虑截面的塑性发展。

(A)截面等级为 S3 级　　　　　(B)截面等级为 S4 级

(C)截面等级为 S5 级　　　　　(D)需进行疲劳计算

3. 单轴对称截面的压弯构件,应使弯矩_____。

(A)绕非对称轴作用

(B)绕对称轴作用

(C)绕任意主轴作用

(D)视情况绕对称轴或非对称轴作用

4. 双轴对称 H 形截面压弯构件在弯矩作用平面因发生_____失稳而丧失承载力。

(A)弯扭　　　　(B)弯曲　　　　(C)扭转　　　　(D)剪切

5. 实腹式压弯构件在弯矩作用平面内的整体稳定计算采用_____。

(A)边缘屈服准则　　　　　　(B)最大强度准则

(C)弹性屈曲临界力　　　　　(D)弹塑性屈曲临界力

6. 单轴对称截面实腹式压弯构件整体稳定计算式 $\dfrac{N}{\varphi_x A f} + \dfrac{\beta_{mx} M_x}{\gamma_x W_{1x}\left(1 - 0.8\dfrac{N}{N'_{Ex}}\right)f} \leqslant 1.0$ 和

$$\left| \frac{N}{Af} - \frac{\beta_{mx} M_x}{\gamma_x W_{2x}\left(1 - 1.25\dfrac{N}{N'_{Ex}}\right)f} \right| \leqslant 1.0$$ 中的 W_{1x}、W_{2x} 和 γ_x 为_____。

(A)W_{1x} 和 W_{2x} 为单轴对称截面绕非对称轴较大和较小翼缘最外纤维的毛截面模量,γ_x 值不同

(B)W_{1x} 和 W_{2x} 为较大和较小翼缘最外纤维的毛截面模量,γ_x 值不同

(C)W_{1x} 和 W_{2x} 为较大和较小翼缘最外纤维的毛截面模量,γ_x 值相同

(D)W_{1x} 和 W_{2x} 为单轴对称截面绕非对称轴较大和较小翼缘最外纤维的毛截面模量,γ_x

值相同

7. 双轴对称 H 形截面压弯构件在弯矩作用平面因发生_____失稳而丧失承载力。

 (A)弯扭　　　　(B)弯曲　　　　(C)扭转　　　　(D)剪切

8. 弯矩绕虚轴作用的格构式压弯构件在弯矩作用平面内的整体稳定验算采用_____。

 (A)边缘屈服准则　　　　　　(B)最大强度准则

 (C)弹性屈曲临界力　　　　　(D)弹塑性屈曲临界力

9. 计算如图 6-31 所示的格构式压弯构件绕虚轴的整体稳定时,截面模量 $W_{1x} = I_x/y_0$,其中 $y_0 = $_____。

 (A)y_1　　　　　　(B)y_2

 (C)y_3　　　　　　(D)y_4

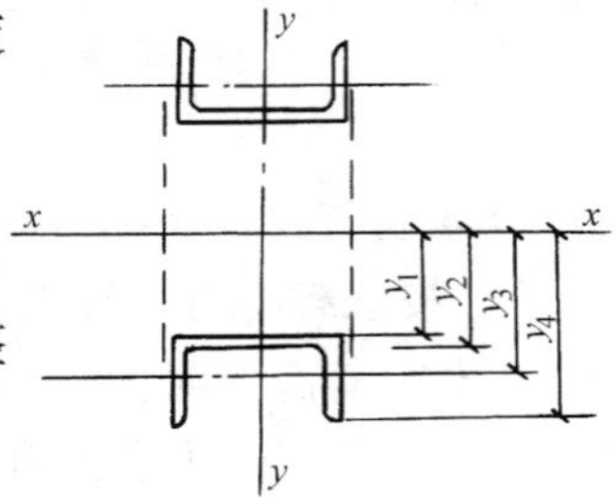

10. 弯矩绕虚轴作用的格构式压弯构件,弯矩作用平面外的整体稳定需验算_____。

 (A)整个构件弯矩作用平面内的整体稳定

 (B)整个构件弯矩作用平面外的整体稳定

 (C)同实腹式压弯构件

 (D)分肢的整体稳定

图 6-31　选择题 9 图

11. 格构式压弯构件缀件的设计剪力_____。

 (A)取构件实际剪力设计值

 (B)由式 $V = \dfrac{Af}{85}\dfrac{1}{\varepsilon_k}$ 计算

 (C)取构件实际剪力设计值和 $V = \dfrac{Af}{85}\dfrac{1}{\varepsilon_k}$ 计算值二者中的较大值

 (D)取 $V = \dfrac{\mathrm{d}M}{\mathrm{d}z}$ 的计算值

12. H 形和箱形截面压弯构件的受压翼缘宽厚比和腹板高厚比_____要求时,构件不会发生局部失稳。

 (A)满足 S2 级　　　　　　(B)满足 S3 级

 (C)满足 S4 级　　　　　　(D)无限值

13. 当压弯构件腹板高厚比不满足局部稳定要求时,可通过_____使其满足。

 (A)设置横向加劲肋　　　　(B)设置纵向加劲肋

 (C)设置短加劲肋　　　　　(D)设置支承加劲肋

14. 无支撑框架的失稳形式为_____。

 (A)无侧移　　　　　　　　(B)有侧移

 (C)根据梁与柱的线刚度确定　　(D)根据梁与柱的线刚度之比确定

15. 有侧移的单层钢框架,采用等截面柱,柱与基础固接,与梁铰接,框架平面内柱的计算长度系数 μ 约为_____。

 (A)2.0　　　(B)1.5　　　(C)1.0　　　(D)0.5

16. 框架柱在框架平面外的计算长度由_____确定。

 (A)框架整体内力分析　　　　(B)框架柱几何长度

（C）侧向支撑的布置　　　　　（D）查表

17. 分离式柱脚一般用于_____。

（A）实腹柱　　　　　　　　　（B）分肢距离较大的格构柱

（C）分肢距离较小的格构柱　　（D）所有框架柱

18. 当框架柱刚接柱脚承受的剪力较大时，剪力一般由_____传给基础。

（A）框架柱与底板的焊缝　　　（B）靴梁

（C）锚栓　　　　　　　　　　（D）抗剪键

6-2　一 I20a 的工字钢，钢材为 Q235B，承受轴心拉力设计值 $N = 450$ kN，长 5 m，两端铰接，确定此工字钢截面构件绕强轴和弱轴可承受的横向均布荷载。

6-3　两端铰接的拉弯构件承受的荷载如图 6-32 所示，构件截面无削弱，确定构件所能承受的最大轴心拉力设计值。截面为 I45a 工字钢，钢材为 Q235。

6-4　习题 6-3 中轧制工字钢仍为 I45a，但在两个主平面内同时作用如图 6-33 所示的横向荷载，确定构件可承受的最大轴心拉力设计值。

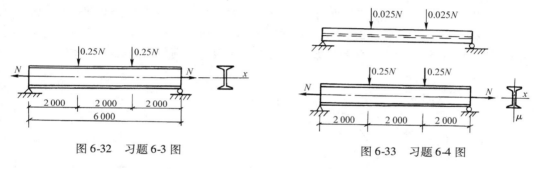

图 6-32　习题 6-3 图　　　　　　　　　图 6-33　习题 6-4 图

6-5　单向压弯构件如图 6-34 所示，两端铰接。已知承受轴心压力设计值 $N = 400$ kN，端弯矩设计值 $M_A = 100$ kN·m，$M_B = 50$ kN·m，均为顺时针方向作用在构件端部，静力荷载。构件长 $l = 6.2$ m，在构件两端及跨中各有一侧向支承点。构件截面为 I36a，钢材为 Q235。验算此构件的整体稳定和截面强度，并说明构件承载力由何种条件控制。

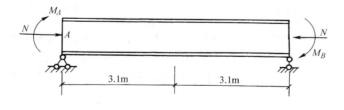

图 6-34　习题 6-5 图

6-6　图 6-35 所示的悬臂柱，承受偏心距为 250 mm 的设计压力 1 600 kN。在弯矩作用平面外有支撑体系对柱上端形成支承点（图 6-36（b）），确定热轧 H 型钢或焊接 H 形截面尺寸，钢材为 Q235（注：当选用焊接 H 形截面时，可试用翼缘 2−400×20，焰切边；腹板 1−460×12）。

6-7　习题 6-6 中，如果弯矩作用平面外的支撑改为如图 6-36 所示，所选构件截面需如何调整才能满足要求。调整后柱截面面积可以减少多少？

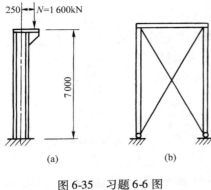

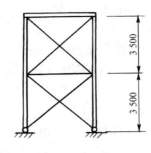

图 6-35　习题 6-6 图　　　　　　　　　　　　　图 6-36　习题 6-7 图

6-8　图 6-37 所示的天窗架侧柱 AB,承受轴心压力设计值为 85.8 kN,风荷载设计值为 $w = \pm 2.87$ kN/m(正号为压力,负号为吸力),计算长度 $l_{0x} = l = 3.5$ m,$l_{0y} = 3.0$ m。确定双角钢截面,钢材为 Q235。

6-9　图 6-38 所示为一压弯构件,构件长 12 m,两端铰接。在截面腹板平面内偏心受压,偏心距为 780 mm。钢材为 Q235,翼缘为火焰切割边。确定此构件所能承受的压力设计值。如果钢材改用 Q345,压力设计值有何改变? 翼缘和腹板是否满足局部稳定要求?

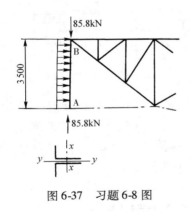

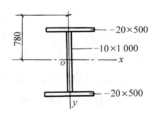

图 6-37　习题 6-8 图　　　　　　　　　　　　图 6-38　习题 6-9 图

6-10　冶金工厂操作平台的立面如图 6-39(a)所示。平台承受由检修材料所产生的均布可变荷载标准值为 20 kN/m²,平台结构自重为 2 kN/m²,每跨梁中部设有检修单轨吊车,其作用荷载标准值 $F = 100$ kN,每榀框架承受水平可变荷载标准值 $H = 50$ kN,平台柱自重可忽略不计。

平台梁跨度 9 m,柱距 5 m,柱高 6 m,柱与梁铰接,柱脚与基础刚接,各列柱纵向均设有柱间支撑,柱顶纵向设有可靠支承,平台面铺钢板,与梁焊接。

平台结构采用 Q235B 钢制作,在框架平面内,中柱截面惯性矩为边柱的 2 倍,中柱截面为焊接 H 形截面,尺寸如图 6-39(b)所示,翼缘为 $2 - 250 \times 25$(焰切边),腹板为 $1 - 450 \times 12$。

验算中柱的截面强度和整体稳定是否满足要求。

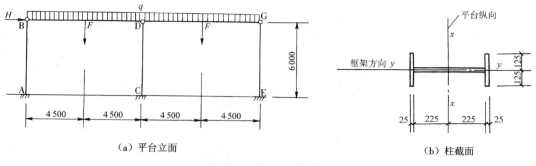

（a）平台立面   （b）柱截面

图 6-39 习题 6-10 图

6-11 图 6-40 所示的单层刚架失稳时有侧移,柱 AB 和与柱相邻梁的截面尺寸如图中剖面 1 – 1、2 – 2 所示。柱与梁刚接,与基础铰接。已知 AB 柱承受的轴心压力设计值为 $N = 1\,400$ kN。确定柱 B 端所能承受的弯矩。在刚架平面外柱两端均为铰接,钢材为 Q235。

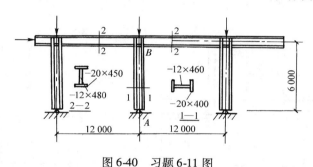

图 6-40 习题 6-11 图

6-12 一缀条式格构式压弯构件,钢材为 Q235,截面及缀条布置等如图 6-41 所示,承受的荷载设计值 $N = 500$ kN、$M_x = 120$ kN·m。在弯矩作用平面内构件上、下端有相对侧移,其计算长度为 9.0 m。在垂直于弯矩作用平面内构件两端均有侧向支撑,其计算长度为构件的高度 6.2 m。验算此构件截面是否满足要求。

6-13 设计如图 6-42 所示的实腹式偏心受压柱的外露式刚接柱脚,包括确定底板尺寸 B、L 和厚度 t,锚栓直径和数量,靴梁高度和厚度,隔板高度和厚度,以及柱身与靴梁、靴梁与底板的连接角焊缝焊脚尺寸等。

柱截面为 H 形,尺寸为 $2 - 16 \times 400$ 和 $1 - 8 \times 568$。钢材为 Q235,手工焊,焊条为 E43 型。柱脚承受下列两组内力设计值:

第 1 组(用于确定底板尺寸):$N = 1\,200$ kN,$M = 450$ kN·m,$e = 0.375$ m;

第 2 组(用于计算锚栓):$N = 800$ kN,$M = 420$ kN·m,$e = 0.525$ m。

基础混凝土强度等级为 C20,轴心抗压强度设计值 $f_c = 9.6$ N/mm²。

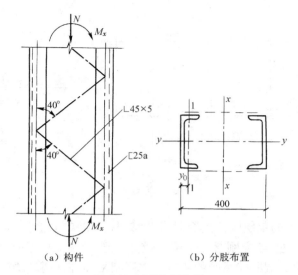

（a）构件　　　　　（b）分肢布置

图 6-41　习题 6-12 图

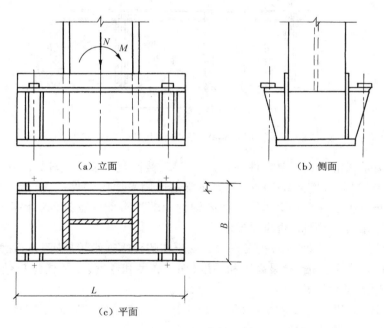

（a）立面　　　　　　　（b）侧面

（c）平面

图 6-42　习题 6-13 图

6-1 答案

1.（D）	2.（A）	3.（A）	4.（B）	5.（B）	6.（A）
7.（A）	8.（A）	9.（C）	10.（D）	11.（C）	12.（C）
13.（B）	14.（B）	15.（A）	16.（C）	17.（B）	18.（D）

第 7 章　构件与连接的疲劳

钢结构的疲劳破坏是微观裂纹在循环荷载作用下不断扩展直至断裂的脆性破坏。

在循环荷载作用下,应力集中处的微观裂纹不断开展,形成宏观裂缝;同时,由于双向或三向同号拉应力场,塑性变形受到限制。因此,当荷载循环到一定次数时,裂缝的开展使截面削弱过多,不能继续承受荷载,产生脆性断裂,钢结构发生疲劳破坏。如果还存在残余应力,在循环荷载作用下将加剧疲劳破坏。

通常钢结构的疲劳破坏属高周低应变疲劳破坏,即应变幅小,破坏前荷载循环次数多。钢结构的疲劳强度取决于构造状况(应力集中程度和残余应力)、作用的应力幅 $\Delta\sigma$ 以及荷载的循环次数,而与钢材的静力强度无明显关系。《钢结构设计标准》GB 50017 规定,直接承受动力荷载作用的钢结构构件及其连接,当应力变化的循环次数 $n \geqslant 5 \times 10^4$ 时,应进行疲劳验算。疲劳验算采用基于名义应力的容许应力幅法,名义应力按弹性状态计算,容许应力幅应按构件和连接类别、应力循环次数以及计算部位的板件厚度确定。对非焊接的构件和连接,其应力循环中不出现拉应力的部位可不验算疲劳。

7.1　应力幅和容许应力幅

计算应力幅时,应采用荷载的标准值,动力荷载标准值不乘以动力系数;验算吊车梁或吊车桁架及其制动结构的疲劳时,吊车荷载按作用在跨间内荷载效应最大的一台吊车确定。

循环荷载作用下构件或连接的应力随时间变化的曲线称为应力谱,其应力循环特征可用应力比 ρ 来表示,ρ 为绝对值最小与最大应力之比(拉应力取正值,压应力取负值)。图 7-1(a)的 $\rho = -1$,称为完全对称循环;图 7-1(b)的 $\rho = 0$,称为脉冲循环;图 7-1(c)、(d)的 ρ 在 0 与 -1 之间,称为不完全对称循环,图(c)以拉应力为主,图(d)以压应力为主。

7.1.1　焊接结构的应力幅

对于焊接结构,由于焊接加热及焊接后的冷却,将产生垂直于截面的残余应力,在焊缝及其附近母材的残余拉应力通常达到钢材的屈服强度 f_y,此部位是形成和发展裂纹最敏感的区域。在循环荷载作用下,应力处于增大阶段时,焊缝附近的最大应力将不再增加,即 $\sigma_{max} = f_y$,只是塑性区域加大。随着循环荷载的变化,应力下降到 σ_{min},再升至 $\sigma_{max} = f_y$,即不论应力比 ρ 值如何,焊缝附近的实际应力均为在拉应力 $\Delta\sigma = f_y - \sigma_{min}$ 范围内的循环(图 7-1 中虚线所示),所以疲劳强度与名义最大应力和应力比无关,而与应力幅 $\Delta\sigma$ 有关。此结论已被国内外的大量疲劳试验所证实。图 7-1 中的实线为名义应力循环应力谱,虚线为实际应力谱。

因此,对于焊接部位:

$$\Delta\sigma = \sigma_{max} - \sigma_{min} \tag{7-1}$$

$$\Delta\tau = \tau_{max} - \tau_{min} \tag{7-2}$$

式中:$\Delta\sigma$——计算部位的正应力幅;

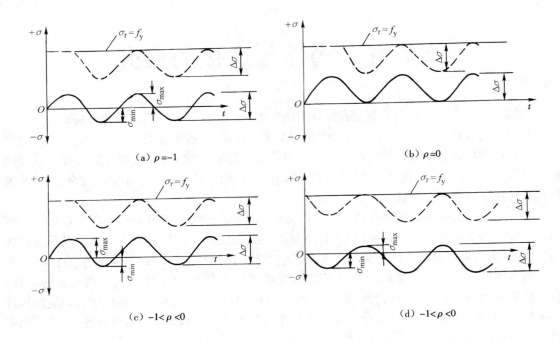

图 7-1　循环应力谱特征

σ_{max}——计算部位应力循环中的最大拉应力(取正值);

σ_{min}——计算部位应力循环中的最小拉应力(取正值)或压应力(取负值);

$\Delta\tau$——计算部位的剪应力幅;

τ_{max}——计算部位应力循环中的最大剪应力;

τ_{min}——计算部位应力循环中的最小剪应力。

如果应力幅保持常量,称为常幅疲劳,否则称为变幅疲劳。

7.1.2　非焊接结构的应力幅

对于非焊接结构,可根据试验数据绘制某一循环次数的疲劳强度曲线图,试验结果表明曲线的曲率不大,可近似采用直线代替。图 7-2 为循环次数 $n=2\times10^6$ 次时的疲劳强度曲线图,$\rho=0$ 和 $\rho=-1$ 时的疲劳强度分别为 σ_0、σ_{-1},由此可得到 B、C 两点的坐标分别为 $B(-\sigma_{-1},\sigma_{-1})$、$C(0,\sigma_0)$,通过 B、C 两点绘制直线 $ABCD$。D 点应力对应钢材屈服强度,即 $\sigma_{max}=f_y$。当坐标为 $(\sigma_{min},\sigma_{max})$ 的点落在直线 $ABCD$ 上或其上方,则这组应力循环达到 n 次时,将发生疲劳破坏,线段 BCD 以受拉为主,线段 AB 以受压为主,$ABCD$ 直线的方程为:

$$\sigma_{max}-k\sigma_{min}=\sigma_0 \tag{7-3}$$

或

$$\sigma_{max}(1-k\rho)=\sigma_0 \tag{7-4}$$

式中,$k=(\sigma_0-\sigma_{-1})/\sigma_{-1}$,为直线 $ABCD$ 的斜率。

从式(7-4)可以看出,对于非焊接结构,疲劳强度与最大应力、应力比、循环次数和构造状况有关。

为了使非焊接结构与焊接结构应力幅的计算式一致,将式(7-3)等号左边定义为"计算应

力幅",经对大量试验数据的统计分析取 $k = 0.7$,即:

$$\Delta\sigma = \sigma_{max} - 0.7\sigma_{min} \tag{7-5}$$

$$\Delta\tau = \tau_{max} - 0.7\tau_{min} \tag{7-6}$$

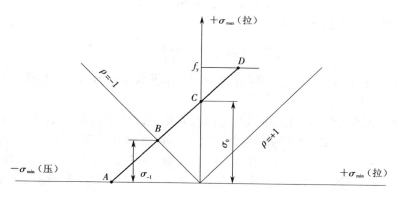

图 7-2　非焊接结构疲劳强度示意图

7.1.3　容许应力幅

根据试验数据可以绘制钢结构构件或连接的正应力幅 $\Delta\sigma$ 与相应致损循环次数 n 的关系曲线(图 7-3(a)),一般称为 S-N 曲线,该曲线是疲劳计算的基础。致损循环次数又称为疲劳寿命,对应一定的疲劳寿命,例如 2×10^6 次,在 S－N 曲线上就存在一个与之对应的应力幅值,以该应力幅值循环 2×10^6 次时,构件或连接即疲劳破坏。目前国内外通常采用双对数坐标轴的方法使曲线变为直线(图 7-3(b)),以便于应用。在图(b)中,直线方程为:

$$\lg n = b_1 - \beta\lg(\Delta\sigma) \tag{7-7}$$

或

$$n(\Delta\sigma)^\beta = 10^{b_1} = C_1$$

式中:β——直线的斜率(绝对值);

b_1——直线在横坐标轴的截距;

n——应力循环次数。

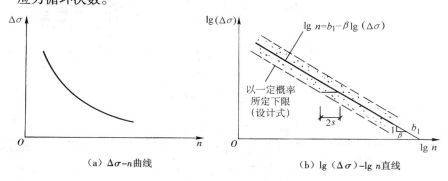

（a）$\Delta\sigma - n$ 曲线　　　　　　（b）$\lg(\Delta\sigma) - \lg n$ 直线

图 7-3　应力幅与循环次数的关系

考虑试验数据的离散性,取 $\lg n$ 平均值减去 2 倍 $\lg n$ 的标准差 $2s$ 作为 $\Delta\sigma$ 下限值(图 7-3

(b)中实线下方虚线),如果 $\lg(\Delta\sigma)$ 为正态分布,下限值的直线方程为:

$$\lg n = b_1 - \beta\lg(\Delta\sigma) - 2s = b_2 - \beta\lg(\Delta\sigma) \tag{7-8}$$

或

$$n(\Delta\sigma)^\beta = 10^{b_2} = C \tag{7-9}$$

取此 $\Delta\sigma$ 作为容许正应力幅:

$$[\Delta\sigma] = \left(\frac{C}{n}\right)^{1/\beta} \tag{7-10}$$

对于非焊接结构,以应力比 $\rho = 0$ 的疲劳强度 σ_0 下限值作为构件和连接的分类依据,即取 σ_0 的下限值作为 $[\Delta\sigma]$。

对于不同形式的构件和连接,按试验数据回归的直线方程其斜率不尽相同。为了计算方便,《钢结构设计标准》GB 50017 按连接方式、受力特点相似和容许应力幅相近,并适当考虑 $[\Delta\sigma] - n$ 曲线簇的等间距布置,进行归纳分类,将构件和连接划分为十四类(图7-4),其 β_Z 和 C_Z 值列于表7-1;三个类别构件和连接剪应力幅的 S-N 曲线如图7-5所示,β_J 和 C_J 值列于表7-2。构件和连接的分类及构造图见附录6。

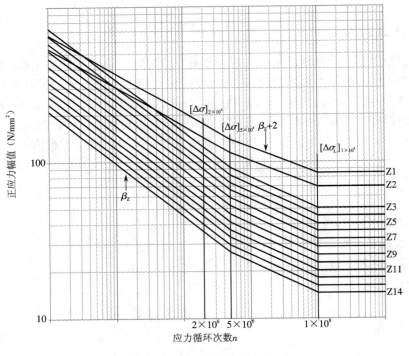

图 7-4　正应力幅 S-N 曲线

表 7-1　正应力幅计算参数

构件与连接类别	相关系数		循环次数 $n = 2\times10^6$ 的容许正应力幅 $[\Delta\sigma]_{2\times10^6}$（N/mm²）	循环次数 $n = 5\times10^6$ 的容许正应力幅 $[\Delta\sigma]_{5\times10^6}$（N/mm²）	疲劳截止限 $[\Delta\sigma_L]_{1\times10^8}$（N/mm²）
	C_Z	β_Z			
Z1	$1\,920\times10^{12}$	4	176	140	85
Z2	861×10^{12}	4	144	115	70

续表

构件与连接类别	相关系数		循环次数 $n = 2 \times 10^6$ 的容许正应力幅 $[\Delta\sigma]_{2 \times 10^6}$ (N/mm^2)	循环次数 $n = 5 \times 10^6$ 的容许正应力幅 $[\Delta\sigma]_{5 \times 10^6}$ (N/mm^2)	疲劳截止限 $[\Delta\sigma_L]_{1 \times 10^8}$ (N/mm^2)
	C_Z	β_Z			
Z3	3.91×10^{12}	3	125	92	51
Z4	2.81×10^{12}	3	112	83	46
Z5	2.00×10^{12}	3	100	74	41
Z6	1.46×10^{12}	3	90	66	36
Z7	1.02×10^{12}	3	80	59	32
Z8	0.72×10^{12}	3	71	52	29
Z9	0.50×10^{12}	3	63	46	25
Z10	0.35×10^{12}	3	56	41	23
Z11	0.25×10^{12}	3	50	37	20
Z12	0.18×10^{12}	3	45	33	18
Z13	0.13×10^{12}	3	40	29	16
Z14	0.09×10^{12}	3	36	26	14

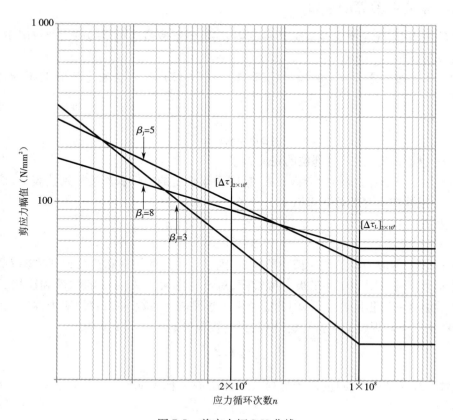

图 7-5　剪应力幅 S-N 曲线

表 7-2　剪应力幅计算参数

构件与连接类别	相关系数		循环次数 $n = 2 \times 10^6$ 的容许剪应力幅 $[\Delta\tau]_{2\times10^6}$ (N/mm²)	疲劳截止限 $[\Delta\tau_L]_{1\times10^8}$ (N/mm²)
	C_J	β_J		
J1	4.10×10^{11}	3	59	16
J2	2.00×10^{16}	5	100	46
J3	8.61×10^{21}	8	90	55

对于变幅疲劳,研究表明低应力幅在高周循环阶段造成的疲劳损伤程度有所降低,且存在一个不会产生疲劳损伤的应力幅,称为疲劳截止限。因此,对于正应力幅的 S-N 曲线,在 n 小于 5×10^6 次时的直线斜率为 β_z, n 在 $5 \times 10^6 \sim 1 \times 10^8$ 次之间的直线斜率为 $\beta_z + 2$(图 7-4)。对于剪应力幅的 S-N 曲线,高周循环阶段直线斜率保持不变(图 7-5)。无论是正应力幅还是剪应力幅,均取 $n = 1 \times 10^8$ 次时的应力幅为疲劳截止限。

7.2　构件与连接的疲劳

7.2.1　不需疲劳验算的条件

试验研究表明,无论是常幅疲劳还是变幅疲劳,低于疲劳截止限的应力幅一般不会导致构件和连接疲劳破坏。

当构件和连接的最大应力幅满足式(7-11)、式(7-12)时,不会发生疲劳破坏,不需要进行疲劳验算。

正应力幅:

$$\Delta\sigma < \gamma_t [\Delta\sigma_L] \tag{7-11}$$

式中:$\Delta\sigma$——构件和连接计算部位的正应力幅;

$[\Delta\sigma_L]$——正应力幅的疲劳截止限,按附录 6 规定的构件和连接类别按表 7-1 采用;

γ_t——板厚或直径的修正系数。

剪应力幅:

$$\Delta\tau < [\Delta\tau_L] \tag{7-12}$$

式中:$[\Delta\tau_L]$——剪应力幅的疲劳截止限,根据附录 6 规定的构件和连接类别按表 7-2 采用。

大量疲劳试验采用的试件钢板一般较薄,对于板厚大于 25 mm 的构件和连接,疲劳强度随板厚的增加有一定程度的降低,因此需要引进板厚修正系数 γ_t 对容许应力幅进行修正:

(1)对于正面角焊缝或对接焊缝连接,当连接板厚 t 大于 25 mm 时

$$\gamma_t = \left(\frac{25}{t}\right)^{0.25} \tag{7-13a}$$

(2)对于螺栓轴向受拉连接,当螺栓公称直径 d 大于 30 mm 时

$$\gamma_t = \left(\frac{30}{d}\right)^{0.25} \tag{7-13b}$$

(3)其他情况 $\gamma_t = 1.0$。

在结构设计使用年限内,当构件和连接的应力幅较低时,可首先采用式(7-11)、式(7-12)判断是否需要进行疲劳验算。

7.2.2　常幅疲劳验算

当常幅疲劳需进行验算时,正应力疲劳按下式验算:

$$\Delta\sigma \leqslant \gamma_t [\Delta\sigma] \tag{7-14}$$

式中:$[\Delta\sigma]$——常幅疲劳的容许正应力幅,按下列规定计算:

当 $n \leqslant 5 \times 10^6$ 时

$$[\Delta\sigma] = \left(\frac{C_Z}{n}\right)^{1/\beta_Z} \tag{7-15a}$$

当 $5 \times 10^6 < n \leqslant 1 \times 10^8$ 时

$$[\Delta\sigma] = \left[([\Delta\sigma]_{5\times10^6})^2 \frac{C_Z}{n}\right]^{1/(\beta_Z+2)} \tag{7-15b}$$

当 $n > 1 \times 10^8$ 时

$$[\Delta\sigma] = [\Delta\sigma_L]_{1\times10^8} \tag{7-15c}$$

式中:n——应力循环次数;

C_Z、β_Z——构件和连接正应力幅的相关系数;

$[\Delta\sigma]_{5\times10^6}$——循环次数 $n = 5 \times 10^6$ 的容许正应力幅。

剪应力疲劳按下式验算:

$$\Delta\tau \leqslant [\Delta\tau] \tag{7-16}$$

式中:$[\Delta\tau]$——常幅疲劳的容许剪应力幅,按下列规定计算:

当 $n \leqslant 1 \times 10^8$ 时

$$[\Delta\tau] = \left(\frac{C_J}{n}\right)^{1/\beta_J} \tag{7-17a}$$

当 $n > 1 \times 10^8$ 时

$$[\Delta\tau] = [\Delta\tau_L]_{1\times10^8} \tag{7-17b}$$

式中:C_J、β_J——构件和连接剪应力幅的相关系数。

7.2.3　变幅疲劳验算

实际结构大多承受变化循环荷载的作用(图7-6中实线),例如吊车梁,吊车不是每次都满载运行,也不是每次都处于最不利位置,所以不是每次循环的应力幅都达到最大值,如果按最大应力幅简化成常幅(图7-6虚线)进行疲劳验算,则过于保守。

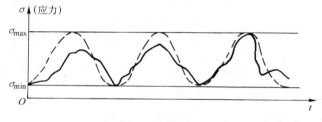

图 7-6　变幅应力谱

常幅疲劳的研究结果可推广到变幅疲劳,需引入累积损伤法则。目前通用的是 Palmgren-Miner 方法,简称 Miner 方法。

根据应力谱,应力幅 $\Delta\sigma_1$,$\Delta\sigma_2$,$\cdots$,$\Delta\sigma_i$,$\cdots$ 及其对应的循环次数 n_1,n_2,$\cdots$,n_i,$\cdots$。假设 $\Delta\sigma_1$,$\Delta\sigma_2$,$\cdots$,$\Delta\sigma_i$,$\cdots$ 为常幅时,对应的疲劳寿命分别为 N_1,N_2,$\cdots$,N_i,$\cdots$。N_i 表示在常幅应力幅 $\Delta\sigma_i$ 循环作用 N_i 次后,构件或连接即产生损伤,那么 $\Delta\sigma_1$ 循环 1 次所引起的损伤为 $1/N_1$,n_1 次循环引起的损伤为 n_1/N_1。根据累积损伤法则,将总损伤按线性叠加,则发生疲劳破坏的条件为:

$$\frac{n_1}{N_1} + \frac{n_2}{N_2} + \cdots + \frac{n_i}{N_i} + \cdots = \sum \frac{n_i}{N_i} = 1 \tag{7-18}$$

研究表明对于变幅疲劳,常幅疲劳所谓的疲劳截止限并不适用;随着疲劳裂纹的扩展,一些低于疲劳截止限的低应力幅将成为裂纹扩展的应力幅,而加速疲劳累积损伤;低应力幅的疲劳损伤作用比高应力幅弱,小到一定程度的应力幅不产生损伤。《钢结构设计标准》GB 50017 采用欧洲钢结构设计规范 EN1993 Eurocode3 的方法处理低应力幅的损伤作用,根据图 7-4、图 7-5 和 Miner 损伤方法,将变幅疲劳换算成应力循环 2×10^6 次的等效常幅疲劳进行验算。

下面推导变幅疲劳的等效正应力幅,假设有一变幅疲劳,其应力谱由($\Delta\sigma_i$,n_i)和($\Delta\sigma_j$,n_j)两部分组成,总的应力循环 $\sum n_i + \sum n_j$ 次后发生疲劳破坏。按照 S-N 曲线表达式,对于应力幅 $\Delta\sigma_i$、循环次数 n_i 和应力幅 $\Delta\sigma_j$、循环次数 n_j,则:

$$N_i = \frac{C_Z}{(\Delta\sigma_i)^{\beta_Z}} \tag{7-19}$$

$$N_j = \frac{C_Z'}{(\Delta\sigma_j)^{\beta_Z+2}} \tag{7-20}$$

$$\sum \frac{n_i}{N_i} + \sum \frac{n_j}{N_j} = 1 \tag{7-21}$$

式中:C_Z、C_Z'——斜率为 β_Z、$\beta_Z + 2$ 两条 S-N 曲线的相关系数。

由于斜率为 β_Z、$\beta_Z + 2$ 的两条 S-N 曲线在 $n = 5\times10^6$ 处相交,则满足:

$$C_Z' = \frac{([\Delta\sigma]_{5\times10^6})^{\beta_Z+2}}{([\Delta\sigma]_{5\times10^6})^{\beta_Z}} C_Z = ([\Delta\sigma]_{5\times10^6})^2 C_Z \tag{7-22}$$

假定上述变幅疲劳破坏与应力幅为 $\Delta\sigma_e$、循环 2×10^6 次常幅疲劳的疲劳破坏具有等效的疲劳损伤效应,则:

$$C_Z = 2\times10^6 (\Delta\sigma_e)^{\beta_Z} \tag{7-23}$$

将式(7-19)、式(7-20)、式(7-22)和式(7-23)代入式(7-21),可得到循环 2×10^6 次常幅疲劳的等效应力幅表达式:

$$\Delta\sigma_e = \left[\frac{\sum n_i (\Delta\sigma_i)^{\beta_Z} + ([\Delta\sigma]_{5\times10^6})^{-2} \sum n_j (\Delta\sigma_j)^{\beta_Z+2}}{2\times10^6} \right]^{1/\beta_Z} \tag{7-24}$$

式中:$\Delta\sigma_e$——由变幅疲劳预期使用寿命(总循环次数 $n = \sum n_i + \sum n_j$)折算成循环次数 n 为 2×10^6 次常幅疲劳的等效正应力幅;

$[\Delta\sigma]_{2\times10^6}$——循环次数 n 为 2×10^6 次的容许正应力幅;

$\Delta\sigma_i$、n_i——正应力谱中在 $\Delta\sigma_i \geqslant [\Delta\sigma]_{5\times10^6}$ 范围的正应力幅及其循环次数;

$\Delta\sigma_j$、n_j——正应力谱中在 $[\Delta\sigma_L]_{1\times10^8} \le \Delta\sigma_j < [\Delta\sigma]_{5\times10^6}$ 范围的正应力幅及其循环次数。

采用相同的方法,可得变幅疲劳的等效剪应力幅:

$$\Delta\tau_e = \left[\frac{\sum (n_i(\Delta\tau_i)^{\beta_J})}{2\times10^6} \right]^{1/\beta_J} \qquad (7\text{-}25)$$

式中:$\Delta\tau_e$——由变幅疲劳预期使用寿命(总循环次数 $n = \sum n_i$)折算成循环次数 n 为 2×10^6 次常幅疲劳的等效剪应力幅;

$\Delta\tau_i$、n_i——应力谱中在 $\Delta\tau_i \ge [\Delta\tau_L]_{1\times10^8}$ 范围的剪应力幅及其循环次数。

当变幅疲劳等效正应力幅不满足式(7-11)时,正应力疲劳按下式验算:

$$\Delta\sigma_e \le \gamma_t[\Delta\sigma]_{2\times10^6} \qquad (7\text{-}26)$$

当变幅疲劳等效剪应力幅不满足式(7-12)时,剪应力疲劳按下式验算:

$$\Delta\tau_e \le [\Delta\tau]_{2\times10^6} \qquad (7\text{-}27)$$

式中:$[\Delta\tau]_{2\times10^6}$——循环次数 n 为 2×10^6 次的容许剪应力幅。

对于重级工作制吊车梁和重级、中级工作制吊车桁架的变幅疲劳,可令:

$$\Delta\sigma_e = \alpha_f\Delta\sigma_{max} \qquad (7\text{-}28)$$

则

$$\alpha_f = \frac{\Delta\sigma_e}{\Delta\sigma_{max}} = \frac{1}{\Delta\sigma_{max}}\left[\frac{\sum n_i(\Delta\sigma_i)^{\beta_Z} + ([\Delta\sigma]_{5\times10^6})^{-2}\sum n_j(\Delta\sigma_j)^{\beta_{Z+2}}}{2\times10^6} \right]^{1/\beta_Z} \qquad (7\text{-}29)$$

式中:α_f——欠载效应的等效系数,按表 7-3 采用;

$\Delta\sigma_{max}$——应力循环中的最大正应力幅。

因此,重级工作制吊车梁和重级、中级工作制吊车桁架的变幅疲劳按下式验算:

正应力

$$\alpha_f\Delta\sigma_{max} \le \gamma_t[\Delta\sigma]_{2\times10^6} \qquad (7\text{-}30)$$

剪应力

$$\alpha_f\Delta\tau_{max} \le [\Delta\tau]_{2\times10^6} \qquad (7\text{-}31)$$

式中:$\Delta\tau_{max}$——应力循环中的最大剪应力幅。

表 7-3　吊车梁和吊车桁架欠载效应等效系数 α_f

吊车类别	α_f
A6、A7、A8 工作级别(重级)的硬钩吊车	1.0
A6、A7 工作级别(重级)的软钩吊车	0.8
A4、A5 工作级别(中级)的吊车	0.5

直接承受动力荷载的高强度螺栓受剪摩擦型连接可不进行疲劳验算,但其连接处开孔母材应进行疲劳验算;栓焊并用连接应按全部剪力由焊缝承担对焊缝进行疲劳验算。

进行疲劳验算时,应注意下列问题:

(1)疲劳验算采用容许应力幅法,荷载应采用标准值,不考虑荷载分项系数和动力系数,且应力按弹性状态计算;

(2)对于非焊接的构件和连接,其应力循环中不出现拉应力的部位可不验算疲劳;

(3)不同钢种的静力强度对焊接部位的疲劳强度无显著影响,只是轧制钢材(残余应力较小)、焰切钢材以及经过加工的对接焊缝(残余应力因加工大为改善),疲劳强度随钢材强度提高而稍有增大,但这些连接和母材一般在构件疲劳验算中不起控制作用,故可认为疲劳容许应力幅与钢种无关。

习　题

1. 钢材的疲劳破坏属于_____破坏。

　(A)弹性　　　　(B)塑性　　　　(C)脆性　　　　(D)低周高应变

2. 对钢材疲劳强度影响不显著的是_____。

　(A)应力幅　　　(B)应力比　　　(C)钢种　　　　(D)应力循环次数

3. 钢结构焊接部位和非焊接部位应力幅的计算方法_____。

　(A)相同　　　　　　　　　　　(B)不同

　(C)正应力幅不同、剪应力幅相同　(D)视具体情况确定

4. 钢结构焊接部位疲劳验算的容许应力幅与_____关系不大。

　(A)应力比　　　　　　　　　　(B)构件和连接类别

　(C)应力循环次数　　　　　　　(D)计算部位板件厚度

答案:1.(C)　　2.(C)　　3.(B)　　4.(A)

附　　录

附录1　钢材和连接设计用强度指标

附表1-1　钢材的设计用强度指标（N/mm²）

钢材牌号		钢材厚度或直径（mm）	强度设计值			屈服强度 f_y	抗拉强度 f_u
			抗拉、抗压、抗弯 f	抗剪 f_v	端面承压（刨平顶紧）f_{ce}		
碳素结构钢	Q235	≤16	215	125	320	235	370
		>16，≤40	205	120		225	
		>40，≤100	200	115		215	
低合金高强度结构钢	Q345（Q355）	≤16	305	175	400	345（355）	470
		>16，≤40	295	170		335（345）	
		>40，≤63	290	165		325（335）	
		>63，≤80	280	160		315（325）	
		>80，≤100	270	155		305（315）	
	Q390	≤16	345	200	415	390	490
		>16，≤40	330	190		380	
		>40，≤63	310	180		360	
		>63，≤100	295	170		340	
	Q420	≤16	375	215	440	420	520
		>16，≤40	355	205		410	
		>40，≤63	320	185		390	
		>63，≤100	305	175		370	
	Q460	≤16	410	235	470	460	550
		>16，≤40	390	225		450	
		>40，≤63	355	205		430	
		>63，≤100	340	195		410	

注：表中直径指实芯棒材,厚度系指计算点的钢材或钢管壁厚度,对轴心受力构件系指截面中较厚板件的厚度。

附表 1-2　焊缝的强度指标(N/mm²)

焊接方法和焊条型号	构件钢材		对接焊缝强度设计值				角焊缝强度设计值	对接焊缝抗拉强度 f_u^w	角焊缝抗拉、抗压和抗剪强度 f_u^f
	牌号	厚度或直径(mm)	抗压 f_c^w	焊缝质量为下列等级时,抗拉 f_t^w		抗剪 f_v^w	抗拉、抗压和抗剪 f_f^w		
				一级、二级	三级				
自动焊、半自动焊和 E43 型焊条手工焊	Q235	≤16	215	215	185	125	160	415	240
		>16,≤40	205	205	175	120			
		>40,≤100	200	200	170	115			
自动焊、半自动焊和 E50、E55 型焊条手工焊	Q345(Q355)	≤16	305	305	260	175	200	480(E50) 540(E55)	280(E50) 315(E55)
		>16,≤40	295	295	250	170			
		>40,≤63	290	290	245	165			
		>63,≤80	280	280	240	160			
		>80,≤100	270	270	230	155			
	Q390	≤16	345	345	295	200	200(E50) 220(E55)		
		>16,≤40	330	330	280	190			
		>40,≤63	310	310	265	180			
		>63,≤100	295	295	250	170			
自动焊、半自动焊和 E55、E60 型焊条手工焊	Q420	≤16	375	375	320	215	220(E55) 240(E60)	540(E55) 590(E60)	315(E55) 340(E60)
		>16,≤40	355	355	300	205			
		>40,≤63	320	320	270	185			
		>63,≤100	305	305	260	175			
自动焊、半自动焊和 E55、E60 型焊条手工焊	Q460	≤16	410	410	350	235	220(E55) 240(E60)	540(E55) 590(E60)	315(E55) 340(E60)
		>16,≤40	390	390	330	225			
		>40,≤63	355	355	300	205			
		>63,≤100	340	340	290	195			
自动焊、半自动焊和 E50、E55 型焊条手工焊	Q345GJ	>16,≤35	310	310	265	180	200	480(E50) 540(E55)	280(E50) 315(E55)
		>35,≤50	290	290	245	170			
		>50,≤100	285	285	240	165			

注:1　手工焊用焊条、自动焊和半自动焊所采用的焊丝和焊剂,应保证其熔敷金属的力学性能不低于母材的性能。

2　焊缝质量等级应符合现行国家标准《钢结构焊接规范》GB 50661 的规定,其检验方法应符合现行国家标准《钢结构工程施工质量验收规范》GB 50205 的规定。其中厚度小于 6 mm 钢材的对接焊缝,不应采用超声波探伤确定焊缝质量等级。

3　对接焊缝在受压区的抗弯强度设计值取 f_c^w,在受拉区的抗弯强度设计值取 f_t^w。

4　计算下列情况的连接时,附表 1-2 规定的强度设计值应乘以相应的折减系数;几种情况同时存在时,其折减系数应连乘。

1)施工条件较差的高空安装焊缝乘以系数 0.9;

2)进行无垫板的单面施焊对接焊缝的连接计算应乘折减系数 0.85。

5　表中直径指实心棒材直径,厚度指计算点的钢材或钢管壁厚度,对轴心受力构件指截面中较厚板件的厚度。

附表 1-3　螺栓连接的强度指标（N/mm²）

螺栓的性能等级、锚栓和构件钢材的牌号		强度设计值										高强度螺栓的抗拉强度 f_u^b
		普通螺栓						锚栓	承压型连接或网架用高强度螺栓			
		C 级螺栓			A 级、B 级螺栓							
		抗拉 f_t^b	抗剪 f_v^b	承压 f_c^b	抗拉 f_t^b	抗剪 f_v^b	承压 f_c^b	抗拉 f_t^a	抗拉 f_t^b	抗剪 f_v^b	承压 f_c^b	
普通螺栓	4.6级、4.8级	170	140	—	—	—	—	—	—	—	—	—
	5.6级	—	—	—	210	190	—	—	—	—	—	—
	8.8级	—	—	—	400	320	—	—	—	—	—	—
锚栓	Q235	—	—	—	—	—	—	140	—	—	—	—
	Q345	—	—	—	—	—	—	180	—	—	—	—
	Q390	—	—	—	—	—	—	185	—	—	—	—
承压型连接高强度螺栓	8.8级	—	—	—	—	—	—	—	400	250	—	830
	10.9级	—	—	—	—	—	—	—	500	310	—	1 040
构件钢材牌号	Q235	—	—	305	—	—	405	—	—	—	470	—
	Q345（Q355）	—	—	385	—	—	510	—	—	—	590	—
	Q390	—	—	400	—	—	530	—	—	—	615	—
	Q420	—	—	425	—	—	560	—	—	—	655	—
	Q460	—	—	450	—	—	595	—	—	—	695	—
	Q345GJ	—	—	400	—	—	530	—	—	—	615	—

注：1 A 级螺栓用于 $d \leqslant 24$ mm 和 $L \leqslant 10d$ 或 $L \leqslant 150$ mm（按较小值）的螺栓；B 级螺栓用于 $d > 24$ mm 和 $L > 10d$ 或 $L > 150$ mm（按较小值）的螺栓；d 为公称直径，L 为螺栓公称长度。

　　2 A、B 级螺栓孔的精度和孔壁表面粗糙度，C 级螺栓孔的允许偏差和孔壁表面粗糙度，均应符合现行国家标准《钢结构工程施工质量验收规范》GB 50205 的要求。

附录2 受弯构件的挠度容许值

附表2 受弯构件挠度容许值

项次	构 件 类 别	挠度容许值	
		$[v_T]$	$[v_Q]$
1	吊车梁和吊车桁架(按自重和起重量最大的一台吊车计算挠度) (1)手动起重机和单梁起重机(含悬挂起重机) (2)轻级工作制桥式起重机 (3)中级工作制桥式起重机 (4)重级工作制桥式起重机	 $l/500$ $l/750$ $l/900$ $l/1\,000$	 —
2	手动或电动葫芦的轨道梁	$l/400$	—
3	有重轨(重量等于或大于38 kg/m)轨道的工作平台梁 有轻轨(重量等于或小于24 kg/m)轨道的工作平台梁	$l/600$ $l/400$	—
4	楼(屋)盖梁或桁架、工作平台梁(第3项除外)和平台板 (1)主梁或桁架(包括设有悬挂起重设备的梁和桁架) (2)仅支承压型金属板屋面和冷弯型钢檩条 (3)除支承压型金属板屋面和冷弯型钢檩条外,尚有吊顶 (4)抹灰顶棚的次梁 (5)除(1)~(4)款外的其他梁(包括楼梯梁) (6)屋盖檩条 　支承压型金属板屋面者 　支承其他屋面材料者 　有吊顶 (7)平台板	 $l/400$ $l/180$ $l/240$ $l/250$ $l/250$ $l/150$ $l/200$ $l/240$ $l/150$	 $l/500$ $l/350$ $l/300$ — —
5	墙架构件(风荷载不考虑阵风系数) (1)支柱(水平方向) (2)抗风桁架(作为连续支柱的支承时,水平位移) (3)砌体墙的横梁(水平方向) (4)支承压型金属板的横梁(水平方向) (5)支承其他墙面材料的横梁(水平方向) (6)带有玻璃窗的横梁(竖直和水平方向)	 — — — — — $l/200$	 $l/400$ $l/1\,000$ $l/300$ $l/100$ $l/200$ $l/200$

注:1. l 为受弯构件的跨度(对悬臂梁和伸臂梁为悬伸长度的2倍)。

　　2. $[v_T]$ 为永久和可变荷载标准值产生的挠度(如有起拱应减去拱度)的容许值;$[v_Q]$ 为可变荷载标准值产生的挠度的容许值。

　　3. 当吊车梁或吊车桁架跨度大于12 m时,其容许挠度 $[v_T]$ 应乘以0.9的系数;

　　4. 当墙面采用延性材料或与结构采用柔性连接时,墙架构件的支柱水平位移容许值可采用 $l/300$,抗风桁架(作为连续支柱的支撑时)水平位移容许值可采用 $l/800$。

附录3　梁的整体稳定系数

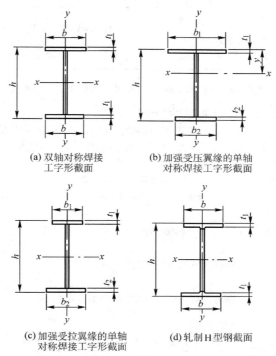

附图 3-1　焊接工字形和轧制 H 型钢截面

附表 3-1　H 型钢和等截面工字形简支梁的系数 β_b

项次	侧向支承	荷　　载		$\xi \leqslant 2.0$	$\xi > 2.0$	适用范围
1	跨中无侧向支承	均布荷载作用在	上翼缘	$0.69 + 0.13\xi$	0.95	附图 3-1（a）、（b）和（d）的截面
2			下翼缘	$1.73 - 0.20\xi$	1.33	
3		集中荷载作用在	上翼缘	$0.73 + 0.18\xi$	1.09	
4			下翼缘	$2.23 - 0.28\xi$	1.67	
5	跨度中点有一个侧向支承点	均布荷载作用在	上翼缘	1.15		附图 3-1 中的所有截面
6			下翼缘	1.40		
7		集中荷载作用在截面高度的任意位置		1.75		
8	跨中有不少于两个等距离侧向支承点	任意荷载作用在	上翼缘	1.20		
9			下翼缘	1.40		

项次	侧向支承	荷　载	$\xi \leqslant 2.0$	$\xi > 2.0$	适用范围
10		梁端有弯矩，但跨中无荷载作用		$1.75 - 1.05\left(\dfrac{M_2}{M_1}\right) + 0.3\left(\dfrac{M_2}{M_1}\right)^2$，但 $\leqslant 2.3$	附图 3-1 中的所有截面

注：1. ξ 为参数，$\xi = \dfrac{l_1 t_1}{bh}$，其中 b 为受压翼缘的宽度，对跨中无侧向支承点的梁，l_1 为其跨度，对跨中有侧向支承点的梁，l_1 为受压翼缘侧向支承点间的距离（梁的支座处视为有侧向支承）。

2. M_1、M_2 为梁的端弯矩，使梁产生同向曲率时 M_1 和 M_2 取同号，产生反向曲率时取异号，$|M_1| \geqslant |M_2|$。

3. 表中项次 3、4 和 7 的集中荷载是指一个或少数几个集中荷载位于跨中附近的情况，对其他情况的集中荷载，应按表中项次 1、2、5、6 的数值采用。

4. 表中项次 8、9 的 β_b，当集中荷载作用在侧向支承点处时，取 $\beta_b = 1.20$。

5. 荷载作用在上翼缘系指荷载作用点在翼缘表面，方向指向截面形心；荷载作用在下翼缘系指荷载作用点在翼缘表面，方向背向截面形心。

6. 对 $\alpha_b > 0.8$ 的加强受压翼缘工字形截面，下列情况的 β_b 值应乘以相应的系数：

项次 1：当 $\xi \leqslant 1.0$ 时，乘以 0.95；

项次 3：当 $\xi \leqslant 0.5$ 时，乘以 0.90；当 $0.5 < \xi \leqslant 1.0$ 时，乘以 0.95。

附表 3-2　轧制普通工字钢简支梁的 φ_b

项次	荷载情况		工字钢型号	自由长度 l_1（m）								
				2	3	4	5	6	7	8	9	10
1	跨中无侧向支承点的梁	集中荷载作用在	上翼缘	10~20	2.00	1.30	0.99	0.80	0.68	0.58	0.53	0.48	0.43
				22~32	2.40	1.48	1.09	0.86	0.72	0.62	0.54	0.49	0.45
				36~63	2.80	1.60	1.07	0.83	0.68	0.56	0.50	0.45	0.40
2			下翼缘	10~20	3.10	1.95	1.34	1.01	0.82	0.69	0.63	0.57	0.52
				22~40	5.50	2.80	1.84	1.37	1.07	0.86	0.73	0.64	0.56
				45~63	7.30	3.60	3.20	1.62	1.20	0.96	0.80	0.69	0.60
3		均布荷载作用在	上翼缘	10~20	1.70	1.12	0.84	0.68	0.57	0.50	0.45	0.41	0.37
				22~40	2.10	1.30	0.93	0.73	0.60	0.51	0.45	0.40	0.36
				45~63	2.60	1.45	0.97	0.73	0.59	0.50	0.44	0.38	0.35
4			下翼缘	10~20	2.50	1.55	1.08	0.83	0.68	0.56	0.52	0.47	0.42
				22~40	4.00	2.20	1.45	1.10	0.85	0.70	0.60	0.52	0.46
				45~63	5.60	2.80	1.80	1.25	0.95	0.78	0.65	0.55	0.49
5	跨中有侧向支承点的梁（不论荷载作用点在截面高度的位置）			10~20	2.20	1.39	1.01	0.79	0.66	0.57	0.52	0.47	0.42
				22~40	3.00	1.80	1.24	0.96	0.76	0.65	0.56	0.49	0.43
				45~63	4.00	2.20	1.38	1.01	0.80	0.66	0.56	0.49	0.43

注：1. 同附表 3-1 的注 3、注 5。

2. 表中的 φ_b 适用于 Q235 钢，对其他钢号，表中数值应乘以 ε_k^2。

附表 3-3　双轴对称工字形等截面悬臂梁的系数 β_b

项次	荷载形式		$0.60 \leqslant \xi \leqslant 1.24$	$1.24 < \xi \leqslant 1.96$	$1.96 < \xi \leqslant 3.10$
1	自由端一个集中荷载作用在	上翼缘	$0.21 + 0.67\xi$	$0.72 + 0.26\xi$	$1.17 + 0.03\xi$
2		下翼缘	$2.94 - 0.65\xi$	$2.64 - 0.40\xi$	$2.15 - 0.15\xi$
3	均布荷载作用在上翼缘		$0.62 + 0.82\xi$	$1.25 + 0.31\xi$	$1.66 + 0.10\xi$

注:1. 本表是按支承端为固定情况确定的,当用于由邻跨延伸出来的伸臂梁时,应在构造上采取措施加强支承处的抗扭能力。

2. 表中 ξ 见附表 3-1 注 1。

附录4　轴心受压构件的稳定系数

附表 4-1　a 类截面轴心受压构件的稳定系数 φ

λ / ε_k	0	1	2	3	4	5	6	7	8	9
0	1.000	1.000	1.000	1.000	0.999	0.999	0.998	0.998	0.997	0.996
10	0.995	0.994	0.993	0.992	0.991	0.989	0.988	0.986	0.985	0.983
20	0.981	0.979	0.977	0.976	0.974	0.972	0.970	0.968	0.966	0.964
30	0.963	0.961	0.959	0.957	0.955	0.952	0.950	0.948	0.946	0.944
40	0.941	0.939	0.937	0.934	0.932	0.929	0.927	0.924	0.921	0.919
50	0.916	0.913	0.910	0.907	0.904	0.900	0.897	0.894	0.890	0.886
60	0.883	0.879	0.875	0.871	0.867	0.863	0.858	0.854	0.849	0.844
70	0.839	0.834	0.829	0.824	0.818	0.813	0.807	0.801	0.795	0.789
80	0.783	0.776	0.770	0.763	0.757	0.750	0.743	0.736	0.728	0.721
90	0.714	0.706	0.699	0.691	0.684	0.676	0.668	0.661	0.653	0.645
100	0.638	0.630	0.622	0.615	0.607	0.600	0.592	0.585	0.577	0.570
110	0.563	0.555	0.548	0.541	0.534	0.527	0.520	0.514	0.507	0.500
120	0.494	0.488	0.481	0.475	0.469	0.463	0.457	0.451	0.445	0.440
130	0.434	0.429	0.423	0.418	0.412	0.407	0.402	0.397	0.392	0.387
140	0.383	0.378	0.373	0.369	0.364	0.360	0.356	0.351	0.347	0.343
150	0.339	0.335	0.331	0.327	0.323	0.320	0.316	0.312	0.309	0.305
160	0.302	0.298	0.295	0.292	0.289	0.285	0.282	0.279	0.276	0.273
170	0.270	0.267	0.264	0.262	0.259	0.256	0.253	0.251	0.248	0.246
180	0.243	0.241	0.238	0.236	0.233	0.231	0.229	0.226	0.224	0.222
190	0.220	0.218	0.215	0.213	0.211	0.209	0.207	0.205	0.203	0.201
200	0.199	0.198	0.196	0.194	0.192	0.190	0.189	0.187	0.185	0.183
210	0.182	0.180	0.179	0.177	0.175	0.174	0.172	0.171	0.169	0.168
220	0.166	0.165	0.164	0.162	0.161	0.159	0.158	0.157	0.155	0.154

λ/ε_k	0	1	2	3	4	5	6	7	8	9
230	0.153	0.152	0.150	0.149	0.148	0.147	0.146	0.144	0.143	0.142
240	0.141	0.140	0.139	0.138	0.136	0.135	0.134	0.133	0.132	0.131
250	0.130	—	—	—	—	—	—	—	—	—

附表 4-2　b 类截面轴心受压构件的稳定系数 φ

λ/ε_k	0	1	2	3	4	5	6	7	8	9
0	1.000	1.000	1.000	0.999	0.999	0.998	0.997	0.996	0.995	0.994
10	0.992	0.991	0.989	0.987	0.985	0.983	0.981	0.978	0.976	0.973
20	0.970	0.967	0.963	0.960	0.957	0.953	0.950	0.946	0.943	0.939
30	0.936	0.932	0.929	0.925	0.922	0.918	0.914	0.910	0.906	0.903
40	0.899	0.895	0.891	0.887	0.882	0.878	0.874	0.870	0.865	0.861
50	0.856	0.852	0.847	0.842	0.838	0.833	0.828	0.823	0.818	0.813
60	0.807	0.802	0.797	0.791	0.786	0.780	0.774	0.769	0.763	0.757
70	0.751	0.745	0.739	0.732	0.726	0.720	0.714	0.707	0.701	0.694
80	0.688	0.681	0.675	0.668	0.661	0.655	0.648	0.641	0.635	0.628
90	0.621	0.614	0.608	0.601	0.594	0.588	0.581	0.575	0.568	0.561
100	0.555	0.549	0.542	0.536	0.529	0.523	0.517	0.511	0.505	0.499
110	0.493	0.487	0.481	0.475	0.470	0.464	0.458	0.453	0.447	0.442
120	0.437	0.432	0.426	0.421	0.416	0.411	0.406	0.402	0.397	0.392
130	0.387	0.383	0.378	0.374	0.370	0.365	0.361	0.357	0.353	0.349
140	0.345	0.341	0.337	0.333	0.329	0.326	0.322	0.318	0.315	0.311
150	0.308	0.304	0.301	0.298	0.295	0.291	0.288	0.285	0.282	0.279
160	0.276	0.273	0.270	0.267	0.265	0.262	0.259	0.256	0.254	0.251
170	0.249	0.246	0.244	0.241	0.239	0.236	0.234	0.232	0.229	0.227
180	0.225	0.223	0.220	0.218	0.216	0.214	0.212	0.210	0.208	0.206
190	0.204	0.202	0.200	0.198	0.197	0.195	0.193	0.191	0.190	0.188
200	0.186	0.184	0.183	0.181	0.180	0.178	0.176	0.175	0.173	0.172
210	0.170	0.169	0.167	0.166	0.165	0.163	0.162	0.160	0.159	0.158
220	0.156	0.155	0.154	0.153	0.151	0.150	0.149	0.148	0.146	0.145
230	0.144	0.143	0.142	0.141	0.140	0.138	0.137	0.136	0.135	0.134
240	0.133	0.132	0.131	0.130	0.129	0.128	0.127	0.126	0.125	0.124
250	0.123	—	—	—	—	—	—	—	—	—

附表 4-3　c 类截面轴心受压构件的稳定系数 φ

λ/ε_k	0	1	2	3	4	5	6	7	8	9
0	1.000	1.000	1.000	0.999	0.999	0.998	0.997	0.996	0.995	0.993
10	0.992	0.990	0.988	0.986	0.983	0.981	0.978	0.976	0.973	0.970
20	0.966	0.959	0.953	0.947	0.940	0.934	0.928	0.921	0.915	0.909
30	0.902	0.896	0.890	0.884	0.877	0.871	0.865	0.858	0.852	0.846
40	0.839	0.833	0.826	0.820	0.814	0.807	0.801	0.794	0.788	0.781
50	0.775	0.768	0.762	0.755	0.748	0.742	0.735	0.729	0.722	0.715
60	0.709	0.702	0.695	0.689	0.682	0.676	0.669	0.662	0.656	0.649
70	0.643	0.636	0.629	0.623	0.616	0.610	0.604	0.597	0.591	0.584
80	0.578	0.572	0.566	0.559	0.553	0.547	0.541	0.535	0.529	0.523
90	0.517	0.511	0.505	0.500	0.494	0.488	0.483	0.477	0.472	0.467
100	0.463	0.458	0.454	0.449	0.445	0.441	0.436	0.432	0.428	0.423
110	0.419	0.415	0.411	0.407	0.403	0.339	0.395	0.391	0.387	0.383
120	0.379	0.375	0.371	0.367	0.364	0.360	0.356	0.353	0.349	0.346
130	0.342	0.339	0.335	0.332	0.328	0.325	0.322	0.319	0.315	0.312
140	0.309	0.306	0.303	0.300	0.297	0.294	0.291	0.288	0.285	0.282
150	0.280	0.277	0.274	0.271	0.269	0.266	0.264	0.261	0.258	0.256
160	0.254	0.251	0.249	0.246	0.244	0.242	0.239	0.237	0.235	0.233
170	0.230	0.228	0.226	0.224	0.222	0.220	0.218	0.216	0.214	0.212
180	0.210	0.208	0.206	0.205	0.203	0.201	0.199	0.197	0.196	0.194
190	0.192	0.190	0.189	0.187	0.186	0.184	0.182	0.181	0.179	0.178
200	0.176	0.175	0.173	0.172	0.170	0.169	0.168	0.166	0.165	0.163
210	0.162	0.161	0.159	0.158	0.157	0.156	0.154	0.153	0.152	0.151
220	0.150	0.148	0.147	0.146	0.145	0.144	0.143	0.142	0.140	0.139
230	0.138	0.137	0.136	0.135	0.134	0.133	0.132	0.131	0.130	0.129
240	0.128	0.127	0.126	0.125	0.124	0.124	0.123	0.122	0.121	0.120
250	0.119	—	—	—	—	—	—	—	—	—

附表 4-4 **d** 类截面轴心受压构件的稳定系数 φ

λ/ε_k	0	1	2	3	4	5	6	7	8	9
0	1.000	1.000	0.999	0.999	0.998	0.996	0.994	0.992	0.990	0.987
10	0.984	0.981	0.978	0.974	0.969	0.965	0.960	0.955	0.949	0.944
20	0.937	0.927	0.918	0.909	0.900	0.891	0.883	0.874	0.865	0.857
30	0.848	0.840	0.831	0.823	0.815	0.807	0.799	0.790	0.782	0.774
40	0.766	0.759	0.751	0.743	0.735	0.728	0.720	0.712	0.705	0.697
50	0.690	0.683	0.675	0.668	0.661	0.654	0.646	0.639	0.632	0.625
60	0.618	0.612	0.605	0.598	0.591	0.585	0.578	0.572	0.565	0.559
70	0.552	0.546	0.540	0.534	0.528	0.522	0.516	0.510	0.504	0.498
80	0.493	0.487	0.481	0.476	0.470	0.465	0.460	0.454	0.449	0.444
90	0.439	0.434	0.429	0.424	0.419	0.414	0.410	0.405	0.401	0.397
100	0.394	0.390	0.387	0.383	0.380	0.376	0.373	0.370	0.366	0.363
110	0.359	0.356	0.353	0.350	0.346	0.343	0.340	0.337	0.334	0.331
120	0.328	0.325	0.322	0.319	0.316	0.313	0.310	0.307	0.304	0.301
130	0.299	0.296	0.293	0.290	0.288	0.285	0.282	0.280	0.277	0.275
140	0.272	0.270	0.267	0.265	0.262	0.260	0.258	0.255	0.253	0.251
150	0.248	0.246	0.244	0.242	0.240	0.237	0.235	0.233	0.231	0.229
160	0.227	0.225	0.223	0.221	0.219	0.217	0.215	0.213	0.212	0.210
170	0.208	0.206	0.204	0.203	0.201	0.199	0.197	0.196	0.194	0.192
180	0.191	0.189	0.188	0.186	0.184	0.183	0.181	0.180	0.178	0.177
190	0.176	0.174	0.173	0.171	0.170	0.168	0.167	0.166	0.164	0.163
200	0.162	—	—	—	—	—	—	—	—	—

注:1. 附表 4-1～附表 4-4 中的 φ 值系按下列公式计算得到:

当 $\lambda_n = \dfrac{\lambda}{\pi}\sqrt{f_y/E} \leqslant 0.215$ 时:

$$\varphi = 1 - \alpha_1 \lambda_n^2$$

当 $\lambda_n > 0.215$ 时:

$$\varphi = \frac{1}{2\lambda_n^2}\left[(\alpha_2 + \alpha_3\lambda_n + \lambda_n^2) - \sqrt{(\alpha_2 + \alpha_3\lambda_n + \lambda_n^2)^2 - 4\lambda_n^2}\right]$$

式中,α_1、α_2、α_3 为系数,根据表 4-5、表 4-6 的截面分类,按附表 4-5 采用。

2. 当构件的 λ/ε_k 值超出附表 4-1～附表 4-4 的范围时,φ 值按注 1 所列的公式计算。

附表 4-5　系数 α_1、α_2、α_3 值

截面类别		α_1	α_2	α_3
a 类		0.41	0.986	0.152
b 类		0.65	0.965	0.300
c 类	$\lambda_n \leqslant 1.05$	0.73	0.906	0.595
	$\lambda_n > 1.05$		1.216	0.302
d 类	$\lambda_n \leqslant 1.05$	1.35	0.868	0.915
	$\lambda_n > 1.05$		1.375	0.432

附录 5　柱的计算长度系数

附表 5-1　无侧移框架柱的计算长度系数 μ

K_2 \ K_1	0	0.05	0.1	0.2	0.3	0.4	0.5	1	2	3	4	5	$\geqslant 10$
0	1.000	0.990	0.981	0.964	0.949	0.935	0.922	0.875	0.820	0.791	0.773	0.760	0.732
0.05	0.990	0.981	0.971	0.955	0.940	0.926	0.914	0.867	0.814	0.784	0.766	0.754	0.726
0.1	0.981	0.971	0.962	0.946	0.931	0.918	0.906	0.860	0.807	0.778	0.760	0.748	0.721
0.2	0.964	0.955	0.946	0.930	0.916	0.903	0.891	0.846	0.795	0.767	0.749	0.737	0.711
0.3	0.949	0.940	0.931	0.916	0.902	0.889	0.878	0.834	0.784	0.756	0.739	0.728	0.701
0.4	0.935	0.926	0.918	0.903	0.889	0.877	0.866	0.823	0.774	0.747	0.730	0.719	0.693
0.5	0.922	0.914	0.906	0.891	0.878	0.866	0.855	0.813	0.765	0.738	0.721	0.710	0.685
1	0.875	0.867	0.860	0.846	0.834	0.823	0.813	0.774	0.729	0.704	0.688	0.677	0.654
2	0.820	0.814	0.807	0.795	0.784	0.774	0.765	0.729	0.686	0.663	0.648	0.638	0.615
3	0.791	0.784	0.778	0.767	0.756	0.747	0.738	0.704	0.663	0.640	0.625	0.616	0.593
4	0.773	0.766	0.760	0.749	0.739	0.730	0.721	0.688	0.648	0.625	0.611	0.601	0.580
5	0.760	0.754	0.748	0.737	0.728	0.719	0.710	0.677	0.638	0.616	0.601	0.592	0.570
$\geqslant 10$	0.732	0.726	0.721	0.711	0.701	0.693	0.685	0.654	0.615	0.593	0.580	0.570	0.549

注:1. 表中的计算长度系数 μ 值系按下式计算得到:

$$\left[\left(\frac{\pi}{\mu}\right)^2 + 2(K_1 + K_2) - 4K_1K_2\right]\frac{\pi}{\mu} \cdot \sin\frac{\pi}{\mu} - 2\left[(K_1 + K_2)\left(\frac{\pi}{\mu}\right)^2 + 4K_1K_2\right]\cos\frac{\pi}{\mu} + 8K_1K_2 = 0$$

式中,K_1、K_2 分别为相交于柱上端、柱下端的横梁线刚度之和与柱线刚度之和的比值。当梁远端为铰接时,应将横梁线刚度乘以 1.5;当横梁远端为嵌固时,则将横梁线刚度乘以 2。

2. 当横梁与柱铰接时,取横梁线刚度为零。

3. 对底层框架柱:当柱与基础铰接时,取 $K_2 = 0$,平板支座取 $K_2 = 0.1$;当柱与基础刚接时,取 $K_2 = 10$。

4. 当与柱刚性连接的横梁所受轴心压力 N_b 较大时,横梁线刚度应乘以折减系数 α_N:

横梁远端与柱刚接和横梁远端与柱铰接时:$\alpha_N = 1 - N_b/N_{Eb}$

横梁远端嵌固时:$\alpha_N = 1 - N_b/(2N_{Eb})$

式中,$N_{Eb} = \pi^2 EI_b/l^2$,I_b 为横梁截面惯性矩,l 为横梁长度。

附表 5-2　有侧移框架柱的计算长度系数 μ

K_2 ＼ K_1	0	0.05	0.1	0.2	0.3	0.4	0.5	1	2	3	4	5	≥10
0	∞	6.02	4.46	3.42	3.01	2.78	2.64	2.33	2.17	2.11	2.08	2.07	2.03
0.05	6.02	4.16	3.47	2.86	2.58	2.42	2.31	2.07	1.94	1.90	1.87	1.86	1.83
0.1	4.46	3.47	3.01	2.56	2.33	2.20	2.11	1.90	1.79	1.75	1.73	1.72	1.70
0.2	3.42	2.86	2.56	2.23	2.05	1.94	1.87	1.70	1.60	1.57	1.55	1.54	1.52
0.3	3.01	2.58	2.33	2.05	1.90	1.80	1.74	1.58	1.49	1.46	1.45	1.44	1.42
0.4	2.78	2.42	2.20	1.94	1.80	1.71	1.65	1.50	1.42	1.39	1.37	1.37	1.35
0.5	2.64	2.31	2.11	1.87	1.74	1.65	1.59	1.45	1.37	1.34	1.32	1.32	1.30
1	2.33	2.07	1.90	1.70	1.58	1.50	1.45	1.32	1.24	1.21	1.20	1.19	1.17
2	2.17	1.94	1.79	1.60	1.49	1.42	1.37	1.24	1.16	1.14	1.12	1.12	1.10
3	2.11	1.90	1.75	1.57	1.46	1.39	1.34	1.21	1.14	1.11	1.10	1.09	1.07
4	2.08	1.87	1.73	1.55	1.45	1.37	1.32	1.20	1.12	1.10	1.08	1.08	1.06
5	2.07	1.86	1.72	1.54	1.44	1.37	1.32	1.19	1.12	1.09	1.08	1.07	1.05
≥10	2.03	1.83	1.70	1.52	1.42	1.35	1.30	1.17	1.10	1.07	1.06	1.05	1.03

注：1. 表中的计算长度系数 μ 值系按下式计算得到：

$$\left[36K_1K_2 - \left(\frac{\pi}{\mu}\right)^2\right]\sin\frac{\pi}{\mu} + 6(K_1 + K_2)\frac{\pi}{\mu}\cdot\cos\frac{\pi}{\mu} = 0$$

　　式中，K_1、K_2 分别为相交于柱上端、柱下端的横梁线刚度之和与柱线刚度之和的比值。当横梁远端为铰接时，应将横梁线刚度乘以 0.5；当横梁远端为嵌固时，则应乘以 2/3。

2. 当横梁与柱铰接时，取横梁线刚度为零。

3. 对底层框架柱：当柱与基础铰接时，取 $K_2 = 0$，平板支座取 $K_2 = 0.1$；当柱与基础刚接时，取 $K_2 = 10$。

4. 当与柱刚性连接的横梁所受轴心压力 N_b 较大时，横梁线刚度应乘以折减系数 α_N：

　　横梁远端与柱刚接时：$\alpha_N = 1 - N_b/(4N_{Eb})$

　　横梁远端与柱铰接时：$\alpha_N = 1 - N_b/N_{Eb}$

　　横梁远端嵌固时：$\alpha_N = 1 - N_b/(2N_{Eb})$

　　N_{Eb} 的计算式见附表 5-1 注 4。

附录6　疲劳计算的构件和连接分类

附表6-1　非焊接的构件和连接分类

项次	构造细节	说明	类别
1	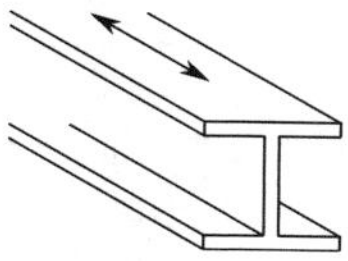	●无连接处的母材 轧制型钢	Z1
2	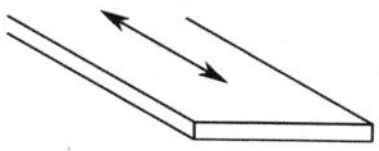	●无连接处的母材 钢板 （1）两边为轧制边或刨边 （2）两侧为自动、半自动切割边（切割质量标准应符合现行国家标准《钢结构工程施工质量验收规范》GB 50205）	Z1 Z2
3	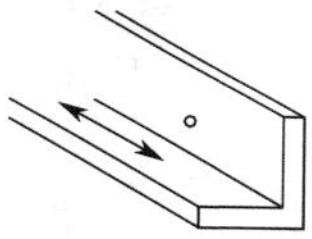	●连系螺栓和虚孔处的母材 应力以净截面面积计算	Z4
4	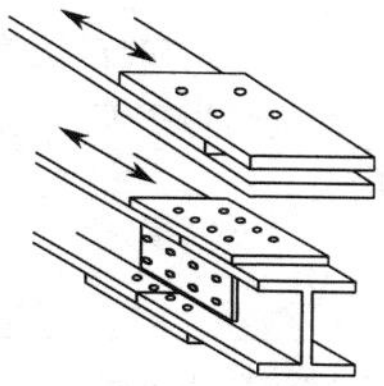	●螺栓连接处的母材 高强度螺栓摩擦型连接应力以毛截面面积计算；其他螺栓连接应力以净截面面积计算 ●铆钉连接处的母材 连接应力以净截面面积计算	Z2 Z4
5	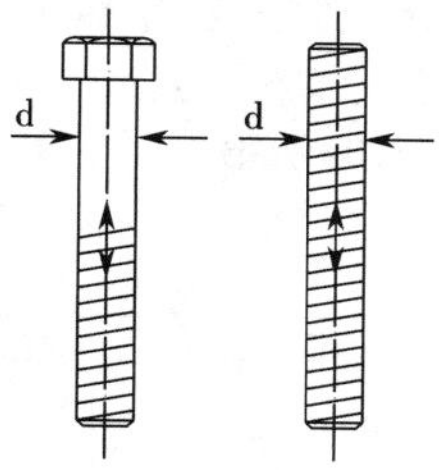	●受拉螺栓的螺纹处母材 连接板件应有足够的刚度，保证不产生撬力。否则受拉正应力应考虑撬力及其他因素产生的全部附加应力 对于直径大于 30 mm 螺栓，需要考虑尺寸效应对容许应力幅进行修正，修正系数 γ： $$\gamma_t = \left(\frac{30}{d}\right)^{0.25}$$ d—螺栓直径，单位为 mm	Z11

注：箭头表示计算应力幅的位置和方向。

附表6-2　纵向传力焊缝的构件和连接分类

项次	构造细节	说明	类别
6	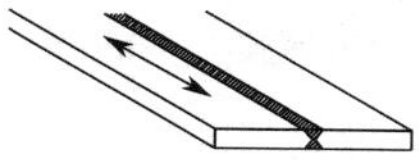	●无垫板的纵向对接焊缝附近的母材 焊缝符合二级焊缝标准	Z2

续表

项次	构造细节	说明	类别
7		●有连续垫板的纵向自动对接焊缝附近的母材	
		(1)无引弧、收弧	Z4
		(2)有引弧、收弧	Z5
8		●翼缘连接焊缝附近的母材	
		翼缘板与腹板的连接焊缝	
		自动焊,二级 T 形对接与角接组合焊缝	Z2
		自动焊,角焊缝,外观质量标准符合二级	Z4
		手工焊,角焊缝,外观质量标准符合二级	Z5
		双层翼缘板之间的连接焊缝	
		自动焊,角焊缝,外观质量标准符合二级	Z4
		手工焊,角焊缝,外观质量标准符合二级	Z5
9		●仅单侧施焊的手工或自动对接焊缝附近的母材,焊缝符合二级焊缝标准,翼缘与腹板很好贴合	Z5
10		●开工艺孔处焊缝符合二级焊缝标准的对接焊缝、焊缝外观质量符合二级焊缝标准的角焊缝等附近的母材	Z8
11		●节点板搭接的两侧面角焊缝端部的母材	Z10
		●节点板搭接的三面围焊时两侧角焊缝端部的母材	Z8
		●三面围焊或两侧面角焊缝的节点板母材(节点板计算宽度按应力扩散角 θ 等于 30° 考虑)	Z8

注:箭头表示计算应力幅的位置和方向。

附表 6-3　横向传力焊缝的构件和连接分类

项次	构造细节	说明	类别
12		●横向对焊缝附近的母材,轧制梁对接焊缝附近的母材	
		符合现行国家标准《钢结构工程施工质量验收规范》GB 50205 的一级焊缝,且经加工、磨平	Z2
		符合现行国家标准《钢结构工程施工质量验收规范》GB 50205 的一级焊缝	Z4

项次	构造细节	说明	类别
13	坡度≤1/4	●不同厚度(或宽度)横向对接焊缝附近的母材 符合现行国家标准《钢结构工程施工质量验收规范》 GB 50205 的一级焊缝,且经加工、磨平 符合现行国家标准《钢结构工程施工质量验收规范》 GB 50205 的一级焊缝	Z2 Z4
14		●有工艺孔的轧制梁对接焊缝附近的母材,焊缝加工 成平滑过渡并符合一级焊缝标准	Z6
15		●带垫板的横向对接焊缝附近的母材 垫板端部超出母板距离 d $d \geqslant 10$ mm $d < 10$ mm	Z8 Z11
16		●节点板搭接的端面角焊缝的母材	Z7
17		●不同厚度直接横向对接焊缝附近的母材,焊缝等级 为一级,无偏心	Z8
18		●翼缘盖板中断处的母材(板端有横向端焊缝)	Z8
19		●十字形连接、T形连接 (1) K形坡口、T形对接与角接组合焊缝处的母材,十 字形连接两侧轴线偏离距离小于 $0.15t$,焊缝为二级, 焊趾角 $\alpha \leqslant 45°$ (2)角焊缝处的母材,十字形连接两侧轴线偏离距离小 于 $0.15t$	Z6 Z8

续表

项次	构造细节	说明	类别
20	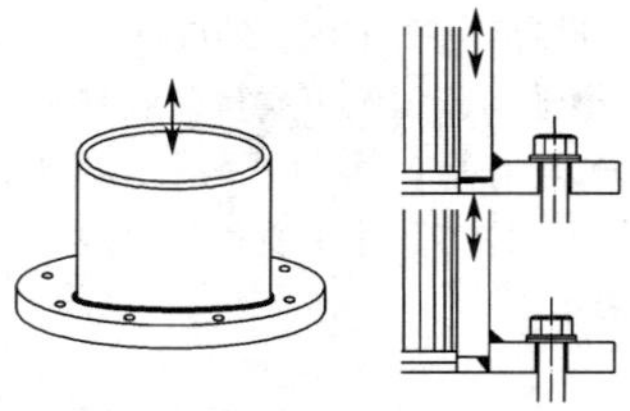	●法兰焊缝连接附近的母材 (1)采用对接焊缝,焊缝为一级 (2)采用角焊缝	Z8 Z13

注:箭头表示计算应力幅的位置和方向。

附表6-4　非传力焊缝的构件和连接分类

项次	构造细节	说明	类别
21	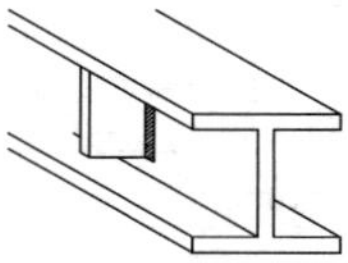	●横向加劲肋端部附近的母材 肋端焊缝不断弧(采用回焊) 肋端焊缝断弧	Z5 Z6
22	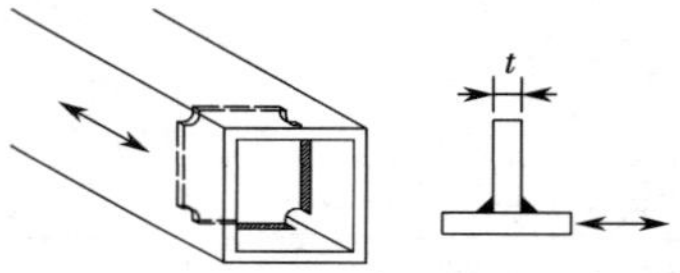 t	●横向焊接附件附近的母材 (1) $t \leqslant 50$ mm (2) 50 mm $< t \leqslant 80$ mm t 为焊接附件的板厚	Z7 Z8
23	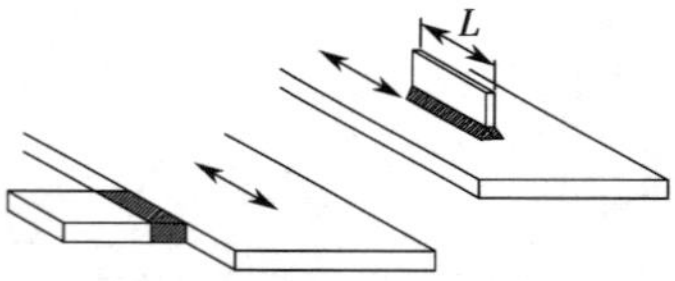 L	●矩形节点板焊接于构件翼缘或腹板处的母材 (节点板焊缝方向的长度 $L > 150$ mm)	Z8
24	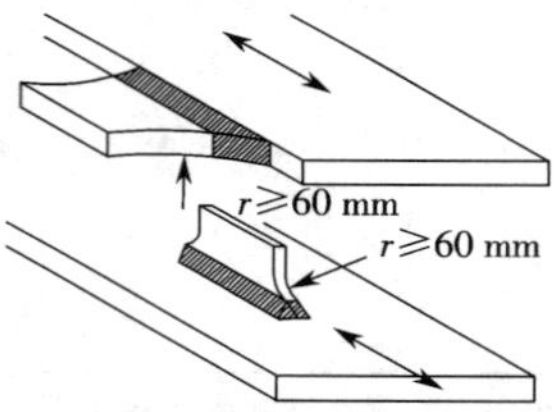 $r \geqslant 60$ mm $r \geqslant 60$ mm	●带圆弧的梯形节点板用对接焊缝焊于梁翼缘、腹板以及桁架构件处的母材,圆弧过渡处在焊后铲平、磨光、圆滑过渡,不得有焊接起弧、灭弧缺陷	Z6
25	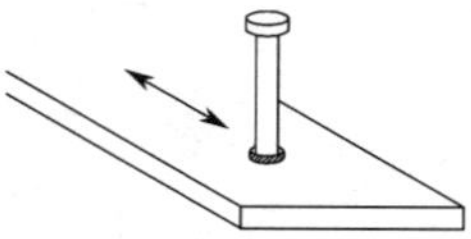	●焊接剪力栓钉附近的钢板母材	Z7

注:箭头表示计算应力幅的位置和方向。

附表 6-5　钢管截面的构件和连接分类

项次	构造细节	说明	类别
26		●钢管纵向自动焊缝的母材 (1)无焊接起弧、灭弧点 (2)有焊接起弧、灭弧点	Z3 Z6
27		●圆管端部对接焊缝附近的母材,焊缝平滑过渡并符合现行国家标准《钢结构工程施工质量验收规范》GB 50205 的一级焊缝标准,余高不大于焊缝宽度的 10%。 (1)圆管壁厚 $8 < t \leqslant 12.5$ mm (2)圆管壁厚 $t \leqslant 8$ mm	 Z6 Z8
28		●矩形管端部对接焊缝附近的母材,焊缝平滑过渡并符合一级焊缝标准,余高不大于焊缝宽度的 10%。 (1)方管壁厚 $8 < t \leqslant 12.5$ mm (2)方管壁厚 $t \leqslant 8$ mm	 Z8 Z10
29	矩形或圆管　≤100 mm 矩形或圆管　≤100 mm	●焊有矩形管或圆管的构件,连接角焊缝附近的母材,角焊缝为非承载焊缝,其外观质量标准符合二级,矩形管宽度或圆管直径不大于 100 mm	Z8
30		●通过端板采用对接焊缝拼接的圆管母材,焊缝符合一级质量标准 (1)圆管壁厚 $8 < t \leqslant 12.5$ mm (2)圆管壁厚 $t \leqslant 8$ mm	 Z10 Z11
31		●通过端板采用对接焊缝拼接的矩形管母材,焊缝符合一级质量标准 (1)方管壁厚 $8 < t \leqslant 12.5$ mm (2)方管壁厚 $t \leqslant 8$ mm	 Z11 Z12
32		●通过端板采用角焊缝拼接的圆管母材,焊缝外观质量标准符合二级,管壁厚度 $t \leqslant 8$ mm	Z13

续表

项次	构造细节	说明	类别
33		●通过端板采用角焊缝拼接的矩形管母材,焊缝外观质量标准符合二级,管壁厚度 $t \leqslant 8$ mm	Z14
34		●钢管端部压扁与钢板对接焊缝连接(仅适用于直径小于 200 mm 的钢管),计算时采用钢管的应力幅	Z8
35		●钢管端部开设槽口与钢板角焊缝连接,槽口端部为圆弧,计算时采用钢管的应力幅 (1)倾斜角 $\alpha \leqslant 45°$ (2)倾斜角 $\alpha > 45°$	Z8 Z9

注:箭头表示计算应力幅的位置和方向。

附表 6-6　剪应力作用下的构件和连接分类

项次	构造细节	说明	类别
36		●各类受剪角焊缝 剪应力按有效截面计算	J1
37		●受剪力的普通螺栓 采用螺栓截面的剪应力	J2
38		●焊接剪力栓钉 采用栓钉名义截面的剪应力	J3

注:箭头表示计算应力幅的位置和方向。

附录7　型钢表

附表7-1　普通工字钢

符号　h—高度
　　　b—翼缘宽度
　　　t_w—腹板厚度
　　　t—翼缘平均厚度
　　　I—截面惯性矩
　　　W—截面模量

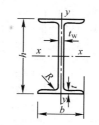

i—回转半径
S—二分之一截面面积矩
长度：型号10~18,
　　　长5~19 m;
　　　型号20~63,
　　　长6~19 m。

型 号		尺　寸					截面积	质量	x—x 轴				y—y 轴		
		h	b	t_w	t	R	A	q	I_x	W_x	i_x	I_x/S_x	I_y	W_y	i_y
		mm					cm²	kg/m	cm⁴	cm³	cm		cm⁴	cm³	cm
10		100	68	4.5	7.6	6.5	14.3	11.2	245	49	4.14	8.69	33	9.6	1.51
12.6		126	74	5.0	8.4	7.0	18.1	14.2	488	77	5.19	11.0	47	12.7	1.61
14		140	80	5.5	9.1	7.5	21.5	16.9	712	102	5.75	12.2	64	16.1	1.73
16		160	88	6.0	9.9	8.0	26.1	20.5	1 127	141	6.57	13.9	93	21.1	1.89
18		180	94	6.5	10.7	8.5	30.7	24.1	1 699	185	7.37	15.4	123	26.2	2.00
20	a	200	100	7.0	11.4	9.0	35.5	27.9	2 369	237	8.16	17.4	158	31.6	2.11
	b		102	9.0			39.5	31.1	2 502	250	7.95	17.1	169	33.1	2.07
22	a	220	110	7.5	12.3	9.5	42.1	33.0	3 406	310	8.99	19.2	226	41.1	2.32
	b		112	9.5			46.5	36.5	3 583	326	8.78	18.9	240	42.9	2.27
25	a	250	116	8.0	13.0	10.0	48.5	38.1	5 017	401	10.2	21.7	280	48.4	2.40
	b		118	10.0			53.5	42.0	5 278	422	9.93	21.4	297	50.4	2.36
28	a	280	122	8.5	13.7	10.5	55.4	43.5	7 115	508	11.3	24.3	344	56.4	2.49
	b		124	10.5			61.0	47.9	7 481	534	11.1	24.0	364	58.7	2.44
32	a	320	130	9.5	15.0	11.5	67.1	52.7	11 080	692	12.8	27.7	459	70.6	2.62
	b		132	11.5			73.5	57.7	11 626	727	12.6	27.3	484	73.3	2.57
	c		134	13.5			79.9	62.7	12 173	761	12.3	26.9	510	76.1	2.53
36	a	360	136	10.0	15.8	12.0	76.4	60.0	15 796	878	14.4	31.0	555	81.6	2.69
	b		138	12.0			83.6	65.6	16 574	921	14.1	30.6	584	84.6	2.64
	c		140	14.0			90.8	71.3	17 351	964	13.8	30.2	614	87.7	2.60
40	a	400	142	10.5	16.5	12.5	86.1	67.6	21 714	1 086	15.9	34.4	660	92.9	2.77
	b		144	12.5			94.1	73.8	22 781	1 139	15.6	33.9	693	96.2	2.71
	c		146	14.5			102	80.1	23 847	1 192	15.3	33.5	727	99.7	2.67

型 号		尺 寸					截面积	质量	x—x 轴				y—y 轴		
		h	b	t_w	t	R	A	q	I_x	W_x	i_x	I_x/S_x	I_y	W_y	i_y
		mm					cm²	kg/m	cm⁴	cm³	cm		cm⁴	cm³	cm
45	a		150	11.5			102	80.4	32 241	1 433	17.7	38.5	855	114	2.89
	b	450	152	13.5	18.0	13.5	111	87.4	33 759	1 500	17.4	38.1	895	118	2.84
	c		154	15.5			120	94.5	35 278	1 568	17.1	37.6	938	122	2.79
50	a		158	12.0			119	93.6	46 472	1 859	19.7	42.9	1 122	142	3.07
	b	500	160	14.0	20	14	129	101	48 556	1 942	19.4	42.3	1 171	146	3.01
	c		162	16.0			139	109	50 639	2 026	19.1	41.9	1 224	151	2.96
56	a		166	12.5			135	106	65 576	2 342	22.0	47.9	1 366	165	3.18
	b	560	168	14.5	21	14.5	147	115	68 503	2 447	21.6	47.3	1 424	170	3.12
	c		170	16.5			158	124	71 430	2 551	21.3	46.8	1 485	175	3.07
63	a		176	13.0			155	122	94 004	2 984	24.7	53.8	1 702	194	3.32
	b	630	178	15.0	22	15	167	131	98 171	3 117	24.2	53.2	1 771	199	3.25
	c		180	17.0			180	141	102 339	3 249	23.9	52.6	1 842	205	3.20

附表 7-2　H 型钢和 T 型钢

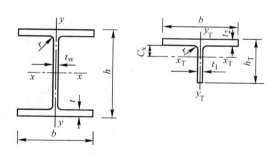

符号

H 型钢：h—截面高度；b—翼缘宽度；t_w—腹板厚度；t—翼缘厚度；I—截面惯性矩；W—截面模量；i—回转半径。

T 型钢：截面高度 h_T，截面面积 A_T，质量 q_T，截面惯性矩 I_{yT} 等于相应 H 型钢的 1/2；

HW、HM、HN 分别代表宽翼缘、中翼缘、窄翼缘 H 型钢；

TW、TM、TN 分别代表各自 H 型钢剖分的 T 型钢。

类别	H 型 钢										H 和 T	T 型 钢			类别
	H 型钢规格	截面积	质量	x—x 轴			y—y 轴			重心	x_T—x_T 轴		T 型钢规格	
	$h \times b \times t_w \times t$	A	q	I_x	W_x	i_x	I_y	W_y	i_y, i_{yT}	C_x	I_{xT}	i_{xT}	$h_T \times b \times t_w \times t$	
	mm	cm²	kg/m	cm⁴	cm³	cm	cm⁴	cm³	cm	cm	cm⁴	cm	mm	
	$100 \times 100 \times 6 \times 8$	21.90	17.2	383	76.5	4.18	134	26.7	2.47	1.00	16.1	1.21	$50 \times 100 \times 6 \times 8$	
	$125 \times 125 \times 6.5 \times 9$	30.31	23.8	847	136	5.29	294	47.0	3.11	1.19	35.0	1.52	$62.5 \times 125 \times 6.5 \times 9$	
	$150 \times 150 \times 7 \times 10$	40.55	31.9	1 660	221	6.39	564	75.1	3.73	1.37	66.4	1.81	$75 \times 150 \times 7 \times 10$	
	$175 \times 175 \times 7.5 \times 11$	51.43	40.3	2 900	331	7.50	984	112	4.37	1.55	115	2.11	$87.5 \times 175 \times 7.5 \times 11$	
	$200 \times 200 \times 8 \times 12$	64.28	50.5	4 770	477	8.61	1 600	160	4.99	1.73	185	2.40	$100 \times 200 \times 8 \times 12$	
	#$200 \times 204 \times 12 \times 12$	72.28	56.7	5 030	503	8.35	1 700	167	4.85	2.09	256	2.66	#$100 \times 204 \times 12 \times 12$	
	$250 \times 250 \times 9 \times 14$	92.18	72.4	10 800	867	10.8	3 650	292	6.29	2.08	412	2.99	$125 \times 250 \times 9 \times 14$	
	#$250 \times 255 \times 14 \times 14$	104.7	82.2	11 500	919	10.5	3 880	304	6.09	2.58	589	3.36	#$125 \times 255 \times 14 \times 14$	
	#$294 \times 302 \times 12 \times 12$	108.3	85.0	17 000	1 160	12.5	5 520	365	7.14	2.83	858	3.98	#$147 \times 302 \times 12 \times 12$	
HW	$300 \times 300 \times 10 \times 15$	120.4	94.5	20 500	1 370	13.1	6 760	450	7.49	2.47	798	3.64	$150 \times 300 \times 10 \times 15$	TW
	$300 \times 305 \times 15 \times 15$	135.4	106	21 600	1 440	12.6	7 100	466	7.24	3.02	1 110	4.05	$150 \times 305 \times 15 \times 15$	
	#$344 \times 348 \times 10 \times 16$	146.0	115	33 300	1 940	15.1	11 200	646	8.78	2.67	1 230	4.11	#$172 \times 348 \times 10 \times 16$	
	$350 \times 350 \times 12 \times 19$	173.9	137	40 300	2 300	15.2	13 600	776	8.84	2.86	1 520	4.18	$175 \times 350 \times 12 \times 19$	
	#$388 \times 402 \times 15 \times 15$	179.2	141	49 200	2 540	16.6	16 300	809	9.52	3.69	2 480	5.26	#$194 \times 402 \times 15 \times 15$	
	#$394 \times 398 \times 11 \times 18$	187.6	147	56 400	2 860	17.3	18 900	951	10.0	3.01	2 050	4.67	#$197 \times 398 \times 11 \times 18$	
	$400 \times 400 \times 13 \times 21$	219.5	172	66 900	3 340	17.5	22 400	1 120	10.1	3.21	2 480	4.75	$200 \times 400 \times 13 \times 21$	
	#$400 \times 408 \times 21 \times 21$	251.5	197	71 100	3 560	16.8	23 800	1 170	9.73	4.07	3 650	5.39	#$200 \times 408 \times 21 \times 21$	
	#$414 \times 405 \times 18 \times 28$	296.2	233	93 000	4 490	17.7	31 000	1 530	10.2	3.68	3 620	4.95	#$207 \times 405 \times 18 \times 28$	
	#$428 \times 407 \times 20 \times 35$	361.4	284	119 000	5 580	18.2	39 400	1 930	10.4	3.90	4 380	4.92	#$214 \times 407 \times 20 \times 35$	
	$148 \times 100 \times 6 \times 9$	27.25	21.4	1 040	140	6.17	151	30.2	2.35	1.55	51.7	1.95	$74 \times 100 \times 6 \times 9$	
	$194 \times 150 \times 6 \times 9$	39.76	31.2	2 740	283	8.30	508	67.7	3.57	1.78	125	2.50	$97 \times 150 \times 6 \times 9$	
HM	$244 \times 175 \times 7 \times 11$	56.24	44.1	6 120	502	10.4	985	113	4.18	2.27	289	3.20	$122 \times 175 \times 7 \times 11$	TM
	$294 \times 200 \times 8 \times 12$	73.03	57.3	11 400	779	12.5	1 600	160	4.69	2.82	572	3.96	$147 \times 200 \times 8 \times 12$	
	$340 \times 250 \times 9 \times 14$	101.5	79.7	21 700	1 280	14.6	3 650	292	6.00	3.09	1 020	4.48	$170 \times 250 \times 9 \times 14$	

H 型 钢								H 和 T			T 型 钢	
类别	H 型钢规格	截面积	质量	x-x 轴			y-y 轴		重心	x_T-x_T 轴		T 型钢规格	类别

类别	H 型钢规格 $h \times b \times t_w \times t$	截面积 A	质量 q	I_x	W_x	i_x	I_y	W_y	i_y, i_{yT}	重心 C_x	I_{xT}	i_{xT}	T 型钢规格 $h_T \times b \times t_w \times t$	类别
	mm	cm²	kg/m	cm⁴	cm³	cm	cm⁴	cm³	cm	cm	cm⁴	cm	mm	
HM	390×300×10×16	136.7	107	38 900	2 000	16.9	7 210	481	7.26	3.40	1 730	5.03	195×300×10×16	TM
	440×300×11×18	157.4	124	56 100	2 550	18.9	8 110	541	7.18	4.05	2 680	5.84	220×300×11×18	
	482×300×11×15	146.4	115	60 800	2 520	20.4	6 770	451	6.80	4.90	3 420	6.83	241×300×11×15	
	488×300×11×18	164.4	129	71 400	2 930	20.8	8 120	541	7.03	4.65	3 620	6.64	244×300×11×18	
	582×300×12×17	174.5	137	103 000	3 530	24.3	7 670	511	6.63	6.39	6 360	8.54	291×300×12×17	
	588×300×12×20	192.5	151	118 000	4 020	24.8	9 020	601	6.85	6.08	6 710	8.35	294×300×12×20	
	#594×302×14×23	222.4	175	137 000	4 620	24.9	10 600	701	6.90	6.33	7 920	8.44	#297×302×14×23	
HN	100×50×5×7	12.16	9.54	192	38.5	3.98	14.9	5.96	1.11	1.27	11.9	1.40	50×50×5×7	TN
	125×60×6×8	17.01	13.3	417	66.8	4.95	29.3	9.75	1.31	1.63	27.5	1.80	62.5×60×6×8	
	150×75×5×7	18.16	14.3	679	90.6	6.12	49.6	13.2	1.65	1.78	42.7	2.17	75×75×5×7	
	175×90×5×8	23.21	18.2	1 220	140	7.26	97.6	21.7	2.05	1.92	70.7	2.47	87.5×90×5×8	
	198×99×4.5×7	23.59	18.5	1 610	163	8.27	114	23.0	2.20	2.13	94.0	2.82	99×99×4.5×7	
	200×100×5.5×8	27.57	21.7	1 880	188	8.25	134	26.8	2.21	2.27	115	2.88	100×100×5.5×8	
	248×124×5×8	32.89	25.8	3 560	287	10.4	255	41.1	2.78	2.62	208	3.56	124×124×5×8	
	250×125×6×9	37.87	29.7	4 080	326	10.4	294	47.0	2.79	2.78	249	3.62	125×125×6×9	
	298×149×5.5×8	41.55	32.6	6 460	433	12.4	443	59.4	3.26	3.22	395	4.36	149×149×5.5×8	
	300×150×6.5×9	47.53	37.3	7 350	490	12.4	508	67.7	3.27	3.38	465	4.42	150×150×6.5×9	
	346×174×6×9	53.19	41.8	11 200	649	14.5	792	91.0	3.86	3.68	681	5.06	173×174×6×9	
	350×175×7×11	63.66	50.0	13 700	782	14.7	985	113	3.93	3.74	816	5.06	175×175×7×11	
	#400×150×8×13	71.12	55.8	18 800	942	16.3	734	97.9	3.21	—	—	—	—	
	396×199×7×11	72.16	56.7	20 000	1 010	16.7	1 450	145	4.48	4.17	1 190	5.76	198×199×7×11	
	400×200×8×13	84.12	66.0	23 700	1 190	16.8	1 740	174	4.54	4.23	1 400	5.76	200×200×8×13	
	#450×150×9×14	83.41	65.5	27 100	1 200	18.0	793	106	3.08	—	—	—	—	
	446×199×8×12	84.95	66.7	29 000	1 300	18.5	1 580	159	4.31	5.07	1 880	6.65	223×199×8×12	
	450×200×9×14	97.41	76.5	33 700	1 500	18.6	1 870	187	4.38	5.13	2 160	6.66	225×200×9×14	
	#500×150×10×16	98.23	77.1	38 500	1 540	19.8	907	121	3.04	—	—	—	—	
	496×199×9×14	101.3	79.5	41 900	1 690	20.3	1 840	185	4.27	5.90	2 840	7.49	248×199×9×14	
	500×200×10×16	114.2	89.6	47 800	1 910	20.5	2 140	214	4.33	5.96	3 210	7.50	250×200×10×16	
	#506×201×11×19	131.3	103	56 500	2 230	20.8	2 580	257	4.43	5.95	3 670	7.48	#253×201×11×19	
	596×199×10×15	121.2	95.1	69 300	2 330	23.9	1 980	199	4.04	7.76	5 200	9.27	298×199×10×15	
	600×200×11×17	135.2	106	78 200	2 610	24.1	2 280	228	4.11	7.81	5 820	9.28	300×200×11×17	
	#606×201×12×20	153.3	120	91 000	3 000	24.4	2 720	271	4.21	7.76	6 580	9.26	#303×201×12×20	
	#692×300×13×20	211.5	166	172 000	4 980	28.6	9 020	602	6.53	—	—	—	—	
	700×300×13×24	235.5	185	201 000	5 760	29.3	10 800	722	6.78	—	—	—	—	

注：“#”表示的规格为非常用规格。

附表7-3 普通槽钢

符号 同普通工字钢,但 W_y 为对应
于翼缘肢尖的截面模量

长度:型号5~8,长5~12 m;
型号10~18,长5~19 m;
型号20~40,长6~19 m。

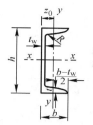

型号		尺 寸					截面积	质 量	x—x 轴			y—y 轴			y_1—y_1 轴	z_0
		h	b	t_w	t	R	A	q	I_x	W_x	i_x	I_y	W_y	i_y	I_{y1}	
		mm					cm²	kg/m	cm⁴	cm³	cm	cm⁴	cm³	cm	cm⁴	cm
5		50	37	4.5	7.0	7.0	6.92	5.44	26	10.4	1.94	8.3	3.5	1.10	20.9	1.35
6.3		63	40	4.8	7.5	7.5	8.45	6.63	51	16.3	2.46	11.9	4.6	1.19	28.3	1.39
8		80	43	5.0	8.0	8.0	10.24	8.04	101	25.3	3.14	16.6	5.8	1.27	37.4	1.42
10		100	48	5.3	8.5	8.5	12.74	10.00	198	39.7	3.94	25.6	7.8	1.42	54.9	1.52
12.6		126	53	5.5	9.0	9.0	15.69	12.31	389	61.7	4.98	38.0	10.3	1.56	77.8	1.59
14	a	140	58	6.0	9.5	9.5	18.51	14.53	564	80.5	5.52	53.2	13.0	1.70	107.2	1.71
	b		60	8.0	9.5	9.5	21.31	16.73	609	87.1	5.35	61.2	14.1	1.69	120.6	1.67
16	a	160	63	6.5	10.0	10.0	21.95	17.23	866	108.3	6.28	73.4	16.3	1.83	144.1	1.79
	b		65	8.5	10.0	10.0	25.15	19.75	935	116.8	6.10	83.4	17.6	1.82	160.8	1.75
18	a	180	68	7.0	10.5	10.5	25.69	20.17	1 273	141.4	7.04	98.6	20.0	1.96	189.7	1.88
	b		70	9.0	10.5	10.5	29.29	22.99	1 370	152.2	6.84	111.0	21.5	1.95	210.1	1.84
20	a	200	73	7.0	11.0	11.0	28.83	22.63	1 780	178.0	7.86	128.0	24.2	2.11	244.0	2.01
	b		75	9.0	11.0	11.0	32.83	25.77	1 914	191.4	7.64	143.6	25.9	2.09	268.4	1.95
22	a	220	77	7.0	11.5	11.5	31.84	24.99	2 394	217.6	8.67	157.8	28.2	2.23	298.2	2.10
	b		79	9.0	11.5	11.5	36.24	28.45	2 571	233.8	8.42	176.5	30.1	2.21	326.3	2.03
25	a	250	78	7.0	12.0	12.0	34.91	27.40	3 359	268.7	9.81	175.9	30.7	2.24	324.8	2.07
	b		80	9.0	12.0	12.0	39.91	31.33	3 619	289.6	9.52	196.4	32.7	2.22	355.1	1.99
	c		82	11.0	12.0	12.0	44.91	35.25	3 880	310.4	9.30	215.9	34.6	2.19	388.6	1.96
28	a	280	82	7.5	12.5	12.5	40.02	31.42	4 753	339.5	10.90	217.9	35.7	2.33	393.3	2.09
	b		84	9.5	12.5	12.5	45.62	35.81	5 118	365.6	10.59	241.5	37.9	2.30	428.5	2.02
	c		86	11.5	12.5	12.5	51.22	40.21	5 484	391.7	10.35	264.1	40.0	2.27	467.3	1.99
32	a	320	88	8.0	14.0	14.0	48.50	38.07	7 511	469.4	12.44	304.7	46.4	2.51	547.5	2.24
	b		90	10.0	14.0	14.0	54.90	43.10	8 057	503.5	12.11	335.6	49.1	2.47	592.9	2.16
	c		92	12.0	14.0	14.0	61.30	48.12	8 603	537.7	11.85	365.0	51.6	2.44	642.7	2.13
36	a	360	96	9.0	16.0	16.0	60.89	47.80	11 874	659.7	13.96	455.0	63.6	2.73	818.5	2.44
	b		98	11.0	16.0	16.0	68.09	53.45	12 652	702.9	13.63	496.7	66.9	2.70	880.5	2.37
	c		100	13.0	16.0	16.0	75.29	59.10	13 429	746.1	13.36	536.6	70.0	2.67	948.0	2.34
40	a	400	100	10.5	18.0	18.0	75.04	58.91	17 578	878.9	15.30	592.0	78.8	2.81	1 057.9	2.49
	b		102	12.5	18.0	18.0	83.04	65.19	18 644	932.2	14.98	640.6	82.6	2.78	1 135.8	2.44
	c		104	14.5	18.0	18.0	91.04	71.47	19 711	985.6	14.71	687.8	86.2	2.75	1 220.3	2.42

附表7-4　等边角钢

角钢型号	圆角	重心矩	截面积	质量	惯性矩	截面模量		回转半径			i_y, 当 a 为下列数值				
	R	z_0	A	q	I_x	W_x^{max}	W_x^{min}	i_x	i_{x0}	i_{y0}	6 mm	8 mm	10 mm	12 mm	14 mm
	mm	cm	cm²	kg/m	cm⁴	cm³		cm			cm				
$\llcorner$ 20 × 3	3.5	6.0	1.13	0.89	0.40	0.66	0.29	0.59	0.75	0.39	1.08	1.17	1.25	1.34	1.43
4		6.4	1.46	1.15	0.50	0.78	0.36	0.58	0.73	0.38	1.11	1.19	1.28	1.37	1.46
$\llcorner$ 25 × 3	3.5	7.3	1.43	1.12	0.82	1.12	0.46	0.76	0.95	0.49	1.27	1.36	1.44	1.53	1.61
4		7.6	1.86	1.46	1.03	1.34	0.59	0.74	0.93	0.48	1.30	1.38	1.47	1.55	1.64
$\llcorner$ 30 × 3	4.5	8.5	1.75	1.37	1.46	1.72	0.68	0.91	1.15	0.59	1.47	1.55	1.63	1.71	1.80
4		8.9	2.28	1.79	1.84	2.08	0.87	0.90	1.13	0.58	1.49	1.57	1.65	1.74	1.82
3		10.0	2.11	1.66	2.58	2.59	0.99	1.11	1.39	0.71	1.70	1.78	1.86	1.94	2.03
$\llcorner$ 36 × 4	4.5	10.4	2.76	2.16	3.29	3.18	1.28	1.09	1.38	0.70	1.73	1.80	1.89	1.97	2.05
5		10.7	3.38	2.65	3.95	3.68	1.56	1.08	1.36	0.70	1.75	1.83	1.91	1.99	2.08
3		10.9	2.36	1.85	3.59	3.28	1.23	1.23	1.55	0.79	1.86	1.94	2.01	2.09	2.18
$\llcorner$ 40 × 4	5	11.3	3.09	2.42	4.60	4.05	1.60	1.22	1.54	0.79	1.88	1.96	2.04	2.12	2.20
5		11.7	3.79	2.98	5.53	4.72	1.96	1.21	1.52	0.78	1.90	1.98	2.06	2.14	2.23
3		12.2	2.66	2.09	5.17	4.25	1.58	1.39	1.76	0.90	2.06	2.14	2.21	2.29	2.37
4		12.6	3.49	2.74	6.65	5.29	2.05	1.38	1.74	0.89	2.08	2.16	2.24	2.32	2.40
$\llcorner$ 45 × 5	5	13.0	4.29	3.37	8.04	6.20	2.51	1.37	1.72	0.88	2.10	2.18	2.26	2.34	2.42
6		13.3	5.08	3.99	9.33	6.99	2.95	1.36	1.71	0.88	2.12	2.20	2.28	2.36	2.44
3		13.4	2.97	2.33	7.18	5.36	1.96	1.55	1.96	1.00	2.26	2.33	2.41	2.48	2.56
4		13.8	3.90	3.06	9.26	6.70	2.56	1.54	1.94	0.99	2.28	2.36	2.43	2.51	2.59
$\llcorner$ 50 × 5	5.5	14.2	4.80	3.77	11.21	7.90	3.13	1.53	1.92	0.98	2.30	2.38	2.45	2.53	2.61
6		14.6	5.69	4.46	13.05	8.95	3.68	1.51	1.91	0.98	2.32	2.40	2.48	2.56	2.64
3		14.8	3.34	2.62	10.19	6.86	2.48	1.75	2.20	1.13	2.50	2.57	2.64	2.72	2.80
4		15.3	4.39	3.45	13.18	8.63	3.24	1.73	2.18	1.11	2.52	2.59	2.67	2.74	2.82
$\llcorner$ 56 × 5	6	15.7	5.42	4.25	16.02	10.22	3.97	1.72	2.17	1.10	2.54	2.61	2.69	2.77	2.85
8		16.8	8.37	6.57	23.63	14.06	6.03	1.68	2.11	1.09	2.60	2.67	2.75	2.83	2.91
4		17.0	4.98	3.91	19.03	11.22	4.13	1.96	2.46	1.26	2.79	2.87	2.94	3.02	3.09
5		17.4	6.14	4.82	23.17	13.33	5.08	1.94	2.45	1.25	2.82	2.89	2.96	3.04	3.12
$\llcorner$ 63 × 6	7	17.8	7.29	5.72	27.12	15.26	6.00	1.93	2.43	1.24	2.83	2.91	2.98	3.06	3.14
8		18.5	9.51	7.47	34.45	18.59	7.75	1.90	2.39	1.23	2.87	2.95	3.03	3.10	3.18
10		19.3	11.66	9.15	41.09	21.34	9.39	1.88	2.36	1.22	2.91	2.99	3.07	3.15	3.23

角钢型号	圆角	重心矩	截面积	质量	惯性矩	截面模量		回转半径			i_y, 当 a 为下列数值				
	R	z_0	A	q	I_x	W_x^{max}	W_x^{min}	i_x	i_{x0}	i_{y0}	6 mm	8 mm	10 mm	12 mm	14 mm
	mm		cm^2	kg/m	cm^4	cm^3		cm			cm				
4		18.6	5.57	4.37	26.39	14.16	5.14	2.18	2.74	1.40	3.07	3.14	3.21	3.29	3.36
5		19.1	6.88	5.40	32.21	16.89	6.32	2.16	2.73	1.39	3.09	3.16	3.24	3.31	3.39
∟70×6	8	19.5	8.16	6.41	37.77	19.39	7.48	2.15	2.71	1.38	3.11	3.18	3.26	3.33	3.41
7		19.9	9.42	7.40	43.09	21.68	8.59	2.14	2.69	1.38	3.13	3.20	3.28	3.36	3.43
8		20.3	10.67	8.37	48.17	23.79	9.68	2.13	2.68	1.37	3.15	3.22	3.30	3.38	3.46
5		20.3	7.41	5.82	39.96	19.73	7.30	2.32	2.92	1.50	3.29	3.36	3.43	3.50	3.58
6		20.7	8.80	6.91	46.91	22.69	8.63	2.31	2.91	1.49	3.31	3.38	3.45	3.53	3.60
∟75×7	9	21.1	10.16	7.98	53.57	25.42	9.93	2.30	2.89	1.48	3.33	3.40	3.47	3.55	3.63
8		21.5	11.50	9.03	59.96	27.93	11.20	2.28	2.87	1.47	3.35	3.42	3.50	3.57	3.65
10		22.2	14.13	11.09	71.98	32.40	13.64	2.26	2.84	1.46	3.38	3.46	3.54	3.61	3.69
5		21.5	7.91	6.21	48.79	22.70	8.34	2.48	3.13	1.60	3.49	3.56	3.63	3.71	3.78
6		21.9	9.40	7.38	57.35	26.16	9.87	2.47	3.11	1.59	3.51	3.58	3.65	3.73	3.80
∟80×7	9	22.3	10.86	8.53	65.58	29.38	11.37	2.46	3.10	1.58	3.53	3.60	3.67	3.75	3.83
8		22.7	12.30	9.66	73.50	32.36	12.83	2.44	3.08	1.57	3.55	3.62	3.70	3.77	3.85
10		23.5	15.13	11.87	88.43	37.68	15.64	2.42	3.04	1.56	3.58	3.66	3.74	3.81	3.89
6		24.4	10.64	8.35	82.77	33.99	12.61	2.79	3.51	1.80	3.91	3.98	4.05	4.12	4.20
7		24.8	12.30	9.66	94.83	38.28	14.54	2.78	3.50	1.78	3.93	4.00	4.07	4.14	4.22
∟90×8	10	25.2	13.94	10.95	106.5	42.30	16.42	2.76	3.48	1.78	3.95	4.02	4.09	4.17	4.24
10		25.9	17.17	13.48	128.6	49.57	20.07	2.74	3.45	1.76	3.98	4.06	4.13	4.21	4.28
12		26.7	20.31	15.94	149.2	55.93	23.57	2.71	3.41	1.75	4.02	4.09	4.17	4.25	4.32
6		26.7	11.93	9.37	115.0	43.04	15.68	3.10	3.91	2.00	4.30	4.37	4.44	4.51	4.58
7		27.1	13.80	10.83	131.9	48.57	18.10	3.09	3.89	1.99	4.32	4.39	4.46	4.53	4.61
8		27.6	15.64	12.28	148.2	53.78	20.47	3.08	3.88	1.98	4.34	4.41	4.48	4.55	4.63
∟100×10	12	28.4	19.26	15.12	179.5	63.29	25.06	3.05	3.84	1.96	4.38	4.45	4.52	4.60	4.67
12		29.1	22.80	17.90	208.9	71.72	29.47	3.03	3.81	1.95	4.41	4.49	4.56	4.64	4.71
14		29.9	26.26	20.61	236.5	79.19	33.73	3.00	3.77	1.94	4.45	4.53	4.60	4.68	4.75
16		30.6	29.63	23.26	262.5	85.81	37.82	2.98	3.74	1.93	4.49	4.56	4.64	4.72	4.80
7		29.6	15.20	11.93	177.2	59.78	22.05	3.41	4.30	2.20	4.72	4.79	4.86	4.94	5.01
8		30.1	17.24	13.53	199.5	66.36	24.95	3.40	4.28	2.19	4.74	4.81	4.88	4.96	5.03
∟110×10	12	30.9	21.26	16.69	242.2	78.48	30.60	3.38	4.25	2.17	4.78	4.85	4.92	5.00	5.07
12		31.6	25.20	19.78	282.6	89.34	36.05	3.35	4.22	2.15	4.82	4.89	4.96	5.04	5.11
14		32.4	29.06	22.81	320.7	99.07	41.31	3.32	4.18	2.14	4.85	4.93	5.00	5.08	5.15

角 钢 型 号	单 角 钢										双 角 钢				
	圆角	重心矩	截面积	质量	惯性矩	截面模量		回转半径			i_y，当 a 为下列数值				
	R	z_0	A	q	I_x	W_x^{max}	W_x^{min}	i_x	i_{x0}	i_{y0}	6 mm	8 mm	10 mm	12 mm	14 mm
	mm	cm²	cm²	kg/m	cm⁴	cm³		cm			cm				
∟125× 8	14	33.7	19.75	15.50	297.0	88.20	32.52	3.88	4.88	2.50	5.34	5.41	5.48	5.55	5.62
10		34.5	24.37	19.13	361.7	104.8	39.97	3.85	4.85	2.48	5.38	5.45	5.52	5.59	5.66
12		35.3	28.91	22.70	423.2	119.9	47.17	3.83	4.82	2.46	5.41	5.48	5.56	5.63	5.70
14		36.1	33.37	26.19	481.7	133.6	54.16	3.80	4.78	2.45	5.45	5.52	5.59	5.67	5.74
∟140× 10	14	38.2	27.37	21.49	514.7	134.6	50.58	4.34	5.46	2.78	5.98	6.05	6.12	6.20	6.27
12		39.0	32.51	25.52	603.7	154.6	59.80	4.31	5.43	2.77	6.02	6.09	6.16	6.23	6.31
14		39.8	37.57	29.49	688.8	173.0	68.75	4.28	5.40	2.75	6.06	6.13	6.20	6.27	6.34
16		40.6	42.54	33.39	770.2	189.9	77.46	4.26	5.36	2.74	6.09	6.16	6.23	6.31	6.38
∟160× 10	16	43.1	31.50	24.73	779.5	180.8	66.70	4.97	6.27	3.20	6.78	6.85	6.92	6.99	7.06
12		43.9	37.44	29.39	916.6	208.6	78.98	4.95	6.24	3.18	6.82	6.89	6.96	7.03	7.10
14		44.7	43.30	33.99	1 048	234.4	90.95	4.92	6.20	3.16	6.86	6.93	7.00	7.07	7.14
16		45.5	49.07	38.52	1 175	258.3	102.6	4.89	6.17	3.14	6.89	6.96	7.03	7.10	7.18
∟180× 12	16	48.9	42.24	33.16	1 321	270.0	100.8	5.59	7.05	3.58	7.63	7.70	7.77	7.84	7.91
14		49.7	48.90	38.38	1 514	304.6	116.3	5.57	7.02	3.57	7.67	7.74	7.81	7.88	7.95
16		50.5	55.47	43.54	1 701	336.9	131.4	5.54	6.98	3.55	7.70	7.77	7.84	7.91	7.98
18		51.3	61.95	48.63	1 881	367.1	146.1	5.51	6.94	3.53	7.73	7.80	7.87	7.95	8.02
∟200× 14	18	54.6	54.64	42.89	2 104	385.1	144.7	6.20	7.82	3.98	8.47	8.54	8.61	8.67	8.75
16		55.4	62.01	48.68	2 366	427.0	163.7	6.18	7.79	3.96	8.50	8.57	8.64	8.71	8.78
18		56.2	69.30	54.40	2 621	466.5	182.2	6.15	7.75	3.94	8.53	8.60	8.67	8.75	8.82
20		56.9	76.50	60.06	2 867	503.6	200.4	6.12	7.72	3.93	8.57	8.64	8.71	8.78	8.85
24		58.4	90.66	71.17	3 338	571.5	235.8	6.07	7.64	3.90	8.63	8.71	8.78	8.85	8.92

附表 7-5 不等边角钢

角钢型号 $B×b×t$	单角钢								双角钢							
	圆角	重心矩		截面积	质量	回转半径			i_{y1}，当 a 为下列数值				i_{y2}，当 a 为下列数值			
	R	z_x	z_y	A	q	i_x	i_y	i_{y0}	6 mm	8 mm	10 mm	12 mm	6 mm	8 mm	10 mm	12 mm
	mm	cm²		cm²	kg/m	cm			cm				cm			
∟25×16× 3	3.5	4.2	8.6	1.16	0.91	0.44	0.78	0.34	0.84	0.93	1.02	1.11	1.40	1.48	1.57	1.66
4		4.6	9.0	1.50	1.18	0.43	0.77	0.34	0.87	0.96	1.05	1.14	1.42	1.51	1.60	1.68
∟32×20× 3		4.9	10.8	1.49	1.17	0.55	1.01	0.43	0.97	1.05	1.14	1.23	1.71	1.79	1.88	1.96
4		5.3	11.2	1.94	1.52	0.54	1.00	0.43	0.99	1.08	1.16	1.25	1.74	1.82	1.90	1.99

单角钢　　　双角钢

角钢型号 $B \times b \times t$	圆角 R	重心矩 z_x	重心矩 z_y	截面积 A	质量 q	回转半径 i_x	回转半径 i_y	回转半径 i_{y0}	i_{y1}，当 a 为下列数值 6 mm	8 mm	10 mm	12 mm	i_{y2}，当 a 为下列数值 6 mm	8 mm	10 mm	12 mm
	mm	mm	mm	cm²	kg/m	cm	cm	cm	cm				cm			
$\llcorner 40 \times 25 \times \genfrac{}{}{0pt}{}{3}{4}$	4	5.9	13.2	1.89	1.48	0.70	1.28	0.54	1.13	1.21	1.30	1.38	2.07	2.14	2.23	2.31
		6.3	13.7	2.47	1.94	0.69	1.26	0.54	1.16	1.24	1.32	1.41	2.09	2.17	2.25	2.34
$\llcorner 45 \times 28 \times \genfrac{}{}{0pt}{}{3}{4}$	5	6.4	14.7	2.15	1.69	0.79	1.44	0.61	1.23	1.31	1.39	1.47	2.28	2.36	2.44	2.52
		6.8	15.1	2.81	2.20	0.78	1.43	0.60	1.25	1.33	1.41	1.50	2.31	2.39	2.47	2.55
$\llcorner 50 \times 32 \times \genfrac{}{}{0pt}{}{3}{4}$	5.5	7.3	16.0	2.43	1.91	0.91	1.60	0.70	1.38	1.45	1.53	1.61	2.49	2.56	2.64	2.75
		7.7	16.5	3.18	2.49	0.90	1.59	0.69	1.40	1.47	1.55	1.64	2.51	2.59	2.67	2.75
$\llcorner 56 \times 36 \times \genfrac{}{}{0pt}{}{3}{4}$ 5	6	8.0	17.8	2.74	2.15	1.03	1.80	0.79	1.51	1.59	1.66	1.74	2.75	2.82	2.90	2.98
		8.5	18.2	3.59	2.82	1.02	1.79	0.78	1.53	1.61	1.69	1.77	2.77	2.85	2.93	3.01
		8.8	18.7	4.42	3.47	1.01	1.77	0.78	1.56	1.63	1.71	1.79	2.80	2.88	2.96	3.04
$\llcorner 63 \times 40 \times \genfrac{}{}{0pt}{}{4}{5}\genfrac{}{}{0pt}{}{6}{7}$	7	9.2	20.4	4.06	3.19	1.14	2.02	0.88	1.66	1.74	1.81	1.89	3.09	3.16	3.24	3.32
		9.5	20.8	4.99	3.92	1.12	2.00	0.87	1.68	1.76	1.84	1.92	3.11	3.19	3.27	3.35
		9.9	21.2	5.91	4.64	1.11	1.99	0.86	1.71	1.78	1.86	1.94	3.13	3.21	3.29	3.37
		10.3	21.6	6.80	5.34	1.10	1.97	0.86	1.73	1.81	1.89	1.97	3.16	3.24	3.32	3.40
$\llcorner 70 \times 45 \times \genfrac{}{}{0pt}{}{4}{5}\genfrac{}{}{0pt}{}{6}{7}$	7.5	10.2	22.3	4.55	3.57	1.29	2.25	0.99	1.84	1.91	1.99	2.07	3.39	3.46	3.54	3.62
		10.6	22.8	5.61	4.40	1.28	2.23	0.98	1.86	1.94	2.01	2.09	3.41	3.49	3.57	3.64
		11.0	23.2	6.64	5.22	1.26	2.22	0.97	1.88	1.96	2.04	2.11	3.44	3.51	3.59	3.67
		11.3	23.6	7.66	6.01	1.25	2.20	0.97	1.90	1.98	2.06	2.14	3.46	3.54	3.61	3.69
$\llcorner 75 \times 50 \times \genfrac{}{}{0pt}{}{5}{6}\genfrac{}{}{0pt}{}{8}{10}$	8	11.7	24.0	6.13	4.81	1.43	2.39	1.09	2.06	2.13	2.20	2.28	3.60	3.68	3.76	3.83
		12.1	24.4	7.26	5.70	1.42	2.38	1.08	2.08	2.15	2.23	2.30	3.63	3.70	3.78	3.86
		12.9	25.2	9.47	7.43	1.40	2.35	1.07	2.12	2.19	2.27	2.35	3.67	3.75	3.83	3.91
		13.6	26.0	11.6	9.10	1.38	2.33	1.06	2.16	2.24	2.31	2.40	3.71	3.79	3.87	3.95
$\llcorner 80 \times 50 \times \genfrac{}{}{0pt}{}{5}{6}\genfrac{}{}{0pt}{}{7}{8}$	8	11.4	26.0	6.38	5.00	1.42	2.57	1.10	2.02	2.09	2.17	2.24	3.88	3.95	4.03	4.10
		11.8	26.5	7.56	5.93	1.41	2.55	1.09	2.04	2.11	2.19	2.27	3.90	3.98	4.05	4.13
		12.1	26.9	8.72	6.85	1.39	2.54	1.08	2.06	2.13	2.21	2.29	3.92	4.00	4.08	4.16
		12.5	27.3	9.87	7.75	1.38	2.52	1.07	2.08	2.15	2.23	2.31	3.94	4.02	4.10	4.18
$\llcorner 90 \times 56 \times \genfrac{}{}{0pt}{}{5}{6}\genfrac{}{}{0pt}{}{7}{8}$	9	12.5	29.1	7.21	5.66	1.59	2.90	1.23	2.22	2.29	2.36	2.44	4.32	4.39	4.47	4.55
		12.9	29.5	8.56	6.72	1.58	2.88	1.22	2.24	2.31	2.39	2.46	4.34	4.42	4.50	4.57
		13.3	30.0	9.88	7.76	1.57	2.87	1.22	2.26	2.33	2.41	2.49	4.37	4.44	4.52	4.60
		13.6	30.4	11.2	8.78	1.56	2.85	1.21	2.28	2.35	2.43	2.51	4.39	4.47	4.54	4.62

钢结构设计原理(第4版)

续表

角钢型号 $B \times b \times t$	圆角 R	重心矩 z_x	z_y	截面积 A	质量 q	i_x	i_y	i_{y0}	i_{y1} 当a为下列数值 6mm	8mm	10mm	12mm	i_{y2} 当a为下列数值 6mm	8mm	10mm	12mm
	(mm)	(mm)		(cm²)	(kg/m)	(cm)			(cm)				(cm)			
$\llcorner 100 \times 63 \times 6$		14.3	32.4	9.62	7.55	1.79	3.21	1.38	2.49	2.56	2.63	2.71	4.77	4.85	4.92	5.00
7		14.7	32.8	11.1	8.72	1.78	3.20	1.37	2.51	2.58	2.65	2.73	4.80	4.87	4.95	5.03
8		15.0	33.2	12.6	9.88	1.77	3.18	1.37	2.53	2.60	2.67	2.75	4.82	4.90	4.97	5.05
10		15.8	34.0	15.5	12.1	1.75	3.15	1.35	2.57	2.64	2.72	2.79	4.86	4.94	5.02	5.10
$\llcorner 100 \times 80 \times 6$	10	19.7	29.5	10.6	8.35	2.40	3.17	1.73	3.31	3.38	3.45	3.52	4.54	4.62	4.69	4.76
7		20.1	30.0	12.3	9.66	2.39	3.16	1.71	3.32	3.39	3.47	3.54	4.57	4.64	4.71	4.79
8		20.5	30.4	13.9	10.9	2.37	3.15	1.71	3.34	3.41	3.49	3.56	4.59	4.66	4.73	4.81
10		21.3	31.2	17.2	13.5	2.35	3.12	1.69	3.38	3.45	3.53	3.60	4.63	4.70	4.78	4.85
$\llcorner 110 \times 70 \times 6$		15.7	35.3	10.6	8.35	2.01	3.54	1.54	2.74	2.81	2.88	2.96	5.21	5.29	5.36	5.44
7		16.1	35.7	12.3	9.66	2.00	3.53	1.53	2.76	2.83	2.90	2.98	5.24	5.31	5.39	5.46
8		16.5	36.2	13.9	10.9	1.98	3.51	1.53	2.78	2.85	2.92	3.00	5.26	5.34	5.41	5.49
10		17.2	37.0	17.2	13.5	1.96	3.48	1.51	2.82	2.89	2.96	3.04	5.30	5.38	5.46	5.53
$\llcorner 125 \times 80 \times 7$	11	18.0	40.1	14.1	11.1	2.30	4.02	1.76	3.13	3.18	3.25	3.33	5.90	5.97	6.04	6.12
8		18.4	40.6	16.0	12.6	2.29	4.01	1.75	3.13	3.20	3.27	3.35	5.92	5.99	6.07	6.14
10		19.2	41.4	19.7	15.5	2.26	3.98	1.74	3.17	3.24	3.31	3.39	5.96	6.04	6.11	6.19
12		20.0	42.2	23.4	18.3	2.24	3.95	1.72	3.20	3.28	3.35	3.43	6.00	6.08	6.16	6.23
$\llcorner 140 \times 90 \times 8$	12	20.4	45.0	18.0	14.2	2.59	4.50	1.98	3.49	3.56	3.63	3.70	6.58	6.65	6.73	6.80
10		21.2	45.8	22.3	17.5	2.56	4.47	1.96	3.52	3.59	3.66	3.73	6.62	6.70	6.77	6.85
12		21.9	46.6	26.4	20.7	2.54	4.44	1.95	3.56	3.63	3.70	3.77	6.66	6.74	6.81	6.89
14		22.7	47.4	30.5	23.9	2.51	4.42	1.94	3.59	3.66	3.74	3.81	6.70	6.78	6.86	6.93
$\llcorner 160 \times 100 \times 10$	13	22.8	52.4	25.3	19.9	2.85	5.14	2.19	3.84	3.91	3.98	4.05	7.55	7.63	7.70	7.78
12		23.6	53.2	30.1	23.6	2.82	5.11	2.18	3.87	3.94	4.01	4.09	7.60	7.67	7.75	7.82
14		24.3	54.0	34.7	27.2	2.80	5.08	2.16	3.91	3.98	4.05	4.12	7.64	7.71	7.79	7.86
16		25.1	54.8	39.3	30.8	2.77	5.05	2.15	3.94	4.02	4.09	4.16	7.68	7.75	7.83	7.90
$\llcorner 180 \times 110 \times 10$		24.4	58.9	28.4	22.3	3.13	5.81	2.42	4.16	4.23	4.30	4.36	8.49	8.56	8.63	8.71
12		25.2	59.8	33.7	26.5	3.10	5.78	2.40	4.19	4.26	4.33	4.40	8.53	8.60	8.68	8.75
14		25.9	60.6	39.0	30.6	3.08	5.75	2.39	4.23	4.30	4.37	4.44	8.57	8.64	8.72	8.79
16		26.7	61.4	44.1	34.6	3.05	5.72	2.37	4.26	4.33	4.40	4.47	8.61	8.68	8.76	8.84
$\llcorner 200 \times 125 \times 12$	14	28.3	65.4	37.9	29.8	3.57	6.44	2.75	4.75	4.82	4.88	4.95	9.39	9.47	9.54	9.62
14		29.1	66.2	43.9	34.4	3.54	6.41	2.73	4.78	4.85	4.92	4.99	9.43	9.51	9.58	9.66
16		29.9	67.0	49.7	39.0	3.52	6.38	2.71	4.81	4.88	4.95	5.02	9.47	9.55	9.62	9.70
18		30.6	67.8	55.5	43.6	3.49	6.35	2.70	4.85	4.92	4.99	5.06	9.51	9.59	9.66	9.74

注:一个角钢的截面惯性矩 $I_x = Ai_x^2$, $I_y = Ai_y^2$；一个角钢的截面模量 $W_x^{max} = I_x/z_x$, $W_x^{min} = I_x/(b-z_x)$；$W_y^{max} = I_y/z_y$, $W_y^{min} = I_y/(B-z_y)$。

302

附表 7-6　热轧无缝钢管

符号　I—截面惯性矩
　　　W—截面模量
　　　i—回转半径

尺寸		截面积	质量	截面特性			尺寸		截面积	质量	截面特性		
D	t	A	q	I	W	i	D	t	A	q	I	W	i
mm		cm²	kg/m	cm⁴	cm³	cm	mm		cm²	kg/m	cm⁴	cm³	cm
32	2.5	2.32	1.82	2.54	1.59	1.05	63.5	3.0	5.70	4.48	26.15	8.24	2.14
	3.0	2.73	2.15	2.90	1.82	1.03		3.5	6.60	5.18	29.79	9.38	2.12
	3.5	3.13	2.46	3.23	2.02	1.02		4.0	7.48	5.87	33.24	10.47	2.11
	4.0	3.52	2.76	3.52	2.20	1.00		4.5	8.34	6.55	36.50	11.50	2.09
38	2.5	2.79	2.19	4.41	2.32	1.26		5.0	9.19	7.21	39.60	12.47	2.08
	3.0	3.30	2.59	5.09	2.68	1.24		5.5	10.02	7.87	42.52	13.39	2.06
	3.5	3.79	2.98	5.70	3.00	1.23		6.0	10.84	8.51	45.28	14.26	2.04
	4.0	4.27	3.35	6.26	3.29	1.21	68	3.0	6.13	4.81	32.42	9.54	2.30
42	2.5	3.10	2.44	6.07	2.89	1.40		3.5	7.09	5.57	36.99	10.88	2.28
	3.0	3.68	2.89	7.03	3.35	1.38		4.0	8.04	6.31	41.34	12.16	2.27
	3.5	4.23	3.32	7.91	3.77	1.37		4.5	8.98	7.05	45.47	13.37	2.25
	4.0	4.78	3.75	8.71	4.15	1.35		5.0	9.90	7.77	49.41	14.53	2.23
45	2.5	3.34	2.62	7.56	3.36	1.51		5.5	10.80	8.48	53.14	15.63	2.22
	3.0	3.96	3.11	8.77	3.90	1.49		6.0	11.69	9.17	56.68	16.67	2.20
	3.5	4.56	3.58	9.89	4.40	1.47	70	3.0	6.31	4.96	35.50	10.14	2.37
	4.0	5.15	4.04	10.93	4.86	1.46		3.5	7.31	5.74	40.53	11.58	2.35
50	2.5	3.73	2.93	10.55	4.22	1.68		4.0	8.29	6.51	45.33	12.95	2.34
	3.0	4.43	3.48	12.28	4.91	1.67		4.5	9.26	7.27	49.89	14.26	2.32
	3.5	5.11	4.01	13.90	5.56	1.65		5.0	10.21	8.01	54.24	15.50	2.33
	4.0	5.78	4.54	15.41	6.16	1.63		5.5	11.14	8.75	58.38	16.68	2.29
	4.5	6.43	5.05	16.81	6.72	1.62		6.0	12.06	9.47	62.31	17.80	2.27
	5.0	7.07	5.55	18.11	7.25	1.60	73	3.0	6.60	5.18	40.48	11.09	2.48
54	3.0	4.81	3.77	15.68	5.81	1.81		3.5	7.64	6.00	46.26	12.67	2.46
	3.5	5.55	4.36	17.79	6.59	1.79		4.0	8.67	6.81	51.78	14.19	2.44
	4.0	6.28	4.93	19.76	7.32	1.77		4.5	9.68	7.60	57.04	15.63	2.43
	4.5	7.00	5.49	21.61	8.00	1.76		5.0	10.68	8.38	62.07	17.01	2.41
	5.0	7.70	6.04	23.34	8.64	1.74		5.5	11.66	9.16	66.87	18.32	2.39
	5.5	8.38	6.58	24.96	9.24	1.73		6.0	12.63	9.91	71.43	19.57	2.38
	6.0	9.05	7.10	26.46	9.80	1.71	76	3.0	6.88	5.40	45.91	12.08	2.58
57	3.0	5.09	4.00	18.61	6.53	1.91		3.5	7.97	6.26	52.50	13.82	2.57
	3.5	5.88	4.62	21.14	7.42	1.90		4.0	9.05	7.10	58.81	15.48	2.55
	4.0	6.66	5.23	23.52	8.25	1.88		4.5	10.11	7.93	64.85	17.07	2.53
	4.5	7.42	5.83	25.76	9.04	1.86		5.0	11.15	8.75	70.62	18.59	2.52
	5.0	8.17	6.41	27.86	9.78	1.85		5.5	12.18	9.56	76.14	20.04	2.50
	5.5	8.90	6.99	29.84	10.47	1.83		6.0	13.19	10.36	81.41	21.42	2.48
	6.0	9.61	7.55	31.69	11.12	1.82	83	3.5	8.74	6.86	69.19	16.67	2.81
60	3.0	5.37	4.22	21.88	7.29	2.02		4.0	9.93	7.79	77.64	18.71	2.80
	3.5	6.21	4.88	24.88	8.29	2.00		4.5	11.10	8.71	85.76	20.67	2.78
	4.0	7.04	5.52	27.73	9.24	1.98		5.0	12.25	9.62	93.56	22.54	2.76
	4.5	7.85	6.16	30.41	10.14	1.97		5.5	13.39	10.51	101.04	24.35	2.75
	5.0	8.64	6.78	32.94	10.98	1.95		6.0	14.51	11.39	108.22	26.08	2.73
	5.5	9.42	7.39	25.32	11.77	1.94		6.5	15.62	12.26	115.10	27.74	2.71
	6.0	10.18	7.99	37.56	12.52	1.92		7.0	16.71	13.12	121.69	29.32	2.70

尺寸		截面积	质量	截面特性			尺寸		截面积	质量	截面特性		
D	t	A	q	I	W	i	D	t	A	q	I	W	i
mm		cm²	kg/m	cm⁴	cm³	cm	mm		cm²	kg/m	cm⁴	cm³	cm
89	3.5	9.40	7.38	86.05	19.34	3.03	133	4.0	16.21	12.73	337.53	50.76	4.56
	4.0	10.68	8.38	96.68	21.73	3.01		4.5	18.17	14.26	375.42	56.45	4.55
	4.5	11.95	9.38	106.92	24.03	2.99		5.0	20.11	15.78	412.40	62.02	4.53
	5.0	13.19	10.36	116.79	26.24	2.98		5.5	22.03	17.29	448.50	67.44	4.51
	5.5	14.43	11.33	126.29	28.38	2.96		6.0	23.94	18.79	483.72	72.74	4.50
	6.0	15.65	12.28	135.43	30.43	2.94		6.5	25.83	20.28	518.07	77.91	4.48
	6.5	16.85	13.22	144.22	32.41	2.93		7.0	27.71	21.75	551.58	82.94	4.46
	7.0	18.03	14.16	152.67	34.31	2.91		7.5	29.57	23.21	584.25	87.86	4.45
95	3.5	10.06	7.90	105.45	22.20	3.24		8.0	31.42	24.66	616.11	92.65	4.43
	4.0	11.44	8.98	118.60	24.97	3.22	140	4.5	19.16	15.04	440.12	62.87	4.79
	4.5	12.79	10.04	131.31	27.64	3.20		5.0	21.21	16.65	483.76	69.11	4.78
	5.0	14.14	11.10	143.58	30.23	3.19		5.5	23.24	18.24	526.40	75.20	4.76
	5.5	15.46	12.14	155.43	32.72	3.17		6.0	25.26	19.83	568.06	81.15	4.74
	6.0	16.78	13.17	166.86	35.13	3.15		6.5	27.26	21.40	608.76	86.97	4.73
	6.5	18.07	14.19	177.89	37.45	3.14		7.0	29.25	22.96	648.51	92.64	4.71
	7.0	19.35	15.19	188.51	39.69	3.12		7.5	31.22	24.51	687.32	98.19	4.69
102	3.5	10.83	8.50	131.52	25.79	3.48		8.0	33.18	26.04	725.21	103.60	4.68
	4.0	12.32	9.67	148.09	29.04	3.47		9.0	37.04	29.08	798.29	114.04	4.64
	4.5	13.78	10.82	164.14	32.18	3.45		10	40.84	32.06	867.86	123.98	4.61
	5.0	15.24	11.96	179.68	35.23	3.43	146	4.5	20.00	15.70	501.16	68.65	5.01
	5.5	16.67	13.09	194.72	38.18	3.42		5.0	22.15	17.39	551.10	75.49	4.99
	6.0	18.10	14.21	209.28	41.03	3.40		5.5	24.28	19.06	599.95	82.19	4.97
	6.5	19.50	15.31	223.35	43.79	3.38		6.0	26.39	20.72	647.73	88.73	4.95
	7.0	20.89	16.40	236.96	46.46	3.37		6.5	28.49	22.36	694.44	95.13	4.94
114	4.0	13.82	10.85	209.35	36.73	3.89		7.0	30.57	24.00	740.12	101.39	4.92
	4.5	15.48	12.15	232.41	40.77	3.87		7.5	32.63	25.62	784.77	107.50	4.90
	5.0	17.12	13.44	254.81	44.70	3.86		8.0	34.68	27.23	828.41	113.48	4.89
	5.5	18.75	14.72	276.58	48.52	3.84		9.0	38.74	30.41	912.71	125.03	4.85
	6.0	20.36	15.98	297.73	52.23	3.82		10	42.73	33.54	993.16	136.05	4.82
	6.5	21.95	17.23	318.26	55.84	3.81	152	4.5	20.85	16.37	567.61	74.69	5.22
	7.0	23.53	18.47	338.19	59.33	3.79		5.0	23.09	18.13	624.43	82.16	5.20
	7.5	25.09	19.70	357.58	62.73	3.77		5.5	25.31	19.87	680.06	89.48	5.18
	8.0	26.64	20.91	376.30	66.02	3.76		6.0	27.52	21.60	734.52	96.65	5.17
121	4.0	14.70	11.54	251.87	41.63	4.14		6.5	29.71	23.32	787.82	103.66	5.15
	4.5	16.47	12.93	279.83	46.25	4.12		7.0	31.89	25.03	839.99	110.52	5.13
	5.0	18.22	14.30	307.05	50.75	4.11		7.5	34.05	26.73	891.03	117.24	5.12
	5.5	19.96	15.67	333.54	55.13	4.09		8.0	36.19	28.41	940.97	123.81	5.10
	6.0	21.68	17.02	359.32	59.39	4.07		9.0	40.43	31.74	1 037.59	136.53	5.07
	6.5	23.38	18.35	384.40	63.54	4.05		10	44.61	35.02	1 129.99	148.68	5.03
	7.0	25.07	19.68	408.80	67.57	4.04	159	4.5	21.84	17.15	652.27	82.05	5.46
	7.5	26.74	20.99	432.51	71.49	4.02		5.0	24.19	18.99	717.88	90.33	5.45
	8.0	28.40	22.29	455.57	75.30	4.01		5.5	26.52	20.82	782.18	98.39	5.43
127	4.0	15.46	12.13	292.61	46.08	4.35		6.0	28.84	22.64	845.19	106.31	5.41
	4.5	17.32	13.59	325.29	51.23	4.33		6.5	31.14	24.45	906.92	114.08	5.40
	5.0	19.16	15.04	357.14	56.24	4.32		7.0	33.43	26.24	967.41	121.69	5.38
	5.5	20.99	16.48	388.19	61.13	4.30		7.5	35.70	28.02	1 026.65	129.14	5.36
	6.0	22.81	17.90	418.44	65.90	4.28		8.0	37.95	29.79	1 084.67	136.44	5.35
	6.5	24.61	19.32	447.92	70.54	4.27		9.0	42.41	33.29	1 197.12	150.58	5.31
	7.0	26.39	20.72	476.63	75.06	4.25		10	46.81	36.75	1 304.88	164.14	5.28
	7.5	28.16	22.10	504.58	79.46	4.23							
	8.0	29.91	23.48	531.80	83.75	4.22							

续表

尺寸		截面积	质量	截面特性			尺寸		截面积	质量	截面特性		
D	t	A	q	I	W	i	D	t	A	q	I	W	i
mm		cm²	kg/m	cm⁴	cm³	cm	mm		cm²	kg/m	cm⁴	cm³	cm
168	4.5	23.11	18.14	772.96	92.02	5.78	219	9.0	59.38	46.61	3 279.12	299.46	7.43
	5.0	25.60	20.10	851.14	101.33	5.77		10	65.66	51.54	3 593.29	328.15	7.40
	5.5	28.08	22.04	927.85	110.46	5.75		12	78.04	61.26	4 193.81	383.00	7.33
	6.0	30.54	23.97	1 003.12	119.42	5.73		14	90.16	70.78	4 758.50	434.57	7.26
	6.5	32.98	25.89	1 076.95	128.21	5.71		16	102.04	80.10	5 288.81	483.00	7.20
	7.0	35.41	27.79	1 149.36	136.83	5.70	245	6.5	48.70	38.23	3 465.46	282.89	8.44
	7.5	37.82	29.69	1 220.38	145.28	5.68		7.0	52.34	41.08	3 709.06	302.78	8.42
	8.0	40.21	31.57	1 290.01	153.57	5.66		7.5	55.96	43.93	3 949.52	322.41	8.40
	9.0	44.96	35.29	1 425.22	169.67	5.63		8.0	59.56	46.76	4 186.87	341.79	8.38
	10	49.64	38.97	1 555.13	185.13	5.60		9.0	66.73	52.38	4 652.32	379.78	8.35
180	5.0	27.49	21.58	1 053.17	117.02	6.19		10	73.83	57.95	5 105.63	416.79	8.32
	5.5	30.15	23.67	1 148.79	127.64	6.17		12	87.84	68.95	5 976.67	487.89	8.25
	6.0	32.80	25.75	1 242.72	138.08	6.16		14	101.60	79.76	6 801.68	555.24	8.18
	6.5	35.43	27.81	1 335.00	148.33	6.14		16	115.11	90.36	7 582.30	618.96	8.12
	7.0	38.04	29.87	1 425.63	158.40	6.12	273	6.5	54.42	42.72	4 834.18	354.15	9.42
	7.5	40.64	31.91	1 514.64	168.29	6.10		7.0	58.50	45.92	5 177.30	379.29	9.41
	8.0	43.23	33.93	1 602.04	178.00	6.09		7.5	62.56	49.11	5 516.47	404.14	9.39
	9.0	48.35	37.95	1 772.12	196.90	6.05		8.0	66.60	52.28	5 851.71	428.70	9.37
	10	53.41	41.92	1 936.01	215.11	6.02		9.0	74.64	58.60	6 510.56	476.96	9.34
	12	63.33	49.72	2 245.84	249.54	5.95		10	82.62	64.86	7 154.09	524.11	9.31
194	5.0	29.69	23.31	1 326.54	136.76	6.68		12	98.39	77.24	8 396.14	615.10	9.24
	5.5	32.57	25.57	1 447.86	149.26	6.67		14	113.91	89.42	9 579.75	701.81	9.17
	6.0	35.44	27.82	1 567.21	161.57	6.65		16	129.18	101.41	10 706.79	784.38	9.10
	6.5	38.29	30.06	1 684.61	173.67	6.63	299	7.5	68.68	53.92	7 300.02	488.30	10.31
	7.0	41.12	32.28	1 800.08	185.57	6.62		8.0	73.14	57.41	7 747.42	518.22	10.29
	7.5	43.94	34.50	1 913.64	197.28	6.60		9.0	82.00	64.37	8 628.09	577.13	10.26
	8.0	46.75	36.70	2 025.31	208.79	6.58		10	90.79	71.27	9 490.15	634.79	10.22
	9.0	52.31	41.06	2 243.08	231.25	6.55		12	108.20	84.93	11 159.52	746.46	10.16
	10	57.81	45.38	2 453.55	252.94	6.51		14	125.35	98.40	12 757.61	853.35	10.09
	12	68.61	53.86	2 853.25	294.15	6.45		16	142.25	111.67	14 286.48	955.62	10.02
203	6.0	37.13	29.15	1 803.07	177.64	6.97	325	7.5	74.81	58.73	9 431.80	580.42	11.23
	6.5	40.13	31.50	1 938.81	191.02	6.95		8.0	79.67	62.54	10 013.92	616.24	11.21
	7.0	43.10	33.84	2 072.43	204.18	6.93		9.0	89.35	70.14	11 161.33	686.85	11.18
	7.5	46.06	36.16	2 203.94	217.14	6.92		10	98.96	77.68	12 286.52	756.09	11.14
	8.0	49.01	38.47	2 333.37	229.89	6.90		12	118.00	92.63	14 471.45	890.55	11.07
	9.0	54.85	43.06	2 586.08	254.79	6.87		14	136.78	107.38	16 570.98	1 019.75	11.01
	10	60.63	47.60	2 830.72	278.89	6.83		16	155.32	121.93	18 587.38	1 143.84	10.94
	12	72.01	56.52	3 296.49	324.78	6.77	351	8.0	86.21	67.67	12 684.36	722.76	12.13
	14	83.13	65.25	3 732.07	367.69	6.70		9.0	96.70	75.91	14 147.55	806.13	12.10
	16	94.00	73.79	4 138.78	407.76	6.64		10	107.13	84.10	15 584.62	888.01	12.06
219	6.0	40.15	31.52	2 278.74	208.10	7.53		12	127.80	100.32	18 381.63	1 047.39	11.99
	6.5	43.39	34.06	2 451.64	223.89	7.52		14	148.22	116.35	21 077.86	1 201.02	11.93
	7.0	46.63	36.60	2 622.04	239.46	7.50		16	168.39	132.19	23 675.75	1 349.05	11.86
	7.5	49.83	39.12	2 789.96	254.79	7.48							
	8.0	53.03	41.63	2 955.43	269.90	7.47							

附表 7-7　焊接钢管

符号　I—截面惯性矩
　　　W—截面模量
　　　i—回转半径

尺寸		截面积	质量	截面特性			尺寸		截面积	质量	截面特性		
D	t	A	q	I	W	i	D	t	A	q	I	W	i
mm		cm²	kg/m	cm⁴	cm³	cm	mm		cm²	kg/m	cm⁴	cm³	cm
32	2.0	1.88	1.48	2.13	1.33	1.06		2.0	5.47	4.29	51.75	11.63	3.08
	2.5	2.32	1.82	2.54	1.59	1.05		2.5	6.79	5.33	63.59	14.29	3.06
38	2.0	2.26	1.78	3.68	1.93	1.27	89	3.0	8.11	6.36	75.02	16.86	3.04
	2.5	2.79	2.19	4.41	2.32	1.26		3.5	9.40	7.38	86.05	19.34	3.03
40	2.0	2.39	1.87	4.32	2.16	1.35		4.0	10.68	8.38	96.68	21.73	3.01
	2.5	2.95	2.31	5.20	2.60	1.33		4.5	11.95	9.38	106.92	24.03	2.99
42	2.0	2.51	1.97	5.04	2.40	1.42		2.0	5.84	4.59	63.20	13.31	3.29
	2.5	3.10	2.44	6.07	2.89	1.40	95	2.5	7.26	5.70	77.76	16.37	3.27
45	2.0	2.70	2.12	6.26	2.78	1.52		3.0	8.67	6.81	91.83	19.33	3.25
	2.5	3.34	2.62	7.56	3.36	1.51		3.5	10.06	7.90	105.45	22.20	3.24
	3.0	3.96	3.11	8.77	3.90	1.49		2.0	6.28	4.93	78.57	15.41	3.54
51	2.0	3.08	2.42	9.26	3.63	1.73		2.5	7.81	6.13	96.77	18.97	3.52
	2.5	3.81	2.99	11.23	4.40	1.72		3.0	9.33	7.32	114.42	22.43	3.50
	3.0	4.52	3.55	13.08	5.13	1.70	102	3.5	10.83	8.50	131.52	25.79	3.48
	3.5	5.22	4.10	14.81	5.81	1.68		4.0	12.32	9.67	148.09	29.04	3.47
53	2.0	3.20	2.52	10.43	3.94	1.80		4.5	13.78	10.82	164.14	32.18	3.45
	2.5	3.97	3.11	12.67	4.78	1.79		5.0	15.24	11.96	179.68	35.23	3.43
	3.0	4.71	3.70	14.78	5.58	1.77		3.0	9.90	7.77	136.49	25.28	3.71
	3.5	5.44	4.27	16.75	6.32	1.75	108	3.5	11.49	9.02	157.02	29.08	3.70
57	2.0	3.46	2.71	13.08	4.59	1.95		4.0	13.07	10.26	176.95	32.77	3.68
	2.5	4.28	3.36	15.93	5.59	1.93		3.0	10.46	8.21	161.24	28.29	3.93
	3.0	5.09	4.00	18.61	6.53	1.91		3.5	12.15	9.54	185.63	32.57	3.91
	3.5	5.88	4.62	21.14	7.42	1.90	114	4.0	13.82	10.85	209.35	36.73	3.89
60	2.0	3.64	2.86	15.34	5.11	2.05		4.5	15.48	12.15	232.41	40.77	3.87
	2.5	4.52	3.55	18.70	6.23	2.03		5.0	17.12	13.44	254.81	44.70	3.86
	3.0	5.37	4.22	21.88	7.29	2.02		3.0	11.12	8.73	193.69	32.01	4.17
	3.5	6.21	4.88	24.88	8.29	2.00	121	3.5	12.92	10.14	223.17	36.89	4.16
63.5	2.0	3.86	3.03	18.29	5.76	2.18		4.0	14.70	11.54	251.87	41.63	4.14
	2.5	4.79	3.76	22.32	7.03	2.16		3.0	11.69	9.17	224.75	35.39	4.39
	3.0	5.70	4.48	26.15	8.24	2.14		3.5	13.58	10.66	259.11	40.80	4.37
	3.5	6.60	5.18	29.79	9.38	2.12	127	4.0	15.46	12.13	292.61	46.08	4.35
70	2.0	4.27	3.35	24.72	7.06	2.41		4.5	17.32	13.59	325.29	51.23	4.33
	2.5	5.30	4.16	30.23	8.64	2.39		5.0	19.16	15.04	357.14	56.24	4.32
	3.0	6.31	4.96	35.50	10.14	2.37		3.5	14.24	11.18	298.71	44.92	4.58
	3.5	7.31	5.74	40.53	11.58	2.35	133	4.0	16.21	12.73	337.53	50.76	4.56
	4.5	9.26	7.27	49.89	14.26	2.32		4.5	18.17	14.26	375.42	56.45	4.55
76	2.0	4.65	3.65	31.95	8.38	2.62		5.0	20.11	15.78	412.40	62.02	4.53
	2.5	5.77	4.53	39.03	10.27	2.60		3.5	15.01	11.78	349.79	49.97	4.83
	3.0	6.88	5.40	45.91	12.08	2.58		4.0	17.09	13.42	395.47	56.50	4.81
	3.5	7.97	6.26	52.50	13.82	2.57	140	4.5	19.16	15.04	440.12	62.87	4.79
	4.0	9.05	7.10	58.81	15.48	2.55		5.0	21.21	16.65	483.76	69.11	4.78
	4.5	10.11	7.93	64.85	17.07	2.53		5.5	23.24	18.24	526.40	75.20	4.76
83	2.0	5.09	4.00	41.76	10.06	2.86		3.5	16.33	12.82	450.35	59.26	5.25
	2.5	6.32	4.96	51.26	12.35	2.85		4.0	18.60	14.60	509.59	67.05	5.23
	3.0	7.54	5.92	60.40	14.56	2.83	152	4.5	20.85	16.37	567.61	74.69	5.22
	3.5	8.74	6.86	69.19	16.67	2.81		5.0	23.09	18.13	624.43	82.16	5.20
	4.0	9.93	7.79	77.64	18.71	2.80		5.5	25.31	19.87	680.06	89.48	5.18
	4.5	11.10	8.71	85.76	20.67	2.78							

附表 7-8　方形钢管

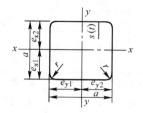

符号　I—截面惯性矩

　　　W—截面模量

　　　i—回转半径

　　　I_t、W_t—扭转常数

　　　r—圆弧半径

尺　寸		截面积	质量	型钢重心		截　面　特　性				
						x—$x = y$—y			扭转常数	
a	t	A	q	$e_{x1} = e_{x2}$	$e_{y1} = e_{y2}$	I_{xy}	W_{xy}	i_{xy}	I_t	W_t
mm		cm²	kg/m	cm		cm⁴	cm³	cm	cm⁴	cm³
20	1.6	1.111	0.873	1.0	1.0	0.607	0.607	0.739	1.025	1.067
20	2.0	1.336	1.050	1.0	1.0	0.691	0.691	0.719	1.197	1.265
25	1.2	1.105	0.868	1.25	1.25	1.025	0.820	0.963	1.655	1.352
25	1.5	1.325	1.062	1.25	1.25	1.216	0.973	0.948	1.998	1.643
25	2.0	1.736	1.363	1.25	1.25	1.482	1.186	0.923	2.502	2.085
30	1.2	1.345	1.057	1.5	1.5	1.833	1.222	1.167	2.925	1.983
30	1.6	1.751	1.376	1.5	1.5	2.308	1.538	1.147	3.756	2.565
30	2.0	2.136	1.678	1.5	1.5	2.721	1.814	1.128	4.511	3.105
30	2.5	2.589	2.032	1.5	1.5	3.154	2.102	1.103	5.347	3.720
30	2.6	2.675	2.102	1.5	1.5	3.230	2.153	1.098	5.499	3.836
30	3.25	3.205	2.518	1.5	1.5	3.643	2.428	1.066	6.369	4.518
40	1.2	1.825	1.434	2.0	2.0	4.532	2.266	1.575	7.125	3.606
40	1.6	2.391	1.879	2.0	2.0	5.794	2.897	1.556	9.247	4.702
40	2.0	2.936	2.307	2.0	2.0	6.939	3.469	1.537	11.238	5.745
40	2.5	3.589	2.817	2.0	2.0	8.213	4.106	1.512	13.539	6.970
40	2.6	3.715	2.919	2.0	2.0	8.447	4.223	1.507	13.974	7.205
40	3.0	4.208	3.303	2.0	2.0	9.320	4.660	1.488	15.628	8.109
40	4.0	5.347	4.198	2.0	2.0	11.064	5.532	1.438	19.152	10.120
50	2.0	3.736	2.936	2.5	2.5	14.146	5.658	1.945	22.575	9.185
50	2.5	4.589	3.602	2.5	2.5	16.941	6.776	1.921	27.436	11.220
50	2.6	4.755	3.736	2.5	2.5	17.467	6.987	1.916	28.369	11.615
50	3.0	5.408	4.245	2.5	2.5	19.463	7.785	1.897	31.972	13.149
50	3.2	5.726	4.499	2.5	2.5	20.397	8.159	1.887	33.694	13.890
50	4.0	6.947	5.454	2.5	2.5	23.725	9.490	1.847	40.047	16.680
50	5.0	8.356	6.567	2.5	2.5	27.012	10.804	1.797	46.760	19.767
60	2.0	4.536	3.564	3.0	3.0	25.141	8.380	2.354	39.725	13.425

尺 寸		截面积	质量	型钢重心		截 面 特 性				
						$x—x=y—y$			扭转常数	
a	t	A	q	$e_{x1}=e_{x2}$	$e_{y1}=e_{y2}$	I_{xy}	W_{xy}	i_{xy}	I_t	W_t
mm		cm^2	kg/m	cm		cm^4	cm^3	cm	cm^4	cm^3
60	2.5	5.589	4.387	3.0	3.0	30.340	10.113	2.329	48.539	16.470
60	2.6	5.795	4.554	3.0	3.0	31.330	10.443	2.325	50.247	17.064
60	3.0	6.608	5.187	3.0	3.0	35.130	11.710	2.505	56.892	19.389
60	4.0	8.547	6.710	3.0	3.0	43.539	14.513	2.256	72.188	24.840
60	5.0	10.356	8.129	3.0	3.0	50.486	16.822	2.207	85.560	29.767
70	2.0	5.336	4.193	3.5	3.5	40.724	11.635	2.762	63.886	18.465
70	2.6	6.835	5.371	3.5	3.5	51.075	14.593	2.733	81.165	23.554
70	3.2	8.286	6.511	3.5	3.5	60.612	17.317	2.704	97.549	28.431
70	4.0	10.147	7.966	3.5	3.5	72.108	20.602	2.665	117.975	34.690
70	5.0	12.356	9.699	3.5	3.5	84.602	24.172	2.616	141.183	41.767
80	2.0	6.132	4.819	4.0	4.0	61.697	15.424	3.170	86.258	24.305
80	2.6	7.875	6.188	4.0	4.0	77.743	19.435	3.141	122.686	31.084
80	3.2	9.566	7.517	4.0	4.0	92.708	23.177	3.113	147.953	37.622
80	4.0	11.747	9.222	4.0	4.0	111.031	27.757	3.074	179.808	45.960
80	5.0	14.356	11.269	4.0	4.0	131.414	32.853	3.025	216.628	55.767
80	6.0	16.832	13.227	4.0	4.0	149.121	37.280	2.976	250.050	64.877
90	2.0	6.936	5.450	4.5	4.5	88.857	19.746	3.579	138.042	30.945
90	2.6	8.915	7.005	4.5	4.5	112.373	24.971	3.550	176.367	39.653
90	3.2	10.846	8.523	4.5	4.5	134.501	29.889	3.521	213.234	48.092
90	4.0	13.347	10.478	4.5	4.5	161.907	35.979	3.482	260.088	58.920
90	5.0	16.356	12.839	4.5	4.5	192.903	42.867	3.434	314.896	71.767
100	2.6	9.955	7.823	5.0	5.0	156.006	31.201	3.958	243.770	49.263
100	3.2	12.126	9.529	5.0	5.0	187.274	37.454	3.929	295.313	59.842
100	4.0	14.947	11.734	5.0	5.0	226.337	45.267	3.891	361.213	73.480
100	5.0	18.356	14.409	5.0	5.0	271.071	54.214	3.842	438.986	89.767
100	8.0	27.791	21.838	5.0	5.0	379.601	75.920	3.695	640.756	133.446
115	2.6	11.515	9.048	5.75	5.75	240.609	41.845	4.571	374.015	65.627
115	3.2	14.046	11.037	5.75	5.75	289.817	50.403	4.542	454.126	79.868
115	4.0	17.347	13.630	5.75	5.75	351.897	61.199	4.503	557.238	98.320
110	5.0	21.356	16.782	5.75	5.75	423.969	73.733	4.455	680.099	120.517
120	3.2	14.686	11.540	6.0	6.0	330.874	55.145	4.746	517.542	87.183
120	4.0	18.147	14.246	6.0	6.0	402.260	67.043	4.708	635.603	107.400
120	5.0	22.356	17.549	6.0	6.0	485.441	80.906	4.659	776.632	131.767
130	4.0	20.547	16.146	6.75	6.75	581.681	86.175	5.320	913.966	137.040

附表 7-9　矩形钢管

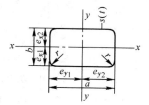

符号　I—截面惯性矩

W—截面模量

i—回转半径

r—圆弧半径

尺　　寸			截面积	质量	截面特性						扭转常数	
					x—x			y—y				
a	b	$s=r$	A	q	I_x	W_x	i_x	I_y	W_y	i_y	I_t	W_t
mm			cm²	kg/m	cm⁴	cm³	cm	cm⁴	cm³	cm	cm⁴	cm³
30	15	1.5	1.202	0.945	0.424	0.566	0.594	1.281	0.845	1.023	1.083	1.141
30	20	2.5	2.089	1.642	1.150	1.150	0.741	2.206	1.470	1.022	2.634	2.345
40	20	1.2	1.345	1.057	0.992	0.922	0.828	2.725	1.362	1.423	2.260	1.743
40	20	1.6	1.751	1.376	1.150	1.150	0.810	3.433	1.716	1.400	2.877	2.245
40	20	2.0	2.136	1.678	1.342	1.342	0.792	4.048	2.024	1.376	3.424	2.705
50	25	1.5	2.102	1.650	6.653	2.661	1.779	2.253	1.802	1.035	5.519	3.406
50	30	1.6	2.391	1.879	3.600	2.400	1.226	7.955	3.182	1.823	8.031	4.382
50	30	2.0	2.936	2.307	4.291	2.861	1.208	9.535	3.814	1.801	9.727	5.345
50	30	2.5	3.589	2.817	11.296	4.518	1.774	5.050	3.366	1.186	11.666	6.470
50	30	3.0	4.208	3.303	12.827	5.130	1.745	5.696	3.797	1.163	15.401	7.950
50	30	3.2	4.446	3.494	5.925	3.950	1.154	13.377	5.351	1.734	14.307	7.900
50	30	4.0	5.347	4.198	15.239	6.095	1.688	6.682	4.455	1.117	16.244	9.320
50	32	2.0	3.016	2.370	4.986	3.116	1.285	9.996	3.998	1.820	10.879	5.729
50	35	2.5	3.839	3.017	7.272	4.155	1.376	12.707	5.083	1.819	15.277	7.658
60	30	2.5	4.089	3.209	17.933	5.799	2.094	5.998	3.998	1.211	16.054	7.845
60	30	3.0	4.808	3.774	20.496	6.832	2.064	6.794	4.529	1.188	17.335	9.129
60	40	1.6	3.031	2.382	8.154	4.077	1.640	15.221	5.073	2.240	16.911	7.160
60	40	2.0	3.736	2.936	9.830	4.915	1.621	18.410	6.136	2.219	20.652	8.785
60	40	2.5	4.589	3.602	22.069	7.356	2.192	11.734	5.867	1.599	25.045	10.720
60	40	3.0	5.408	4.245	25.374	8.458	2.166	13.436	6.718	1.576	19.121	12.549
60	40	3.2	5.726	4.499	14.062	7.031	1.567	26.601	8.867	2.155	30.661	13.250
60	40	4.0	6.947	5.454	30.974	10.324	2.111	16.269	8.134	1.530	36.298	15.880
70	50	2.5	5.589	4.195	22.587	9.035	2.010	38.011	10.860	2.607	45.637	15.970
70	50	3.0	6.608	5.187	44.046	12.584	2.581	26.099	10.439	1.987	53.426	18.789
70	50	4.0	8.547	6.710	54.663	15.618	2.528	32.210	12.884	1.941	67.613	24.040
70	50	5.0	10.356	8.129	63.435	18.124	2.474	37.179	14.871	1.894	79.908	28.767
80	40	2.0	4.536	3.564	12.720	6.360	1.674	37.355	9.338	2.869	30.820	11.825

尺 寸			截面积	质量	截 面 特 性						扭转常数	
					$x—x$			$y—y$				
a	b	$s=r$	A	q	I_x	W_x	i_x	I_y	W_y	i_y	I_t	W_t
mm			cm²	kg/m	cm⁴	cm³	cm	cm⁴	cm³	cm	cm⁴	cm³
80	40	2.5	5.589	4.387	45.103	11.275	2.840	15.255	7.627	1.652	37.467	14.470
80	40	2.6	5.795	4.554	15.733	7.866	1.647	46.579	11.644	2.835	38.744	14.984
80	40	3.0	6.608	5.187	52.246	13.061	2.811	17.552	8.776	1.629	43.680	16.989
80	40	4.0	8.547	6.111	64.780	16.195	2.752	21.474	10.737	1.585	54.787	21.640
80	40	5.0	10.356	8.129	75.080	18.770	2.692	24.567	12.283	1.540	64.110	25.767
80	60	3.0	7.808	6.129	70.042	17.510	2.995	44.886	14.962	2.397	88.111	26.229
80	60	4.0	10.147	7.966	87.905	21.976	2.943	56.105	18.701	2.351	112.53	33.800
80	60	5.0	12.356	9.699	103.925	25.811	2.890	65.634	21.878	2.304	134.53	40.767
90	40	2.5	6.089	4.785	17.015	8.507	1.671	60.686	13.485	3.156	43.880	16.345
90	50	2.0	5.336	4.193	23.367	9.346	2.092	57.876	12.861	3.293	53.294	16.865
90	50	2.6	6.835	5.371	29.162	11.665	2.065	72.640	16.142	3.259	67.464	21.474
90	50	3.0	7.808	6.129	81.845	18.187	2.237	32.735	13.094	2.047	76.433	24.429
90	50	4.0	10.147	7.966	102.696	22.821	3.181	40.695	16.278	2.002	97.162	31.400
90	50	5.0	12.356	9.699	120.570	26.793	3.123	47.345	18.938	1.957	115.436	37.767
100	50	3.0	8.408	6.600	106.451	21.290	3.558	36.053	14.421	2.070	88.311	27.249
100	60	2.0	7.126	4.822	38.602	12.867	2.508	84.585	16.917	3.712	84.002	22.705
100	60	2.6	7.875	6.188	48.474	16.158	2.480	106.663	21.332	3.680	106.816	29.004
120	50	2.0	6.536	5.136	30.283	12.113	2.152	117.992	19.665	4.248	78.307	22.625
120	60	2.0	6.936	5.450	45.333	15.111	2.556	131.918	21.986	4.360	107.792	27.345
120	60	3.2	10.846	8.523	67.940	22.646	2.502	199.876	33.312	4.292	165.215	42.332
120	60	4.0	13.347	10.478	240.724	40.120	4.246	81.235	27.078	2.466	200.407	51.720
120	60	5.0	16.356	12.839	286.941	47.823	4.188	95.968	31.989	2.422	240.869	62.767
120	80	2.6	9.955	7.823	108.906	27.226	3.307	202.757	33.792	4.512	223.620	47.183
120	80	3.2	12.126	9.529	130.478	32.619	3.280	243.542	40.590	4.481	270.587	57.282
120	80	4.0	14.947	11.734	294.569	49.094	4.439	157.281	39.320	3.243	330.438	70.280
120	80	5.0	18.356	14.409	353.108	58.851	4.385	187.747	46.936	3.198	400.735	95.767
120	80	6.0	21.632	16.981	405.998	67.666	4.332	214.977	53.744	3.152	465.940	100.397
120	80	8.0	27.791	21.838	260.314	65.078	3.060	495.591	82.598	4.222	580.769	127.046
120	100	8.0	30.991	24.353	447.484	89.496	3.799	596.114	99.352	4.385	856.089	162.886
140	90	3.2	14.046	11.037	194.803	43.289	3.724	384.007	54.858	5.228	409.778	75.868
140	90	4.0	17.347	13.631	235.920	52.426	3.687	466.585	66.655	5.186	502.004	93.320
140	90	5.0	21.356	16.782	283.320	62.960	3.642	562.606	80.372	5.132	611.389	114.267
150	100	3.2	15.326	12.043	262.263	52.452	4.136	488.184	65.091	5.643	538.150	90.818

附录8　螺栓和锚栓规格

附表8-1　螺栓螺纹处的有效截面面积

公称直径	12	14	16	18	20	22	24	27	30
螺栓有效截面积 A_e（cm²）	0.84	1.15	1.57	1.92	2.45	3.03	3.53	4.59	5.61
公称直径	33	36	39	42	45	48	52	56	60
螺栓有效截面积 A_e（cm²）	6.94	8.17	9.76	11.2	13.1	14.7	17.6	20.3	23.6
公称直径	64	68	72	76	80	85	90	95	100
螺栓有效截面积 A_e（cm²）	26.8	30.6	34.6	38.9	43.4	49.5	55.9	62.7	70.0

附表8-2　锚栓设计参数

型　式	I				II				III		
锚栓直径 d（mm）	20	24	30	36	42	48	56	64	72	80	90
锚栓有效截面积（cm²）	2.45	3.53	5.61	8.17	11.21	14.73	20.30	26.76	34.60	43.44	55.91
锚栓设计拉力（kN）（Q235钢）	34.3	49.4	78.5	114.3	156.9	206.2	284.2	374.6	484.4	608.2	782.7
III型锚栓　锚板宽度 c（mm）					140	200	200	240	280	350	400
III型锚栓　锚板厚度 t（mm）					20	20	20	25	30	40	40

参 考 文 献

[1] 中华人民共和国住房和城乡建设部. 钢结构设计标准:GB 50017—2017[S]. 北京:中国建筑工业出版社,2017.

[2] 但泽义,柴昶,李国强,等. 钢结构设计手册[M]. 北京:中国建筑工业出版社,2018.

[3] 中华人民共和国住房和城乡建设部. 钢结构焊接规范:GB 50661—2011[S]. 北京:中国建筑工业出版社,2011.

[4] 中华人民共和国住房和城乡建设部. 钢结构工程施工质量验收规范:GB 50205—2001[S]. 北京:中国建筑工业出版社,2001.

[5] 中华人民共和国住房和城乡建设部. 建筑结构可靠度设计统一标准:GB 50068—2018[S]. 北京:中国建筑工业出版社,2018.

[6] 中华人民共和国住房和城乡建设部. 建筑结构荷载规范:GB 50009—2012[S]. 北京:中国建筑工业出版社,2012.

[7] 魏明钟. 钢结构[M]. 武汉:武汉理工大学出版社,2002.

[8] 王国周,瞿履谦. 钢结构:原理与设计[M]. 北京:清华大学出版社,1993.

[9] 夏志斌,姚谏. 钢结构[M]. 杭州:浙江大学出版社,1996.

[10] 陈绍蕃. 钢结构[M]. 北京:中国建筑工业出版社,1994.

[11] 钟善桐. 钢结构[M]. 北京:中国建筑工业出版社,1988.

[12] 沈祖炎,陈扬骥,陈以一. 钢结构基本原理[M]. 北京:中国建筑工业出版社,2000.

[13] 陈绍蕃. 钢结构设计原理[M]. 北京:科学出版社,1998.

[14] 《钢结构设计规范》编制组.《钢结构设计规范》专题指南[M]. 北京:中国计划出版社,2003.

[15] 王立军. 17 钢标疑难解析[M]. 北京:中国建筑工业出版社,2020.

[16] EN1993 Eurocode 3:钢结构设计[S].